普.通.高.等.学.校
计算机教育“十三五”规划教材

Oracle 12c
数据库基础教程

（第3版）

APPLICATIONS OF ORACLE 12c
(3rd edition)

陈志泊 李晓黎 ◆ 主编
王正军 宋燕红 严卫 李莹 ◆ 副主编

人 民 邮 电 出 版 社
北 京

图书在版编目（CIP）数据

Oracle 12c数据库基础教程 / 陈志泊，李晓黎主编
. -- 3版. -- 北京 : 人民邮电出版社，2020.12
普通高等学校计算机教育“十三五”规划教材
ISBN 978-7-115-53943-4

Ⅰ. ①O… Ⅱ. ①陈… ②李… Ⅲ. ①关系数据库系统
—高等学校—教材 Ⅳ. ①TP311.132.3

中国版本图书馆CIP数据核字(2020)第075545号

内容提要

Oracle 是目前流行的数据库开发平台之一，拥有较高的市场占有率和众多的高端用户，是大型数据库应用系统的首选后台数据库系统。Oracle 数据库管理和应用系统开发已经成为国内外高校计算机专业和许多非计算机专业的必修或选修课程。

本书结合大量的实例，介绍如何利用 Oracle 12c 来管理和维护数据，以及使用 Visual C#和 ASP.net 等开发工具开发 C/S（Client / Server）模式和 B/S（Browser / Server）模式的网络数据库应用程序。

本书可作为高校相关课程的教材，也可作为广大 Oracle 数据库管理员和数据库应用程序开发人员的参考书。

◆ 主　　编　陈志泊　李晓黎
副 主 编　王正军　宋燕红　严　卫　李　莹
责任编辑　邹文波
责任印制　王　郁　陈　犇
◆ 人民邮电出版社出版发行　　北京市丰台区成寿寺路 11 号
邮编　100164　　电子邮件　315@ptpress.com.cn
网址　https://www.ptpress.com.cn
三河市君旺印务有限公司印刷
◆ 开本：787×1092　1/16
印张：18.75　　2020 年 12 月第 3 版
字数：492 千字　　2025 年 2 月河北第 3 次印刷

定价：59.80 元

读者服务热线：(010)81055256　印装质量热线：(010)81055316
反盗版热线：(010)81055315

第 3 版前言

数据库技术是计算机科学中发展最快的技术之一。随着网络技术的不断发展，数据库技术与网络技术相结合，已经广泛应用于人们工作和生活的各个领域。同时，"数据库技术及其应用"已经成为国内外高校计算机专业和许多非计算机专业的必修或选修课程。

Oracle 是当前流行的大型关系数据库之一，支持包括 32 位 Windows、64 位 Windows、macOS 和 Linux 等多种操作系统，拥有广泛的用户和大量的应用案例，已成为大型数据库应用系统的首选后台数据库系统。

本书先后出版了第 1 版、第 2 版，受到了很多读者的欢迎和关注，编者也收到了读者反馈的大量意见和建议。同时，Oracle 12c 也已经发布并逐渐普及。因此，编者决定修订本书。在本书第 3 版的编写过程中，编者充分考虑到读者的反馈，并结合 Oracle 12c 的新特点和新功能对第 2 版进行了较多修改和完善，补充了大量的应用实例，以更好地帮助读者理解概念和增加实战经验。

全书从逻辑上共分 3 部分。第 1 部分介绍 Oracle 12c 的管理基础，由第 1～8 章组成，包括 Oracle 12c 简介，安装和卸载 Oracle 12c，Oracle 数据库管理工具，数据库管理、配置和维护，数据库存储管理，数据库安全管理，数据库对象管理，备份和恢复。第 2 部分介绍 Oracle 12c 的开发技术，由第 9～12 章组成，包括 PL/SQL 基础，游标、存储过程和触发器，ADO.NET 数据访问技术，以及一个 Visual C#+Oracle 12c 的数据库应用系统开发实例（办公事务管理系统）。第 3 部分为前面各章节提供各种比较实用的实验案例，同时演示了一个网上迷你书城系统的实现过程，使读者能够在学习理论知识的同时增加实战经验。本书的实例部分使用 Visual C#和 ASP.net 分别开发了 C/S 和 B/S 两种构架的 Oracle 数据库应用系统。

作为大型的专业数据库系统，Oracle 所涉及的技术对于初学者而言可以说数不胜数，在有限的篇幅中，不可能涵盖全部。本书在内容的选择、深度的把握上力求做到深入浅出、循序渐进。全书设置了大量的示例，为读者理解概念提供了捷径。为适应多媒体教学的需要，我们为使用本书的教师制作了配套的电子教案，并提供各章的练习题参考答案，以及第 12 章和大作业的数据库应用实例的数据库脚本和源程序。另外，我们还为需要使用 Visual C# 和 ASP.net 技术开发数据库应用程序的教师和其他读者提供了相关的参考内容及实例，如有需要，可以访问人邮教育社区（www.ryjiaoyu.com.cn）下载。

由于编者水平有限，书中难免存在不足之处，敬请广大读者批评指正。

特别提示：Oracle 及 SQL 语法不区分字母大小写，因此本书中部分命令、语句可能存在大小写不一致的情况，不影响对技术内容的理解。

编　者

2020 年 11 月

目录

第 11 章 ADO.NET 数据访问技术 212

第 12 章 办公事务管理系统(Visual C#+Oracle 12c) 225

附录 A 实验 272

第1章 Oracle 12c 简介

Oracle 12c 是当前流行的大型关系数据库之一，支持包括 32 位和 64 位 Windows、Oracle Solaris 和 Linux 等多种操作系统，拥有广泛的用户和大量的应用案例。本章介绍 Oracle 12c 的版本信息、产品组成以及体系结构等，为管理 Oracle 12c 奠定基础。

1.1 Oracle 12c 产品系列

为了满足不同用户在性能、运行时间以及价格等因素上的不同需求，Oracle 12c 提供了多个版本的系列产品，如表 1.1 所示。

表 1.1 Oracle 12c 的产品系列

版本	支持硬件情况
企业版（Enterprise Edition）	可在无插槽限制的单一和集群服务器上使用。它可以为关键型事务应用程序和查询密集型数据仓库提供高效、可靠且安全的数据管理
标准版（Standard Edition）	可在最多含有 4 个插槽的单一或集群服务器上使用
标准版 1（Standard Edition One）	在最多含有两个插槽的单一服务器上为工作组、部门和 Web 应用程序提供数据库服务

1.2 Oracle 数据库系统的体系结构

1.2.1 Oracle 数据库体系结构概述

Oracle 数据库是按照规定的单位进行管理的数据集合，用于存储并获取相关信息。数据库服务器是信息管理的关键。通常一个服务器可以实现以下功能。

- 在多用户网络环境中管理大量的数据，从而保证许多用户同时访问相同的数据。
- 防止没有授权的访问。
- 提供有效的故障恢复解决方案。

Oracle 数据库的体系结构可以按照逻辑结构和物理结构来划分，如图 1.1 所示。

从图 1.1 中可以看出，Oracle 数据库把数据存储在文件中，这些保存不同数据的文件就组成了 Oracle 数据库的物理结构。

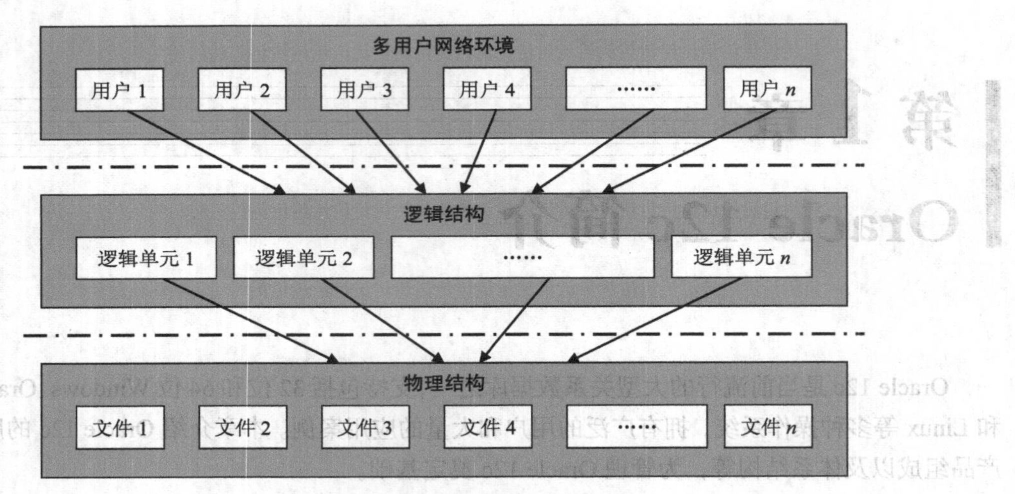

图 1.1　Oracle 数据库的体系结构

为了便于用户对数据库进行访问，Oracle 数据库系统将数据库按照规定的结构划分为不同级别的逻辑单元。这里指的逻辑单元包括表、视图等常见的数据库组件。

逻辑结构和物理结构是分离的，对物理结构的管理可以不影响对逻辑存储结构的访问。

Oracle 12c 是基于云计算环境的数据库，c 代表的意思就是 cloud（云端）。无论是公有云还是私有云，客户都可以把 Oracle 数据库放在一个云平台上，通过把虚拟机“切”成小片的方式来实现多用户的安全和管理。Oracle 12c 采用多租户架构，是可插拔的数据库，能够让用户共享操作系统和数据库，同时每一个用户又是单独承载，这与以往数据库完全不同，是革命性的改变。

1.2.2　网格计算

使用网格计算技术，可以将许多独立的、模块化的硬件和软件组件连接在一起，并根据商业需求的变化而进行重组，进而开发出高效低耗的企业信息系统。

网格计算的目的是解决企业信息技术中的一些常见问题。与其他计算模型相比，以网格形式设计和实现的系统可以以更低的成本提供更高质量的服务和更大的灵活性。

可以通过以下两个关键点来区分网格计算和其他计算方式（如主机或客户机/服务器模式）。

- 虚拟化（Virtualization）：在网格计算模型中，相互独立的资源（如计算机、磁盘、应用程序组件和信息资源等）按照类型被组织在一个池中，供用户使用。这种方式打破了资源提供者和用户之间的强制对应关系，从而实现资源共享。系统可以根据特定的需要自动准备资源，而用户不需要了解整个过程。
- 资源供给（Provisioning）：在网格计算模型中，用户通过虚拟层申请资源，由系统来决定如何满足用户的特定需求，从而对系统进行整体的优化。

网格计算模型将 IT 资源集合视作一个独立的池。为了同时定位大型系统和各类分散资源中存在的问题，网格计算模型会在集中资源管理和灵活独立的资源控制之间实现最佳平衡。网格资源包括以下内容。

- 基础资源：构成数据存储和程序执行环境的软件和硬件。硬件资源包括磁盘、处理器、内存和网络等，软件则包括数据库、存储管理、系统管理、应用服务器和操作系统等。通过扩展多个计算机的计算能力以及多个磁盘或磁盘组的存储能力，提供网格计算功能的系统就可以排除单个资源故障所造成的影响，保障系统安全有效地运行。

- 应用程序：业务逻辑和处理流程的编码。
- 信息：用户需要的数据。信息可能保存在数据库或文件系统中，也可能以邮件格式或应用程序自定义格式保存。

Oracle 数据库的网格计算能力如下。

- 服务器虚拟（Server Virtualization）：Oracle 实时应用集群（RAC）可以使一个数据库运行在网格的多个节点上，将多个普通计算机的处理资源集中起来形成一个虚拟的服务器，从用户的角度看就是一个服务器。
- 存储虚拟（Storage Virtualization）：Oracle 的自动存储管理（ASM）特性提供了数据库和存储设备（磁盘）之间的一个虚拟层，这样一来，多个磁盘可以被视作一个单独的磁盘组，在保证数据库在线的情况下，磁盘可以动态地加载或移除。
- 网格管理：网格计算将多服务器和多磁盘集成在一起，并且对它们实现动态分配，因此独立的资源实现自我管理和集中管理就变得非常重要。Oracle 数据库为网格控制提供了将多系统集成为一个逻辑组的控制台，既可以管理网格中独立的节点，也可以集中维护各组系统的配置和安全设置。

1.2.3　Oracle 大数据解决方案

Oracle 大数据解决方案（Oracle Big Data Appliance）是由硬件和软件组件组成的集成系统，可以优化其中的硬件以运行增强的大数据软件组件。

Oracle 大数据解决方案具有以下特性。

- Oracle 大数据解决方案是一个完整的、优化的大数据解决方案。
- Oracle 大数据解决方案可以同时支持硬件和软件。
- Oracle 大数据解决方案是一个易于部署的解决方案。
- Oracle 大数据解决方案可以与 Oracle 数据库和 Oracle Exadata 一体机解决方案紧密结合。Oracle Exadata 是一个根据合理的配置把硬件和软件整合在一起的 Oracle 数据库平台。

Oracle 提供对大量、复杂的数据流进行捕获、组织和深度数据分析的大数据平台，这些数据流可以来自许多不同的数据源。Oracle 可以根据数据结构、工作量特性和终端用户的需求选择最佳存储和处理数据的位置。

Oracle 允许大用户社区以独特的方法访问和分析数据。通过在 Oracle 数据库中添加 Oracle Big Data Appliance，可以为已有的数据仓库带来新的信息源。

Oracle 大数据解决方案可以连接到运行在 Oracle 数据库上的 Oracle Exadata 数据库服务器，从而实现更快的速度和更高的效率。而且 Oracle Exadata 数据库服务器还可以链接到基于内存计算的 Oracle Exalytics 商务智能云服务器。基于内存计算的 Oracle Exalytics 商务智能云服务器是一款高速集成系统，实现了内存商务智能软件和硬件的集成。

图 1.2 演示了前面提到的 Oracle 集成系统的关系。集成系统之间使用无限带宽（InfiniBand）连接，可以提供高速的数据传输。

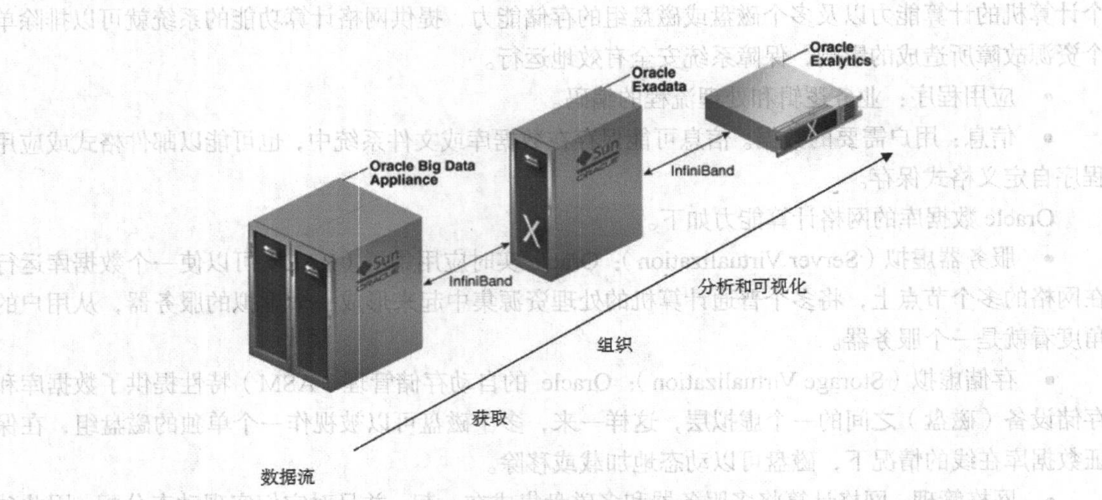

图 1.2　Oracle 集成系统的关系

1.2.4　数据库逻辑结构

Oracle 数据库的逻辑结构如图 1.3 所示。

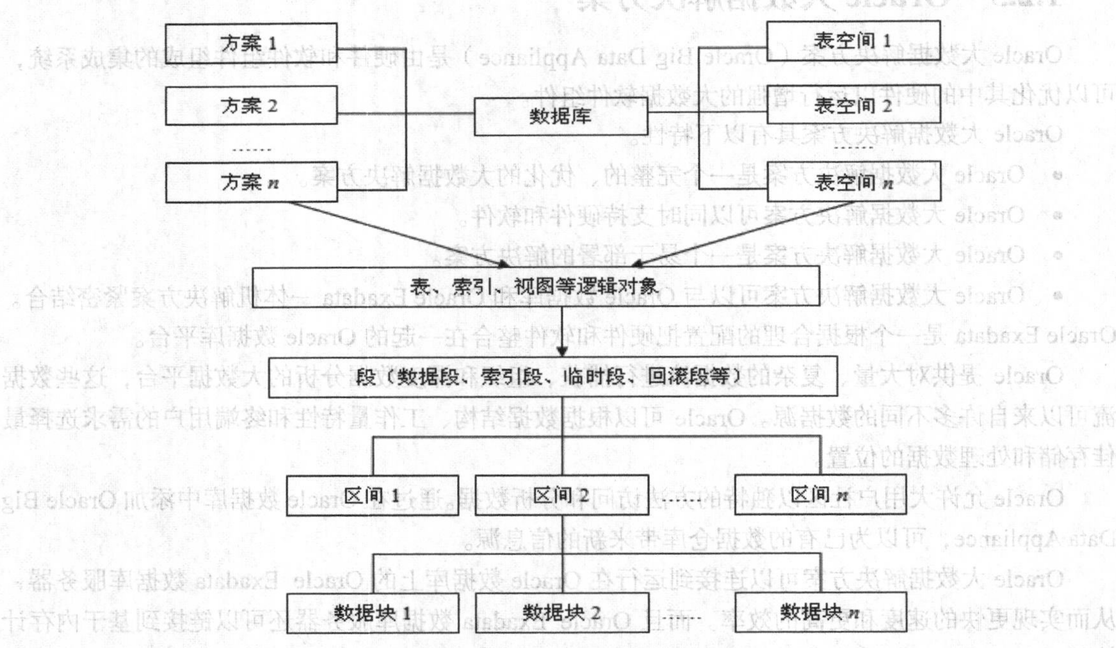

图 1.3　Oracle 数据库的逻辑结构

Oracle 数据库的逻辑结构有两种分类方式，数据库可以分为若干个方案，也可以分为若干个表空间。方案和表空间都可以包含表、索引、视图等逻辑对象，表空间由段组成，段由区间组成，区间则由数据块组成。

本小节将分别对这些概念进行介绍。

1. 方案

方案是一组数据库对象的集合。在创建用户的时候，会同时生成一个与用户同名的方案，此方案归同名用户所有。方案对象直接处理数据库数据的逻辑结构，例如表（Table）、视图（View）、索引（Index）和簇（Clusters）等。

- 表：数据库中最常用的数据存储单元，它包括所有用户可以访问的数据。作为关系型数据库，Oracle 的表由行和列组成，如图 1.4 所示。
- 视图：虚拟的表，它在物理上并不存在。视图可以把表或其他视图的数据按照一定的条件组合起来，所以也可以把它视作一个存储的查询。视图并不包含数据，它只是从基表中读取数据。例如，在图 1.4 所示的表 Employee 中，只读取姓名和年龄，就是一个视图，如图 1.5 所示。

表编辑器:"HR"."EMPLOYEES" - SYSTEM@ORACLEDB_LOCALHOST

EMPLOYEE_ID	FIRST_NAME	LAST_NAME	EMAIL	PHONE_NUMBER	HIRE_DATE	JOB_ID
100	Steven	King	SKING	515.123.4567	17-六月-1987 12:00:00 AM	AD_PRES
101	Neena	Kochhar	NKOCHHAR	515.123.4568	21-九月-1989 12:00:00 AM	AD_VP
102	Lex	De Haan	LDEHAAN	515.123.4569	13-一月-1993 12:00:00 AM	AD_VP
103	Alexander	Hunold	AHUNOLD	590.423.4567	03-一月-1990 12:00:00 AM	IT_PROG
104	Bruce	Ernst	BERNST	590.423.4568	21-五月-1991 12:00:00 AM	IT_PROG
105	David	Austin	DAUSTIN	590.423.4569	25-六月-1997 12:00:00 AM	IT_PROG
106	Valli	Pataballa	VPATABAL	590.423.4560	05-二月-1998 12:00:00 AM	IT_PROG
107	Diana	Lorentz	DLORENTZ	590.423.5567	07-二月-1999 12:00:00 AM	IT_PROG
108	Nancy	Greenberg	NGREENBE	515.124.4569	17-八月-1994 12:00:00 AM	FI_MGR
109	Daniel	Faviet	DFAVIET	515.124.4169	16-八月-1994 12:00:00 AM	FI_ACCOU
110	John	Chen	JCHEN	515.124.4269	28-九月-1997 12:00:00 AM	FI_ACCOU
111	Ismael	Sciarra	ISCIARRA	515.124.4369	30-九月-1997 12:00:00 AM	FI_ACCOU
112	Jose Manuel	Urman	JMURMAN	515.124.4469	07-三月-1998 12:00:00 AM	FI_ACCOU
113	Luis	Popp	LPOPP	515.124.4567	07-十二月-1999 12:00:00 AM	FI_ACCOU
114	Den	Raphaely	DRAPHEAL	515.127.4561	07-十二月-1994 12:00:00 AM	PU_MAN
115	Alexander	Khoo	AKHOO	515.127.4562	18-五月-1995 12:00:00 AM	PU_CLER
116	Shelli	Baida	SBAIDA	515.127.4563	24-十二月-1997 12:00:00 AM	PU_CLER
117	Sigal	Tobias	STOBIAS	515.127.4564	24-七月-1997 12:00:00 AM	PU_CLER
118	[illegible]	[illegible]	[illegible]	515.127.4565	[illegible]	[illegible]

执行次数 0.311 返回的行 106 应用(P) 还原(R) 显示 SQL 关闭 帮助

列 列名 行

图 1.4 表的结构和内容

- 索引：与表相关联的可选结构。创建索引可以提高读取数据的效率。索引的功能类似书的目录，读者可以通过目录很快地在书中找到需要的内容。索引提供对表数据的访问路径，从而能够帮助用户快速定位指定的信息。
- 簇：有些表共享公共的列，并经常被同时访问，为了提高数据存取的效率，把这些表在物理上存储在一起，得到的表的组合就是簇。与索引相似，簇并不影响应用程序的设计。用户和应用程序并不关心表是否是簇的一部分，因为无论表在不在簇中，访问表的 SQL 语句都是一样的。

内容查看器:"HR"."V_EMPLOYEE" - SYSTEM@ORADB.DOMAIN.NTSERVER

EMP_NAME	AGE
Mark Wang	40
Sherry Zhang	26
John Li	30
Marry Ma	42
Fransic Zhang	27
Charley Liu	38
Cindy Lu	29
Richard Song	28
James Fan	23
Jack Liu	29
Lucy Su	26

执行次数 0.02 返回 应用(P) 还原(R) 显示 SQL 关闭 帮助

图 1.5 视图的结构和内容

2. 表空间

数据库可以划分为若干的逻辑存储单元，这些存储单元被称为表空间（Tablespace）。每个数据库都至少有一个系统表空间（称为 SYSTEM 表空间）。在创建表时，需要定义保存表的表空间。

Oracle 12c 包含如下几种表空间，如表 1.2 所示。

表 1.2　　　　Oracle 表空间

表空间	说明
示例表空间（Example Tablespace）	用于存储示例表数据。创建数据库时，如果创建示例方案，则会创建示例表空间。本书没有使用 Oracle 数据库提供的默认示例数据，因此这里不展开介绍
大文件表空间（Bigfile Tablespace）	它只能包含一个大文件，但文件大小可以达到 4GB
系统表空间（SYSTEM Tablespace）	Oracle 数据库必须具备的部分。用于存放表空间名称、表空间所包含的数据文件等管理数据库自身所需要的信息
辅助表空间（SYSAUX Tablespace）	系统表空间的辅助表空间，它包含一些以前位于 SYSTEM 表空间中的对象，并且集中存储支持 Oracle 特性的对象（例如 LogMiner、UltraSearch 和 DataMining）。数据库组件将辅助表空间作为存储数据的默认位置
还原表空间（Undo Tablespace）	用于事务的回滚和撤销的表空间
临时表空间（Temporary Tablespace）	用于临时存储数据库的表空间
用户表空间（Users Tablespace）	用于存储用户的私有数据的表空间
本地管理表空间（Locally Managed Tablespaces）	使用本地位图来管理的表空间。所有表空间（包括系统表空间）都可以实现本地管理

下面分别对这些表空间进行介绍。

（1）大文件表空间。

大文件表空间中包含一个单独的大文件，而不是若干个小文件。这使得 Oracle 数据库可以应用于 64 位操作系统，创建和管理大型文件。大文件表空间可以使数据文件完全透明，即可以直接对表空间进行操作而无须考虑底层的数据文件。

使用大文件表空间可以使表空间成为磁盘空间管理、备份和恢复等操作的主要单元，同时简化了对数据文件的管理。因为大文件表空间中只能包含一个大文件，所以不需要考虑增加数据文件和处理多个文件的开销。

在创建表空间时，系统默认创建小文件表空间（Smallfile Tablespaces），这是传统的 Oracle 表空间类型。系统表空间和辅助表空间只能是小文件表空间。一个 Oracle 数据库中可能同时包含大文件表空间和小文件表空间。

（2）系统表空间。

每个 Oracle 数据库都包含一个系统（SYSTEM）表空间。当创建数据库时，系统表空间会自动创建。当数据库打开时，系统表空间始终在线。

系统表空间中包含整个数据库的数据字典表，另外，PL/SQL 中的一些程序单元（如存储过程、函数、包和触发器等）也保存在系统表空间中。PL/SQL 是 Oracle 提供的数据库访问语言，本书将在第 9 章对其进行介绍。

（3）辅助表空间。

数据库组件将辅助（SYSAUX）表空间作为存储数据的默认位置，因此当数据库创建或升级时，会自动创建辅助表空间。使用辅助表空间可以减少表空间的默认创建数量，在进行普通的数据库操作时，Oracle 数据库服务器不允许删除辅助表空间，也不能对其进行改名操作。

（4）还原表空间。

每个数据库中都可以包含多个还原（Undo）表空间。在自动撤销管理模式中，每个 Oracle

实例都指定了一个（且只有一个）还原表空间。撤销的数据在还原表空间中使用还原区间来管理，还原区间由 Oracle 自动创建并维护。

在 Oracle 中，可以将对数据库的添加、修改和删除等操作定义在事务（Transaction）中。事务中的数据库操作是可以撤销的，当事务中的数据库操作运行时，此事务将绑定在当前还原表空间的一个还原区间上。事务中对数据库的改变被保存在还原表空间中，当执行回滚操作时，可以据此恢复数据。

（5）临时表空间。

如果系统表空间是本地的，则在创建数据库时至少要创建一个默认的临时（Temporary）表空间。如果删除所有的临时表空间，则系统表空间将被用作临时表空间。

（6）用户表空间。

用户表空间用于存储 Oracle 数据库普通用户的私有数据，默认的用户表空间为 USERS。在创建一个 Oracle 数据库用户时需要指定该用户存储数据的用户表空间。用户开发的数据库应用程序产生的数据也存储在用户表空间中。

（7）本地管理表空间。

在本地管理表空间中，不再使用传统的数据字典来记录表空间中区的使用情况，而是在数据文件中增加一个位图区，并在其中记录表空间中区的使用情况。

下面介绍一下表空间的状态以及表空间和方案的关系。

（1）表空间的在线和离线状态。

除了系统表空间外，数据库管理员可以将其他任何表空间设置为在线（Online）和离线（Offline）状态。无论数据库是否被打开，都可以设置表空间的在线和离线状态。当数据库打开后，系统表空间必须始终在线，因为数据字典必须一直有效。

表空间通常都是在线的，这样表空间中的数据就可以对数据库用户有效。但是在备份、恢复和维护数据库时，数据库管理员可以将表空间设置为离线。当表空间处于离线状态时，Oracle 不允许任何 SQL 语句访问表空间中的数据。

当表空间离线后又重新在线时，此过程将被记录在系统表空间的数据字典中。如果表空间在关闭数据库时处于离线状态，则当重新打开数据库时，它依然保持离线状态。数据库管理员只能在创建表空间的数据库中设置表空间为在线状态，因为必须在数据库的系统表空间中记录表空间的状态信息。

当发生特定的错误时，Oracle 可以自动将表空间切换到离线状态。例如，数据库的写进程 DBW*n* 多次试图写数据文件失败时。

（2）表空间和方案的关系。

表空间和方案的关系如下。

- 同一方案中的对象可以存储在不同的表空间中。
- 表空间可以存储不同方案中的对象。

（3）数据库、表空间和数据文件的关系。

数据库、表空间和数据文件的关系如图 1.6 所示。

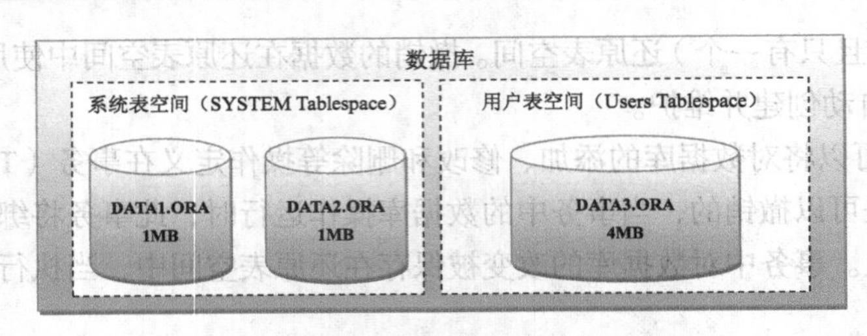

图 1.6　数据库、表空间和数据文件的关系

从图 1.6 中可以得知如下信息。

- 每个表空间由一个或多个数据文件组成。数据文件用于在物理上存储表空间中所有逻辑结构的数据。
- 表空间中数据文件的大小之和就是表空间的存储容量（在图 1.6 中，系统表空间存储容量为 2MB，用户表空间的存储容量为 4MB）。
- 数据库中表空间的存储容量之和就是数据库的存储容量（图 1.6 中为 6MB）。

（4）临时表空间组。

临时表空间组允许用户使用多个表空间中的临时空间，它具有以下特性。

- 一个临时表空间组中至少包含一个表空间，但并没有限制它最多包含多少个表空间。
- 它共享临时表空间的命名空间，因此它的名称与任何表空间都不能重复。
- 如果删除了临时表空间组中的所有成员表空间，则该组也将被自动删除。

与使用普通表空间相比，使用临时表空间组的好处如下。

- 在使用 SELECT 语句查询数据库时，可以使用多个临时表空间进行排序操作，避免出现临时表空间不足的问题。
- 可以在一个并行操作中有效地利用多个临时表空间。
- 一个用户在不同会话中可以同时使用多个临时表空间。

3. 段

段（Segment）由一组区间组成。如果段中的区间用完了，Oracle 就可以自动为它分配新的区间。段中的区间可以是连续的，也可以是不连续的。Oracle 数据库有 4 种类型的段，如表 1.3 所示。

表 1.3　Oracle 数据库中段的类型

段类型	说明
数据段	每个不在簇中的表都有一个数据段。表中的所有数据都存储在数据段的区间中。每个簇都有一个数据段，簇中每个表的数据都存储在簇的数据段中。簇由共享相同数据块的多个表组成，具体情况将在第 7 章中介绍
索引段	每个索引都有一个索引段，存储所有的索引数据
临时段	当执行 SQL 语句需要临时工作区时，Oracle 将创建临时段。执行完毕后，临时段的区间将被系统回收，以备需要时分配使用
回滚段	回滚段用于存放数据修改之前的值（包括数据修改之前的位置和值）。一个事务只能使用一个回滚段来存放它的回滚信息，而一个回滚段可以存放多个事务的回滚信息。回滚段中的信息将在数据库恢复过程中被使用

4. 区间

区间（Extent）是数据库存储空间中分配的一个逻辑单元，由一组相邻的数据块组成，它是

Oracle 分配磁盘空间的最小单位。MINEXTENTS 定义了段中所能包含的最小区间数量，在创建段时，它所包含的区间数量只能为 MINEXTENTS。随着段中数据的增加，区间数量也可以不断增加，但不能超过 MAXEXTENTS 中定义的数量，否则会出现错误。

5. 数据块

数据块（Data Block）是 Oracle 管理数据库存储空间的最小数据存储单位。一个数据块对应磁盘上一定数量的数据库空间，标准的数据块大小由初始参数 DB_BLOCK_SIZE 指定。因此，数据块既是逻辑单位，也是物理单位。

数据块的格式如图 1.7 所示。

- 公共的变长头包含数据块的通用信息，如块地址和段类型等。
- 表目录包含此块中的表的信息。
- 行目录包含此块中实际行数据的信息（包括在行数据区中每个行数据片的地址）。
- 空闲空间是插入新行时需要的存储空间，更新行数据时也可能造成存储空间的增加，这些存储空间都需要从空闲空间中分配。
- 行数据包含表或索引数据。行数据的存储可以跨越数据块，也就是说，一行数据可以分别存储在不同的数据块中。

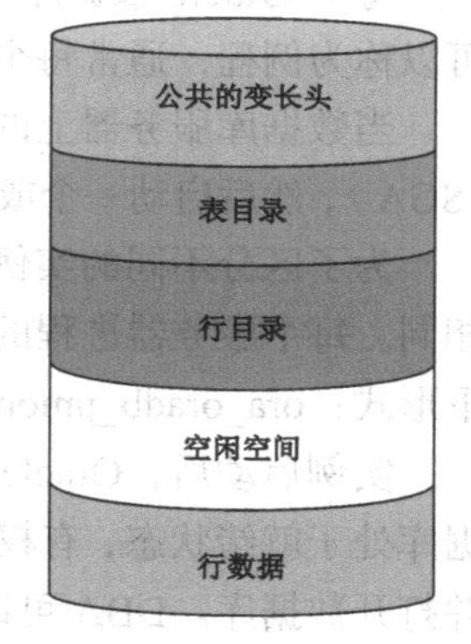

图 1.7　数据块的格式

1.2.5　数据库物理结构

数据库物理结构由构成数据库的操作系统文件决定。每个 Oracle 数据库都由 3 种类型的文件组成，即控制文件、数据文件和日志文件。这些数据库文件为数据库信息提供真正的物理存储。

1. 控制文件

每个 Oracle 数据库都有一个控制文件，记录数据库的物理结构。控制文件包含数据库名、数据文件和日志文件的名称、位置和数据库建立日期等信息。

数据库的控制文件用于标识数据库和日志文件，当开始数据库操作时它们必须被打开。当数据库的物理组成更改时，Oracle 就会自动更改该数据库的控制文件。数据恢复时，也要使用控制文件。

当数据库打开时，Oracle 数据库服务器必须可以写控制文件。若没有控制文件，数据库将无法装载，恢复数据库也很困难。

2. 数据文件

Oracle 数据库有一个或多个物理的数据文件。数据库的数据文件包含全部数据库数据，逻辑数据物理地存储在数据文件中。数据文件具有下列特征。

- 一个数据文件仅与一个数据库联系。
- 当数据库容量越界时，数据文件能够自动扩展。
- 一个或多个数据文件组成一个表空间。

进行数据库操作时，系统将从数据文件中读取数据，并存储在 Oracle 的内存缓冲区中。新建或更新的数据不必立即写入数据文件中，而是把数据临时存放在内存中，由数据库写入进程（DBW*n*）决定在适当的时间一次性写入到数据文件中。这样可以大大降低访问磁盘的次数，从而增强系统性能。

3. 日志文件

每个数据库有两个或多个日志文件组，日志文件组用于收集数据库日志。日志的主要功能是记录对数据所做的修改，对数据库所做的修改都记录在日志文件中。在出现故障时，如果不能将修改数据永久地写入数据文件，则可利用日志得到修改记录，从而保证已有的操作成果不会丢失。

日志文件主要用于保护数据库以防止故障。为了防止日志文件本身的故障，Oracle 允许镜像日志，在不同磁盘上维护两个或多个日志副本。

1.2.6 数据库实例

每个 Oracle 数据库服务器都由一个数据库和至少一个 Oracle 实例（Instance）组成。实例也可以称为例程，通常每个运行的 Oracle 数据库只对应一个 Oracle 实例。

当数据库服务器上的一个数据库启动时，Oracle 将为其分配一块内存区间，叫作系统全局区（SGA），然后启动一个或多个 Oracle 进程。SGA 和 Oracle 进程结合在一起，就是一个 Oracle 实例。

为了区分不同的实例，每个 Oracle 实例都有一个系统标识符（SID），通常 SID 与数据库名相同。每个服务器进程的命名也与 SID 相匹配。例如，在 ORADB 数据库中，进程可以命名为以下形式：ora_oradb_pmon、ora_oradb_smon 或 ora_oradb_lgwr。

实例启动后，Oracle 把它与指定的数据库联系在一起，这个过程叫作装载数据库。此时，数据库处于就绪状态，有权限的用户可以访问该数据库。只有数据库管理员（DBA）才能启动实例，并打开数据库。DBA 可以关闭已经打开的数据库实例，此时用户无法访问数据库中的数据。

Oracle 实时应用集群（RAC）是一个多实例系统，它可以通过运行多个实例来共享一个物理数据库。在很多应用中，RAC 可以使在不同计算机上的用户同时访问同一个数据库，从而提高工作效率。数据库实例与数据库的关系如图 1.8 所示。

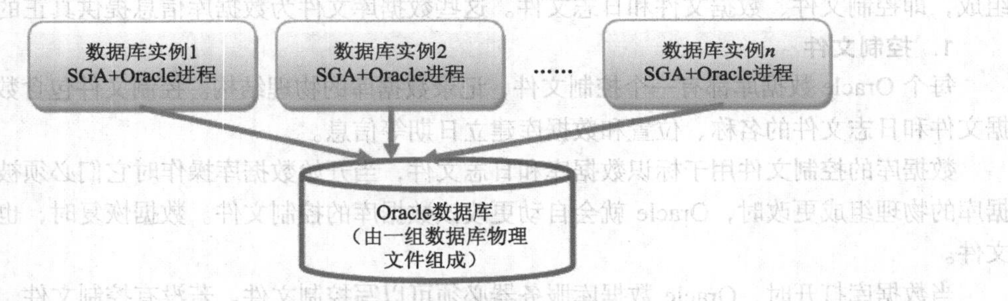

图 1.8 数据库实例与数据库的关系

Oracle 数据库实例支持 4 种状态，包括打开（OPEN）、关闭（CLOSE）、已装载（MOUNT）和已启动（NOMOUNT）。

下面分别对这 4 种状态进行说明。

- 打开：启动实例，装载并打开数据库。该模式是默认的启动模式，它允许任何有效用户连接到数据库，并执行典型的数据访问操作。
- 关闭：将 Oracle 实例从允许用户访问数据库的状态转换为休止状态。关闭操作首先终止用户访问数据库所需的进程，然后释放计算机中供 Oracle 运行使用的内存。
- 已装载：启动实例并装载数据库，但不打开数据库。该模式用于更改数据库的归档模式或执行恢复操作，还可以用于数据文件恢复。因为此状态下没有打开数据库，所以不允许用户访问。
- 已启动：启动实例，但不装载数据库。该模式用于重新创建控制文件，对控制文件进行恢复或重新创建数据库等。因为此状态下没有打开数据库，所以不允许用户访问数据库。该状态也称为“不装载”。

本书将在第 4 章介绍数据库实例的启动和关闭。

1.2.7　内部存储结构

Oracle 使用内存存储以下信息。

- 程序代码。
- 连接会话的信息，包括当前并未激活的会话。
- 程序运行过程中的信息（如当前查询的状态等）。
- Oracle 进程共享和通信的信息。
- 缓冲区中的数据，这些数据同时保存在外存储器中。

Oracle 有系统全局区（System Global Area，SGA）和程序全局区（Program Global Area，PGA）两种内存结构。

1. SGA

SGA 是一组共享内存结构，其中包含 Oracle 数据库例程数据及控制信息。如果有多个用户同时连接到同一个例程，则此例程的 SGA 数据由这些用户共享。因此，SGA 也称为共享全局区（Shared Global Area）。

SGA 包含以下数据结构。

- 数据库缓冲区：用于保存从数据文件中读取的数据块。
- 重做日志缓冲区：SGA 中的循环缓冲区，用于记录数据库发生改变的信息。
- 共享池：用于保存用户程序。
- Java 池：为 Java 命令提供语法分析。
- 大型池：数据库管理员配置的可选内存区域，用于分配大量的内存。

2. PGA

PGA 是包含 Oracle 进程数据和控制信息的内存区域。它在 Oracle 进程启动时由 Oracle 创建，是 Oracle 进程的私有内存区域，不能共享，只有 Oracle 进程才能对其进行访问。PGA 可以分为堆栈区和数据区两部分。

Oracle 的内存结构如图 1.9 所示。

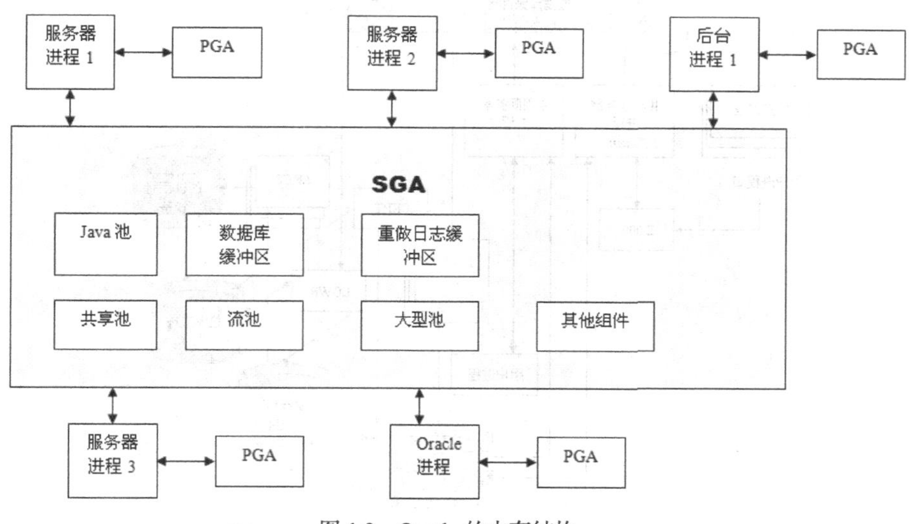

图 1.9　Oracle 的内存结构

1.2.8 进程结构

进程是操作系统中的一种机制，它可执行一系列的操作步骤，在有些操作系统中又被称为作业或任务。进程通常有自己的专用存储区。

所有连接到 Oracle 的用户都必须运行以下两个模块的代码来访问 Oracle 数据库例程。

- 应用程序或 Oracle 工具：例如预编译程序或 SQL*Plus 等，对 SQL 语句进行处理。
- Oracle 服务器代码：用于解释和处理应用程序的 SQL 语句。

这些模块都是通过进程运行的，可见进程在 Oracle 数据库中起着很重要的作用。

Oracle 是一个多进程的系统。Oracle 例程中的每个进程都执行特定的任务。通过把 Oracle 和数据库应用程序的工作分解成不同的进程，多个用户和应用程序就可以同时连接到一个数据库例程，而且使系统保持出色的性能。

Oracle 系统中的进程可以分为两大类。

- 用户进程：运行应用程序或 Oracle 工具。
- Oracle 进程：运行 Oracle 服务器代码。Oracle 进程包括服务器进程和后台进程。

服务器进程用于处理连接到数据库例程的用户进程的请求。服务器进程可以完成以下主要工作。

- 分析并运行应用程序中的 SQL 语句。
- 如果需要的数据块不在 SGA 中，则把它从数据文件中读取到 SGA 的共享数据库缓冲区中。
- 返回应用程序需要的结果。

为了实现系统的最佳性能，并协调多个用户，在多进程 Oracle 系统中也使用一些附加进程，称为后台进程。在许多操作系统中，后台进程在例程启动时自动地建立。一个 Oracle 例程可以有许多后台进程，但它们不是一直存在的。

图 1.10 所示为多进程 Oracle 实例的后台进程示意图。

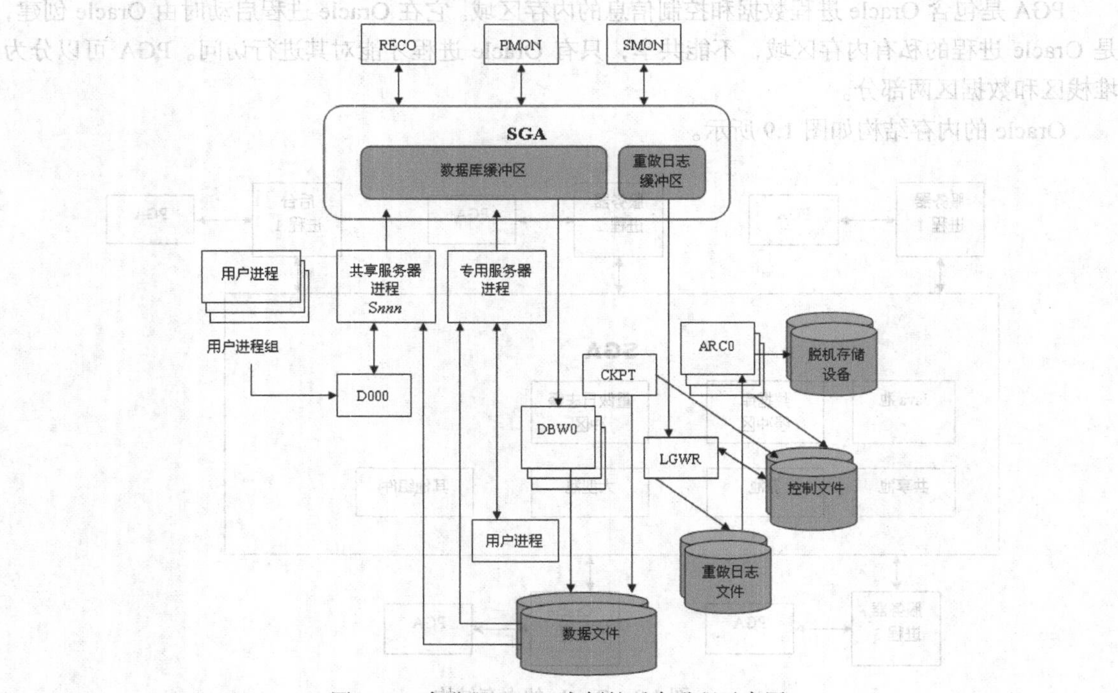

图 1.10 多进程 Oracle 实例的后台进程示意图

Oracle 后台进程的名称及说明如表 1.4 所示。

表 1.4　Oracle 后台进程的名称及说明

后台进程名称	说明
DBW*n*	数据库写入进程，把缓冲区中的内容写入到数据文件中
LGWR	日志写入进程，把重做日志缓冲区中的内容写入重做日志文件中
CKPT	检查点进程，检查点（Checkpoint）是一个事件，当此事件发生时，DBW*n* 进程将把 SGA 中所有改变的数据库缓冲区写入到数据文件中。CKPT 进程的功能是当发生检查点事件时唤醒 DBW*n* 进程，更新数据库所有的数据文件和控制文件，并标记最新的检查点，以便下一次更新从最新的检查点开始
SMON	系统监控进程，当失败的数据库实例重新启动时，SMON 进程将完成实例的恢复工作
PMON	进程监控进程，当用户进程失败时，用于完成进程的恢复
ARC*n*	归档进程，当重做日志被填满后，系统将通过日志交换转向到另一个重做日志。此时，ARC*n* 进程把在线的重做日志复制到归档存储器中
RECO	恢复进程，用于解决分布式数据库中由于网络或系统故障导致挂起的分布式事务。在规定的时间间隔内，本地的 RECO 进程会试图连接到远程数据库，并自动完成挂起的分布式事务在本地的提交或回滚
S*nnn*	共享服务器进程，在共享服务器配置中，每个共享服务器进程为多个客户请求提供服务

除了图 1.10 中体现的后台进程外，Oracle 还包含如下几个后台进程。

- J*nnn*，作业队列进程，用于批量处理，运行用户作业。可以把作业队列进程看作是一个计划服务，用于在 Oracle 实例上安排 PL/SQL 语句或过程等作业。设定开始日期和时间间隔，作业队列进程将在下一个时间间隔到来时运行指定的作业。
- LMS，锁管理服务器进程，提供实例内资源管理。
- QMN*n*，队列监控进程，对消息队列进行监控。
- QMN*n*，队列监控进程，对消息队列进行监控。

1.2.9　应用程序结构

本小节简单介绍 Oracle 服务器和数据库应用程序在专用进程环境中是如何工作的。

1．客户/服务器结构

在 Oracle 数据库系统环境中，数据库应用程序和数据库被分成以下两个部分。

- 前端或客户端。客户端运行数据库应用程序，访问数据库信息，并通过键盘、屏幕和鼠标等设备与用户交流。
- 后端或服务器端。运行 Oracle 软件，同时处理多种请求，共享访问 Oracle 数据库的数据。

客户端应用程序可以与 Oracle 运行在同一台计算机上，但是在多数情况下，客户端和服务器端分别运行在不同的计算机上，它们通过网络连接，实现更强的效能。

Oracle 数据库系统的分布处理模式如图 1.11 所示。

可以看到如下两种处理模式。

- 在模式 A 中，客户端和服务器端位于不同的计算机，这些计算机通过网络连接。Oracle 数据库系统的服务器端和客户端通过 Oracle Net Services 进行通信。
- 在模式 B 中，作为服务器的计算机中有多个处理器，不同的处理器分别执行 Oracle 客户端应用程序。

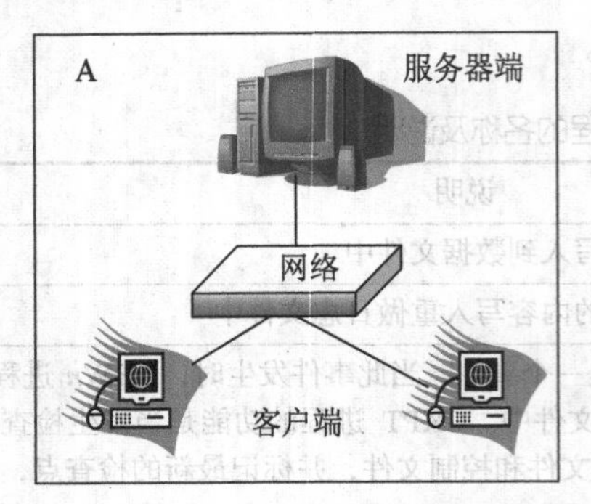

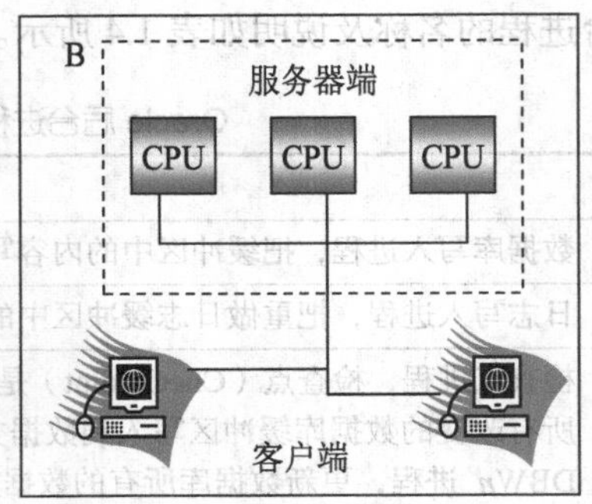

图 1.11　Oracle 数据库系统的分布处理模式

2. 多层结构

多层结构是对客户/服务器结构的一种扩展，通常可以分为以下 3 层。

- 客户端。
- 应用程序服务器。
- 数据库服务器。

在多层结构中，应用程序服务器为客户端提供数据，它的作用类似于客户端和服务器端之间的接口。它们的关系如图 1.12 所示。

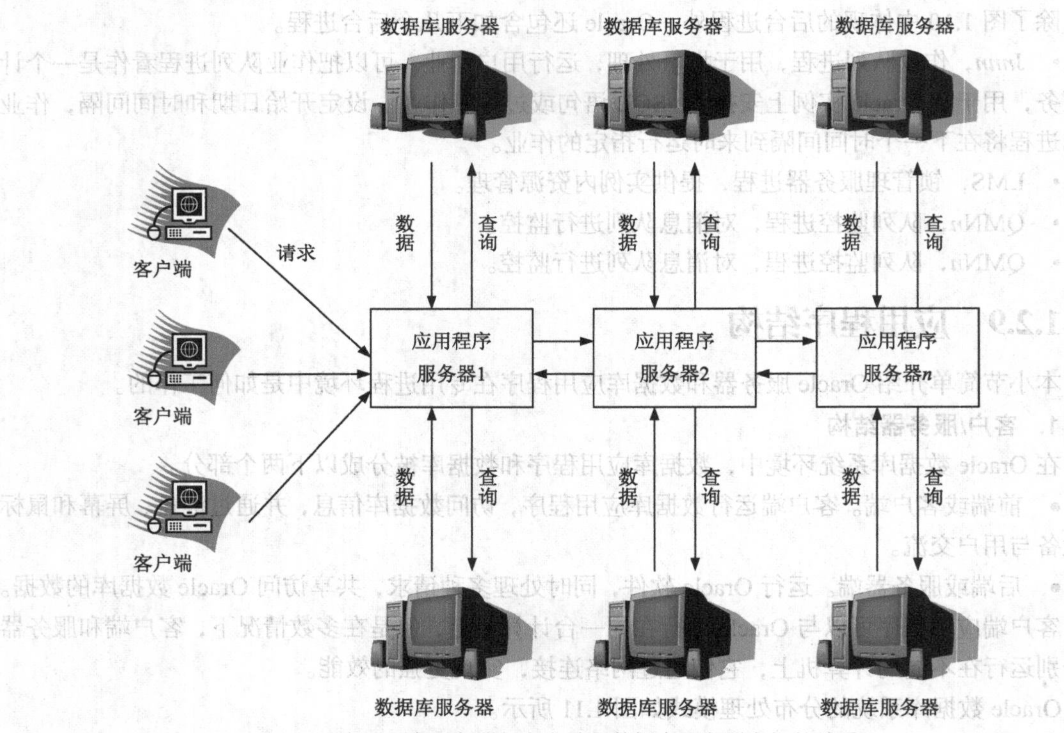

图 1.12　应用程序服务器与客户端和数据库服务器之间的关系

如图 1.12 所示，客户端提出一个请求，在数据库服务器上执行相应的操作。客户端程序可以是 Web 浏览器，也可以是其他用户进程。在多层结构中，客户端通过一个或多个应用程序服务器与数据库服务器相连。

应用程序服务器为客户端提供数据访问的渠道。它是客户端和数据库服务器之间的接口，它的存在也提供了一层安全机制。当数据库服务器执行客户端请求的操作时，应用程序服务器被视作客户端的标识，通过对应用程序服务器进行权限设置，就可以避免执行不必要和不允许的操作。

数据库服务器负责管理数据。它还可以对应用程序服务器的操作进行审计，决定哪些操作可以执行，哪些操作将被禁止。

3. Oracle Net Services

Oracle Net Services 提供了企业级分布式连接方案，可以实现从客户端应用程序到 Oracle 数据库的网络会话。Oracle Net Services 使用各种网络广泛支持的通信协议或应用程序接口（API），为 Oracle 提供分布式数据库和分布式进程管理。通信协议是一组规则，它决定了应用程序如何访问网络以及数据如何拆分成包在网络中传输等。API 是一组过程，在网络环境中，它们提供了通过通信协议建立远程连接的方法。

Oracle 支持多种网络协议，从而可以为数据库服务器上运行的 Oracle 进程和网络中其他计算机上运行的 Oracle 应用程序的用户进程提供接口。这些协议从 Oracle 应用程序接口中得到 SQL 语句，并把它们打包，通过支持的网络协议或 API 进行传输；这些协议还可以从 Oracle 得到反馈信息（比如查询结果集等），打包后使用同样的通信机制传输。这些操作与网络操作系统无关。

Oracle 数据库启动时，监听进程（Listener Process）建立一个到 Oracle 的通信路径。如果用户发出连接请求，监听进程将决定是使用共享服务器分配进程，还是使用专用服务器进程建立指定的连接。

每个 Oracle 实例都包含一个服务处理器，可以把它视作 Oracle 数据库服务器的连接端点，用于处理与客户端的连接。服务处理器可以是调度器进程（Dispatchers），也可以是专用服务进程（Dedicated Server Processes）。下面分别对这两种类型的服务处理器进行介绍。

（1）调度器模式。

调度器模式（也称为共享服务器模式）使用调度器进程将客户端连接放置到通用请求队列中。服务器共享池中的一个空闲共享服务器进程可以从通用队列中获取一个请求进行处理。这种方法可以使一个小型的服务器进程池为大量的客户端提供服务。与专用服务器模型相比，共享服务器模型的最大优势在于它减少了系统资源的消耗，从而可以支持更多用户同时使用。

如果监听器使用调度器类型的服务处理器，则当客户端请求到达时，监听器将执行下列操作之一。

- 直接将连接请求传送到调度器，工作流程如图 1.13 所示。

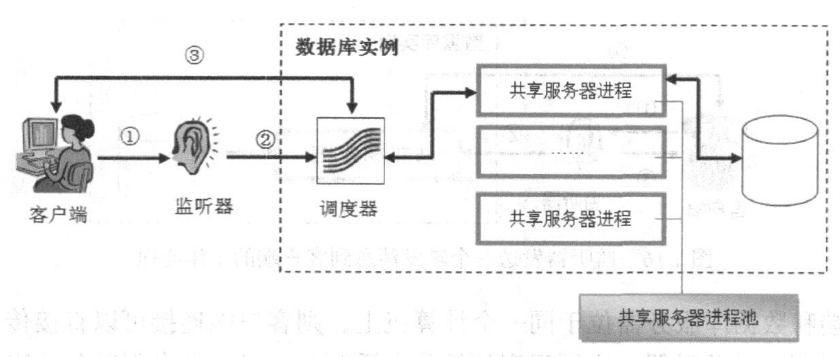

图 1.13　监听器直接将连接请求传送到调度器的工作流程

- 发送一个转发消息到客户端，其中包含调度器的协议地址。然后客户端就终止与监听器的网络会话，并使用转发消息中提供的网络地址与调度器建立网络会话，工作流程如图 1.14 所示。

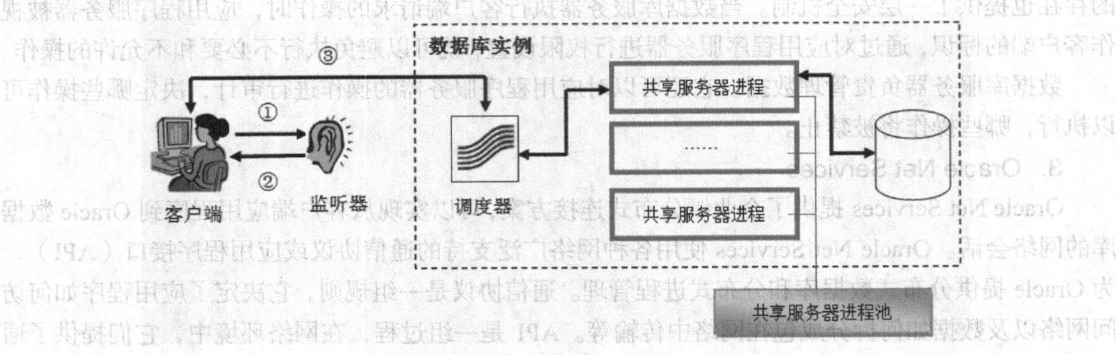

图 1.14　监听器发送一个转发消息到客户端的工作流程

只要有可能，监听器就会直接将连接请求传送到调度器。只有当调度器与监听器不在同一台计算机上时，监听器才使用转发消息。

（2）专用服务器模式。

在专用服务器模式下，监听器为每个客户端连接请求启动一个独立的专用服务器进程，为客户端提供服务。一旦会话完成，专用服务器进程将结束。因为必须为每个连接启动一个专用服务器进程，所以这种模式需要的系统资源要大于共享服务器模式。

专用服务器进程执行下列操作之一。

- 专用服务器继承来自监听器的连接请求，工作流程如图 1.15 所示。

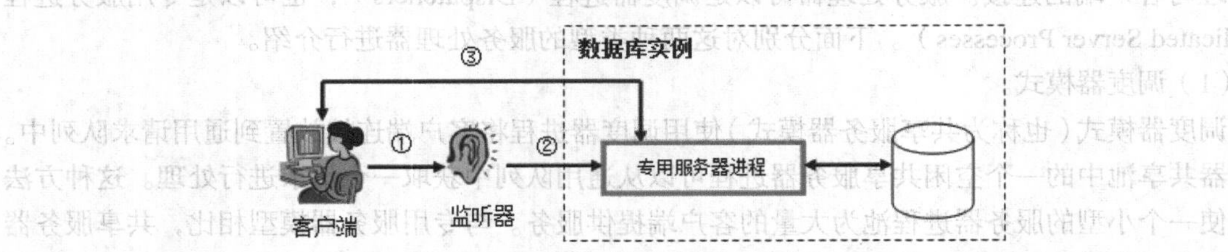

图 1.15　监听器直接将连接请求传送到专用服务器进程的工作流程

- 专用服务器通知监听器它的监听协议地址，监听器通过一个转发消息把协议地址传送给客户端，然后结束连接。客户端使用该协议地址直接连接到专用服务器，工作流程如图 1.16 所示。

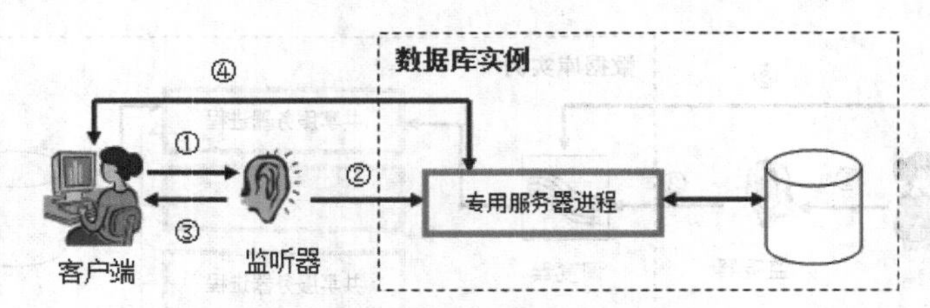

图 1.16　监听器发送一个转发消息到客户端的工作流程

如果客户端和数据库服务器位于同一个计算机上，则客户端连接可以直接传送到专用服务器进程，而不需要通过监听器。应用程序初始化会话时会生成一个专用服务器程序用于处理连接请求。

1.2.10 Oracle 数据库用户概述

Oracle 提供了多种用户类型，用于实现不同的管理职责，本小节将介绍 Oracle 数据库用户的基本情况。

1. Oracle 数据库用户类型

Oracle 数据库用户可以分为如下 6 种类型：数据库管理员、安全官员、网络管理员、应用程序开发员、应用程序管理员和数据库用户。

下面分别对这些用户类型进行简单介绍。

（1）数据库管理员。

每个数据库都至少有一个数据库管理员（DBA）。Oracle 数据库系统可能非常庞大，拥有众多用户，因此有时数据库管理并不是一个人能完成的工作，而是需要一组数据库管理员共同完成。

数据库管理员的主要职责如下。

- 安装和升级 Oracle 数据库服务器和其他应用工具。
- 分配系统存储空间，并计划数据库系统未来需要的存储空间。
- 当应用程序开发人员设计完成一个应用程序之后，为其创建主要的数据库存储结构，例如表空间。
- 根据应用程序开发员的设计创建主要的数据库对象，例如表、视图和索引。
- 根据应用程序开发员提供的信息修改数据库结构。
- 管理用户，维护系统安全。
- 确保对 Oracle 的使用符合 Oracle 的许可协议。
- 控制和监视用户对数据库的访问。
- 监视和优化数据库的行为。
- 做好备份和恢复数据库的计划。
- 维护磁带中归档的数据。
- 备份和恢复数据库。
- 在必要时联系 Oracle 公司获取技术支持。

（2）安全官员。

安全官员可以管理用户、控制和监视用户对数据库的访问，以及维护数据库的安全。如果拥有单独的安全官员，则 DBA 无须关注这些问题。

（3）网络管理员。

网络管理员可以管理 Oracle 的网络产品，例如 Oracle Net Services 等。

（4）应用程序开发员。

应用程序开发员负责设计和实现数据库应用程序，其主要职责如下。

- 设计和开发数据库应用程序。
- 为应用程序设计数据库结构。
- 估算应用程序需要的数据库存储空间。
- 定义应用程序需要对数据库结构所进行的修改。
- 将上述信息提供给数据库管理员。
- 在开发过程中对应用程序进行调整。
- 在开发过程中对应用程序的安全性进行检测。

（5）应用程序管理员。

应用程序管理员可以对指定的应用程序进行管理，每个应用程序都可以有自己的管理员。

（6）数据库用户。

数据库用户通过应用程序与数据库打交道，数据库用户最常用的权限如下。

- 在权限的范围内添加、修改和删除数据。
- 从数据库中生成统计报表。

2. 默认数据库管理员用户

数据库管理员可以拥有两种类型的用户，即操作系统用户和 Oracle 数据库用户。

（1）数据库管理员的操作系统用户。

为了完成许多数据库管理任务，数据库管理员必须能够执行操作系统命令，因此数据库管理员需要拥有一个操作系统用户用于访问操作系统。例如，安装 Oracle 数据库产品就需要拥有操作系统账户。

（2）数据库管理员的数据库用户。

在创建 Oracle 数据库时，如下两个用户被自动创建。

- SYS：默认密码为 change_on_install。当创建一个 Oracle 数据库时，SYS 用户将被默认创建并授予 DBA 角色。所有数据库数据字典中的基本表和视图都存储在名为 SYS 的方案中。这些基本表和视图对于 Oracle 数据库的操作是非常重要的。为了维护数据字典的真实性，SYS 方案中的表只能由系统来维护。它们不能被任何用户或数据库管理员修改，而且任何用户都不能在 SYS 方案中创建表。

- SYSTEM：默认密码为 manager。与 SYS 用户一样，在创建 Oracle 数据库时，SYSTEM 用户也被默认创建并授予 DBA 角色。SYSTEM 用户用于创建显示管理信息的表或视图，以及被各种 Oracle 数据库应用和工具使用的内部表或视图。

在手动创建数据库时，建议在创建数据库的同时指定 SYS 用户和 SYSTEM 用户的密码，而不使用默认密码。

除了这两个用户外，建议至少再创建一个管理员用户，将其授予适当的管理员角色来执行日常管理工作。尽量不直接使用 SYS 用户和 SYSTEM 用户来进行日常管理工作。

SYS 用户和 SYSTEM 用户都被默认授予 DBA 角色。DBA 角色是在 Oracle 数据库创建时自动生成的角色，它包含大多数数据库系统权限，因此只有系统管理员才能被授予 DBA 角色。关于角色的概念将在第 6 章中介绍。

3. 数据库管理员（DBA）的权限

数据库管理员经常会执行一些特殊的操作，例如启动或停止数据库服务，因此必须对数据库管理员进行严格的身份认证。

数据库管理员在进行基本的数据库操作时需要被赋予管理员权限，Oracle 提供两种特殊的系统权限，即 SYSDBA 和 SYSOPER。拥有这两种权限的用户可以在数据库关闭时访问数据库实例，对这些权限的控制完全在数据库之外进行。

（1）拥有 SYSDBA 权限可以执行如下操作。

- 启动和关闭数据库操作。
- 执行 ALTER DATABASE 语句修改数据库，打开、连接、备份和修改字符集等操作。
- 执行 CREATE DATABASE 语句创建数据库。
- 执行 DROP DATABASE 语句删除数据库。

- 执行 CREATE SPFILE 语句。
- 执行 ALTER DATABASE ARCHIVELOG 语句。
- 执行 ALTER DATABASE RECOVER 语句。
- 拥有 RESTRICTED SESSION 权限，此权限允许用户执行基本的操作任务，但不能查看用户数据。
- 作为 SYS 用户连接到数据库。

（2）拥有 SYSOPER 权限可以执行如下操作。

- 启动和关闭数据库操作。
- 执行 CREATE SPFILE 语句。
- 执行 ALTER DATABASE 语句修改数据库，进行打开、连接、备份等操作。
- 执行 ALTER DATABASE ARCHIVELOG 语句。
- 执行 ALTER DATABASE RECOVER 语句。
- 拥有 RESTRICTED SESSION 权限，此权限允许用户执行基本的操作任务，但不能查看用户数据。

当使用 SYSDBA 和 SYSOPER 权限连接到数据库时，用户会被连接到一个默认的方案，而不是与用户名相关联的那个方案。SYSDBA 对应的方案是 SYS，而 SYSOPER 对应的方案是 PUBLIC。

1.2.11 多租用户体系结构

与之前版本相比，Oracle 12c 的数据库管理理念发生了很多改变，其中之一就是引入了多租用户（Multitenant Environment）体系结构。在多租用户体系结构中，数据库可以分为数据库容器（CDB）和可插拔数据库（PDB）。CDB 可以不包含 PDB，也可以包含一个或多个 PDB。在 Oracle 12c 之前，实例与数据库是一对一或多对一关系（RAC），即一个实例只能与一个数据库相关联，数据库可以被多个实例加载。而实例与数据库不可能是一对多的关系。而在 Oracle 12c 后，实例与数据库可以是一对多的关系。

1. root 容器

容器可以是一个 PDB，也可以是 root 容器。root 容器可以是一组方案的集合、一个方案对象或者是一个包含所有 PDB 的非方案对象。

一个 CDB 有且只有一个 root 容器，所有的 PDB 都属于 root 容器。root 容器的名称为 CDB$ROOT。

2. 种子 PDB

一个 CDB 有且只有一个种子（seed）PDB，种子 PDB 是系统提供的用于创建新的 PDB 的模板。种子 PDB 的名称叫作 PDB$SEED。不可以在 PDB$SEED 里添加或修改记录。

3. 用户创建的 PDB

CDB 中可以不包含用户创建的 PDB，也可以包含一个或多个用户创建的 PDB。用户创建的 PDB 中包含数据和实现一组功能的代码。PDB 可以支持特定的应用程序（例如人力资源系统）。在创建 CDB 时，里面是没有 PDB 的。可以根据实际的业务需求自行创建 PDB。

例如，图 1.17 所示为多租用户体系结构，其中，CDB 包含一个 root PDB，一个 seed PDB，和两个用户创建的 PDB（分别是 hrpdb 和 salespdb）。每个用户创建的 PDB 都有专属的应用程序，每个 PDB 都有一个 PDB 管理员。CDB 管理员可以管理 CDB 里的所有 PDB。

在物理上，每个 CDB 都有一个数据库实例和一组数据库，这一点与非 CDB 数据库一样。

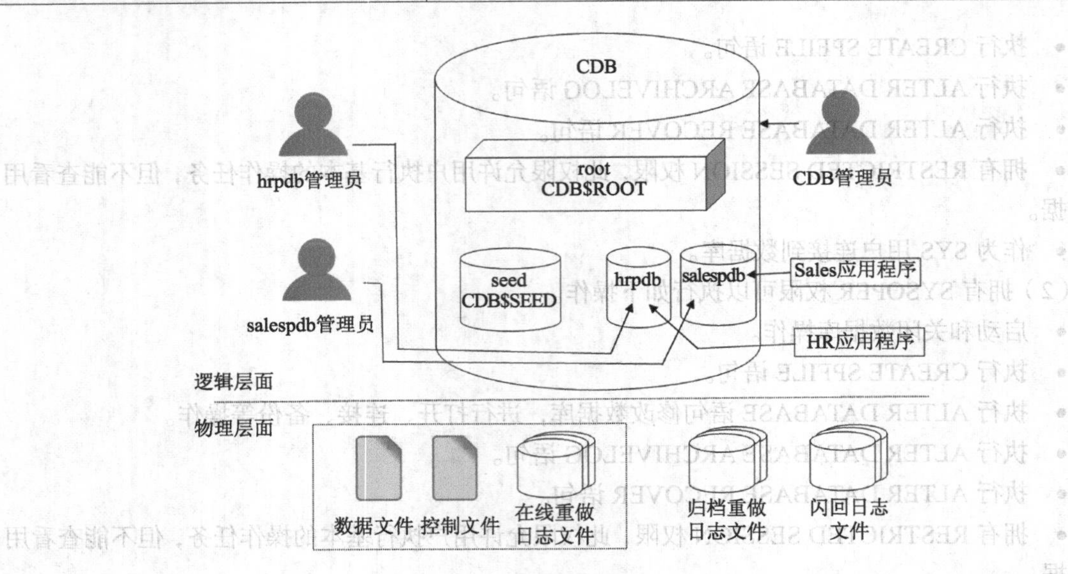

图 1.17　多租用户体系结构

习　　题

一、选择题

1. 下面不属于 Oracle 12c 产品系列的是（　　）。

   A. Oracle 数据库 12c 标准版 1

   B. Oracle 数据库 12c 标准版

   C. Oracle 数据库 12c 企业版

   D. Oracle 数据库 12c 网络版

2. Oracle 12c 中的 c 表示（　　）。

   A. 版本　　B. 网络　　C. 数据库　　D. 云端

3. 下面关于 Oracle 数据库逻辑结构的描述错误的是（　　）。

   A. 数据库由若干个表空间组成　　B. 表空间由表组成

   C. 表由数据块组成　　D. 段由区间组成

4. Oracle 管理数据库存储空间的最小数据存储单位是（　　）。

   A. 数据块　　B. 表空间　　C. 表　　D. 区间

5. Oracle 分配磁盘空间的最小单位是（　　）。

   A. 数据块　　B. 表空间　　C. 表　　D. 区间

6. 下列不属于 Oracle 表空间的是（　　）。

   A. 大文件表空间　B. 系统表空间　　C. 还原表空间　　D. 网格表空间

7. 当数据库服务器上的一个数据库启动时，Oracle 将分配一块内存区间，叫作系统全局区，英文缩写为（　　）。

   A. VGA　　B. SGA　　C. PGA　　D. GLOBAL

二、填空题

1. ＿【1】＿是虚拟的表，它在物理上并不存在，可以把它视作一个存储的查询。

2. 创建＿【2】＿可以提高读取数据的效率。它的功能类似书的目录，读者可以通过目录很快地在书中找到需要的内容。

3. 有些表共享公共的列，并经常被同时访问，为了提高数据存取的效率，把这些表在物理上存储在一起，得到的表的组合就是＿【3】＿。

4. 一个数据块对应磁盘上一定数量的数据库空间，标准的数据块大小由初始参数＿【4】＿指定。

5. 每个数据库都至少有一个系统表空间，被称为＿【5】＿表空间。

6. 每个 Oracle 数据库都由 3 种类型的文件组成：＿【6】＿、＿【7】＿和＿【8】＿。

7. Oracle 有两种内存结构，即＿【9】＿和＿【10】＿。

8. Oracle 提供了 6 种类型的用户，分别是＿【11】＿、＿【12】＿、＿【13】＿、＿【14】＿、＿【15】＿和＿【16】＿。

三、简答题

1. 简述 Oracle 数据库逻辑结构中各要素之间的关系。

2. 简述 Oracle 数据库物理结构中包含的文件类型，以及不同类型文件所能起的作用。

3. 简述 SGA 所包含的数据结构及其描述信息。

4. 简述 Oracle 数据库管理员的主要职责。

5. 简述 SYSDBA 和 SYSOPER 权限所能进行的操作。

第2章 安装和卸载 Oracle 12c

本章以 64 位 Windows 操作系统为例介绍 Oracle 12c 的安装需求和安装过程。读者可以参照附录 B 的方法下载 Oracle 12c 的安装程序。

2.1 安装前准备

下面介绍安装 Oracle 12c 的硬件和软件需求。

2.1.1 安装 Oracle 12c 的硬件需求

在安装 Oracle 12c 之前，需要参照表 2.1 确认数据库服务器是否满足安装 Oracle 12c 的硬件要求。

表 2.1 安装 Oracle 12c 的硬件要求

硬件项目	需求说明
物理内存	最少 2GB
虚拟内存	如果物理内存在 2~16GB，则将虚拟内存设置为物理内存的两倍；如果物理内存大于 16GB，则将虚拟内存设置为 16GB
硬盘空间	全部安装需要 10GB
显示适配器	256 色
系统体系结构	AMD64 或者 Intel Extended Memory（EM64T）
屏幕分辨率	不低于 1024 × 768

可以根据操作系统的要求添加额外的内存。通常情况下，内存越大，应用程序的性能就越好。而硬盘空间的实际要求取决于系统配置和选择安装的应用程序和功能的不同。

安装 Oracle 12c 后各目录所占用的磁盘空间如表 2.2 所示。

表 2.2 安装 Oracle 12c 占用磁盘空间的明细

目录或项目	占用磁盘空间
Temp 空间	500MB
C:\Program File\Oracle\Inventory	700KB
Oracle 根目录（Oracle Home）	4.8GB
数据文件	5.1GB
总计	大约 10.4GB

2.1.2　安装 Oracle 12c 的软件需求

在安装 Oracle 12c 的过程中，会自动创建一些用户组，如表 2.3 所示。

表 2.3　　安装 Oracle 12c 的过程中自动创建的用户组

用户组	具体说明
系统体系结构	AMD64 或 Intel Extended Memory（EM64T）
操作系统	Windows Server 2008 x64、Windows Server 2008 R2 x64、Windows 7 x64、Windows 8 x64、Windows 8.1 x64、Windows Server 2012 x64 和 Windows Server 2012 R2 x64
网络协议	支持 TCP/IP、带 SSL（安全套接字层）的 TCP/IP 以及命名管道

2.2　Oracle 12c 的安装过程

本节分别介绍 Oracle 12c 数据库服务器和客户端的安装过程。将下载得到的软件包展开，安装程序保存在 database 目录下。

2.2.1　数据库服务器的安装过程

确定自己的计算机在软、硬件符合安装 Oracle 12c 的条件后，即可运行 Oracle 12c 的安装程序 setup.exe。首先打开的是“配置安全更新”窗口，如图 2.1 所示。用户可以输入用于接收有关安全问题通知的电子邮件，如果注册了 Oracle Support 账户，则可以输入 Oracle Support 账户口令，通过 My Oracle Support 接收安全更新。如果不需要接收安全更新，则可以不填写这两项，单击“下一步”按钮。有时候会遇到“[INS-30131]执行安装程序验证所需的初始设置失败。”错误，如图 2.2 所示。

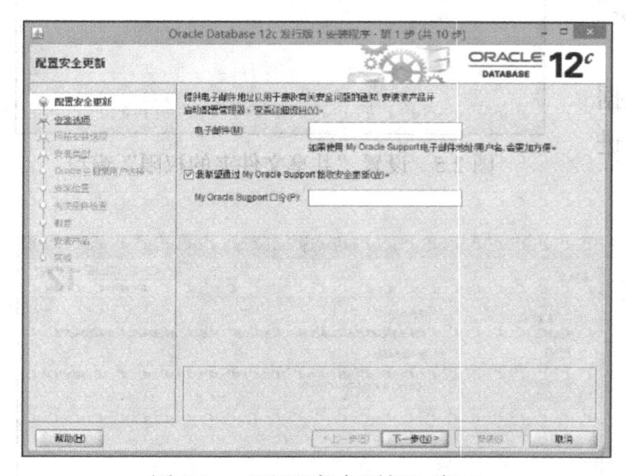

图 2.1　“配置安全更新”窗口

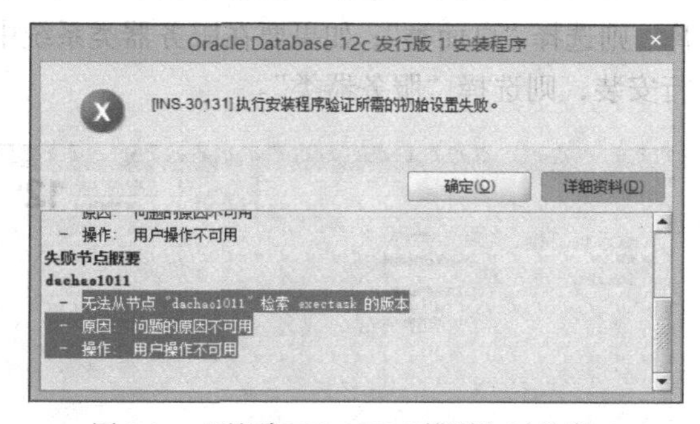

图 2.2　“遇到[INS-30131]错误”时的窗口

解决方案如下。

（1）打开“控制面板”窗口，依次选择“所有控制面板项”→“管理工具”→“服务”，打开服务窗口。启动 SERVER 服务。

（2）在控制面板窗口中依次选择“系统和安全”→“管理工具”，打开“计算机管理”窗口，在左侧窗格中选择“系统工具”下的“共享文件夹”，在左侧窗格中右击“共享”，在弹出的快捷菜单中选择“新建共享”菜单项，打开创建共享文件夹对话框，单击“下一步”按钮，打开“创建共享文件夹向导”窗口。单击“浏览”按钮，选择“本地磁盘（C:）”，如图 2.3 所示。单击“下一步”按钮，打开“名称、描述和设置”窗口，如图 2.4 所示。

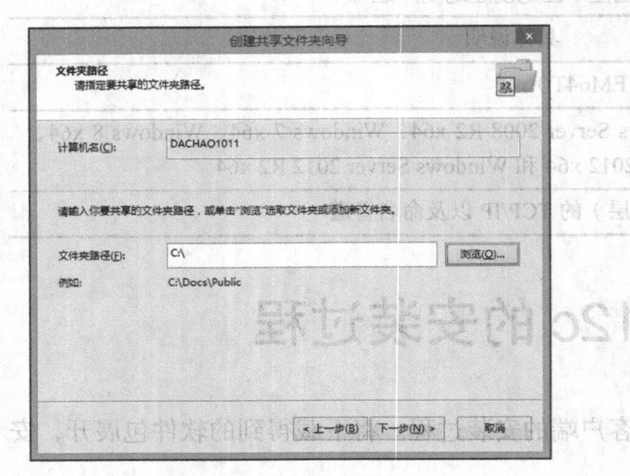

图 2.3　选择共享路径

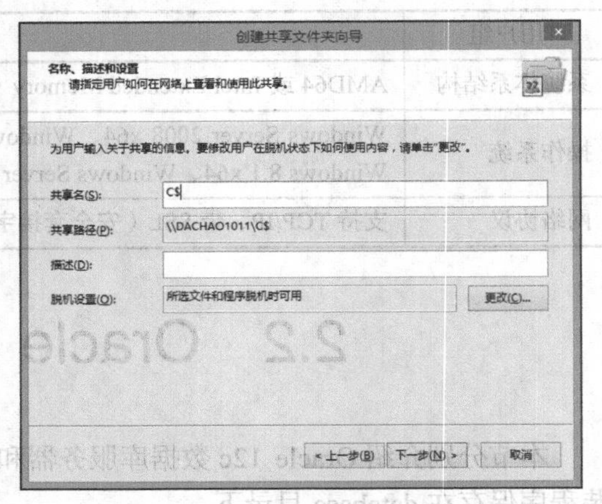

图 2.4　设置共享名

在“共享名”文本框中输入“C$”，单击“下一步”按钮，打开设置“共享文件夹的权限”窗口，如图 2.5 所示。选择“管理员有完全访问权限；其他用户有只读权限”，然后单击“完成”按钮。

设置完成后，在 Oracle 安装程序的“配置安全更新”窗口中单击“下一步”按钮，打开“选择安装选项”窗口，如图 2.6 所示。

选择“创建和配置数据库”，然后单击“下一步”按钮，打开“系统类”窗口，如图 2.7 所示。

如果在笔记本或桌面类系统中安装 Oracle 数据库，则选择“桌面类”；如果要在服务器类系统中进行安装，则选择“服务器类”。

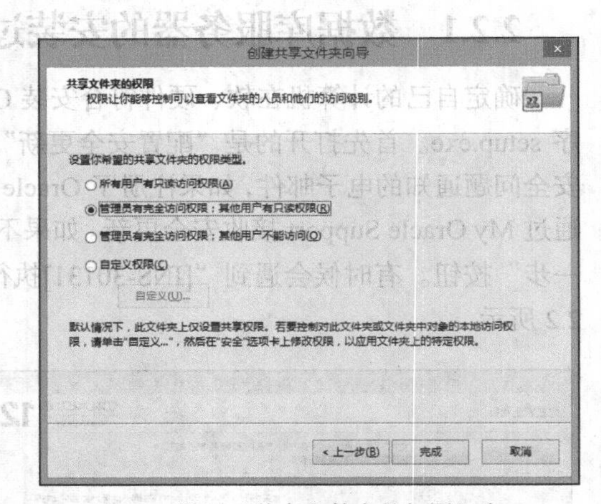

图 2.5　设置“共享文件夹的权限”窗口

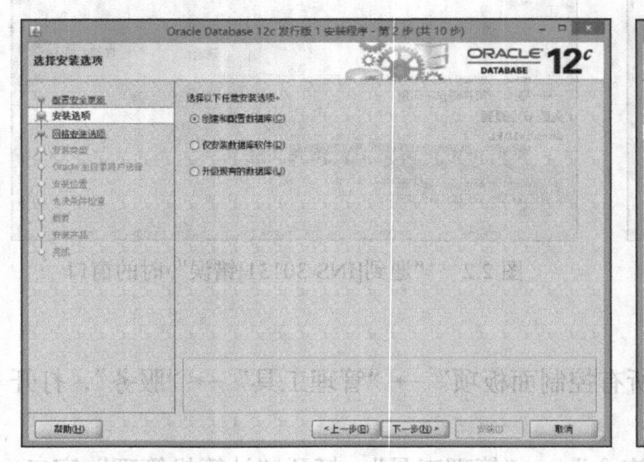

图 2.6　“选择安装选项”窗口

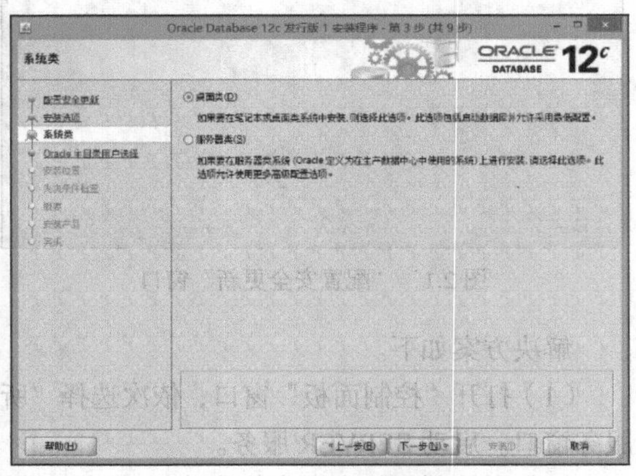

图 2.7　“系统类”窗口

这里选择“桌面类”，然后单击“下一步”按钮，打开“指定 Oracle 主目录用户”窗口，如图 2.8 所示。

可以选择使用现有 Windows 用户、创建新 Windows 用户和使用 Windows 内置账户。这里假定选择创建新 Windows 用户，然后输入用户名 orcl 和密码，单击“下一步”按钮，打开“典型安装配置”窗口，如图 2.9 所示。在这里可以设置 Oracle 基目录、软件位置和数据库文件位置。Oracle 基目录用于存储所有 Oracle 软件以及与配置相关的文件。每个操作系统用户都需要创建一个 Oracle 基目录。软件位置用于保存 Oracle 数据库的软件文件；数据库文件位置用于保存 Oracle 数据库的数据文件。可以使用默认目录，但请记住这 3 个目录，因为后面还会用到。此处还可以设置 Oracle 数据库的版本、字符集、全局数据库名和管理口令。

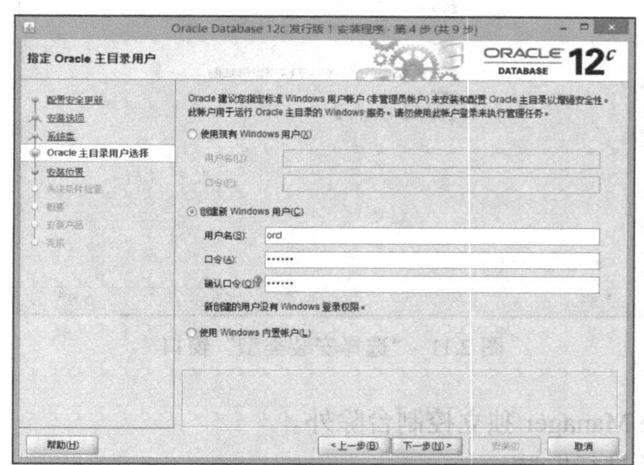

图 2.8　“指定 Oracle 主目录用户”窗口

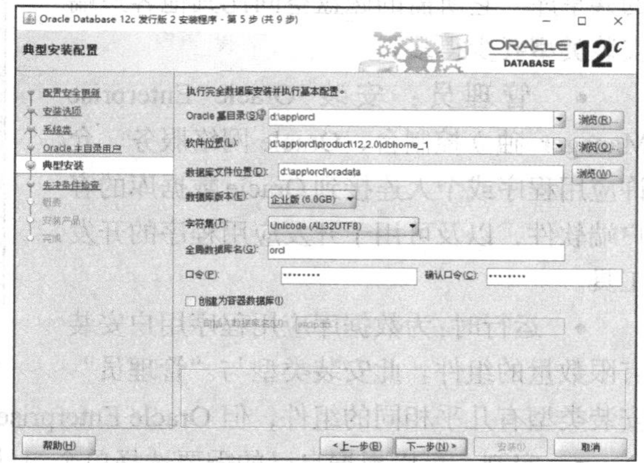

图 2.9　“典型安装配置”窗口

取消“创建为容器数据库”复选框，然后单击“下一步”按钮，开始执行先决条件检查。安装前，安装程序将首先检查安装环境是否符合成功安装的要求。及早发现系统设置方面的问题，可以减少用户在安装期间遇到问题的可能性，例如磁盘空间不足、缺少补丁程序、硬件不兼容等。通过检查后，打开“概要”窗口，如图 2.10 所示。“概要”窗口显示在安装过程中选定选项的概要信息，用户可以在这里确认前面的选择。单击“安装”按钮开始安装 Oracle 数据库软件，安装过程可能持续较长时间。安装结束后，单击“关闭”按钮即可关闭安装程序。

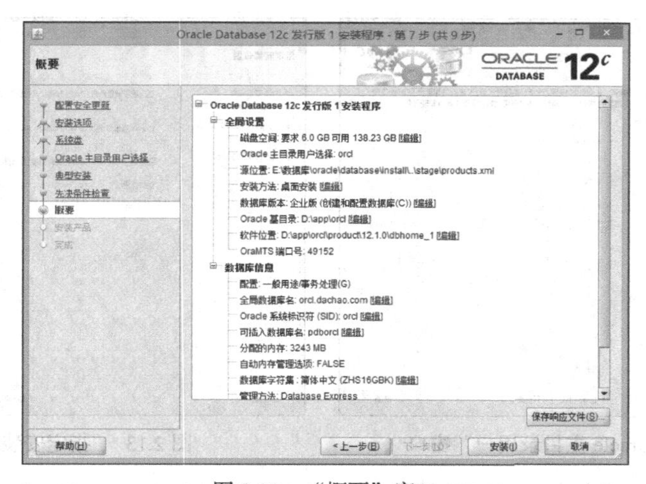

图 2.10　“概要”窗口

2.2.2 客户端的安装过程

Oracle 客户端为用户提供了一组 Oracle 管理工具，使用这些工具可以管理和配置 Oracle 数据库。Oracle 12c 客户端安装程序需要单独下载（参照附录 B），展开后的安装目录为 client。运行 client 目录下的 setup.exe，然后按照如下步骤安装 Oracle 12c 客户端。

（1）首先打开的是“选择安装类型”窗口，如图 2.11 所示。

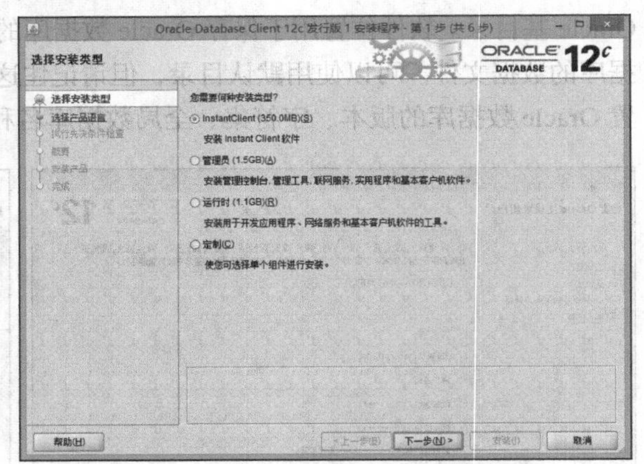

图 2.11 “选择安装类型”窗口

可以从以下 4 种安装类型中做出选择。

- InstantClient：只安装使用即时客户端功能的 Oracle Call Interface 应用程序所需的共享库。它所需的磁盘空间比其他客户端安装类型要少得多。
- 管理员：安装 Oracle Enterprise Manager 独立控制台、Oracle 网络服务、允许应用程序或个人连接到 Oracle 数据库的客户端软件，以及可用于开发应用程序的开发工具。
- 运行时：为数据库应用程序用户安装有限数量的组件。此安装类型与“管理员”安装类型有几乎相同的组件，但 Oracle Enterprise Manager 独立控制台除外。
- 定制：可以根据自己的需要选择单个组件进行安装。

（2）假定选择“管理员”安装类型，然后单击“下一步”按钮，打开“指定 Oracle 主目录用户”窗口，如图 2.12 所示。这里可以选择标准 Windows 用户（使用现有 Windows 用户和创建新 Windows 用户）或 Windows 内置账户来安装和配置 Oracle 主目录用户（Oracle 主目录用户用于运行 Oracle 主目录的 Windows 服务）。

（3）选择“使用 Windows 内置账户”，然后单击“下一步”按钮，打开“指定安装位置”窗口，如图 2.13 所示。建议保持默认设置，单击“下一步”按钮，打开“执行先决条件检查”窗口，如图 2.14 所示。在安装前，安装程序将首先检查安装环境是否符合成功安装的要求。

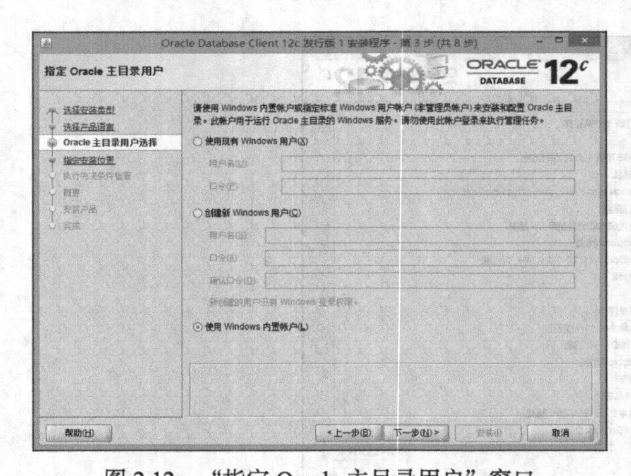

图 2.12 “指定 Oracle 主目录用户”窗口

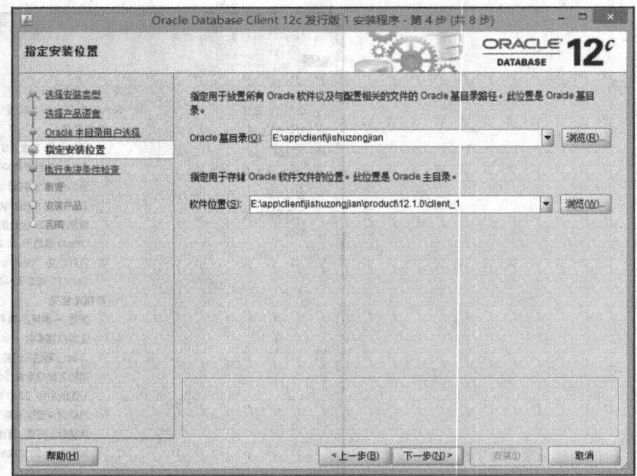

图 2.13 “指定安装位置”窗口

（4）通过检查后，会打开“概要”窗口，显示在安装过程中选定选项的概要信息，如图 2.15

所示。用户可以在这个窗口确认前面的选择。

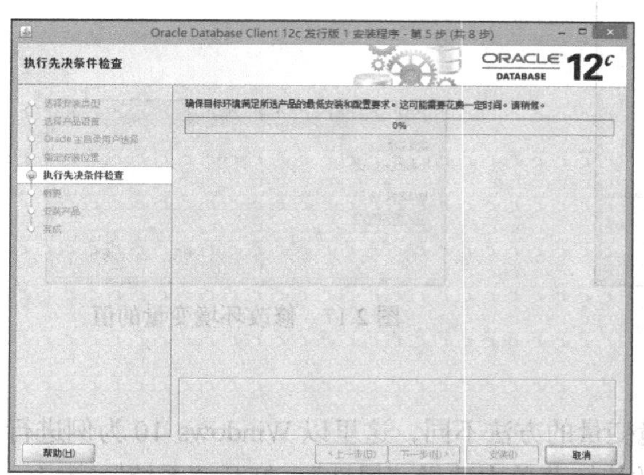

图 2.14　“执行先决条件检查”窗口

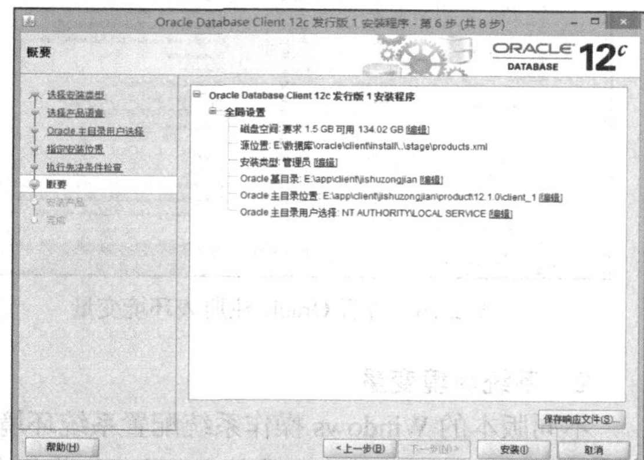

图 2.15　“概要”窗口

（5）单击“安装”按钮，开始安装客户端软件，此过程将持续一段时间。

安装完成后，在“开始”菜单中就可以看到 Oracle – OraClient12Home1 菜单项。

2.3　设置环境变量

安装完 Oracle 12c 后，系统会自动创建一组环境变量，常用的环境变量如表 2.4 所示。这里假定将 Oracle 12c 安装在 X 盘的默认目录下。

表 2.4　Oracle 12c 的常用环境变量

环境变量名	默认值	说明
NLS_LANG	SIMPLIFIED CHINESE_CHINA.ZHS16GBK	使用的语言。SIMPLIFIED CHINESE 表示简体中文，CHINA 表示中文日期格式，ZHS16GBK 表示编码
ORACLE_BASE	X:\app\orcl	安装 Oracle 服务器的顶层目录
ORACLE_BUNDLE_NAME	Enterprise	Oracle 12c 的版本信息
ORACLE_HOME	X:\oracle\product\12.2.0\dbhome_1	安装 Oracle 12c 软件的目录
PATH	X:\app\oracle\product\12.2.0\dbhome_1\bin	Oracle 可执行文件的路径

这些变量有两种存储方式，一种是存储在注册表中，另一种是以系统环境变量的方式存储。

1. 注册表环境变量

依次单击“开始”→“运行”按钮，打开“运行”对话框。输入 regedit 命令，然后单击“确定”按钮，可以打开注册表窗口。在注册表窗口的左侧窗格中依次选择 HKEY_LOCAL_MACHINE/SOFTWARE/ORACLE/KEY_OraDB12Home1，可以查看 Oracle 的注册表环境变量，如图 2.16 所示。

右键单击某个注册表项，在弹出菜单中选择“修改”，可以打开“编辑字符串”对话框，修改指定环境变量的值，如图 2.17 所示。

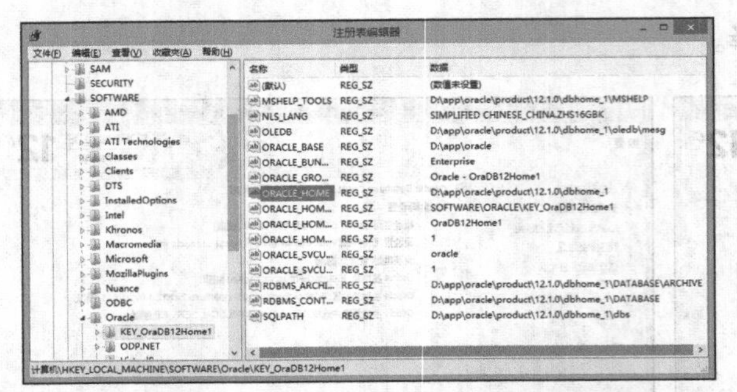

图 2.16　查看 Oracle 注册表环境变量

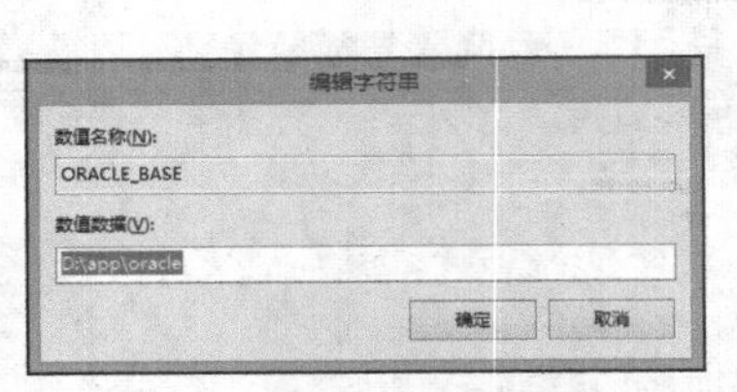

图 2.17　修改环境变量的值

2. 系统环境变量

不同版本的 Windows 操作系统配置系统环境变量的方法不同，这里以 Windows 10 为例进行介绍。使用鼠标右键单击“我的电脑”，在弹出的快捷菜单中选择“属性”，打开“系统”窗口，如图 2.18 所示。单击左侧的“高级系统设置”，打开“系统属性”对话框，如图 2.19 所示。

图 2.18　“系统”窗口

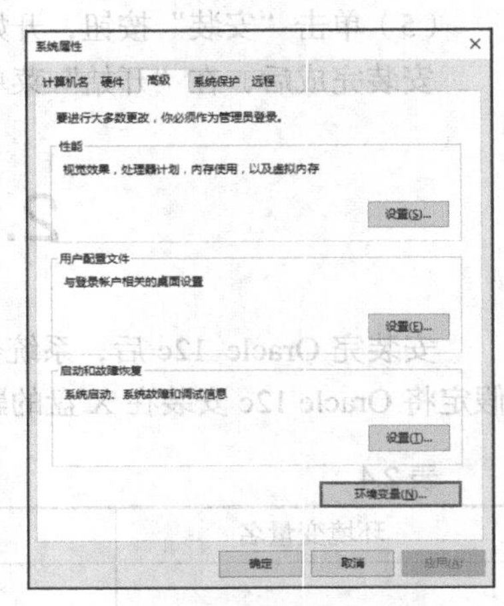

图 2.19　“系统属性”对话框

单击“环境变量”按钮，打开“环境变量”对话框，如图 2.20 所示。在这里可以看到所有 Windows 的环境变量。双击 Path，可以查看环境变量 Path 的值，如图 2.21 所示。

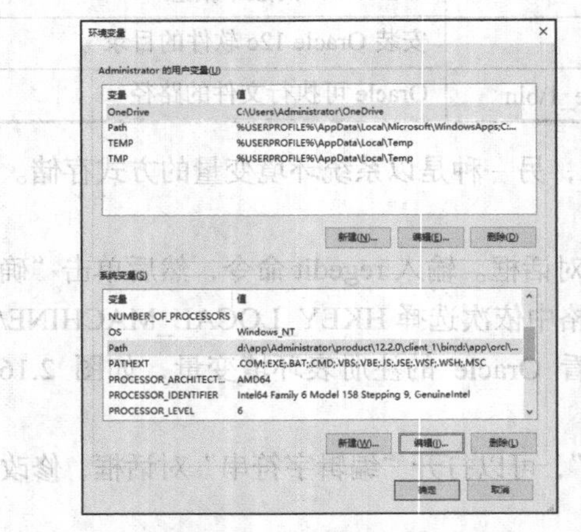

图 2.20　“环境变量”对话框

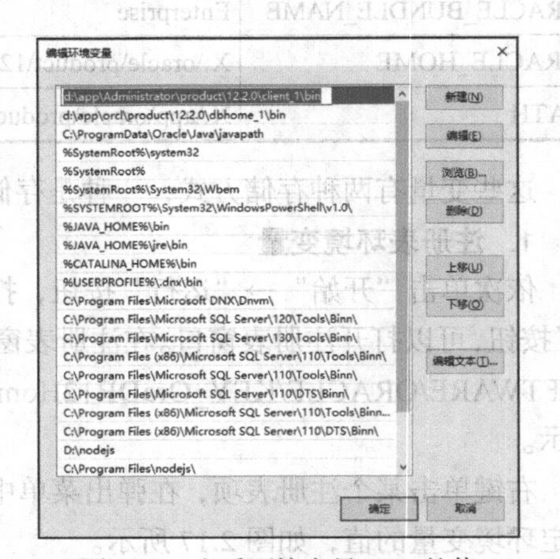

图 2.21　查看环境变量 Path 的值

2.4 常用 Oracle 服务

安装完 Oracle 12c 后，系统会创建一组 Oracle 服务，这些服务可以确保 Oracle 的正常运行。在“控制面板”中依次选择“管理工具”→“服务”，可以打开“服务”窗口，如图 2.22 所示。

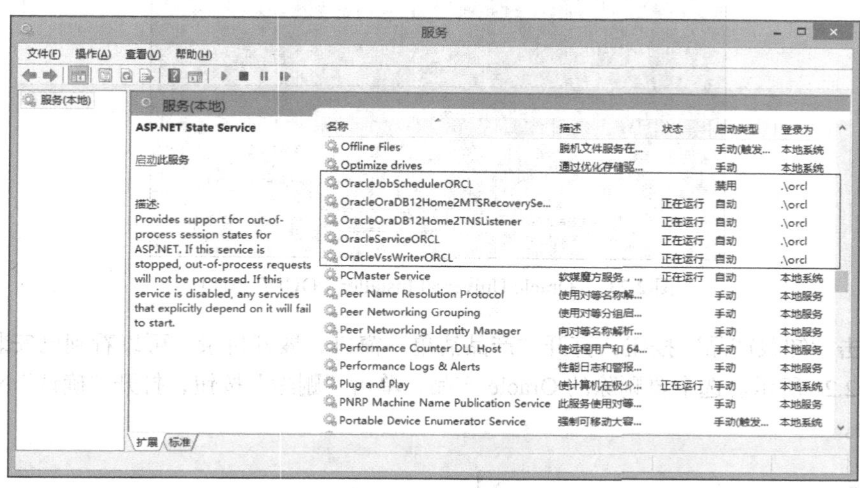

图 2.22 查看 Oracle 服务

在图 2.22 中可以看到一组以 Oracle 开头的服务，具体如下。

- OracleVssWriterORCL：Oracle 卷映射拷贝写入服务。VSS（Volume Shadow copy Service）能够让存储基础设备（如磁盘、阵列等）创建高保真的时间点映像，即映射副本（Shadow Copy）。它可以在多卷或者单个卷上创建映射副本，同时不会影响系统性能。
- OracleOraDB12Home2TNSListener：监听器服务。该服务只有在数据库需要远程访问时才需要。此服务被默认设置为自动启动。
- OracleJobSchedulerORCL：Oracle 作业调度服务。ORCL 是 Oracle 实例标识。此服务被默认设置为禁用状态。
- OracleServiceORCL：数据库服务。这个服务会自动地启动和停止数据库。ORCL 是 Oracle 实例标识。此服务被默认设置为自动启动。

如果 Oracle 不能正常工作，可以检查这些服务是否处于启动状态。

2.5 完全卸载 Oracle 12c

卸载 Oracle 12c 的过程并不像卸载一般应用软件那么简单，如果疏忽了一些步骤，就会在系统中留有安装 Oracle 数据库的痕迹，从而占用系统资源或者影响系统的运行。

可以按照如下步骤完全卸载 Oracle 12c。

（1）在“服务”窗口中停止 Oracle 的所有服务。

（2）在“开始”菜单中依次选择“所有程序”→“Oracle – OraDB12Home1”→“Oracle 安装

程序”→“Universal Installer”，打开“Oracle Universal Installer（OUI）”窗口，如图 2.23 所示。

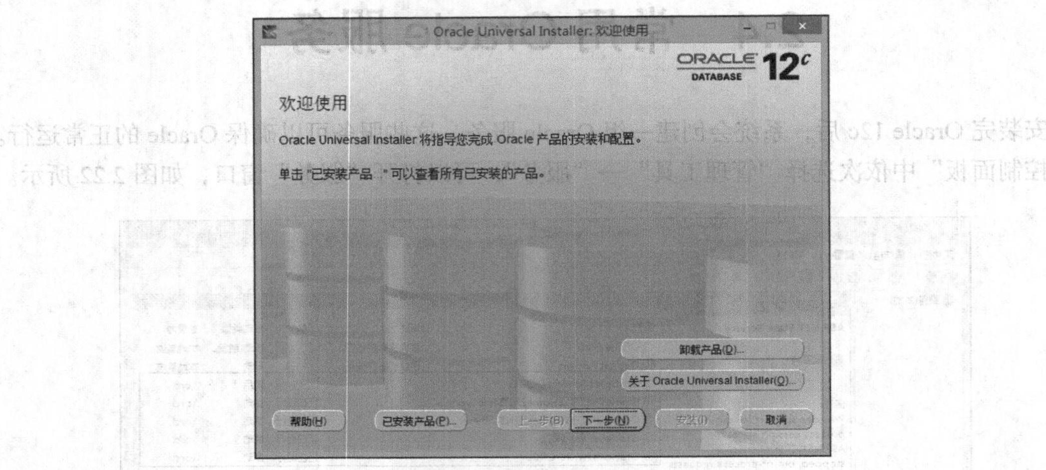

图 2.23 “Oracle Universal Installer（OUI）”窗口

（3）单击“卸载产品”按钮，打开“产品清单”窗口，展开目录，可以看到已安装的 Oracle 产品，如图 2.24 所示。选中要删除的 Oracle 产品，单击“删除”按钮，打开“确认”对话框，如图 2.25 所示。

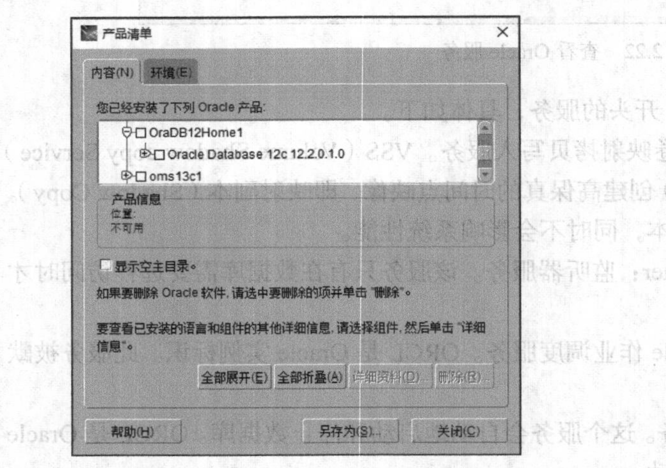

图 2.24 选择要删除的 Oracle 产品

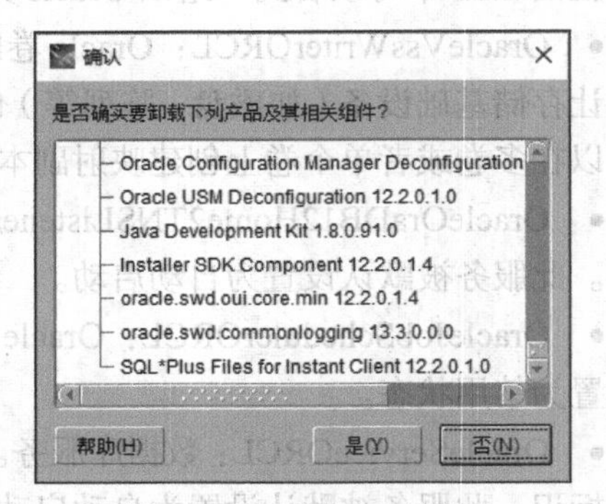

图 2.25 “确认”对话框

（4）在“确认”对话框中单击“是”按钮，开始删除选择的 Oracle 产品。

（5）运行 regedit 命令，打开注册表窗口。删除注册表中与 Oracle 相关的内容，具体如下。

- 删除 HKEY_LOCAL_MACHINE / SOFTWARE / ORACLE 目录。
- 删除 HKEY_LOCAL_MACHINE / SYSTEM / CurrentControlSet / Services 中所有以 oracle 开头的键。
- 删除 HKEY_LOCAL_MACHINE / SYSTEM / CurrentControlSet / Services / Eventlog / Application 中所有以 oracle 开头的键。
- 删除 HKEY_CLASSES_ROOT 目录下所有以 Ora、Oracle、Orcl 或 EnumOra 开头的键。
- 删除 HKEY_CURRENT_USER / Software / Microsoft / Windows / CurrentVersion / Explorer /

MenuOrder / Start Menu / Programs 中所有以 oracle 开头的键。

- 删除 HKEY_LOCAL_MACHINE / SOFTWARE / ODBC / ODBCINST.INI 中除 Microsoft ODBC for Oracle 注册表键以外的所有含有 Oracle 的键。

其中有些注册表项可能已经在卸载 Oracle 产品时被删除。

（6）删除环境变量 PATH 和 CLASSPATH 中包含 Oracle 的值。

（7）删除“开始”→“程序”中所有 Oracle 的组和图标。

（8）删除所有与 Oracle 相关的目录，包括：

- C:\Program Files \Oracle 目录；
- ORACLE_BASE 目录；
- C:\Documents and Settings \系统用户名\LocalSettings\Temp 目录下的临时文件。

习　　题

一、选择题

1. 安装 Oracle 12c 的最小物理内存为（　　）。

A. 256MB　　B. 512MB　　C. 1GB　　D. 2GB

2. Oracle 12c 不支持以下哪种操作系统（　　）。

A. Windows Server 2008　　B. Windows 7

C. Windows XP　　D. Windows 8

二、填空题

1. 表示 Oracle 12c 安装目录的环境变量是＿【1】＿。

2. ＿【2】＿是数据库服务，这个服务会自动地启动和停止数据库。其中 ORCL 是 Oracle 实例标识。此服务被默认设置为自动启动。

3. Oracle 12c 监听器服务是＿【3】＿。

三、操作题

1. 试安装 Oracle 12c 数据库服务器。

2. 试安装 Oracle 12c 客户端。

3. 试参照 2.5 节的内容卸载 Oracle 12c。

第3章 Oracle数据库管理工具

为了使读者能够更好地了解和使用Oracle数据库，本章将介绍Oracle 12c的常用数据库管理工具。本书后面章节中介绍的很多数据库管理方法都将用到本章介绍的这些工具。

3.1 SQL Plus

SQL Plus是用户和服务器之间的一种接口，用户可以通过它使用SQL语句交互式地访问数据库。使用SQL Plus工具可以实现以下功能。

- 输入SQL命令，对SQL Plus环境进行配置。
- 输入、编辑、存储、读取和运行SQL命令及PL/SQL程序块。
- 与终端用户进行交互式的操作。
- 将查询结果输出到报表表格中，设置表格格式和计算公式。
- 启动和关闭数据库。
- 连接到数据库。
- 定义变量。
- 捕捉PL/SQL程序的错误。
- 列出表的列定义。
- 执行数据库管理。

关于PL/SQL语言的内容将在本书第9章中介绍。

可以依次单击“开始”→“所有程序”→“Oracle – OraDb12Home1”→“应用程序开发”→“SQL Plus”，也可以在命令行窗口执行sqlplus命令，打开命令行窗口运行SQL Plus，输入用户名和密码登录到本地计算机的默认数据库实例，如图3.1所示。

用户名的格式如下：

```
用户名 AS 连接身份
```

例如，使用SYS用户以SYSDBA身份登录，用户名输入SYS AS SYSDBA。

然后，就可以在SQL>提示符后面输入SQL语句。

【例3.1】 在SQL>提示符后面输入下面的SELECT语句，可以查看所有Oracle数据库的名称和创建日期。

```
SELECT NAME, CREATED FROM V$DATABASE;
```

结果如图 3.2 所示。

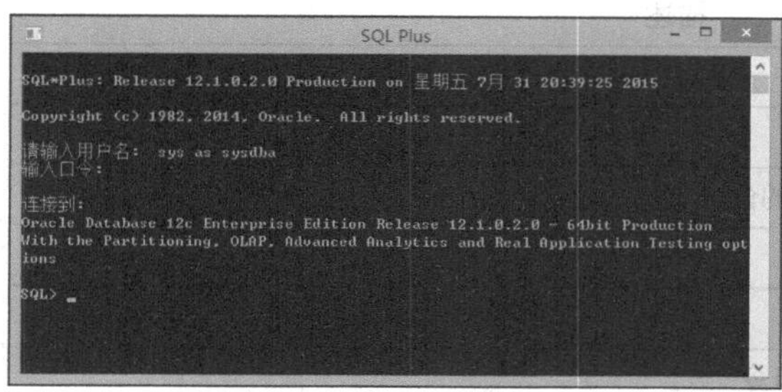

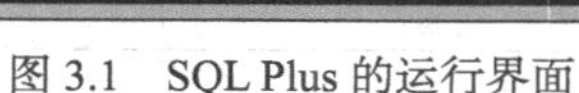
图 3.1　SQL Plus 的运行界面

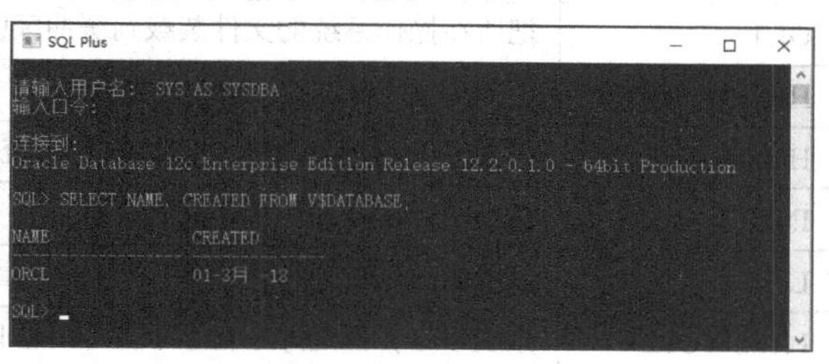

图 3.2　【例 3.1】的执行结果

V$DATABASE 是 Oracle 系统视图，用于显示数据库的基本信息。

SQL Plus 窗口是一个行编辑器，需要输入命令指定 SQL Plus 进行相应的操作。表 3.1 所示为 SQL Plus 的命令列表，表中只给出了 SQL Plus 语句的基本描述，并不介绍具体的使用情况。

表 3.1　　SQL Plus 的命令列表

命令	描述
@	运行指定脚本中的 SQL Plus 语句。可以从本地文件系统或 Web 服务器调用脚本
@@	运行脚本。此命令与@命令相似，但是它可以在调用脚本相同的目录下查找指定的脚本
/	执行 SQL 命令或 PL/SQL 块
ACCEPT	读取输入的一行，并把它存储在指定的用户变量中
APPEND	向缓冲区中的当前行尾部添加指定的文本
ARCHIVE LOG	启动或停止对在线重做日志文件的自动归档，对指定重做日志文件进行手动归档，显示重做日志文件的信息
ATTRIBUTE	指定不同类型列属性的显示特性，列出单个属性或所有属性的当前显示特性
BREAK	指定在报告中的什么位置发生变化以及发生变化的格式，也可以用来显示当前的 BREAK 定义
BTITLE	在每个报告页的底部设置一个标题，并对指定标题设置格式。也可以用来显示当前的 BTITLE 定义
CHANGE	在缓冲区的当前列中进行文本替换
CLEAR	删除或重置当前子句，或都设置特殊的选项，例如 BREAK 或 COLUMN
COLUMN	设置指定列的显示特性，也可以列出单个列或所有列的当前显示
COMPUTE	计算或显示汇总行
CONNECT	使用指定用户连接到数据库
COPY	将查询结构复制到本地或远端的数据库表中
DEFINE	定义用户变量，默认为 CHAR 类型，也可以用来显示单个变量或所有变量的值和变量类型
DEL	删除一行或多行
DESCRIBE	显示指定表、视图、过程或函数的列定义
DISCONNECT	向数据库提交挂起请求，记录当前用户，但并不退出 SQL Plus 环境
EDIT	打开所在操作系统的文本编辑器，显示指定文件的内容或当前缓冲区中的内容
EXECUTE	执行一条 PL/SQL 语句
EXIT	退出 SQL Plus，返回操作系统界面

续表

命令	描述
GET	把所在操作系统的文件装载到缓冲区中
HELP	访问 SQL Plus 帮助系统
HOST	在 SQL Plus 环境中执行所在操作系统的命令
INPUT	在当前行后添加一行或多行文本
LIST	显示缓冲区中的一行或多行
PASSWORD	修改口令，但是并不在显示器上显示口令
PAUSE	显示指定文本，等待用户按回车键返回
PRINT	显示指定变量的当前值
PROMPT	将指定信息发送到用户屏幕
QUIT	终止 SQL Plus，返回操作系统界面，功能与 EXIT 相同
RECOVER	执行表空间、数据文件或整个数据库的介质恢复
REMARK	在脚本中标记注释信息的开始
REPFOOTER	替换或定义指定报告底部的页脚格式，也可以用来显示 REPFOOTER 的定义
REPHEADER	替换或定义指定报告顶部的页眉格式，也可以用来显示 REPHEADER 的定义
RUN	显示并运行当前缓冲区中的 SQL 命令或 PL/SQL 块
SAVE	将当前缓冲区中的内容保存为脚本
SET	设置系统变量，改变当前的 SQL Plus 环境
SHOW	显示 SQL Plus 系统变量的值或当前的 SQL Plus 环境
SHUTDOWN	关闭当前运行的 Oracle 例程
SPOOL	将查询的结果保存到文件中，可以选择打印此文件
START	运行指定脚本中的 SQL Plus 语句。只能从 SQL Plus 工具中调用脚本
STARTUP	启动一个 Oracle 例程，可以选择将此例程连接到一个数据库
STORE	将当前 SQL Plus 环境的属性保存为脚本文件
TIMING	定义时钟记录一段时间内的时间数据。可以显示当前的时钟名和时间数据，也可以显示当前活动时钟的数量
TTITLE	替换或定义指定报告顶部的标题格式，也可以用来显示 TTITLE 的定义
UNDEFINE	删除一个或多个用户变量，这些用户变量是通过 DEFINE 命令定义的
VARIABLE	声明一个变量，可以在 PL/SQL 程序中使用
WHENEVER OSERROR	如果操作系统命令产生错误，则退出 SQL Plus
WHENEVER SQLERROR	如果 SQL 命令或 PL/SQL 程序块产生错误，则退出 SQL Plus

【例 3.2】 使用 SELECT 语句从 V$VERSION 系统视图中查看 Oracle 的详细版本信息，具体如下：

```
SELECT * FROM V$VERSION;
```

执行上面的 SELECT 语句，结果如图 3.3 所示。可以看到除了 Oracle 数据库的版本信息外，输出结果中还包含了已经安装的其他数据库组件的版本信息。

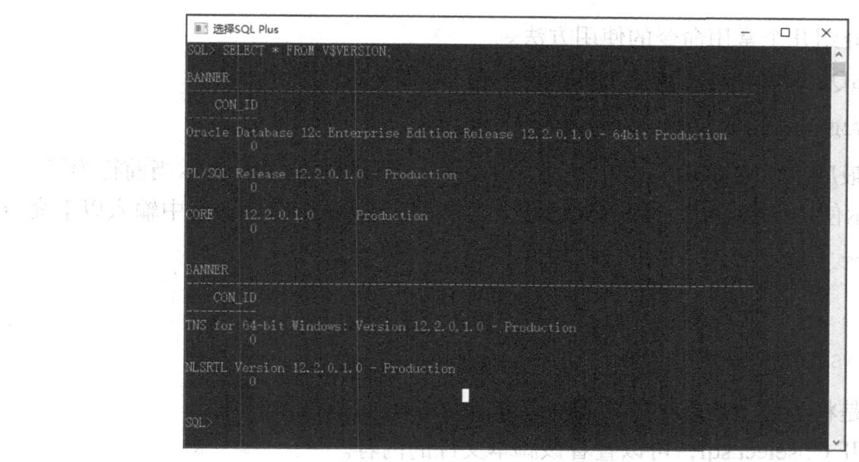

图 3.3　从系统视图 V$VERSION 中查看 Oracle 数据库版本信息

从系统视图 PRODUCT_COMPONENT_VERSION 中也可以查看 Oracle 数据库及各组件的版本信息。系统视图 PRODUCT_COMPONENT_VERSION 中包含以下 3 列。

- PRODUCT：表示 Oracle 组件的名称。
- VERSION：表示 Oracle 组件的版本。
- STATUS：表示 Oracle 组件的安装状态。

因为 SQL Plus 是控制台方式的工具，所以在有些情况下对结果集的显示比较混乱。因此可以使用 COL 命令设置结果集中各列的显示格式。例如，可以使用下面的命令将 PRODUCT 列的宽度设置为 35。

```
COL PRODUCT FORMAT a35
```

【例 3.3】　在 SQL Plus 中执行如下命令，可以查看系统视图 PRODUCT_COMPONENT_VERSION 中 Oracle 数据库及其组件的版本信息。

```
COL PRODUCT FORMAT a35
COL VERSION FORMAT a15
COL STATUS FORMAT a15
SELECT * FROM PRODUCT_COMPONENT_VERSION;
```

执行结果如图 3.4 所示。

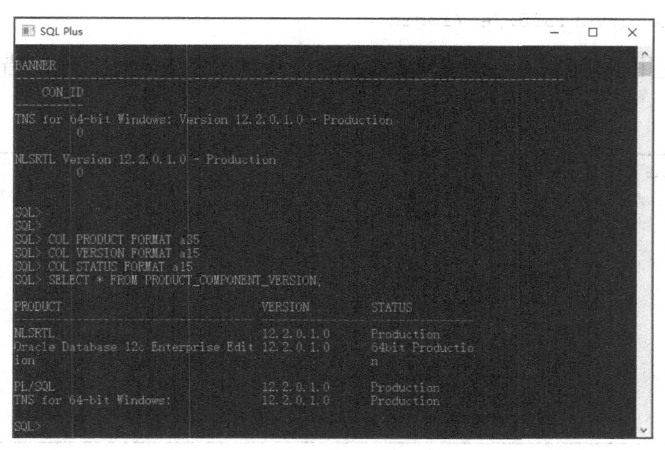

图 3.4　从系统视图 PRODUCT_COMPONENT_VERSION 中查看 Oracle 数据库及其组件的版本信息

下面通过实例介绍几个常用命令的使用方法。

【例 3.4】 在 SQL Plus 环境中输入 LIST 命令，结果如下：

```
  1* SELECT NAME, CREATED FROM V$DATABASE
```

返回的结果是最后执行的 SQL 语句。序号 1 后面有一个“*”符号，表示当前行为第 1 行。

【例 3.5】 演示使用 SAVE 命令保存 SQL 语句的方法。在 SQL Plus 环境中输入以下命令：

```
SAVE C:\SELECT.SQL
```

运行结果为：

```
已创建 file C:\SELECT.SQL
```

此命令的功能是将当前缓冲区中的语句保存到 C:\select.sql 脚本文件中。

在记事本中打开 C:\select.sql，可以查看该脚本文件的内容。

3.2 Oracle 12c EM Express

EM 是 Enterprise Manager 的简称，EM Express 是 Oracle 12c 的 Web 管理工具。用户可以通过 Web 浏览器连接到 Oracle 数据库服务器，对 Oracle 数据库进行查看、维护和管理。从 Oracle 10g 以后，用户就可以通过 EM 使用 Web 界面来监控、管理和维护 Oracle 数据库。DBA 可以从任何能访问 Web 应用的位置通过 EM 对数据库进行各种管理和监控。

在 Oracle 12c 中，可以通过使用 Cloud Control 或者 Database Express 来实现对数据库的管理。EM Express 仅提供最基本的数据库管理和性能监控管理。

可以在 Web 浏览器中按如下的格式访问 Oracle EM Express：

```
https://<Oracle 数据库服务器名称>:<EM 端口号>/em/login
```

默认的 EM 端口号为 5500。在创建数据库时，可以设置该数据库的 EM 端口号。具体情况将在第 4 章中介绍。

假定 Oracle 数据库服务器名称为 OracleServer，则可在 Web 浏览器中访问如下网址，打开 EM 登录页面。

```
https:// OracleServer:5500/em/login
```

在某些系统中使用 IE 访问 Oracle EM Express 页面时，会出现提示证书错误的页面，如图 3.5 所示。

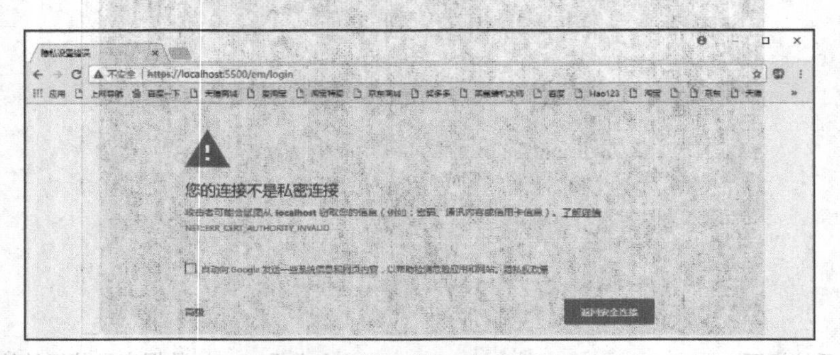

图 3.5　报告网站存在证书问题

此时可以单击“高级”超链接，然后单击选择“继续前往 localhost（不安全）”超链接进入网站，如图 3.6 所示。

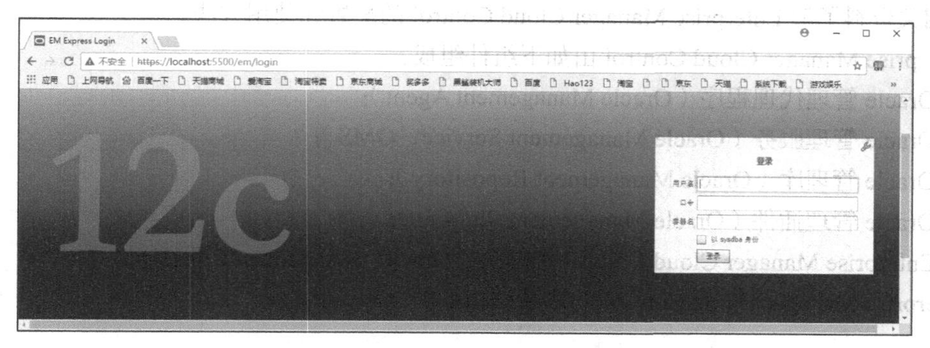

图 3.6　Oracle EM Express 登录页面

使用 sys 用户以 sysdba 身份登录后，显示的 Oracle EM Express 的主目录页面如图 3.7 所示。

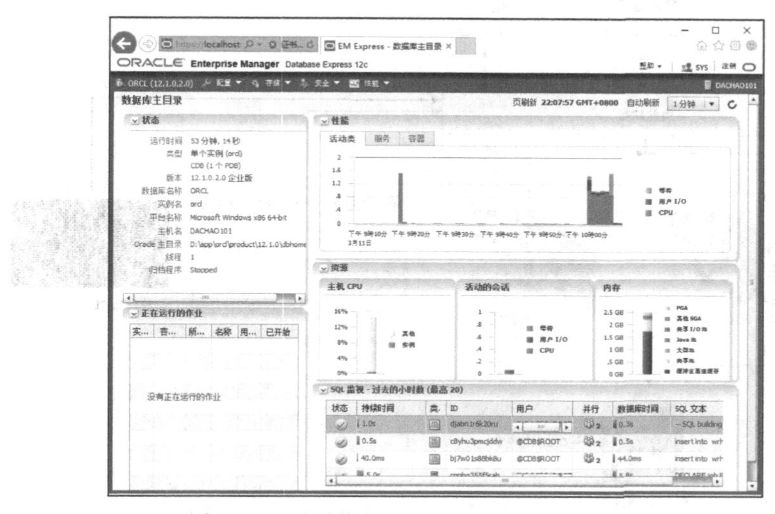

图 3.7　登录后的 Oracle EM Express 的主目录页面

如果忘记了 sys 用户的密码，则可以执行下面的语句，以操作系统认证方式登录 SQL Plus。然后执行下面的语句，将 sys 用户的密码修改为 newpass：

```
alter user sys identified by newpass;
```

在 Oracle EM Express 的主目录页面中，可以看到数据库实例的状态、性能情况、正在运行的作业、资源占用情况和 SQL 语句的监控情况。

Oracle EM Express 的具体功能将在后面的章节中结合具体的应用进行介绍。

3.3　Enterprise Manager Cloud Control 13c

Enterprise Manager Cloud Control（以下简称 Cloud Control 或 CC）可以提供完整的企业云解决方案，可以通过图形界面对 Oracle 12c 数据库进行管理和监测。

Enterprise Manager Cloud Control 通常用于管理比较复杂的大型 Oracle 数据库系统。配置和管理都比较复杂。由于篇幅所限，本书只介绍 Enterprise Manager Cloud Control 的体系结构，读者可以参阅相关资料了解 Enterprise Manager Cloud Control 的配置和使用方法。

Enterprise Manager Cloud Control 由如下组件组成：

- Oracle 管理代理程序（Oracle Management Agent）；
- Oracle 管理服务（Oracle Management Service，OMS）；
- Oracle 管理库（Oracle Management Repository）；
- Oracle 管理插件（Oracle Management Plug-ins）；
- Enterprise Manager Cloud Control 控制台（Oracle Management Console）。

Enterprise Manager Cloud Control 的体系结构如图 3.8 所示。

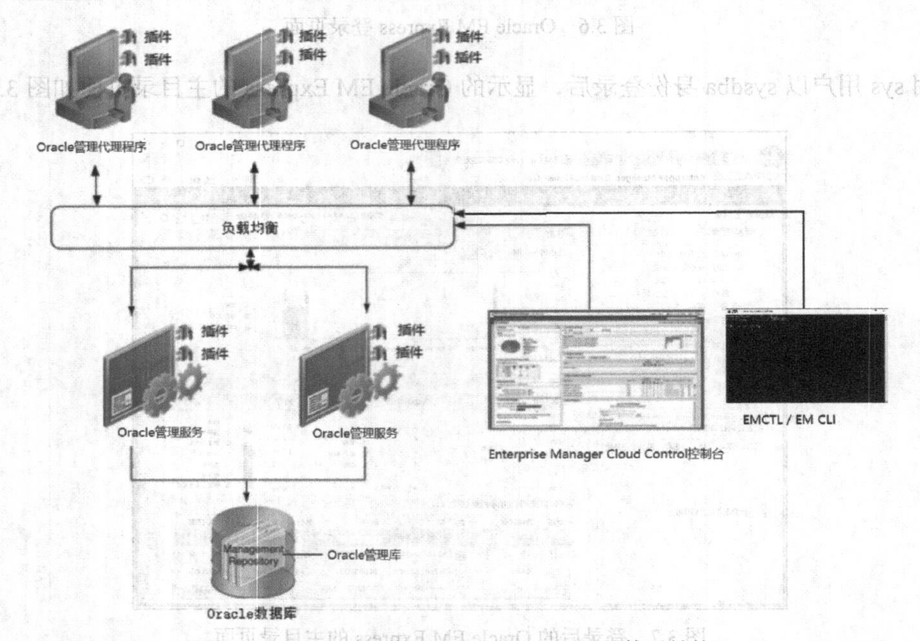

图 3.8　Enterprise Manager Cloud Control 的体系结构

图 3.8 中使用了负载均衡器和多个 Oracle 管理服务，演示了 Enterprise Manager Cloud Control 在大的机构中应用的情形。它们不是安装 Enterprise Manager 系统的必备组件。如果不使用负载均衡器，则管理代理程序与 Oracle 管理服务直接通信。

1. Oracle 管理代理程序

Oracle 管理代理程序是部署在每个被监测主机上的必备组件。它负责监测运行在主机上的 Oracle 数据库，与中间层 Oracle 管理服务进行通信，并且管理和维护主机和 Oracle 数据库。

2. Oracle 管理服务

Oracle 管理服务（Oracle Management Service，OMS）是一个 Web 应用程序，它可以统筹安排 Oracle 管理代理程序和管理插件来发现 Oracle 数据库，并对其进行监测和管理。它可以将收集到的信息存储在库中，以便日后引用和分析；还可以为 Enterprise Manager Cloud Control 提供用户界面。

Oracle 管理服务部署在 Oracle 中间件的根目录下，此目录下包含 Oracle WebLogic Server、

Oracle Management Service、Oracle 管理插件、JDK、Oracle Web 层、Oracle 通用目录以及其他相关配置文件和目录。在部署 Oracle 管理服务时，如果以前没有安装过 Oracle WebLogic Server，则 Enterprise Manager Cloud Control 安装程序会自动安装 Oracle WebLogic Server 和 Oracle WebLogic Server 管理控制台。

3. Oracle 管理库

Oracle 管理库是管理代理程序收集的所有信息存储的位置，由数据库作业、程序包、存储过程、视图和表空间等对象组成。

Oracle 管理服务将其从管理代理程序接收到的监测数据上传至 Oracle 管理库，然后由 Oracle 管理库组织数据，以便 Oracle 管理服务获取数据，并上传至 Enterprise Manager Cloud Control 控制台。每个数据库管理员都可以通过 Enterprise Manager Cloud Control 控制台访问 Oracle 管理库中的数据。

在安装 Enterprise Manager Cloud Control 时，安装程序会为已经安装的数据库配置管理库，但不会安装新的数据库。

4. Oracle 管理插件

Enterprise Manager Cloud Control 的主要特性是管理和监测 Oracle 数据库、中间件和应用程序。通过新的自动升级功能可以下载和安装实现上述功能的组件，也就是 Oracle 管理插件。这种插件式的框架使 Enterprise Manager Cloud Control 可以通过升级插件管理最新的 Oracle 产品，而无须等待下一个 Enterprise Manager Cloud Control 版本。

Oracle Management Service 默认安装表 3.2 所示的管理插件。

表 3.2 Oracle Management Service 默认安装的管理插件

插件	描述
Oracle Database	用于监测和管理 Oracle 数据库、Oracle RAC（Oracle Real Application Clusters，Oracle 真正应用集群）、Oracle ASM（Oracle Automatic Storage Management，Oracle 自动存储管理）等
Oracle Fusion Middleware	用于监测和管理 Oracle Fusion Middleware 产品
My Oracle Support	用于从 Enterprise Manager Cloud Control 控制台登录到 Oracle 技术支持，从知识库中搜索文档、提出服务请求、建立安装补丁的计划和监测目标的补丁模板
Oracle Exadata	用于监测和管理 Oracle Exadata 目标。Oracle Exadata 是核心由 Database Machine（数据库一体机）与 Exadata Storage Server（存储服务器）组成的一体机硬件平台。运行在 Oracle Exadata 的软件核心为 Oracle 数据库和 Exadata Cell 软件

5. Enterprise Manager Cloud Control 控制台

Enterprise Manager Cloud Control 控制台是 Enterprise Manager Cloud Control 的 Web 用户界面，用于从网络中的一个位置监测和管理整个计算环境。所有系统和服务都可以从中心位置轻松管理，包括企业应用程序系统、数据库、主机、中间件应用程序服务器、监听器等。

6. EMCTL

EMCTL 是一个命令行工具，可以在 OMS 和管理代理程序上执行特定的任务。例如启动或停止 OMS 实例，设置 OMS 实例的属性，或获取被管理代理程序监测的一组目标。

7. EM CLI

EM CLI 也是一个命令行工具，可以通过一些常用的编程语言访问，以命令行或程序的方式创建和运行任务。使用 EM CLI 可以从不同的操作系统使用 Shell 或命令行窗口访问 Enterprise Manager Cloud Control。

3.4 网络配置工具

Oracle 是网络环境下的数据库系统，支持对网络中数据库的访问。使用 Net Manager 可以对网络环境进行配置和管理。

3.4.1 Oracle 数据库服务和数据库实例标识

对于客户端而言，Oracle 数据库是一个服务，一个数据库可以与多个服务关联。例如，在图 3.9 中，两个数据库分别拥有各自的数据库服务，为内网中的客户端提供服务。一个服务是 sales.oracleserver.com，允许销售人员访问销售数据库；另一个服务是 finance.oracleserver.com，允许财务人员访问财务数据库。

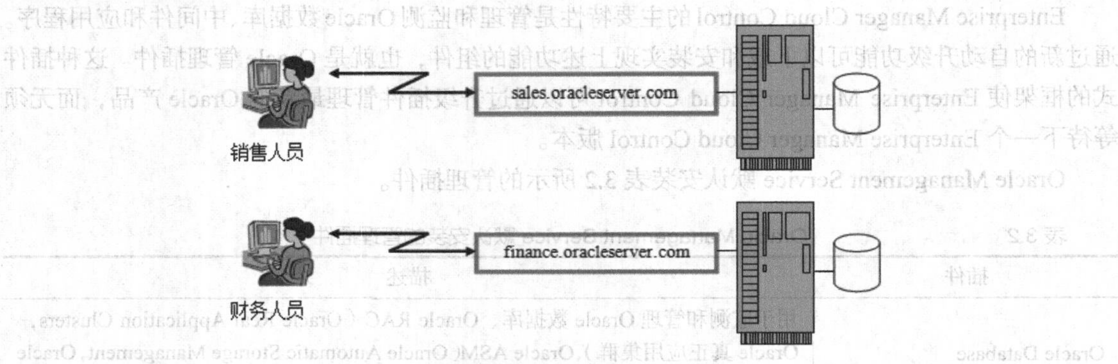

图 3.9 两个数据库和它们各自数据库服务

在客户端看来，数据库服务名就代表它们要访问的 Oracle 数据库。服务名可以在初始化参数 SERVICE_NAME 中设置（关于初始化参数将在 4.2 节介绍）。在默认情况下，数据库服务名等于全局数据库名。全局数据库名是区分于其他数据库的唯一标识，由数据库名和域名组成，格式如下：

<数据库名>.<域名>

例如，在 sales.oracleserver.com 中，sales 是数据库名，而 oracleserver.com 是域名。

一个数据库可以有多个与其关联的服务，如图 3.10 所示。

这样一来，一个数据库就可以为多种不同需求的客户端提供不同的服务。而且，数据库管理员（DBA）还可以为访问不同服务的客户端分配不同的资源，通过这种方式来限制和预留系统资源。

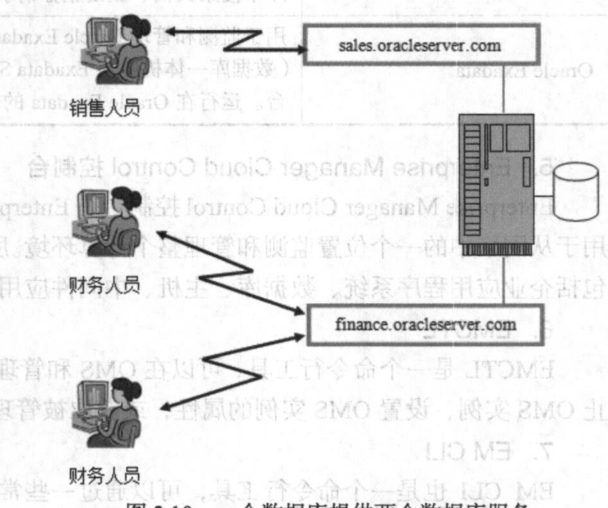

图 3.10 一个数据库提供两个数据库服务

要连接 Oracle 数据库服务，客户端必须通过连接描述符（Connection Descriptor）提供数据库的位置和数据库服务的名称。下面是一个连接到服务名 sales.oracleserver.com 的连接描述符示例。

```
(DESCRIPTION=
 (ADDRESS=(PROTOCOL=tcp)(HOST=oracleserver)(PORT=1521))
 (CONNECT_DATA=
   (SERVICE_NAME=sales.oracleserver.com)))
```

连接描述符的地址（ADDRESS）部分实际上是监听器的协议地址。客户端要连接到数据库服务，首先需要与驻留在数据库服务器端的监听器进程联系。监听器接收到来自客户端的连接请求后，再将这些请求传送到数据库服务器端。在 TCP/IP 中，地址由主机名（HOST）和端口号（PORT）组成，指定主机上的监听器进程将在指定端口号上对客户端进行监听。一旦建立连接，客户端和数据库服务器端就可以直接通信了（具体过程可以参照 1.2.9 小节的内容理解）。

连接描述符中还包含 SERVICE_NAME 属性，用于指定客户端要连接的数据库服务名。监听器知道它能处理的连接请求所对应的服务，因为 Oracle 数据库会动态地向监听器注册这些信息。注册进程的名称为 service registration，它同时向监听器提供数据库实例和每个实例中有效的服务处理器。

如果需要连接指定的数据库实例，客户端可以在连接描述符中指定 INSTANCE_NAME 参数。例如：

```
(DESCRIPTION=
 (ADDRESS=(PROTOCOL=tcp)(HOST=oraclserver)(PORT=1521))
 (CONNECT_DATA=
   (SERVICE_NAME=sales.oracleserver.com)
   (INSTANCE_NAME=sales1)))
```

对于那些总是使用指定服务处理器类型的客户来说，可以在连接描述符中指定所使用的服务处理器类型。例如，如下连接描述符中指定服务处理器的类型为共享服务器（SERVER=shared）。

```
(DESCRIPTION=
 (ADDRESS=(PROTOCOL=tcp)(HOST=oraclserver)(PORT=1521))
 (CONNECT_DATA=
   (SERVICE_NAME=sales.oracleserver.com)
   (SERVER=shared)))
```

如果客户端希望使用专用服务器，则使用（SERVER=dedicated）替换（SERVER=shared）。（SERVER=shared）是默认的配置值，但如果没有有效的调度器进程，则客户端依然会使用专用服务器进程。

当监听器接收到客户端的请求后，它将选择一个已经注册的服务处理器。根据选择的处理器类型、使用的通信协议和数据库服务器的操作系统等情况，监听器将执行如下操作中的一项。

- 直接将连接请求传递给调度器进程。
- 向客户端发送一个重定向消息，其中包含调度器进程或专用服务器进程的地址。客户端将直接与调度器进程和专用服务器进程连接。
- 生成一个专用服务器进程，然后将客户端连接传送给专用服务器进程。

一旦监听器帮助客户端完成了连接操作，客户端将直接与 Oracle 数据库通信，而不需要监听器的参与。监听器将继续监听接入的网络会话。

3.4.2 连接字符串的命名方法

用户可以通过连接字符串来初始化到 Oracle 服务器的连接请求，命令格式如下：

```
CONNECT 连接字符串
```

连接字符串包括用户名、口令和连接标识符。连接标识符可以是前面介绍的连接描述符，也可以是代表连接描述符的名称。定义连接字符串的方法称为命名方法。

最常用的连接标识符是网络服务名。下面是使用完整的连接描述符作为连接标识符的示例。

```
CONNECT
scott/tiger@(DESCRIPTION=(ADDRESS=(PROTOCOL=tcp)(HOST=oracleserver1)(PORT=1521))
  (CONNECT_DATA=(SERVICE_NAME=sales.oracleserver.com)))
```

也可以使用网络服务器来标识要访问的数据库服务器，例如：

```
CONNECT scott/tiger@sales
```

此处的 sales 是已经定义的网络服务名。在连接过程中，Oracle 会将网络服务器替换成它定义的连接描述符。关于创建和使用网络服务名的方法将在后面的章节中介绍。

根据命名方法中定义的目标来创建客户端会话的过程如下。

（1）客户端通过提供连接标识符来初始化一个连接请求。

（2）通过命名方法将连接标识符解析成连接描述符。

（3）客户端根据连接描述符中的地址生成一个连接请求。

（4）监听器接收到连接请求，并将其转向指定的数据库服务器。

（5）数据库服务器接受连接请求。

Oracle 支持如下 4 种命名方法。

（1）本地命名：在本地的名为 tnsnames.ora 的配置文件中保存网络服务名和连接描述符。

（2）目录命名：将连接描述符存储在一个中央目录服务器中，用于访问数据库服务。

（3）简单连接命名：允许客户端通过 TCP/IP 连接字符串连接 Oracle 数据库服务器。TCP/IP 连接字符串由主机名、端口号和服务名组成（后面两者为可选项）。例如：

```
CONNECT username/password@host[:port][/service_name]
```

简单连接命名方法不需要配置，可以直接使用。

（4）外部命名：将网络服务名以支持的非 Oracle 命名服务方式存储。支持的第 3 方服务包括网络信息服务（NIS）外部命名和分布式计算环境（DCE）单元目录服务（CDS）。

3.4.3 Oracle Net 栈通信体系结构

Oracle Net 的主要功能是建立、维护客户端应用程序和 Oracle 数据库服务器端之间的连接，它由几个通信层组成，可以在客户端和数据库服务器端之间共享、修改和操作数据。客户端和数据库服务器端是通过一系列网络协议组成的协议栈实现通信的，不同类型的客户端所使用的协议栈也各不相同。常见的客户端与 Oracle 数据库服务器端的连接方式包括客户端/服务器端应用程序连接、Java 应用程序连接和 Web 客户端连接。

1. 客户端/服务器端应用程序连接中的通信栈

客户端/服务器端应用程序也就是通常所说的 C/S 结构应用程序。当客户端与数据库服务器端建立连接后，不同层的网络协议的工作情况如图 3.11 所示。

此通信结构基于 OSI 模型。在 OSI 模型中，计算机之间的通信以栈的方式进行，信息通过多层代码在节点之间传送。其中，包含的层次结构有物理层、数据链路层、网络层、传输层、会话层、表示层和应用层。OSI 模型在 Oracle Net 中的应用如图 3.12 所示。

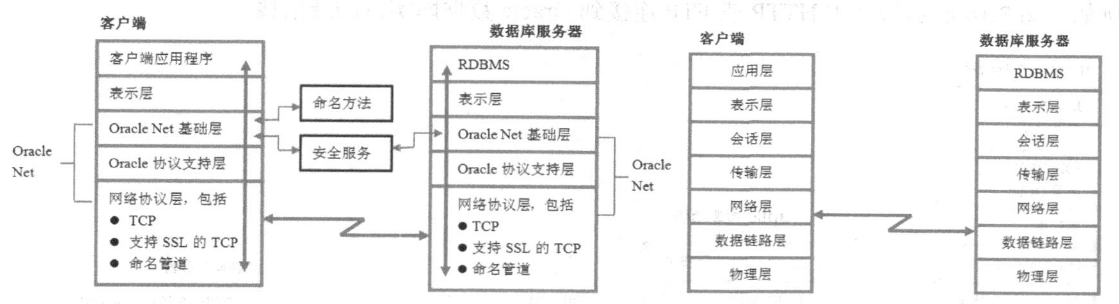

图 3.11　客户端/服务器端应用程序连接中使用的通信栈　　图 3.12　OSI 模型在 Oracle Net 中的应用

下面介绍客户端/服务器端应用程序连接中的各组成部分。

- 客户端应用程序：在与数据库的会话中，客户端使用 Oracle 调用接口（OCI）与数据库服务器端通信。OCI 是在客户端应用程序和数据库服务器端都可以理解的 SQL 语句之间提供接口的组件。
- 表示层：如果客户端和数据库服务器端运行在不同的操作系统上，则它们使用的字符集很有可能不同。表示层可以解决这个问题，它可以在需要时为每个连接执行字符集的转换。
- Oracle Net 基础层：负责创建和维护客户端应用程序和数据库服务器端之间的连接，比如在它们之间交换消息。Oracle Net 基础层通过 TNS（透明网络底层）技术来实现这些功能。TNS 可以在所有标准网络协议上提供单一的通用接口功能，也就是说，TNS 支持 P2P 应用程序连接。在 P2P 体系结构中，两个或多个计算机可以直接通信，不需要使用任何中间设备。在客户端，Oracle Net 基础层接收到客户端应用程序的请求，并解决所有计算机层的连接问题，比如数据库服务器端的位置、连接中使用的协议以及如何处理连接中断等；在服务器端，Oracle Net 基础层完成与客户端相同的工作，同时它还要监听和接收来自客户端的连接请求。
- Oracle 协议支持层：它位于 Oracle Net 基础层和网络协议层之间，负责将 TNS 功能映射到客户端和服务器端连接中使用的标准网络协议上。
- 网络协议：负责从客户端计算机向数据库服务器端传输数据。
- RDBMS：从客户端发送的信息由服务器端的协议栈接收。RDBMS 负责处理客户端请求，并做出响应。数据库服务器端使用 OPI（Oracle 程序接口）为客户端发送的每条语句提供响应。例如，客户端执行一条 SELECT 语句，OPI 负责将查询结果返回给客户端。

2. Java 应用程序连接中的通信栈

Java 应用程序可以通过 Oracle JDBC 驱动访问 Oracle 数据库。Oracle 提供如下两种 JDBC 驱动。

- JDBC OCI 驱动：在 C/S Java 应用程序中使用的 JDBC 驱动。JDBC OCI 驱动将 JDBC 调用转换成对 OCI 的调用，后者将会通过 Oracle Net 发送到 Oracle 数据库服务器。
- JDBC 瘦驱动：在 Java Applets 中使用的 JDBC 瘦驱动。它可以通过 Java 套接字直接与数据库服务器建立连接。

JDBC 驱动使用的通信栈如图 3.13 所示。

JDBC OCI 驱动使用的通信栈与标准的客户端/服务器端通信栈相似，而 JDBC 瘦驱动则使用

JavaNet 作为 Java 对 Oracle Net 基础层的实现。

3. Web 客户端连接中的通信栈

Oracle 数据库支持多种表示层，这些表示层可以被 Web 客户端用于访问数据库的内部属性。例如，图 3.14 所示为使用 HTTP 或 FTP 连接到 Oracle 数据库实例的通信栈。

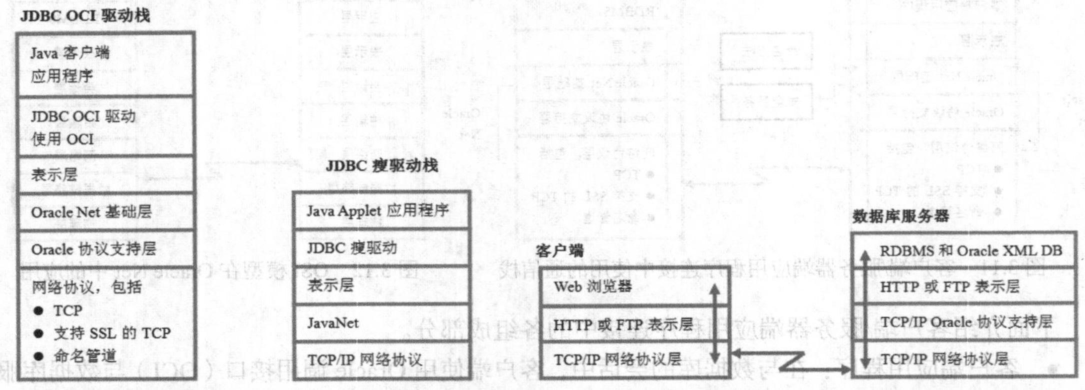

图 3.13　JDBC 驱动中使用的通信栈　　图 3.14　HTTP 或 FTP 连接到 Oracle 数据库实例的通信栈

3.4.4　本地网络配置文件

在默认情况下，Oracle 使用一组本地配置文件来保存网络服务信息，具体情况如表 3.3 所示。

表 3.3　Oracle 本地网络配置文件

配置文件名	说明
cman.ora	位于 Oracle 连接管理器运行的计算机上，保存如下配置信息： ● 监听器端点； ● 访问控制规则列表； ● 参数列表
listener.ora	位于数据库服务器上，为监听器提供配置信息，主要包括： ● 用于接收连接请求的协议地址； ● 正在监听的数据库和非数据库服务； ● 监听器使用的控制参数
sqlnet.ora	位于客户端和数据库服务器端计算机上，主要配置信息包括： ● 用于添加不合格的服务名或者网络服务名的客户端域； ● 在解析名称时使用到的命名方法的顺序； ● 使用的日志和跟踪特性； ● 连接的路由； ● 外部命名参数； ● Oracle 高级安全参数； ● 数据库访问控制参数
tnsnames.ora	主要位于客户端，包含映射到连接描述符的网络服务名。此文件在本地命名方法中使用

通常配置文件保存在$ORACLE_HOME\network\admin 目录下。但是也可以将配置文件保存在其他的位置，因为 Oracle Net 可以在不同位置搜索配置文件。

搜索的顺序如下。

（1）环境变量 TNS_ADMIN 指定的目录。如果环境变量 TNS_ADMIN 没有定义，则有可能保存在注册表中。

（2）$ORACLE_HOME\network\admin 目录。

3.4.5 Oracle Net Manager

Oracle Net Manager 是配置和管理 Oracle 网络环境的一种工具。使用 Oracle Net Manager 可以对下列 Oracle Net 特性和组件进行配置和管理。

- 概要文件：确定客户端如何连接到 Oracle 网络的参数集合。使用概要文件可以配置命名方法、事件记录、跟踪、外部命名参数以及 Oracle Advanced Security 的客户端参数等。
- 服务命名：配置将简单名称解析为连接描述符的方法。
- 监听程序：创建或修改监听程序。

依次单击“开始”→“所有程序”→“Oracle – OraDb12Home1”→“配置和移植工具”→“Net Manager”，打开 Oracle Net Manager 窗口，如图 3.15 所示。

Oracle Net Manager 使用文件夹的层次结构显示网络对象。可以使用导航器窗格查看、添加、修改和删除每个文件夹中的对象。展开文件夹就能看到对象和文件夹的嵌套列表。当选定一个对象后，有关此对象的信息将会显示在右边的窗格中。

位于 Oracle Net Manager 窗口左侧的工具栏包含与文件夹层次结构中的网络对象相对应的图标。是否启用工具栏按钮取决于窗格中所选择的对象。将鼠标指针移动到工具栏的图标上可显示该图标功能的说明。

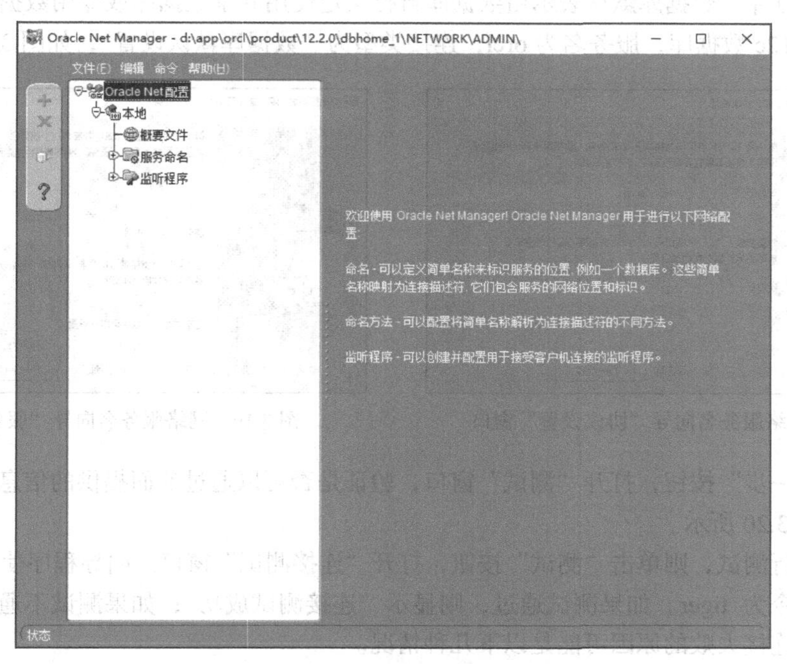

图 3.15 “Oracle Net Manager”窗口

下面介绍配置服务命名的方法。

在 Oracle Net Manager 中，依次选中“Oracle Net 配置”→“本地”→“服务命名”，然后在

菜单中依次选择“编辑”→“创建”，打开“网络服务名向导：欢迎使用”窗口。在“网络服务名”编辑框中输入要创建的网络服务名，假定为 OracleServer，如图 3.16 所示。

单击“下一步”按钮，打开“协议”窗口，选择与数据库通信的网络协议，通常可以选择“TCP/IP（Internet 协议）”，如图 3.17 所示。

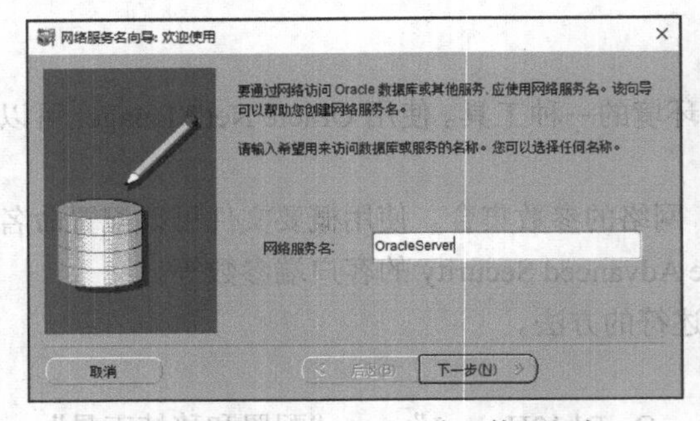

图 3.16　网络服务名向导“欢迎使用”窗口

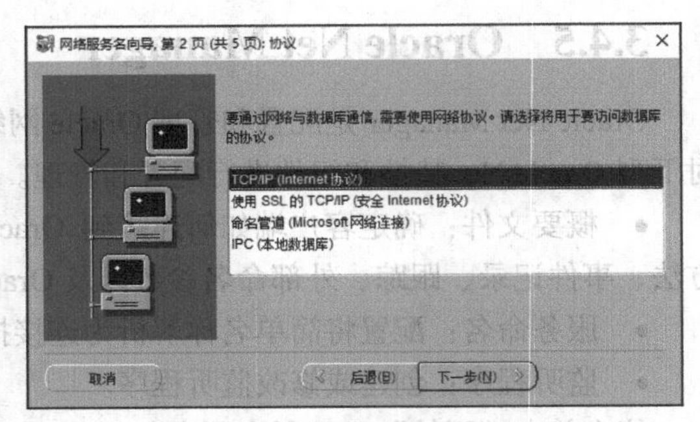

图 3.17　网络服务名向导“协议”窗口

单击“下一步”按钮，打开“协议设置”窗口，如图 3.18 所示。因为选择了 TCP/IP 与数据库通信，所以要求输入数据库所在计算机的主机名，假定为 OracleServer。TCP/IP 的端口号通常可以使用默认的设置“1521”。

单击“下一步”按钮，打开“服务”窗口，在这里要对数据库或服务进行标识。如果要连接的数据库是 Oracle 8i 或更高版本，则需要输入服务名；如果要连接的数据库是 Oracle 8 或更低版本，则需要输入数据库的系统标识符 SID。数据库的连接类型有以下 3 种：数据库默认、共享数据库和专用数据库。数据库默认表示由数据库自行决定使用共享数据库或专用数据库。这里假定连接到 Oracle 12c 数据库，服务名为 orcl，连接类型为“数据库默认设置”，如图 3.19 所示。

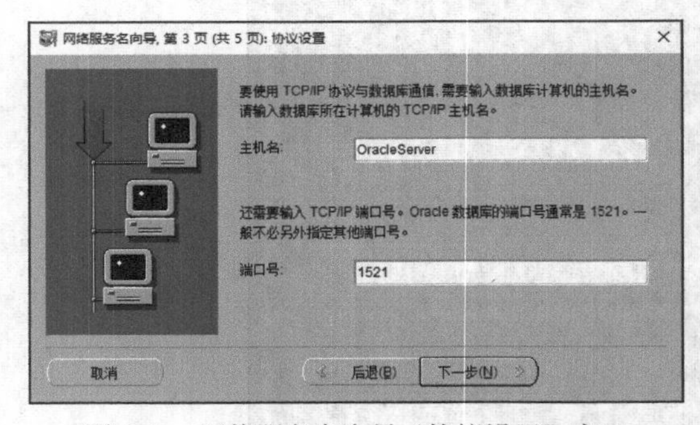

图 3.18　网络服务名向导“协议设置”窗口

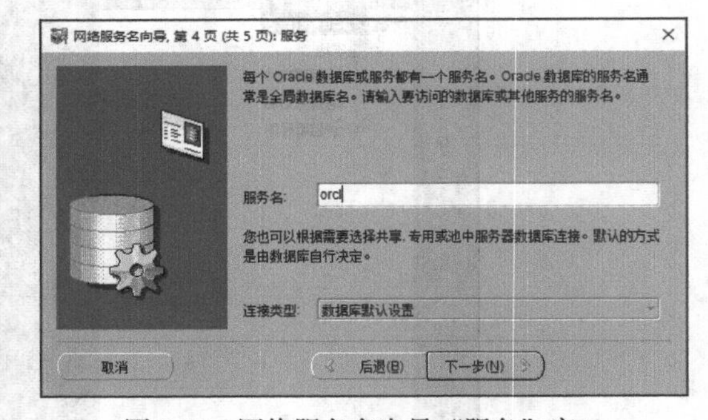

图 3.19　网络服务名向导“服务”窗口

单击“下一步”按钮，打开“测试”窗口，验证是否可以通过前面提供的信息连接到指定的数据库，如图 3.20 所示。

如果要执行测试，则单击“测试”按钮，打开“连接测试”窗口。向导程序使用用户名 scott 进行测试，口令为 tiger。如果测试通过，则显示“连接测试成功”；如果测试不通过将显示失败的原因。导致连接失败的原因可能是以下几种情况。

- 指定的数据库服务不存在或没有启动。
- 用于测试的用户名不存在或口令错误。
- 客户端与服务器端之间存在网络故障或通信协议不匹配，不能实现正常通信。

- 客户端与服务器端在不同的域中，互相访问存在权限限制。

以上只是几种常见的失败原因。单击“更改登录”按钮，可以使用不同的用户进行测试。如果用户被锁定或者口令过期，则可以打开 Oracle Enterprise Manager 对指定用户解除锁定或修改口令。

在“测试”窗口中单击“完成”按钮返回主窗口，可以看到创建的服务名。在右侧的窗格中，显示了服务名 OracleServer 的信息，如图 3.21 所示。以后就可以使用服务名 OracleServer 来连接数据库服务器 OracleServer 的实例 orcl 了。

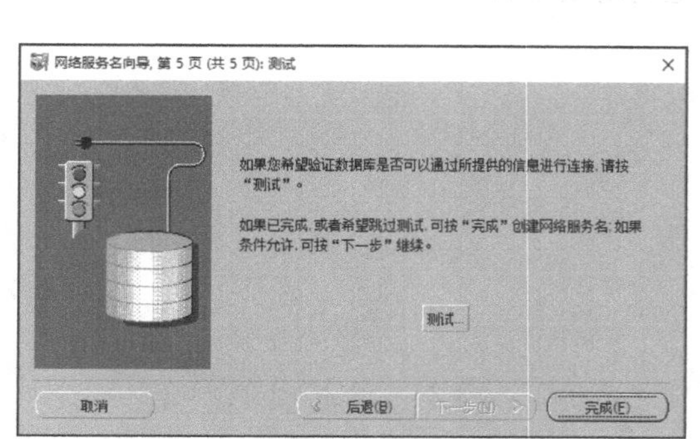

图 3.20　网络服务名向导“测试”窗口

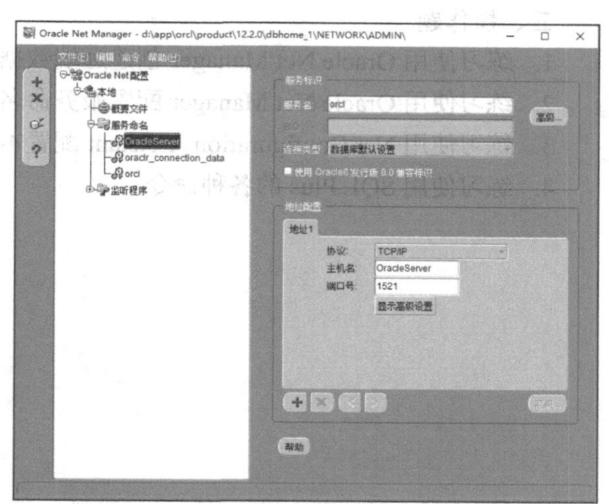

图 3.21　创建的服务名及其信息

习　　题

一、选择题

1. 默认的 EM 端口号为（　　）。

   A. 80　　B. 3306　　C. 8080　　D. 5500

2. 在使用 Oracle Net Manager 连接到远端数据库时，导致连接失败的原因不可能是（　　）。

   A. 指定的数据库服务不存在或没有启动

   B. 远端数据库管理员在验证身份时人为切断连接

   C. 用于连接的用户名不存在或口令错误

   D. 客户端与服务器端之间存在网络故障或通信协议不匹配，不能实现正常通信。

3. 可以通过执行（　　）命令来运行 SQL Plus。

   A. sqlplus　　B. sql plus　　C. splus　　D. osqlplus

4. Oracle 使用一组本地配置文件来保存网络服务信息，下面不属于本地配置文件的是（　　）。

   A. listener.ora　　B. sqlnet.ora　　C. tnsnames.ora　　D. netman.ora

二、填空题

1. 环境变量＿【1】＿代表 Oracle 数据库的安装目录。

2. ＿【2】＿是用户与服务器之间的一种接口，用户可以通过它使用 SQL 语句交互式地访问数据库。

3. 用于显示数据库基本信息的 Oracle 系统视图是__【3】__。

4. 使用指定用户连接到数据库的 sql plus 命令是__【4】__。

5. 要连接 Oracle 数据库服务，客户端必须通过__【5】__来提供数据库的位置和数据库服务的名称。

6. 在连接描述符中__【6】__属性用于指定客户端要连接的数据库服务名。

7. 保存网络服务名和连接描述符的本地命名配置文件为__【7】__。

三、操作题

1. 练习使用 Oracle Net Manager 创建远端数据库的服务命名。
2. 练习使用 Oracle Net Manager 配置服务命名。
3. 练习使用 Net Configuration Assistant 配置本地网络服务名。
4. 练习使用 SQL Plus 的各种命令。

第 4 章 数据库管理、配置和维护

本章主要介绍 Oracle 数据库的管理方法，包括创建和删除数据库、配置数据库、维护数据库实例。

4.1 创建和删除数据库

数据库是一个容器，里面既有表、视图、索引等数据库逻辑对象，也有控制文件、数据文件和日志文件等数据库物理对象。安装 Oracle 12c 后，需要创建一个数据库，用于保存和管理数据。创建和删除数据库是 Oracle 数据库管理员的一项基本技能。

4.1.1 创建数据库

可以使用“Database Configuration Assistant”工具、DBCA 命令或 SQL 语句来创建 Oracle 数据库。需要说明的是，SQL Server 数据库用户通常为每个应用程序创建一个数据库，而每个 Oracle 数据库服务器通常只需要使用一个数据库，并且为不同应用程序创建各自的方案即可。

1. 使用“Database Configuration Assistant”工具创建 Oracle 数据库

依次选择“开始”→“所有程序”→“Oracle-OraDb12Home1”→“配置和移植工具”→Database Configuration Assistant，以管理员身份运行 Database Configuration Assistant，打开“选择：数据库操作”窗口。用户可执行以下 5 种操作。

- 创建数据库。
- 配置现有数据库（如果当前没有数据库，则此项不可选）。
- 删除数据库（如果当前没有数据库，则此项不可选）。
- 管理模板。
- 管理可插入数据库。

选择第一项“创建数据库”，如图 4.1 所示。

单击“下一步”按钮，进入“选择数据库创建模式”窗口，如图 4.2 所示。

可以使用典型配置创建数据库；也可以使用高级模式，由管理员自定义各种数据库参数和口令。这里选择高级模式，然后单击“下一步”按钮，打开“概要”窗口，如图 4.3 所示。

“概要”窗口用于显示创建数据库的全局设置、初始化参数、字符集、数据文件、控制文件、重做日志组等信息。单击“完成”按钮开始创建数据库，并显示创建的过程和进度。创建数据库的时间取决于计算机的硬件配置和数据库的配置情况，选择安装的组件越多，需要的时间就越长。创建完成后，将弹出数据库创建“完成”窗口，如图 4.4 所示。单击“口令管理”按钮，可以打开“口令管理”对话框，编辑数据库中各用户的口令。单击“关闭”按钮，完成创建数据库。

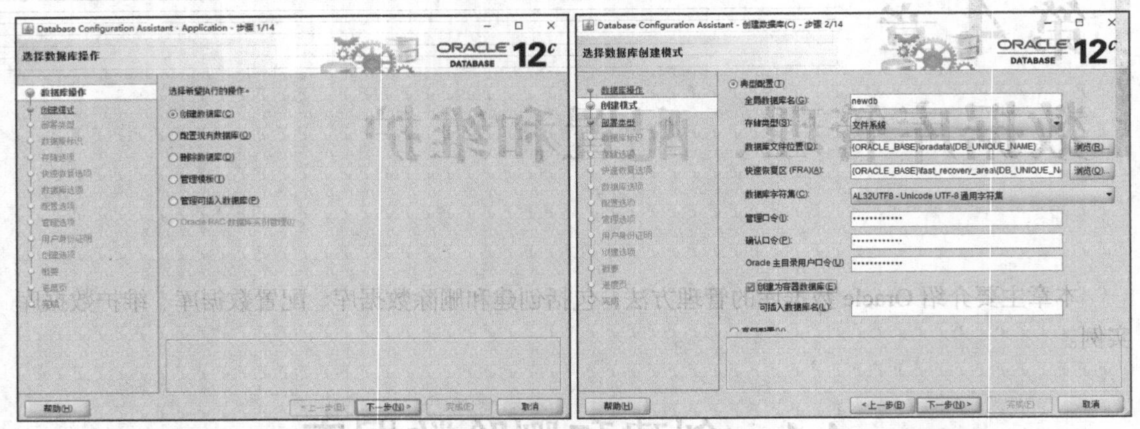

图 4.1　选择数据库操作　　　　图 4.2　选择数据库创建模式

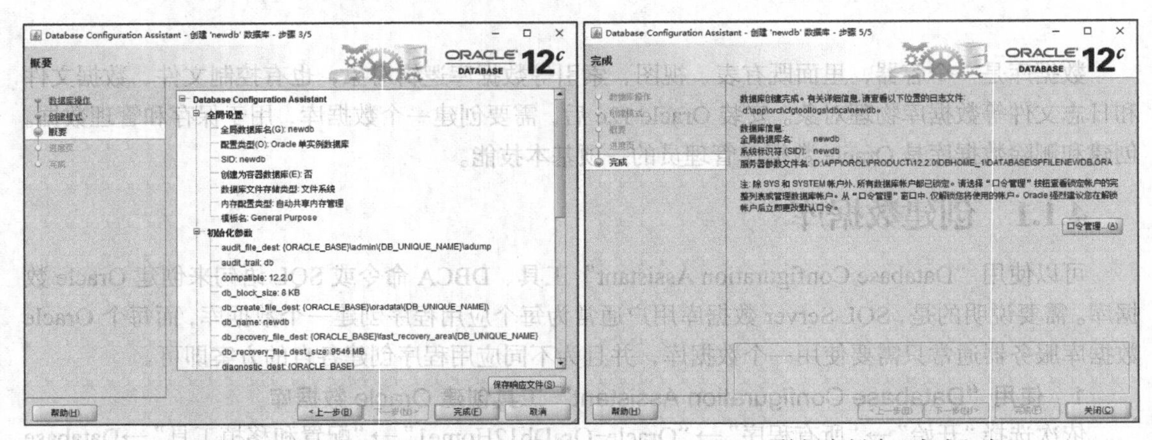

图 4.3　“概要”窗口　　　　图 4.4　数据库创建“完成”窗口

2. 使用 DBCA 命令创建数据库

在命令窗口中使用 DBCA 命令可以调用 Database Configuration Assistant 工具，对数据库进行管理和配置。在 DBCA 命令中可以使用的、与创建数据库有关的参数说明如下。

- -silent：指定以静默方式执行 DBCA 命令。
- -createDatabase：指定使用 DBCA 命令创建数据库。
- -templateName：指定用来创建数据库的模板名称，例如 General_Purpose.dbc 用于指定一般用途的数据库模板。使用此参数相当于在图形界面中选择创建一般用途数据库。
- -gdbname：指定创建的全局数据库名称。
- -sid：指定数据库系统标识符。
- -responseFile：指定安装响应文件，NO_VALUE 表示没有指定响应文件。响应文件包含了在交互方式安装过程中对由用户提供的对安装问题的回答。响应文件将每个问题都保存为一个变量。例如，在响应文件中设置 Oracle 根目录和安装类型等参数的值。Oracle 提供的响应文件保存在安装目录的 response 目录下，如图 4.5 所示。

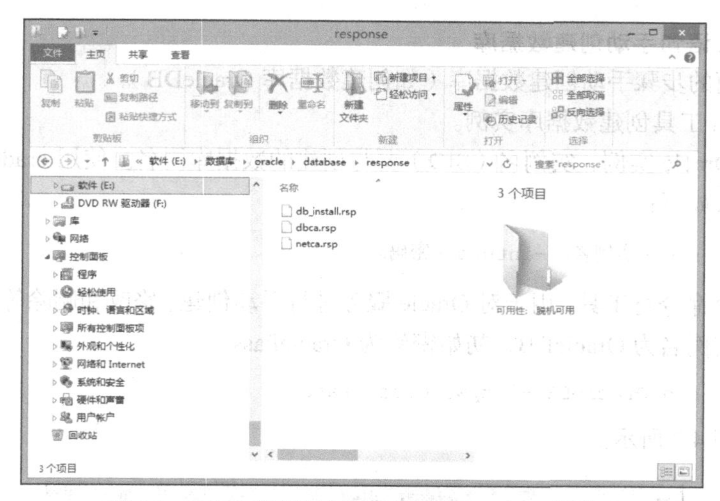

图 4.5　响应文件保存在安装目录的 response 目录下

- -characterSet：指定数据库使用的字符集。
- -memoryPercentage：指定用于 Oracle 的物理内存的百分比。
- -emConfiguration：指定 Enterprise Management 的管理选项。LOCAL 表示数据库由 Enterprise Manager 本地管理；CENTRAL 表示数据库由 Enterprise Manager 集中管理；NOBACKUP 表示不启用数据库的每天自动备份功能；NOEMAIL 表示不启用邮件通知功能；NONE 表示不使用 Enterprise Manager 管理数据库。

【例 4.1】　使用 DBCA 命令以静默方式创建数据库 ora12，具体代码如下：

```
dbca -silent -createDatabase -templateName General_Purpose.dbc -gdbname ora12 -sid
ora12 -responseFile NO_VALUE -memoryPercentage 30 -emConfiguration LOCAL
```

执行过程如图 4.6 所示。用户需要依次输入 SYS 用户、SYSTEM 用户、DBSNMP 用户和 SYSMAN 用户的口令，然后开始创建数据库。

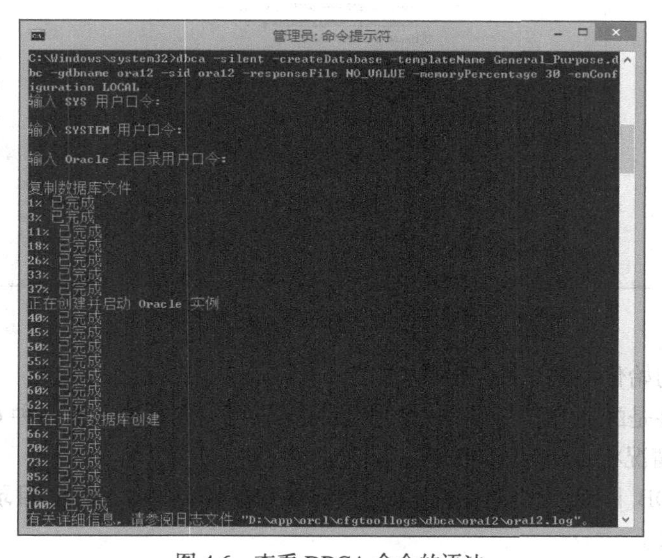

图 4.6　查看 DBCA 命令的语法

3. 使用 SQL 语句手动创建数据库

可以参照下面的步骤手动创建数据库（如创建数据库 OracleDB）。

（1）用 oradim 工具创建数据库实例。

要创建一个 Oracle 实例，实例名（SID）要与创建的数据库同名。使用 oradim 工具创建数据库实例的具体方法如下：

```
oradim -new -sid <实例名> -intpwd <密码>
```

oradim 是一个命令行工具，用于对 Oracle 服务进行手动创建、修改和删除等。打开命令窗口，执行如下命令，实例名为 OracleDB，初始密码为 OraclePass。

```
oradim -new -sid OracleDB -intpwd OraclePass
```

运行结果如图 4.7 所示。

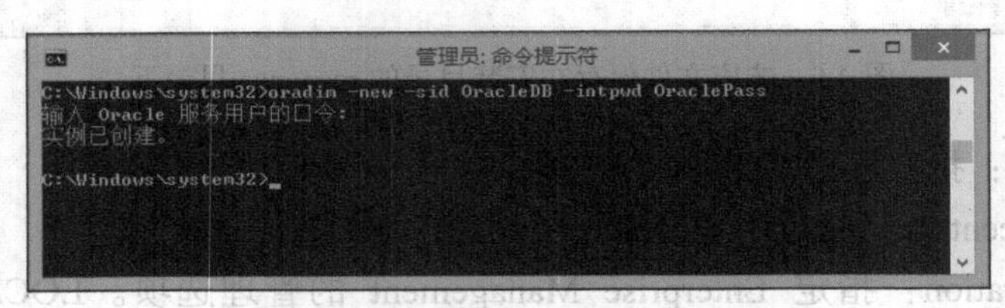

图 4.7　使用 oradim 工具创建数据库实例

打开服务窗口，可以看到新增的与 OracleDB 实例相关的服务，包括 OracleVssWriterOracleDB、OracleJobSchedulerOracleDB、OracleServiceOracleDB 等，如图 4.8 所示。

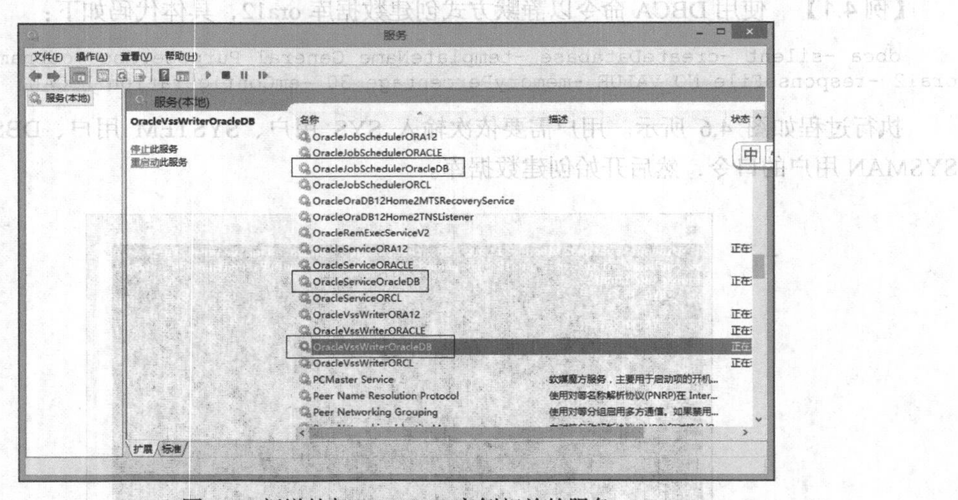

图 4.8　新增的与 OracleDB 实例相关的服务

（2）创建文本初始化参数文件（PFILE）。

初始化参数文件是配置 Oracle 数据库的重要方式，可以在其中设置各种 Oracle 的配置属性。关于 PFILE 的具体情况将在 4.2 节中介绍。

创建 C:\OracleDB 目录，用于保存相关初始化参数文件和脚本文件。目录名称和保存的位置可以由用户自行定义。

手动创建一个文本初始化参数文件 C:\OracleDB\initOracleDB.ora，内容如下：

```
db_name='OracleDB'
```

```
instance_name='OracleDB'
memory_target=320M
processes = 50
audit_file_dest='D:\app\orcl\admin\OracleDB\adump'
audit_trail ='db'
db_block_size=4096
db_domain=''
db_recovery_file_dest='D:\app\orcl\fast_recovery_area\OracleDB'
db_recovery_file_dest_size=64M
diagnostic_dest='D:\app\orcl\'
dispatchers='(PROTOCOL=TCP) (SERVICE=OracleDBXDB)'
open_cursors=100
undo_tablespace='UNDOTBS1'
control_files = ('D:\app\orcl\oradata\OracleDB\CONTROL01.CTL',
'D:\app\orcl\oradata\OracleDB\CONTROL02.CTL')
compatible ='12.0.0'
```

其中主要参数说明如下。

- db_name：指定数据库名称为 OracleDB。
- instance_name：指定数据库实例名称为 OracleDB。
- memory_target：指定 Oracle 总共使用的共享内存的大小，这个参数是动态的，但不能超过 MEMORY_MAX_TARGET 参数设置的值。
- processes：指定整个系统可以启动多少个进程，包括系统自身的后台进程。
- db_block_size：指定 Oracle 数据库数据块的大小。
- db_recovery_file_dest：指定备份数据库文件的路径。
- undo_tablespace：指定默认还原表空间。
- control_files：指定数据库控制文件。
- dispatchers：指定监听器使用的网络协议和服务。
- compatible：指定数据库兼容的版本。

要根据安装 Oracle 的目录和版本等具体情况设置初始化参数文件，并确认上面提到的文件夹都存在，然后继续。

（3）使用 CREATE DATABASE 语句创建数据库。

CREATE DATABASE 语句的语法如下：

```
CREATE DATABASE 数据库名
  [USER 用户名 IDENTIFIED BY 密码]
  [CONTROLFILE REUSE]
  [LOGFILE [GROUP n] 日志文件, …]
  [MAXLOGFILES 整数]
  [MAXLOGMEMBERS 整数]
  [MAXDATAFILES 整数]
  [MAXINSTANCES 整数]
  [ARCHIVELOG | NOARCHIVELOG]
  [CHARACTER SET 字符集]
  [DATAFILE 数据文件, …]
  [SYSAUX DATAFILE 数据文件, …]
  [DEFAULT TABLESPACE 表空间名]
  [DEFAULT TEMPORARY TABLESPACE 临时表空间名 TEMPFILE 临时文件]
```

```
[UNDO TABLESPACE 撤销表空间名 DATAFILE 文件名]
```

参数说明如下。

- USER 用户名 IDENTIFIED BY 密码：设置数据库管理员的密码，例如 SYS 用户或 SYSTEM 用户。
- CONTROLFILE REUSE：使用已有的控制文件（如果存在的话）。
- LOGFILE [GROUP *n*]日志文件…：定义日志文件组和成员。
- MAXLOGFILES：定义最大的日志文件数量。
- MAXLOGMEMBERS：定义日志文件组中最大的日志文件数量。
- MAXDATAFILES：定义数据库中最大的数据文件数量。
- MAXINSTANCES：定义数据库中最大的实例数量。
- ARCHIVELOG | NOARCHIVELOG：设置数据库的运行模式为归档模式或非归档模式。
- CHARACTER SET：定义存储数据的字符集。
- DATAFILE：定义数据文件的位置和初始大小。
- SYSAUX DATAFILE：定义 SYSAUX 表空间中数据文件的位置和初始大小。
- DEFAULT TABLESPACE：定义默认的表空间。
- DEFAULT TEMPORARY TABLESPACE：定义临时表空间的名称和文件位置。
- UNDO TABLESPACE：定义撤销表空间的名称和文件位置。

创建 OracleDB 数据库的语句如下：

```
Create database OracleDB
maxinstances 4
maxloghistory 1
maxlogfiles 16
maxlogmembers 3
maxdatafiles 10
logfile group 1 'd:\app\orcl\oradata\OracleDB\redo01.log' size 10M,
    group 2 'D:\app\orcl\oradata\OracleDB\redo02.log' size 10M
datafile 'D:\app\orcl\oradata\OracleDB\system01.dbf' size 50M
            autoextend on next 10M extent management local
sysaux datafile 'D:\app\orcl\oradata\OracleDB\sysaux01.dbf' size 50M
            autoextend on next 10M
default temporary tablespace temp
    tempfile 'D:\app\orcl\oradata\OracleDB\temp.dbf' size 10M autoextend on next 10M
undo tablespace UNDOTBS1 datafile 'D:\app\orcl\oradata\OracleDB\undotbs1. dbf' size
20M
character set ZHS16GBK
national character set AL16UTF16
user sys identified by sys
user system identified by system ;
```

这里假定 Oracle 安装在 D:\app\orcl 目录。假定将此脚本保存为 C:\OracleDB\CreateDatabase.sql。

在命令窗口中执行如下命令，将当前数据库实例切换为 OracleDB。

```
set ORACLE_SID=OracleDB
```

然后执行如下命令，启动 SQL Plus 工具。

```
sqlplus /nolog
```

在 SQL Plus 工具的命令提示符 SQL>后面输入并执行如下命令，连接到 Oracle 数据库。

```
conn sys/Pass as sysdba
```

其中 sys 是用户名，Pass 是密码，sysdba 是系统管理员角色。

执行如下命令，使用初始化参数文件 initOracleDB.ora 启动数据库实例。

```
startup pfile='C:\OracleDB\initOracleDB.ora' nomount
```

执行结果如下：

```
ORACLE 例程已经启动。

Total System Global Area  335544320 bytes
Fixed Size                  3045408 bytes
Variable Size             255854560 bytes
Database Buffers           71303168 bytes
Redo Buffers                5341184 bytes
```

如果提示某个目录不存在，请手动创建，然后再执行上述命令。

在 D:\app\orcl\oradata 目录下创建 OracleDB 目录，用于保存数据库文件。然后使用如下命令执行 C:\OracleDB\CreateDatabase.sql。

```
@C:\OracleDB\CreateDatabase.sql;
```

@命令用于在 SQL Plus 中执行 SQL 脚本文件。

（4）执行安装后脚本。

在 SQL Plus 中执行如下脚本：

```
@D:\app\orcl\product\12.2.0\dbhome_1\rdbms\admin\catalog.sql;
@D:\app\orcl\product\12.2.0\dbhome_1\rdbms\admin\catproc.sql;
@D:\app\orcl\product\12.2.0\dbhome_1\sqlplus\admin\pupbld.sql;
```

执行 catalog.sql 脚本的作用是创建数据字典基表和数据字典视图；执行 catproc.sql 脚本的作用是安装 Oracle 系统包；执行 pupbld.sql 脚本的作用是安装 PRODUCT_USER_PROFILE 表。

然后执行如下 SQL 语句创建服务器参数文件（SPFILE）。

```
CREATE SPFILE FROM pfile='C:\OracleDB\initOracleDB.ora';
```

执行完成后，可以在 D:\app\orcl\product\12.2.0\dbhome_1\database 目录下查看到新建的 SPFILE 文件 SPFILEORACLEDB.ORA。下次启动时，Oracle 会使用这个文件作为默认启动参数文件。

4.1.2　删除数据库

可以使用“Database Configuration Assistant”工具、DBCA 命令或 SQL 语句来删除 Oracle 数据库。

1. 使用“Database Configuration Assistant”工具删除数据库

（1）单击“开始”→“程序”→“Oracle-OraDb12Home1”→“Database Configuration Assistant”，进入“欢迎使用”窗口。

（2）单击“下一步”按钮，进入“选择数据库操作”窗口，界面与图 4.1 相同。

（3）选择“删除数据库”，然后单击“下一步”按钮，进入“删除数据库”窗口，如图 4.9 所示。在列表中选择需要删除的数据库，例如 OracleDB。输入用于连接数据库的 SYSDBA 身份证明，例如输入 sys 和密码。

（4）单击“下一步”按钮，打开“选择注销管理选项”对话框，如图 4.10 所示。

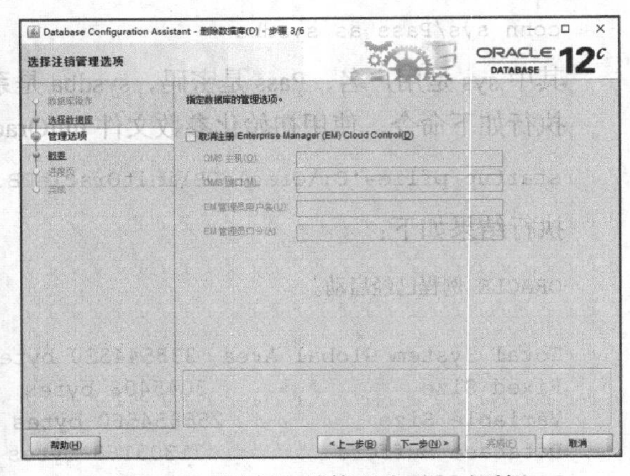

图 4.9 “删除数据库”窗口　　　　图 4.10 “选择注销管理选项”对话框

（5）单击“下一步”按钮，将打开“概要”窗口，显示要删除的数据库的概要信息。单击“完成”按钮，系统将连接到数据库，然后删除实例和数据文件，并更新网络配置文件。最后，数据库被删除。

2. 使用 DROP DATABASE 语句删除数据库

使用 DROP DATABASE 语句可以删除实例连接的数据库。

首先在命令窗口中执行如下命令，运行 SQL Plus。

```
sqlplus /nolog
```

在删除数据库之前，需要用户以 SYSDBA 或 SYSOPER 身份登录，并且将数据库以 MOUNT 模式启动。在 SQL>提示符后面执行下面的命令。首先使用 SYS 用户登录，SYSPWD 为密码，请根据实际情况填写。然后关闭数据库，再启动并加载数据库。将数据库切换至 RESTRICTED 状态。最后执行如下命令。

```
CONNECT SYS/SYSPWD AS SYSDBA;
SHUTDOWN IMMEDIATE;
STARTUP MOUNT;
ALTER SYSTEM ENABLE RESTRICTED SESSION;
DROP DATABASE;
```

在执行 DROP DATABASE 语句之前，先执行如下的 SELECT 语句，确认当前数据库是否为要删除的数据库。

```
select name from v$database;
```

DROP DATABASE 语句只删除数据库文件（控制文件、数据文件和日志文件），但并不删除初始化参数文件及密码文件。

3. 使用 DBCA 命令删除数据库

使用 DBCA 命令以静默方式删除数据库。

【例 4.2】 使用 DBCA 命令以静默方式删除数据库 newdb，命令如下：

```
dbca -silent -deleteDatabase -sourceDB newdb -sid newdb
```

执行过程如图 4.11 所示。

在应用程序、脚本和一些不便于使用图形工具的情况下，可以使用 DBCA 命令删除数据库。

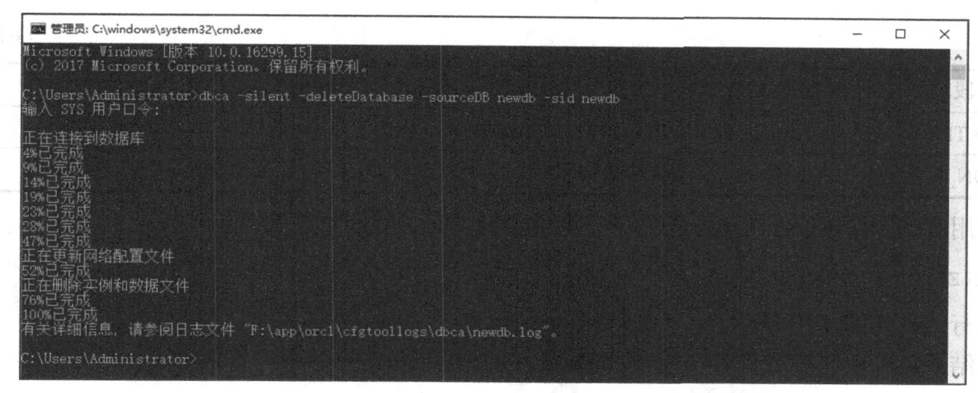

图 4.11　使用 DBCA 命令删除 Oracle 数据库的过程

4.2　配置数据库

数据库管理员可以对 Oracle 数据库进行配置，包括设置内存参数、自动还原管理和初始化参数管理等。通过优化 Oracle 数据库的配置，可以使其更好地工作。

4.2.1　查看和设置内存参数

从本书第 1 章可以了解到，Oracle 有两种内存结构，即系统全局区（System Global Area，SGA）和程序全局区（Program Global Area，PGA）。本小节将介绍如何查看和设置 SGA 和 PGA 的参数。

1. 使用 V$SGAINFO 视图查看 SGA 基本信息

视图 V$SGAINFO 包含的字段如表 4.1 所示。

表 4.1　视图 V$SGAINFO 的字段属性

字段名	数据类型	说明
NAME	varchar2(32)	SGA 统计项目的名称
BYTES	number	统计项目的大小（单位是字节）
RESIZABLE	varchar2 (3)	表明该统计项目是否允许调整大小
CON_ID	number	容器数据库 ID

使用 SYS 用户以 SYSDBA 的身份登录到 SQL Plus，执行如下命令：

```
SELECT * FROM V$SGAINFO;
```

执行结果如图 4.12 所示。

2. 使用 V$SGASTAT 视图查看 SGA 统计信息

视图 V$SGASTAT 包含的字段如表 4.2 所示。

表 4.2　视图 V$SGASTAT 的字段属性

字段名	数据类型	说明
POOL	varchar2(12)	SGA 组件驻留的池，包括 shared pool、large pool、java pool 和 streams pool
NAME	varchar2(26)	SGA 组件名称

续表

字段名	数据类型	说明
BYTES	number	内存大小，单位是字节
CON_ID	number	容器数据库 ID

使用 SYS 用户以 SYSDBA 的身份登录到 SQL Plus，执行如下命令：

```
SELECT * FROM V$SGASTAT;
```

执行结果如图 4.13 所示。

从结果集中可以查看到各个池中 SGA 组件的内存使用情况。

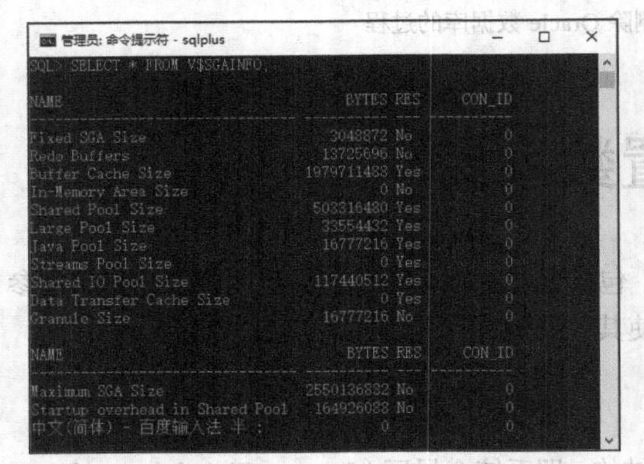

图 4.12　使用 V$SGAINFO 视图查看 SGA 基本信息

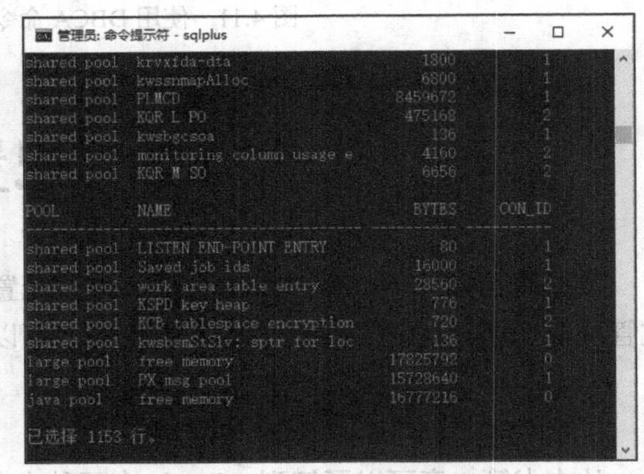

图 4.13　使用 V$SGASTAT 视图查看 SGA 统计信息

4.2.2　配置自动还原管理

Oracle 可以维护用于取消对数据库所作更改的信息。这种信息由事务处理操作的记录组成，总称为“还原”。Oracle 使用还原操作来回退有效的事务处理、恢复中断的事务处理、提供读取一致性，以及从逻辑错误中进行恢复。自动还原管理是基于还原表空间（Undo Tablespaces）的。

使用 SYS 用户以 SYSDBA 身份登录到 Oracle 12c EM Express，选择左上角的“存储”→“还原管理”菜单项，如图 4.14 所示。打开“还原管理详细信息”页面，如图 4.15 所示。窗口内容可以分为配置和统计信息两个部分。其中配置部分分为还原概要、还原统计信息概要和还原指导窗格。

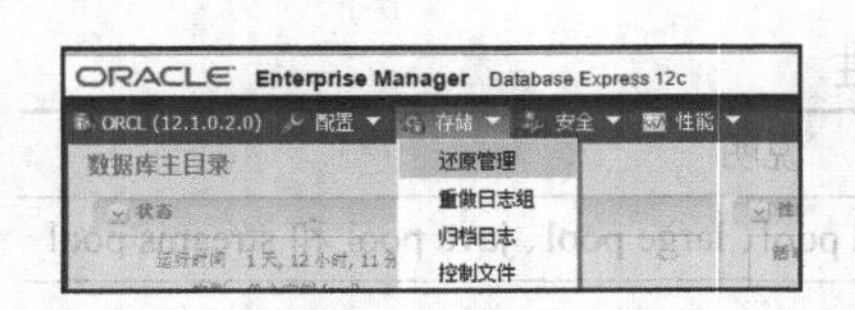

图 4.14　“存储”→“还原管理”菜单项

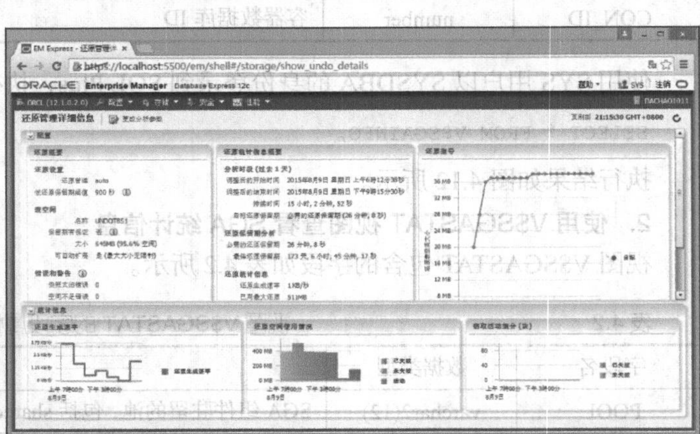

图 4.15　“还原管理详细信息”页面

在“还原概要”窗格中可以看到还原设置选项和还原表空间的基本信息。默认的还原管理选项为 auto，即自动管理。默认的最低还原保留期为 900 秒。Oracle 会按照当前对数据库运行的查询所需要的时间长度或者任何低还原保留期阈值（以时间较长的为准），将还原数据保持在未失效状态。超过此时间之后，还原数据的状态将更改为失效。单击“最低还原保留期阈值”后面的 900 秒超链接，可以打开设置 undo_retention 初始化参数的窗口，如图 4.16 所示。关于初始化参数的基本情况将在 4.2.3 小节介绍。

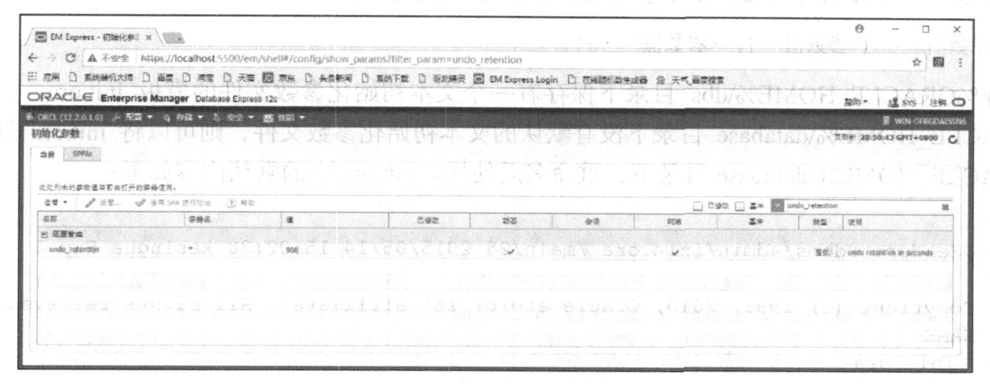

图 4.16　设置 undo_retention 初始化参数的窗口

单击左上角的“设置”按钮可以打开设置初始化参数 undo_retention 的窗口，如图 4.17 所示。

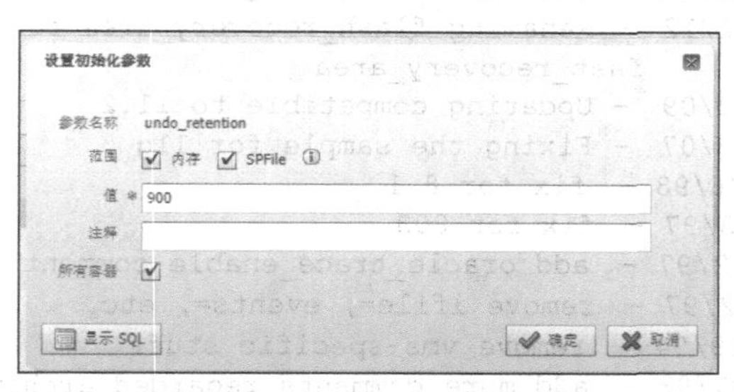

图 4.17　设置初始化参数 undo_retention 的窗口

在“还原概要”窗格中还可以看到还原表空间的基本信息。默认的还原表空间名称为 UNDOTBS1，可以自动扩展，最大大小无限制。

4.2.3　初始化参数文件

初始化参数文件是配置 Oracle 数据库的重要方式，其中包括名称定义参数、静态限制参数、动态性能参数、控制或修改数据库和数据库实例操作的参数等。当 Oracle 数据库实例启动时，系统需要从初始化参数文件中读取初始化参数。初始化参数的值决定了 Oracle 实例的特性。

Oracle 的初始化参数文件可以是只读的文本文件，也可以是可读写的二进制文件。文本初始化参数文件又称为 PFILE（Parameter File）文件，它的特点是易于查看和修改；二进制文件被称为服务器参数文件（Server Parameter File，SPFile），它始终存放在数据库服务器上。

1．文本初始化参数文件 PFILE

在 Windows 操作系统中，默认的文本初始化参数文件名为 init%ORACLE_SID%.ora，默认路径为%ORACLE_HOME%\database。%ORACLE_SID%表示当前的数据库实例名，%ORACLE_HOME

表示 Oracle 数据库产品的安装目录。例如，如果数据库实例为 orcl，Oracle 数据库安装在 D:盘，则文本初始化参数文件的绝对路径为 D:\app\Administrator\product\12.2.0\dbhome_1\database\initorcl.ora。

文本初始化参数文件中配置参数由一组<参数名>和<参数值>对组成。如果一个参数名只接受一个参数值，则其定义格式如下：

```
<参数名> = <参数值>
```

如果一个参数名可以接受多个参数值，则其定义格式如下：

```
<参数名> = (<参数值> [, <参数值> …])
```

在%ORACLE_HOME%\dbs 目录下保存着一个文本初始化参数文件的模板 init.ora，如果在%ORACLE_HOME%\database 目录下没有默认的文本初始化参数文件，则可以将 init.ora 复制到%ORACLE_HOME%\database 目录下，重命名后使用。init.ora 中的默认内容如下：

```
#
# $Header: rdbms/admin/init.ora /main/25 2015/05/14 15:02:30 kasingha Exp $
#
# Copyright (c) 1991, 2015, Oracle and/or its affiliates. All rights reserved.
# NAME
#  init.ora
# FUNCTION
# NOTES
# MODIFIED
#    kasingha   05/12/15  - 21041456 - fix copyright header
#    ysarig     02/01/12  - Renaming flash_recovery_area to
#                           fast_recovery_area
#    ysarig     05/14/09  - Updating compatible to 11.2
#    ysarig     08/13/07  - Fixing the sample for 11g
#    atsukerm   08/06/98 -  fix for 8.1.
#    hpiao     06/05/97 -  fix for 803
#    glavash    05/12/97 -  add oracle_trace_enable comment
#    hpiao     04/22/97 -  remove ifile=, events=, etc.
#    alingelb   09/19/94 -  remove vms-specific stuff
#    dpawson    07/07/93 -  add more comments regarded archive start
#    maporter   10/29/92 -  Add vms_sga_use_gblpagfile=TRUE
#    jloaiza    03/07/92 -  change ALPHA to BETA
#    danderso   02/26/92 -  change db_block_cache_protect to _db_block_cache_p
#    ghallmar   02/03/92 -  db_directory -> db_domain
#    maporter   01/12/92 -  merge changes from branch 1.8.308.1
#    maporter   12/21/91 -  bug 76493: Add control_files parameter
#    wbridge    12/03/91 -  use of %c in archive format is discouraged
#    ghallmar   12/02/91 -  add global_names=true, db_directory=us.acme.com
#    thayes    11/27/91 -  Change default for cache_clone
#    jloaiza   08/13/91 -      merge changes from branch 1.7.100.1
#    jloaiza   07/31/91 -      add debug stuff
#    rlim     04/29/91 -      removal of char_is_varchar2
#  Bridge    03/12/91 - log_allocation no longer exists
#  Wijaya    02/05/91 - remove obsolete parameters
#
##############################################################################
# Example INIT.ORA file
#
# This file is provided by Oracle Corporation as a starting point for
# customizing the Oracle Database installation for your site.
#
```

```
# NOTE: The values that are used in this file are example values only.
# You may want to adjust those values for your specific requirements.
# You might also consider using the Database Configuration Assistant
# tool (DBCA) to create a server-side initialization parameter file
# and to size your initial set of tablespaces. See the
# Oracle Database 2 Day DBA guide for more information.
###############################################################################

# Change '<ORACLE_BASE>' to point to the oracle base (the one you specify at
# install time)

db_name='ORCL'
memory_target=1G
processes = 150
audit_file_dest='<ORACLE_BASE>/admin/orcl/adump'
audit_trail ='db'
db_block_size=8192
db_domain=''
db_recovery_file_dest='<ORACLE_BASE>/fast_recovery_area'
db_recovery_file_dest_size=2G
diagnostic_dest='<ORACLE_BASE>'
dispatchers='(PROTOCOL=TCP) (SERVICE=ORCLXDB)'
open_cursors=300
remote_login_passwordfile='EXCLUSIVE'
undo_tablespace='UNDOTBS1'
# You may want to ensure that control files are created on separate physical
# devices
control_files = (ora_control1, ora_control2)
compatible ='11.2.0'
```

下面介绍一些常用的初始化参数。

（1）全局数据库名称。

全局数据库名称包括用户自定义的本地数据库名称和数据库在网络中的位置信息。初始化参数 DB_NAME（注意，Oracle 中不区分大小写，本书在不引起冲突的情况下，部分大小写可能混用）定义了本地数据库名称，参数 DB_DOMAIN 定义了网络结构的域信息。它们结合在一起，可以在网络中唯一标识一个数据库。例如：

```
DB_NAME = 'orcl'
DB_DOMAIN = 'mydomain.com'
```

则全局数据库名称为 orcl.mydomain.com。

DB_NAME 必须由最多 8 个可见字符组成。当创建数据库时，DB_NAME 被记录在数据库的数据文件、重做日志文件和控制文件中。如果数据库实例启动时初始化参数中 DB_NAME 的值与控制文件中的数据库名称不同，则数据库无法启动。

（2）定义闪回恢复区。

闪回恢复区是 Oracle 数据库用来存储和管理与备份/恢复相关的文件的位置。它与数据库区不同，数据库区是 Oracle 管理当前数据库文件（数据文件、控制文件和在线重做日志文件等）的位置。

闪回恢复区包含如下初始化参数。

- DB_RECOVERY_FILE_DEST：定义闪回恢复区的位置。可以是目录、文件系统或自动存储管理（ASM）磁盘组。
- DB_RECOVERY_FILE_DEST_SIZE：指定闪回恢复区的最大字节数。只有 DB_RECOVERY_FILE_DEST 有效时才能指定此参数。

（3）指定控制文件。

使用初始化参数 CONTROL_FILES 可以为数据库指定控制文件名。当执行 CREATE DATABASE 创建数据库时，将创建 CONTROL_FILES 中指定的控制文件。

如果在初始化参数文件中没有 CONTROL_FILES，则 Oracle 数据库使用默认的文件名来创建控制文件。

（4）指定数据块大小。

使用初始化参数 DB_BLOCK_SIZE 可以指定数据库的标准数据块大小。数据块大小可以在 SYSTEM 表空间和其他表空间中被默认使用。通常，将 DB_BLOCK_SIZE 设置为 4KB 或 8KB。

（5）管理 SGA。

初始化参数 SGA_MAX_SIZE 可以指定 SGA 的最大内存数量，初始化参数 SGA_TARGET 用于指定 SGA 的实际大小。设置 SGA_TARGET 后，SGA 的组件大小将被自动设置，包括 SHARED_POOL_SIZE、LARGE_POOL_SIZE、JAVA_POOL_SIZE、DB_CACHE_SIZE 和 STREAMS_POOL_SIZE 等。

（6）设置最大进程数量。

使用初始化参数 PROCESSES 可以设置操作系统中可以连接到 Oracle 数据库的最大进程数量。

（7）指定还原表空间的管理方法。

使用初始化参数 UNDO_MANAGEMENT 可以设置是否启动自动还原管理模式。在自动还原管理模式中，还原数据被保存在还原表空间中。在默认情况下，UNDO_MANAGEMENT 的值为 MANUAL。

如果一个数据库实例启动了自动还原管理模式，则系统会选择一个还原表空间来存储还原数据。初始化参数 UNDO_TABLESPACE 用于指定当前实例的还原表空间。

其他配置项的具体含义将在后面章节中结合具体情况介绍。

2. 服务器参数文件 SPFile

可以把 SPFile 视作在 Oracle 数据库服务器上维护的初始化参数的容器，它是服务器端的初始化参数文件。在一个数据库实例运行过程中，如果 SPFile 中的初始化参数被修改，则需要关闭数据库实例，重启后才能生效。

在数据库实例启动时，只能有一个初始化参数文件起作用。DBA 可以在启动数据库实例时指定一个 SPFile，否则数据库实例将在操作系统默认的位置上找到 SPFile，并从中获取初始化参数设置。

4.2.4 初始化参数管理

本小节介绍管理初始化参数的具体方法，可以使用 Oracle 12c EM Express 或 SQL 语句来查看和设置初始化参数。

1. 使用 Oracle 12c EM Express 查看和设置初始化参数

使用 SYS 用户以 SYSDBA 身份登录到 Oracle 12c EM，在“配置”菜单栏目中单击“初始化参数”菜单项，打开“初始化参数”管理页面，如图 4.18 所示。

初始化参数包括动态参数和静态参数，在图 4.18 所示的页面中只能修改动态参数。单击左上角的 SPFile 选项卡，可以修改 SPFile 文件中定义的所有初始化参数，如图 4.19 所示。

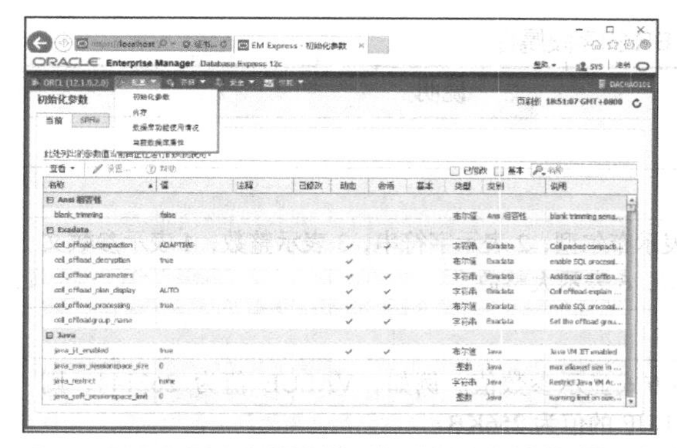

图 4.18　“初始化参数”管理页面

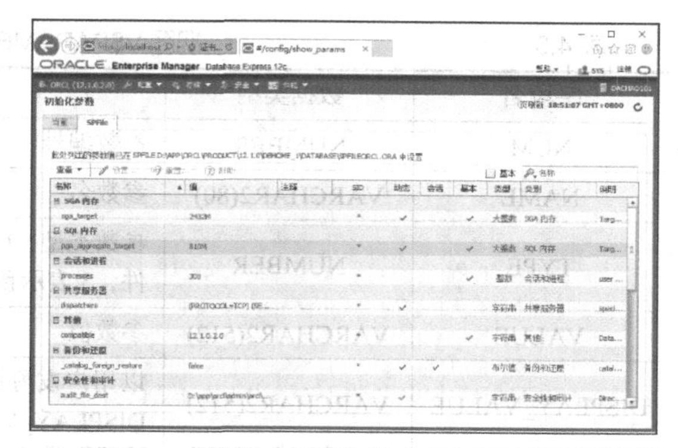

图 4.19　修改 SPFile 文件中的初始化参数

2. 使用 SHOW PARAMETERS 语句显示初始化参数

除了使用 Oracle Enterprise Manager 外，还可以使用 SHOW PARAMETERS 语句显示初始化参数信息，语法如下：

```
SHOW PARAMETERS [<开头字符串>]
```

【例 4.3】　执行如下命令可以查看所有以 db 开头的初始化参数。

```
SHOW PARAMETERS db
```

运行结果如图 4.20 所示。

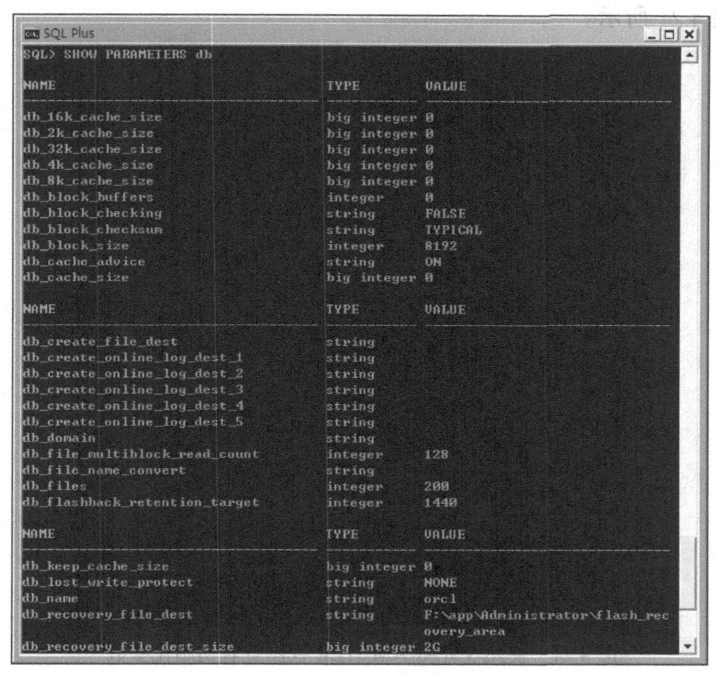

图 4.20　使用 SHOW PARAMETERS 语句显示的初始化参数

3. 使用 V$PARAMETER 视图查看初始化参数

视图 V$PARAMETER 包含很多字段，其中比较常用的字段如表 4.3 所示。

表 4.3　　视图 V$PARAMETER 的字段属性

字段名	数据类型	说明
NUM	NUMBER	参数编号
NAME	VARCHAR2(80)	参数名
TYPE	NUMBER	参数类型，1 表示布尔型，2 表示字符串，3 表示整数，4 表示参数文件，5 表示预留，6 表示大整数
VALUE	VARCHAR2(512)	参数值
DISPLAY_VALUE	VARCHAR2(512)	以用户友好的方式显示参数值。例如，VALUE 值为 262144，则 DISPLAY_VALUE 的值为 256KB
DESCRIPTION	VARCHAR2(255)	参数的描述信息

【例 4.4】　使用 SYS 用户以 SYSDBA 的身份登录到 SQL Plus，执行如下命令，查看所有以 db 开头的初始化参数。

```
SELECT NAME, VALUE, DISPLAY_VALUE FROM V$PARAMETER
WHERE NAME LIKE '%db%';
```

可以使用如下命令设置各列的宽度，从而使显示结果界面更加友好。

```
COL NAME FORMAT A40
COL VALUE FORMAT A10
COL DISPLAY_VALUE FORMAT A10
```

执行结果如图 4.21 所示。

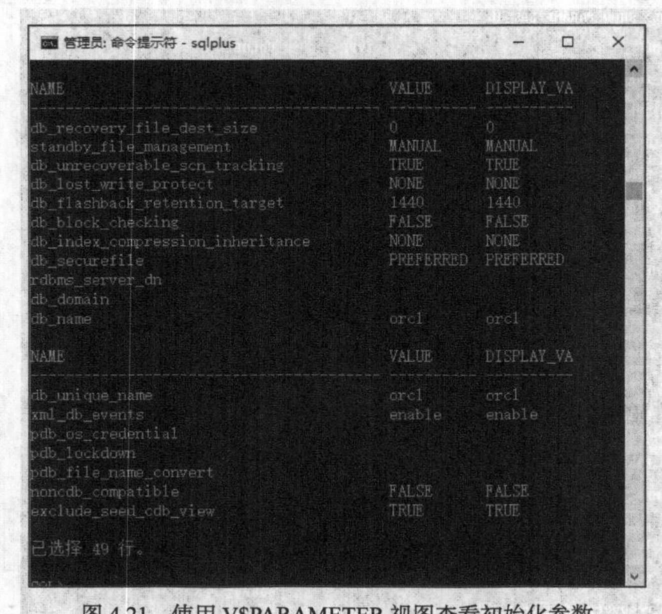

图 4.21　使用 V$PARAMETER 视图查看初始化参数

4. 使用 ALTER SYSTEM 语句设置初始化参数

使用 ALTER SYSTEM 语句可以设置初始化参数的值，语法如下：

```
ALTER SYSTEM SET <参数名>=<参数值>
<SCOPE 子句>
```

SCOPE 子句指定了参数改变的适用范围，它可以取如下的值。

- SPFILE。改变仅对 SPFILE 文件有效。对于动态参数而言，改变将在下一次启动时生效。静态参数只能通过这种方式改变。
- MEMORY。仅在内存中应用改变的值。对于动态参数而言，改变将立即生效，但在下一次启动时将恢复为原来的值，因为 SPFILE 文件中的参数值没有改变。静态变量不允许使用此参数。
- BOTH。改变同时应用于 SPFILE 文件和内存。对于动态参数而言，改变将立即生效，而且在下一次启动时依然有效。静态变量不允许使用此参数。

【例 4.5】　若要设置 SGA_MAX_SIZE 的值为 1GB，并且只将其保存到 SPFILE 文件中，可使用如下语句：

```
ALTER SYSTEM SET SGA_MAX_SIZE=1G
SCOPE = SPFILE;
```

4.3　维护数据库实例

在 1.2.6 小节中已经介绍了 Oracle 数据库实例支持的 4 种状态，包括打开（OPEN）、关闭（CLOSE）、已装载（MOUNT）和已启动（NOMOUNT）。

4.3.1　使用 SHUTDOWN 命令关闭数据库实例

因为 Oracle 数据库实例的默认状态是打开，所以这里首先介绍如何关闭一个已经打开的数据库。在 SQL Plus 中，可以使用 SHUTDOWN 命令关闭数据库实例。

1. 正常关闭数据库实例

正常关闭数据库的语法如下：

```
SHUTDOWN NORMAL
```

也可以不使用 NORMAL 参数，因为它是 SHUTDOWN 命令的默认参数。

在命令窗口中输入下面的命令，打开 SQL Plus。

```
SQLPLUS /NOLOG
```

使用/NOLOG 参数表示启动 SQL Plus，但不连接到 Oracle 数据库。因为只有系统管理员才有权限关闭数据库实例，所以需要在 SQL Plus 中输入如下命令，使用 SYS 用户以系统管理员（SYSDBA）身份连接到 Oracle 数据库。

```
CONNECT SYS AS SYSDBA
```

输入口令后显示 SQL Plus 命令提示符>。执行 SHUTDOWN NORMAL 命令，关闭数据库实例。正常关闭数据库的执行情况如下。

- 提交 SHUTDOWN NORMAL 命令后，Oracle 数据库不再接受新的连接。
- 数据库会一直等待当前连接到数据库的用户都断开连接后，再关闭数据库实例。因此，通常执行 SHUTDOWN NORMAL 命令都需要等待很长时间，一般不采用这种方式来关闭数据库实例。

2. 以事务处理方式关闭数据库实例

在 SHUTDOWN 语句中使用 TRANSACTIONAL 子句可以以事务处理方式关闭数据库实例。即在完成事务处理后断开所有已连接的用户，然后关闭数据库。以事务处理方式关闭数据库实例的语句如下：

```
SHUTDOWN TRANSACTIONAL
```

在执行事务处理关闭数据库实例时，数据库将不允许建立新的连接，也不允许开始新的事务。当所有事务都处理完成后，仍然连接到当前实例的客户端将被断开。

> **提示** 事务（Transaction）是包含一个或多个 SQL 语句的逻辑单元，事务中的 SQL 语句是一个完整的整体，它们要么被全部提交（Commit）执行，要么全部回滚（Roolback）撤销。

事务处理关闭可以避免客户端中断工作和丢失数据，也不需要用户退出登录。

3. 立即关闭数据库实例

直接使用 SHUTDOWN 命令关闭数据库实例需要很长时间。在以下几种情况下，可以选择立即关闭数据库实例。

- 初始化自动备份。
- 如果电源将在比较长的时间后被切断。
- 如果数据库或者数据库应用程序发生异常，而管理员无法联系到用户退出登录或者用户无法退出登录。

在 SHUTDOWN 语句中使用 IMMEDIATE 子句可以实现立即关闭数据库实例的功能，命令的格式如下：

```
SHUTDOWN IMMEDIATE
```

在执行立即关闭的过程中，数据库将不允许建立新的连接，也不允许开始新的事务。所有未提交的事务都会被执行回滚操作。对于比较复杂的事务，回滚操作可能持续很长时间，因此立即关闭操作的执行时间也许并没有想象中的那么快。

系统不会等待所有在线用户断开连接，只要事务回滚完毕，就会立即关闭数据库。

使用 SYS 用户以系统管理员（SYSDBA）身份连接到 SQL Plus，执行 SHUTDOWN IMMEDIATE 命令，可以立即关闭数据库实例。

4. 终止性关闭数据库实例

如果数据库服务器的电源很快就要被切断，或者数据库实例启动时出现异常，则可以使用终止性关闭方式关闭数据库。

终止性关闭数据库实例的语句如下：

```
SHUTDOWN ABORT
```

在执行终止性关闭数据库实例时，数据库将不允许建立新的连接，也不允许开始新的事务。所有正在执行的客户端 SQL 语句将被立即停止，没有提交的事务也不被回滚，并且会立即切断所有在线用户的连接。因此，终止性关闭是最快速的关闭 Oracle 数据库的方式。

4.3.2 使用 STARTUP 命令启动数据库实例

在 SQL Plus 中，可以使用 STARTUP 命令启动数据库实例。

1. 启动数据库实例，装载并打开数据库

因为只有系统管理员才有权限关闭数据库实例，所以需要使用 SYS 用户以系统管理员（SYSDBA）身份连接到 SQL Plus。

执行 STARTUP 命令，可以启动数据库实例，装载并打开数据库。使用此种方式启动数据库后，用户可以连接到数据库并执行数据访问操作。

在执行 STARTUP 命令时，数据库将从默认位置读取服务器参数文件 SPFILE。数据库首先查找 spfile$ORACLE_SID.ora，然后是 spfile.ora，如果都没有找到，则查找文本初始化参数文件 init$ORACLE_SID.ora。

2. 以指定的初始化参数文件来启动实例

在某些情况下，需要临时使用非默认的初始化参数文件中的配置信息来启动数据库实例。在 STARTUP 命令中使用 PFILE 子句，可以指定启动数据库实例时使用的初始化参数文件。命令格式如下：

```
STARTUP PFILE =初始化参数文件
```

【例 4.6】 这里假定使用服务器初始化参数文件 d:\app\orcl\product\12.2.0\dbhome_1\dbs\init.ora 启动数据库实例。首先需要创建一个文本初始化参数文件，只包含 SPFILE 参数，用于指定非默认的服务器初始化参数文件，具体内容如下：

```
SPFILE = d:\app\orcl\product\12.2.0\dbhome_1\dbs\init.ora
```

将文件保存为 d:\app\orcl\product\12.2.0\dbhome_1\dbs\spf_init.ora，文件名和目录可以根据需要选择。

使用 SYS 用户以系统管理员（SYSDBA）身份连接到 SQL Plus。如果数据库实例处于启动状态，则可以使用 SHUTDOWN 命令将其关闭。然后执行如下命令：

```
STARTUP PFILE = d:\app\orcl\product\12.2.0\dbhome_1\dbs\init.ora
```

3. 启动数据库实例，但不装载数据库

使用 SYS 用户以系统管理员（SYSDBA）身份连接到 SQL Plus。执行如下命令，可以启动数据库实例，但不装载数据库。

```
STARTUP NOMOUNT
```

使用 STARTUP NOMOUNT 方式启动数据库实例可以执行重建数据库或数据文件等操作。

4. 启动数据库实例，装载数据库

使用 SYS 用户以系统管理员（SYSDBA）身份连接到 SQL Plus。执行如下命令，可以启动数据库实例，同时装载数据库，并不打开数据库。

```
STARTUP MOUNT
```

使用 STARTUP MOUNT 方式启动数据库实例可以执行数据库日志归档、数据库介质恢复、重定位数据文件和重做日志文件等操作。

5. 强制启动数据库实例

如果当前数据库实例无法正常关闭，而又要启动另外一个数据库实例，那么就需要使用强制关闭数据库实例的选项，命令格式如下：

```
STARTUP FORCE
```

STARTUP FORCE 命令相当于先执行 SHUTDOWN ABORT 命令，然后再执行 STARTUP 命令。

6. 以限制模式启动数据库实例

在以下几种情形下需要以限制模式启动数据库实例。

- 执行数据导入或导出操作（此时不应该有其他普通用户访问数据库，以免导致数据不一致）。
- 使用 SQL*Loader 提取外部数据库中的数据。
- 需要暂时拒绝普通用户访问数据库。
- 进行数据库移植或者升级操作。

使用 STARTUP RESTRICT 语句可以以限制模式启动数据库实例，此时只有拥有 RESTRICT SESSION 权限的用户才可以访问数据库。

7. 在数据库启动时开始介质恢复

如果需要执行介质恢复，则可以使用 STARTUP RECOVER 语句启动一个数据库实例，并自动启动恢复程序。

执行 STARTUP RECOVER 命令的效果相当于首先执行 RECOVER DATABASE 命令，然后再启动数据库实例。关于恢复数据库的方法将在第 8 章中介绍，请参照理解。

4.3.3 使用 ALTER DATABASE 命令改变启动模式

使用 ALTER DATABASE 命令可以改变数据库实例的启动模式，包括切换到装载（MOUNT）模式和切换到打开（OPEN）模式。

1. 切换到 MOUNT 模式

如果用户使用 STARTUP NOMOUNT 命令启动数据库实例，执行重建数据库和数据文件等任务，那么执行完成后，就需要装载数据库实例。此时可以执行下面的命令：

```
ALTER DATABASE MOUNT
```

2. 切换到 OPEN 模式

如果用户使用 STARTUP MOUNT 命令启动数据库实例，执行数据库日志归档、数据库介质恢复、重定位数据文件和重做日志文件等操作，那么执行完成后，数据库实例仍处于关闭状态，就需要打开数据库实例。此时可以执行如下命令：

```
ALTER DATABASE OPEN
```

为了防止用户事务修改数据库中的数据，也可以以只读方式打开数据库，代码如下：

```
ALTER DATABASE OPEN READ ONLY
```

习　题

一、选择题

1. 在 DBCA 命令中使用参数（　　）可以以静默方式创建数据库。

   A. -quiet　　B. -nodisplay　　C. -silent　　D. -q

2. 关闭 Oracle 数据库实例的命令是（　　）。

   A. CLOSE　　B. EXIT　　C. SHUTDOWN　　D. STOP

3. 删除数据库的语句是（　　）。

   A. DELETE DATABASE　　B. REMOVE DATABASE

   C. DROP DATABASE　　D. UNMOUNT DATABASE

4. 文本初始化参数文件又称为（　　）文件。

A. PFILE　　B. TFILE　　C. SPFILE　　D. TPFILE

5. 在 Windows 操作系统中，默认的文本初始化参数文件名为（　　）。

A. init.ora　　B. init%ORACLE_SID%.ora

C. %ORACLE_SID%.ora　　D. %ORACLE_SID%.init

二、填空题

1. 执行立即关闭数据库实例的命令是__【1】__。
2. 执行强制启动数据库实例的命令是__【2】__。
3. 改变数据库实例启动状态的语句是__【3】__。
4. 保存初始化参数的服务器参数文件的缩写是__【4】__。
5. 指定数据库的标准数据块大小的初始化参数是__【5】__。
6. 设置初始化参数的命令是__【6】__。

三、操作题

1. 练习使用命令关闭数据库，然后再启动数据库实例。
2. 练习使用 SQL 语句创建和删除数据库。
3. 练习在 Oracle Enterprise Manager 中查看初始化参数。

第5章 数据库存储管理

本章将重点介绍 Oracle 数据库的存储单元和物理文件管理。Oracle 数据库的存储单元包括表空间、段、区间和数据块等。而数据库的物理文件则包括控制文件、数据文件、临时文件、重做日志文件和归档重做日志文件等。

5.1 表空间管理

本书的 1.2.4 小节已经介绍了表空间的基本概念和组成，本节将介绍如何管理表空间，包括查看表空间信息、创建表空间、设置和修改表空间的属性、使用只读表空间、重命名表空间和删除表空间等。

在介绍表空间管理时，本节也涉及区间、段、数据块和数据库文件等相关内容。

5.1.1 查看表空间信息

与表空间相关的视图如表 5.1 所示。

表 5.1　　与表空间相关的视图

段类型	说明
V$TABLESPACE	控制文件中保存的所有表空间信息
DBA_TABLESPACES	所有表空间的属性和在线状态信息
USER_TABLESPACES	所有用户可访问表空间的描述信息
DBA_TABLESPACE_GROUPS	所有表空间组及其所属的表空间信息
DBA_SEGMENTS	所有表空间中的段信息
USER_SEGMENTS	所有用户表空间中的段信息
DBA_FREE_SPACE	所有表空间中的空闲段信息
USER_FREE_SPACE	所有用户表空间中的空闲区间信息
V$DATAFILE	所有数据文件信息
V$TEMPFILE	所有临时文件信息
DBA_DATA_FILES	显示所有属于表空间的数据文件信息
DBA_TEMP_FILES	显示所有属于临时表空间的临时文件信息

（1）使用 V$TABLESPACE 视图查看表空间信息。

视图 V$TABLESPACE 可以获取并显示控制文件中的表空间信息，它包含的字段如表 5.2 所示。

表 5.2　　　　视图 V$TABLESPACE 的字段属性

字段名	数据类型	说明
TS#	NUMBER	表空间编号
NAME	VARCHAR2(30)	表空间名称
INCLUDED_IN_DATABASE_BACKUP	VARCHAR2(3)	表明该表空间是否包含在完整数据库备份中
BIGFILE	VARCHAR2(3)	是否为大文件表空间
FLASHBACK_ON	VARCHAR2(3)	表明该表空间是否参与 FLASHBACK DATABASE 操作。关于 FLASHBACK DATABASE 命令的具体功能将在第 8 章中介绍
ENCRYPT_IN_BACKUP	VARCHAR2(3)	指定备份数据库时是否加密。ON 表示在表空间级别启动数据加密功能；OFF 表示在表空间级别关闭数据加密功能；NULL 表示在表空间级别未明确指定是否启动或关闭数据加密功能
CON_ID	NUMBER	数据库容器 ID

【例 5.1】　使用 SYS 用户以 SYSDBA 的身份登录到 SQL Plus，执行下面的命令：

```
SELECT * FROM V$TABLESPACE;
```

执行结果如图 5.1 所示。

```
SQL> SELECT * FROM V$TABLESPACE;

       TS# NAME                           INC BIG FLA ENC     CON_ID
---------- ------------------------------ --- --- --- --- ----------
         1 SYSAUX                         YES NO  YES              1
         0 SYSTEM                         YES NO  YES              1
         2 UNDOTBS1                       YES NO  YES              1
         4 USERS                          YES NO  YES              1
         3 TEMP                           NO  NO  YES              1
         0 SYSTEM                         YES NO  YES              2
         1 SYSAUX                         YES NO  YES              2
         2 TEMP                           NO  NO  YES              2
         0 SYSTEM                         YES NO  YES              3
         1 SYSAUX                         YES NO  YES              3
         2 TEMP                           NO  NO  YES              3

       TS# NAME                           INC BIG FLA ENC     CON_ID
---------- ------------------------------ --- --- --- --- ----------
         3 USERS                          YES NO  YES              3
         4 EXAMPLE                        YES NO  YES              3

已选择 13 行。
```

图 5.1　表空间的使用情况 1

因为显示空间有限，字段名称采用了缩写的形式，其中，INC 表示 INCLUDED_IN_DATABASE_BACKUP，BIG 表示 BIGFILE，FLA 表示 FLASHBACK_ON，ENC 表示 ENCRYPT_IN_BACKUP。

（2）查看表空间的属性信息。

视图 DBA_TABLESPACES 可以获取并显示所有表空间的属性和在线状态信息。它包含的字段如表 5.3 所示。

表 5.3　　　　视图 DBA_TABLESPACES 的字段属性

字段名	数据类型	说明
TABLESPACE_NAME	VARCHAR2(30)	表空间名称

续表

字段名	数据类型	说明
BLOCK_SIZE	NUMBER	表空间的数据块大小
INITIAL_EXTENT	NUMBER	默认的初始区间大小
NEXT_EXTENT	NUMBER	默认的区间自动增长的大小
MIN_EXTENTS	NUMBER	默认的最小区间数量
MAX_EXTENTS	NUMBER	默认的最大区间数量
MAX_SIZE	NUMBER	表空间的最大尺寸
PCT_INCREASE	NUMBER	默认的自动增加的区间大小的百分比
MIN_EXTLEN	NUMBER	表空间中最小的区间大小
STATUS	VARCHAR2(9)	表空间的状态，包括 ONLINE、OFFLINE 和 READ ONLY
CONTENTS	VARCHAR2(9)	表空间的内容，包括 UNDO、PERMANENT 和 TEMPORARY
LOGGING	VARCHAR2(9)	默认的登录属性，包括 LOGGING 和 NOLOGGING
FORCE_LOGGING	VARCHAR2(3)	表明表空间是否处于强制登录模式下
EXTENT_MANAGEMENT	VARCHAR2(10)	表明表空间中的区间处于数据字典管理模式（DICTIONARY）还是本地管理模式（LOCAL）
ALLOCATION_TYPE	VARCHAR2(9)	表空间中区间的分配方式，包括 SYSTEM、UNIFORM 和 USER
PLUGGED_IN	VARCHAR2(3)	表明表空间是否接入
SEGMENT_SPACE_MANAGEMENT	VARCHAR2(2)	表明表空间中空闲和已使用的区间空间是使用空闲列表（MANUAL）来管理，还是使用位图（AUTO）来管理
DEF_TAB_COMPRESSION	VARCHAR2(8)	表明是否启用默认的表压缩选项
RETENTION	VARCHAR2(11)	指定撤销表空间中数据保留的时间。 GUARANTEE 表示当前表空间为撤销表空间，并且其 RETENTION 属性的值为 GUARANTEE。这表明在撤销区间中的所有未过期撤销数据都将被保留，即使后面的操作可能会产生新的撤销数据，并占用撤销区间中的空间，系统也不会覆盖未过期的撤销数据。 NOGUARANTEE 表示当前表空间为撤销表空间，并且其 RETENTION 属性的值为 NOGUARANTEE。 NO APPLY 表示当前表空间不是撤销表空间
BIGFILE	VARCHAR2(3)	表明当前表空间是否为大文件表空间
PREDICATE_EVALUATION	VARCHAR2(7)	通过 HOST 还是 STORAGE 评估
ENCRYPTED	VARCHAR2(3)	表空间是否加密
COMPRESS_FOR	VARCHAR2(30)	压缩的方式
DEF_INMEMORY	VARCHAR2(8)	是否启用内存列存储。从 12.1.0.2 开始，内存列存储是可选项。在 SGA 中分配一块空间用于以列格式存储表、分区，实现快速扫描

续表

字段名	数据类型	说明
DEF_INMEMORY_PRIORITY	VARCHAR2(8)	列存储的优先方式
DEF_INMEMORY_DISTRIBUTE	VARCHAR2(15)	在 RAC 环境中，如何分布内存列存储
DEF_INMEMORY_COMPRESSION	VARCHAR2(17)	IM 列存储的默认压缩等级
DEF_INMEMORY_DUPLICATE	VARCHAR2(13)	设置列存储在 RAC 中的复制方式

【例 5.2】 使用 SYS 用户以 SYSDBA 的身份登录到 SQL Plus，执行如下命令：

```
SELECT TABLESPACE_NAME,CONTENTS, STATUS FROM DBA_TABLESPACES;
```

执行结果如图 5.2 所示。

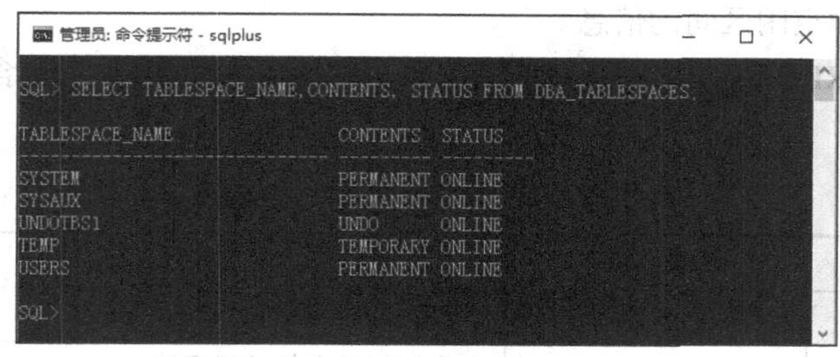

图 5.2　表空间使用情况 2

（3）查看表空间组及其所属的表空间信息。

使用视图 DBA_TABLESPACE_ GROUPS 可以查看表空间组及其所包含的表空间信息，它包含的字段如表 5.4 所示。

表 5.4　　视图 DBA_TABLESPACE_GROUPS 的字段属性

字段名	数据类型	说明
GROUP_NAME	varchar2(30)	表空间组的名称
TABLESPACE_NAME	varchar2 (30)	表空间的名称

提示　表空间组（Tablespace Group）可以包含一个或多个表空间。用户可以通过表空间组使用多个表空间的临时空间。一个表空间组至少包含一个表空间，而且不限制其包含的最大表空间数量。

（4）查看表空间中所包含的段信息。

使用视图 DBA_SEGMENTS 可以查看表空间中所包含的段信息，它包含的主要字段如表 5.5 所示。

表 5.5　　视图 DBA_SEGMENTS 的字段属性

字段名	数据类型	说明
OWNER	VARCHAR2(30)	段所有者的用户名
SEGMENT_NAME	VARCHAR2(30)	段的名称
PARTITION_NAME	VARCHAR2(30)	对象分区名
SEGMENT_TYPE	VARCHAR2(18)	段的类型，包括 PARTITION、TABLE PARTITION、TABLE、CLUSTER、INDEX、ROLLBACK、DEFERRED ROLLBACK、TEMPORARY、CACHE、LOBSEGMENT 和 LOBINDEX

续表

字段名	数据类型	说明
TABLESPACE_NAME	VARCHAR2(30)	包含段的表空间的名称
BYTES	NUMBER	段的大小，单位为字节
BLOCKS	NUMBER	段的大小，单位为数据块
EXTENTS	NUMBER	分配给段的区间的数量
NEXT_EXTENT	NUMBER	下一个要分配给段的区间的大小，单位为字节
MIN_EXTENTS	NUMBER	段中允许包含的最小区间数量
MAX_EXTENTS	NUMBER	段中允许包含的最大区间数量

（5）查看表空间中空闲区间的信息。

使用视图 DBA_FREE_SPACE 可以查看表空间中空闲区间的信息，它包含的主要字段如表 5.6 所示。

表 5.6　　视图 DBA_FREE_SPACE 的字段属性

字段名	数据类型	说明
TABLESPACE_NAME	VARCHAR2(30)	表空间的名称
FILE_ID	NUMBER	包含区间的文件的标识符
BLOCK_ID	NUMBER	区间中起始数据块的编号
BYTES	NUMBER	区间的大小，单位为字节
BLOCKS	NUMBER	区间的大小，单位为数据块
RELATIVE_FNO	NUMBER	包含区间的文件的相对文件号

【例 5.3】　使用 SYS 用户以 SYSDBA 的身份登录到 SQL Plus，执行如下命令，可以查看当前数据库中所有表空间的空闲区间大小。

```
SELECT TABLESPACE_NAME, FILE_ID, BYTES, BLOCKS FROM DBA_FREE_SPACE;
```

运行结果如图 5.3 所示。使用 USER_FREE_SPACE 视图可以查看当前用户有权限的表空间中的空闲区间信息。

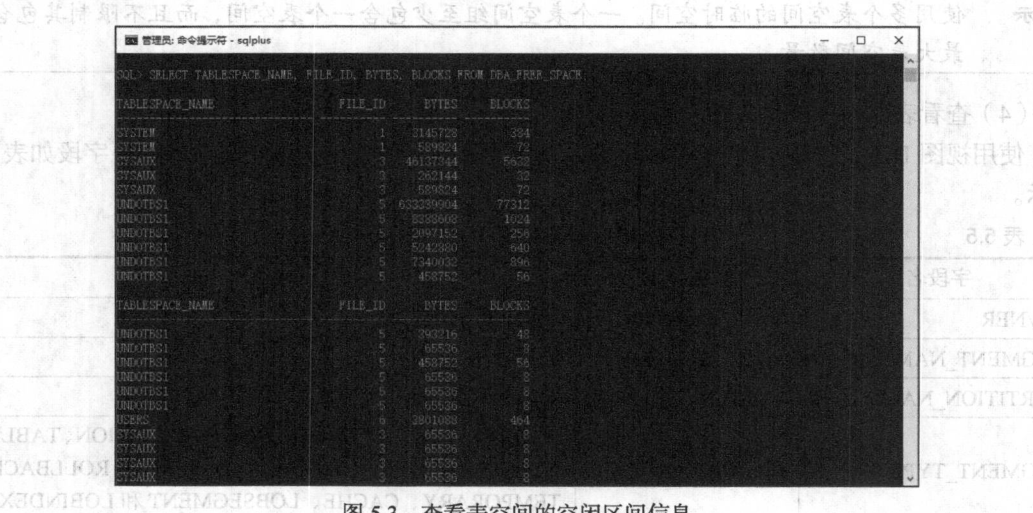

图 5.3　查看表空间的空闲区间信息

5.1.2　统计表空间的使用情况

下面介绍一种使用多个系统视图统计表空间使用情况的方法，涉及的视图如下。

- DBA_DATA_FILES：用于查询所有数据文件的信息。
- DBA_FREE_SPACE：用于查询表空间的空闲区间信息。
- DBA_TABLESPACES：用于查询所有表空间的信息。

下面介绍如何使用这几个系统视图来统计表空间的大小、已使用空间、剩余空间和空闲空间百分比。

整体的 SELECT 语句比较复杂，其中包含几个子查询语句，下面分别进行介绍。

1. 统计所有表空间的总空间大小

系统视图 DBA_DATA_FILES 中保存表空间中各数据文件的信息，其中包含数据文件所属的表空间和数据文件的大小。按表空间进行分组，对表空间中所有数据文件的大小进行求和，即可计算出表空间的大小，对应的 SELECT 语句如下：

```
SELECT tablespace_name AS 表空间名,SUM(bytes)
FROM DBA_DATA_FILES
GROUP BY tablespace_name;
```

在 SQL Plus 中执行上述语句的结果如图 5.4 所示。此 SELECT 在本节介绍的整体的 SELECT 语句中是一个子查询，其别名为 a。

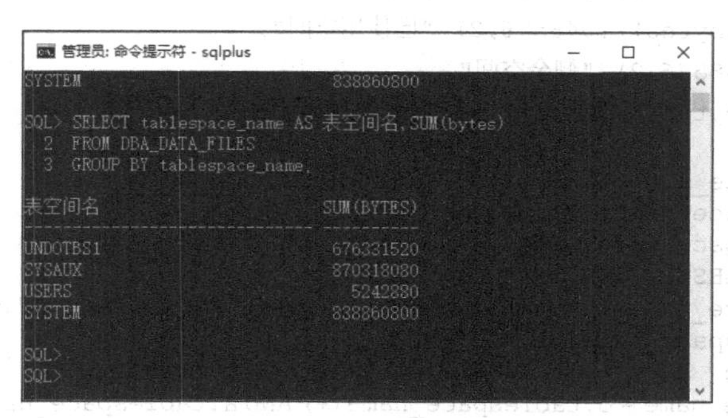

图 5.4　查询所有表空间的总空间大小

2. 统计所有表空间的空闲空间大小

将系统视图 DBA_DATA_FILES 与 DBA_FREE_SPACE 相结合，可以统计所有表空间的空闲空间大小，对应的 SELECT 语句如下：

```
SELECT a.tablespace_name, NVL(SUM(b.bytes),0) bytes
FROM DBA_DATA_FILES a, DBA_FREE_SPACE b
WHERE a.tablespace_name = b.tablespace_name (+) AND a.file_id = b.file_id (+)
GROUP BY a.tablespace_name;
```

在 SELECT 语句中使用（+）表示左连接查询，即只要在视图 DBA_DATA_FILES 中存在表空间记录，无论该表空间在视图 DBA_FREE_SPACE 中是否存在对应的记录，它都会出现在结果集中。此 SELECT 语句在本例整体 SELECT 语句中是一个子查询，其别名为 b。

上述的 SELECT 语句中使用了 NVL()函数，其语法如下：

```
NVL( string1, replace_with)
```

如果 string1 为 NULL，则 NVL()函数返回 replace_with 的值，否则返回 string1 的值，如果两个参数都为 NULL，则返回 NULL。

在 SQL Plus 中执行上述语句的结果如图 5.5 所示。

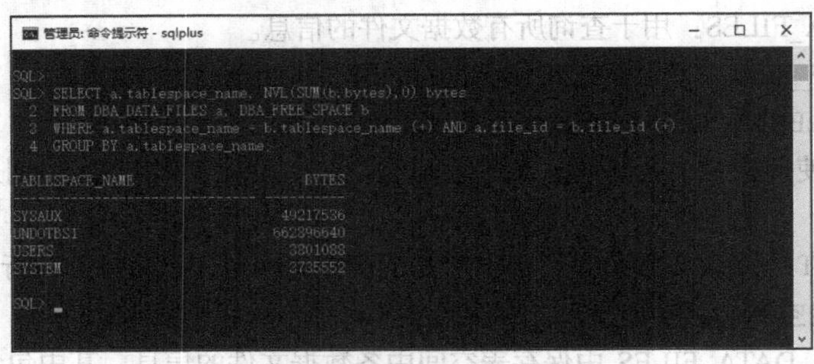

图 5.5　查询所有表空间的空闲空间大小

3. 统计表空间使用情况

现在已经知道统计表空间总空间大小和空闲空间大小的 SELECT 语句了，因此只需将视图 DBA_TABLESPACES 与上面两个 SELECT 语句相连接，即可统计出表空间的使用情况，具体语句如下：

```
COL 表空间 FOR A10
COL 剩余百分比 FOR A10
SELECT c.tablespace_name "表空间",
ROUND(a.bytes/1024/1024,2) "表空间大小",
ROUND((a.bytes-b.bytes)/1048576,2) "已使用空间",
ROUND(b.bytes/1048576,2) "剩余空间",
ROUND(b.bytes/a.bytes * 100,2)||'%' "剩余百分比"
FROM
(SELECT tablespace_name,SUM(bytes) bytes FROM DBA_DATA_FILES
GROUP BY tablespace_name) a,
(SELECT a.tablespace_name, NVL(SUM(b.bytes),0) bytes
FROM DBA_DATA_FILES a, DBA_FREE_SPACE b
WHERE a.tablespace_name = b.tablespace_name (+) AND a.file_id = b.file_id (+)
GROUP BY a.tablespace_name) b,
DBA_TABLESPACES c
WHERE a.tablespace_name = b.tablespace_name(+) AND a.tablespace_name = c.tablespace_name
ORDER BY ROUND(b.bytes/1024/1024,2);
```

运行结果如图 5.6 所示。

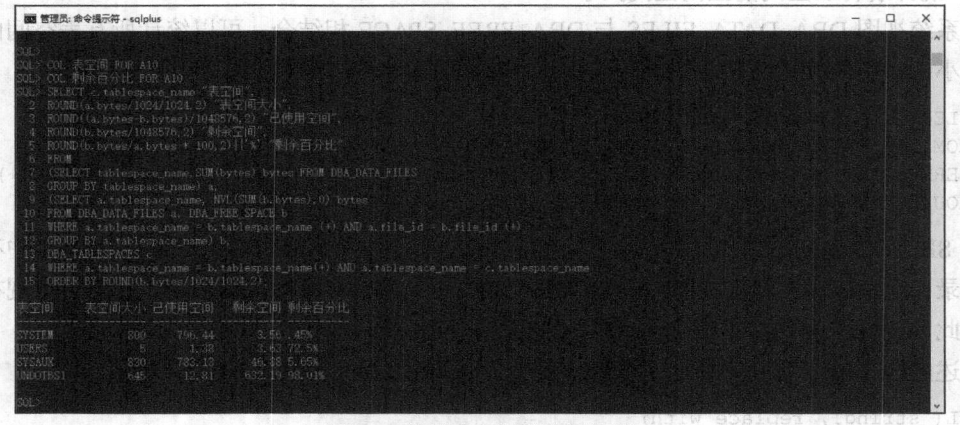

图 5.6　统计表空间的使用情况

5.1.3 创建表空间

可以使用 CREATE TABLESPACE 语句来创建表空间，语法如下：

```
CREATE [UNDO] TABLESPACE 表空间名
[DATAFILE 子句
[ { MININUM EXTENT 整数 [k|m]
| BLOCKSIZE 整数 [k]
|logging 子句
|FORCE LOGGING
|DEFAULT {是否压缩数据段} 存储子句
|[online|offline]
|[PERMANENT|TEMPORARY]
|区间管理子句
|段管理子句}]
```

参数说明如下。

- DATAFILE 子句：用于定义表空间中包含的数据文件。
- MININUM EXTENT 子句：用于指定表空间中包含的区间的最小值。
- BLOCKSIZE 子句：用于指定一个不标准的数据块的大小。
- logging 子句：指定表空间上所有用户的日志属性。
- FORCE LOGGING：指定表空间进入强制日志模式，此时系统将记录表空间上对象的所有变化（不包含临时段的变化）。
- DEFAULT 存储子句：用于指定缺省的存储信息。
- online|offline 参数：指定表空间的在线状态。online 指定表空间在创建后立即生效；offline 指定表空间在创建后无效。
- PERMANENT|TEMPORARY 参数：指定表空间的类型，是永久表空间还是临时表空间。永久表空间中保存永久对象，临时表空间中保存会话生命周期中存在的临时对象。
- 区间管理子句：指定表空间如何管理区间。使用 local 选项指定本地管理表空间，使用 autoallocate 选项表示由表空间自动分配区间，用户不能指定区间的大小。
- 段管理子句：指定表空间如何管理段，通常使用 SEGMENT SPACE MANAGEMENT AUTO 子句指定自动管理段。

根据表空间的不同，创建表空间的方法也不相同。下面分别介绍创建各种表空间的方法。

（1）本地管理表空间。

本地管理表空间将表空间中所有的区间信息以位图的方式记录。所有的表空间都可以被本地管理。在 CREATE TABLESPACE 语句中使用 EXTENT MANAGEMENT LOCAL 子句，可以创建一个本地管理表空间。

【例 5.4】 创建本地管理表空间 OrclTBS01，数据文件为 D:\app\Administrator\oradata\orcl\OrclTBS01.dbf，大小为 50MB，指定本地管理表空间，由表空间自动分配区间，语句如下：

```
CREATE TABLESPACE OrclTBS013
   DATAFILE 'D:\app\Administrator\oradata\orcl\OrclTBS01.dbf'
   SIZE 50M
   EXTENT MANAGEMENT LOCAL AUTOALLOCATE;
```

从上述语句中可以看到：DATAFILE 子句用于指定表空间的数据文件；SIZE 子句用于指定数据文件的大小；AUTOALLOCATE 子句指定表空间由系统管理，最小区间为 64KB。与 AUTOALLOCATE 子句相对应的是 UNIFORM 子句，使用它可以指定最小区间的大小。

执行此语句后，可以在 d:\app\Administrator\oradata\orcl 目录下查看 OrclTBS01.dbf 文件。

提示 执行 CREATE TABLESPACE 语句时，输出"ORA-27040：文件创建错误，无法创建文件"。则需要检查 DATAFILE 子句中文件的路径是否正确，是否包含空格或换行符。如果没有发现异常，且仍然报错，则可以尝试创建一个自定义文件夹用于保存数据文件，例如 d:\oradata。

【例 5.5】 创建表空间 OrclTBS02，指定其最小区间为 128KB，语句如下：

```
CREATE TABLESPACE OrclTBS02
    DATAFILE 'D:\app\Administrator\oradata\orcl\OrclTBS02.dbf' SIZE 30M
    EXTENT MANAGEMENT LOCAL UNIFORM SIZE 128K;
```

（2）大文件表空间。

大文件表空间由唯一的、非常巨大的数据文件组成。普通的小文件表空间可以包含多个数据文件，但大文件表空间只能包含一个数据文件。

在 CREATE TABLESPACE 语句中使用 BIGFILE 关键词可以创建大文件表空间。

【例 5.6】 创建大文件表空间 bigtbs，数据文件为 D:\oradata\ bigtbs.dbf，大小为 10GB，语句如下：

```
CREATE BIGFILE TABLESPACE bigtbs
    DATAFILE 'D:\oradata\bigtbs.dbf' SIZE 10G;
```

（3）临时表空间。

在 CREATE TABLESPACE 语句中使用 TEMPORARY 关键词可以创建临时表空间。

【例 5.7】 创建临时表空间 tmptbs 的语句如下：

```
CREATE TEMPORARY TABLESPACE tmptbs
    TEMPFILE 'D:\oradata\tmptbs.dbf'
    SIZE 20M REUSE
    EXTENT MANAGEMENT LOCAL UNIFORM SIZE 16M;
```

使用 TEMPFILE 子句可以指定临时文件的绝对路径和文件名；使用 REUSE 关键词指定临时文件可以重用。

在创建临时表空间时，不允许使用 AUTOALLOCATE 关键词，因此表空间中的区间大小必须使用 UNIFORM SIZE 子句手动指定。在【例 5.7】中，每个区间的大小为 16MB。

（4）定义表空间中的段管理方式。

表空间由段组成，在创建表空间时，可以指定段空间的管理方式。段空间的管理包括两种方式，即自动方式和手动方式。在 CREATE TABLESPACE 语句中使用 SEGMENT SPACE MANAGEMENT 子句可以定义段空间管理方式。

【例 5.8】 创建自动段管理方式的表空间 MyTBS01，语句如下：

```
CREATE TABLESPACE MyTBS01
    DATAFILE 'D:\oradata\MyTBS01.dbf' SIZE 30M
    EXTENT MANAGEMENT LOCAL AUTOALLOCATE
    SEGMENT SPACE MANAGEMENT AUTO;
```

【例 5.9】 创建手动段管理方式的表空间 MyTBS02，语句如下：

```
CREATE TABLESPACE MyTBS02
    DATAFILE 'D:\oradata\MyTBS02.dbf' SIZE 30M
    EXTENT MANAGEMENT LOCAL AUTOALLOCATE
    SEGMENT SPACE MANAGEMENT MANUAL;
```

（5）创建撤销表空间。

每个 Oracle 数据库都需要具有一种维护信息的方法，用于回滚或撤销对数据库的改变。这种维护信息由事务提交前的操作记录组成，这些信息被称为撤销（Undo）记录。

撤销记录可以用于实现如下功能。

- 当执行 ROLLBACK 命令时，完成回滚操作。
- 恢复数据库。
- 使用闪回查询分析以前时间点的数据。
- 使用闪回技术从逻辑破坏中恢复数据。

关于数据库的备份和恢复将在第 8 章中介绍。

Oracle 提供一种完全自动的撤销管理机制，用于管理撤销信息和空间。在这种自动的管理机制中，用户可以创建一个撤销表空间，服务器自动管理撤销段和空间。

将初始化参数 UNDO_MANAGEMENT 设置为 AUTO，可以激活自动撤销管理机制。在创建数据库时，系统会创建一个撤销表空间；用户也可以显式地创建撤销表空间。当数据库实例启动时，数据库会选择第 1 个可用的撤销表空间。如果没有可用的撤销表空间，则系统将撤销记录保存在 SYSTEM 表空间中，同时记录一条告警日志，说明系统在没有撤销表空间的情况下运行。

如果数据库中包含多个撤销表空间，则用户可以指定数据库实例启动时使用的撤销表空间。可以使用初始化参数 UNDO_TABLESPACE 设置默认的撤销表空间。

可以使用 CREATE UNDO TABLESPACE 语句创建撤销表空间。

【例 5.10】 创建撤销表空间 undotbs01 的语句如下：

```
CREATE UNDO TABLESPACE undotbs01
    DATAFILE 'E:\oradata\undotbs02.dbf' SIZE 2M REUSE;
```

修改和删除撤销表空间的方法与其他表空间的相关方法相同，可以使用 ALTER TABLESPACE 语句修改表空间或使用 DROP TABLESPACE 语句删除表空间，请参照 5.1.4 小节和 5.1.5 小节理解。

5.1.4 设置和修改表空间属性

使用 ALTER TABLESPACE 语句可以修改指定表空间的属性。因为 Oracle 表空间的属性众多，因此，ALTER TABLESPACE 语句的语法也比较复杂。下面将结合具体应用情况介绍 ALTER TABLESPACE 语句的使用方法。

（1）重命名表空间。

在 ALTER TABLESPACE 语句中使用 RENAME TO 子句重命名表空间，语法如下：

```
ALTER TABLESPACE 原表空间名 RENAME TO 新表空间名
```

【例 5.11】 将表空间 OrclTBS02 修改为 OrclTBS03，可以使用如下语句：

```
ALTER TABLESPACE OrclTBS02 RENAME TO OrclTBS03;
```

使用 SYS 用户以 SYSDBA 身份登录到 SQL Plus，执行上述命令，然后再执行如下语句：

```
SELECT * FROM V$TABLESPACE;
```

确认表空间 OrclTBS02 已经被重命名为 OrclTBS03。

（2）向本地管理表空间中增加数据文件。

在 ALTER TABLESPACE 语句中使用 ADD DATAFILE 子句，就可以在本地管理表空间中增加数据文件，语法如下：

```
ALTER TABLESPACE 表空间名 ADD DATAFILE 增加的数据文件 SIZE 数据文件大小;
```

【例 5.12】 向表空间 OrclTBS01 中增加一个数据文件 D:\app\Administrator\oradata\orcl\OrclTBS11.dbf，初始大小为 10MB，代码如下：

```
ALTER TABLESPACE OrclTBS01
ADD DATAFILE 'D:\app\Administrator\oradata\orcl\OrclTBS11.dbf' SIZE 10M;
```

（3）修改大文件表空间的属性。

在 ALTER TABLESPACE 语句中使用 RESIZE 子句，可以修改大文件表空间的数据文件大小，语法如下：

```
ALTER TABLESPACE 表空间名 RISIZE 表空间大小;
```

【例 5.13】 修改大文件表空间 bigtbs 的数据文件大小为 4GB，代码如下：

```
ALTER TABLESPACE bigtbs RESIZE 4G;
```

（4）向临时表空间中添加临时文件。

在 ALTER TABLESPACE 语句中使用 ADD TEMPFILE 子句，可以在临时表空间中添加临时文件，语法如下：

```
ALTER TABLESPACE 临时表空间名 ADD TEMPFILE 临时文件名 SIZE 临时文件初始大小;
```

【例 5.14】 在临时表空间 tmptbs 中添加临时文件 D:\app\Administrator\oradata\orcl\tmptbs01.dbf，文件大小为 20MB，代码如下：

```
ALTER TABLESPACE tmptbs
    ADD TEMPFILE 'D:\app\Administrator\oradata\orcl\tmptbs01.dbf' SIZE 20M;
```

（5）设置表空间的状态。

表空间的状态可以分为脱机和联机两种。在如下几种情况下，可以将表空间设置为脱机状态。

- 将数据库的一部分设置为不可访问，而其他部分可以访问。
- 执行脱机表空间备份。
- 在升级或维护应用程序时，将应用程序使用的表临时设置为不可访问。
- 重命名或重新分配表空间。

系统（SYSTEM）表空间、还原（Undo）表空间和临时（Temporary）表空间不能被设置为脱机状态。

可以使用 ALTER TABLESPACE…OFFLINE 语句设置表空间为脱机状态，语法如下：

```
ALTER TABLESPACE 表空间名 OFFLINE
```

【例 5.15】 将表空间 OrclTBS01 设置为脱机状态，代码如下：

```
ALTER TABLESPACE OrclTBS01 OFFLINE;
```

然后通过 DBA_TABLESPACES 视图查看表空间的状态，代码如下：

```
SELECT TABLESPACE_NAME,CONTENTS,STATUS FROM DBA_TABLESPACES;
```

可以使用 ALTER TABLESPACE…ONLINE 语句设置表空间为联机状态，语法如下：

```
ALTER TABLESPACE 表空间名 ONLINE
```

【例 5.16】 将表空间 OrclTBS01 设置为联机状态的代码如下：

```
ALTER TABLESPACE OrclTBS01 ONLINE;
```

（6）设置只读表空间

为了保护表空间中的数据文件不被修改，可以将其设置为只读表空间。设置只读表空间的主要目的是避免对数据库中大量静态数据进行备份和恢复操作，还可以保护历史数据不被修改。

可以使用 ALTER TABLESPACE…READ ONLY 语句设置只读表空间，语法如下：

```
ALTER TABLESPACE 表空间名 READ ONLY
```

【例 5.17】 将表空间 OrclTBS01 设置为只读表空间，代码如下：

```
ALTER TABLESPACE OrclTBS01 READ ONLY;
```

被执行操作的表空间必须处于联机状态。

使用 ALTER TABLESPACE…READ WRITE 语句可以将只读表空间设置为可读写状态，语法如下：

```
ALTER TABLESPACE 表空间名 READ WRITE
```

【例 5.18】 将表空间 OrclTBS01 设置为可读写状态，代码如下：

```
ALTER TABLESPACE OrclTBS01 READ WRITE;
```

5.1.5 删除表空间

为了节省空间，对于不再使用的表空间，应该将其及时删除。删除表空间时，可以选择同时删除其内容（表空间中的段）和数据文件。

可以使用 DROP TABLESPACE 语句删除表空间，语法如下：

```
DROP TABLESPACE 表空间名
```

【例 5.19】 删除表空间 OrclTBS03 的语句如下：

```
DROP TABLESPACE OrclTBS03;
```

在 DROP TABLESPACE 语句中使用 INCLUDING CONTENTS 子句可以在删除表空间的同时删除其中的段。

【例 5.20】 删除表空间 OrclTBS01 的同时删除其中的段，语句如下：

```
DROP TABLESPACE OrclTBS01 INCLUDING CONTENTS;
```

在 DROP TABLESPACE 语句中使用 INCLUDING CONTENTS AND DATAFILE 子句可以在删除表空间的同时，删除包含的段和数据文件。

【例 5.21】 删除表空间 OrclTBS01 的同时删除其中的段和数据文件，语句如下：

```
DROP TABLESPACE OrclTBS01 INCLUDING CONTENTS AND DATAFILES;
```

5.2 回滚段管理

回滚段是 Oracle 中非常重要的逻辑存储结构，用于临时存储数据库还原信息。回滚段中的信息将在恢复数据库过程中使用到。DBA 应该根据应用程序的设计合理地规划和创建回滚段。有些应用程序的主要功能是查询数据，例如，图书馆的在线阅读系统或档案管理系统，这类系统对记录的增加、修改和删除操作较少，大多数用户都只是查询数据库中的数据，因此，不需要设置太多的回滚段；而有些应用系统的并发性很高，多数操作都涉及对数据库的添加、修改和删除等操作，例如银行、证券、电信等使用的业务系统，这类系统的后台数据库应该设置比较大的回滚段。

5.2.1 查看回滚段信息

使用视图 DBA_SEGMENTS 可以查看当前数据库中所有段的信息。回滚段的类型（SEGMENT_TYPE）值为 ROLLBACK。

【例 5.22】 使用如下语句查看所有回滚段的信息。

```
COL 回滚段名 FOR A20
SELECT SEGMENT_NAME 回滚段名, TABLESPACE_NAME 所在表空间, BYTES 大小
FROM DBA_SEGMENTS WHERE SEGMENT_TYPE='ROLLBACK';
```

第 1 条语句用于指定“回滚段名”列的宽为 20，从而得到比较友好的显示界面。运行结果如图 5.7 所示。Oracle 数据库系统总是将系统用的回滚段取名为 SYSTEM，而且该回滚段都建立在 SYSTEM 表空间内。

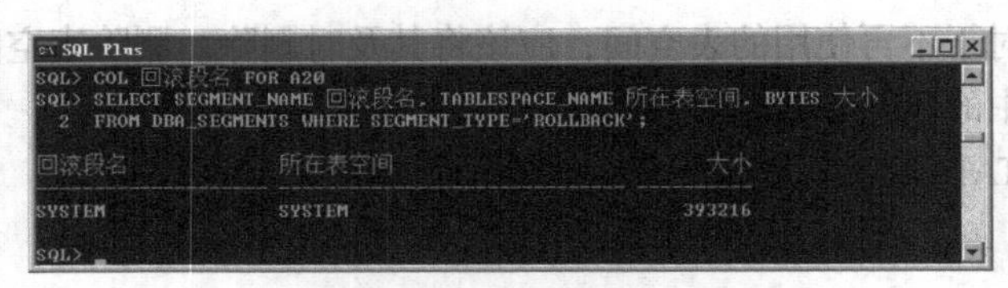

图 5.7 【例 5.22】的运行结果

如果只需查看到回滚段的基本信息，还可以使用视图 V$ROLLNAME 和视图 V$ROLLSTAT 查看回滚段的使用情况。

视图 V$ROLLNAME 包含在线回滚段的名称列表，其结构如表 5.7 所示。

表 5.7 视图 V$ROLLNAME 的主要字段属性

字段名	数据类型	说明
USN	NUMBER	回滚段编号
NAME	VARCHAR2(30)	回滚段名称

视图 V$ROLLSTAT 包含回滚段的统计信息，其结构如表 5.8 所示。

表 5.8 视图 V$ROLLSTAT 的主要字段属性

字段名	数据类型	说明
USN	NUMBER	回滚段编号

续表

字段名	数据类型	说明
EXTENTS	NUMBER	回滚段中包含的区间的数量
RSSIZE	NUMBER	回滚段的大小，单位是字节
WRITES	NUMBER	向回滚段中写入的字节数
XACTS	NUMBER	活动事务的数量
STATUS	NUMBER	回滚段的状态，包括 ONLINE、PENDING、OFFLINE 和 FULL
CUREXT	NUMBER	当前区间数量
CURBLK	NUMBER	当前数据块数量

【例 5.23】 使用如下语句查看回滚段的当前工作情况，执行结果如图 5.8 所示。

```
COL NAME FOR A12
SELECT s.USN, n.NAME, s.EXTENTS, s.RSSIZE, s.STATUS
FROM V$ROLLSTAT s, V$ROLLNAME n
WHERE s.USN=n.USN;
```

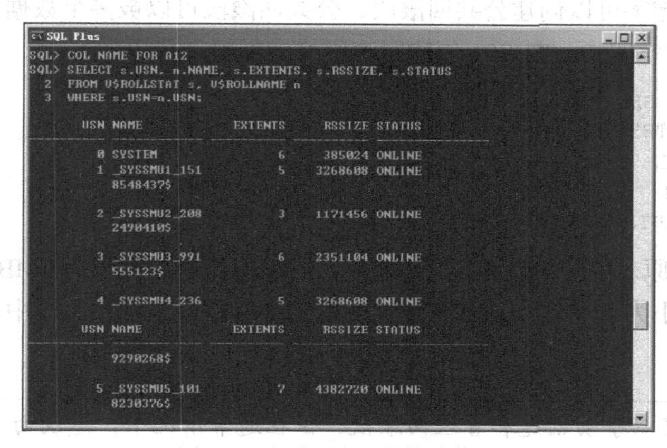

图 5.8 查看回滚段的统计信息

5.2.2 查看和设置回滚段的管理模式

Oracle 数据库可以自动管理回滚段，也可以由用户来手动管理。使用初始化参数 UNDO_MANAGEMENT 可以设置管理回滚段的方式。

【例 5.24】 执行如下语句查看 UNDO_MANAGEMENT 参数的值。

```
SHOW PARAMETER UNDO_MANAGEMENT
```

运行结果如图 5.9 所示。

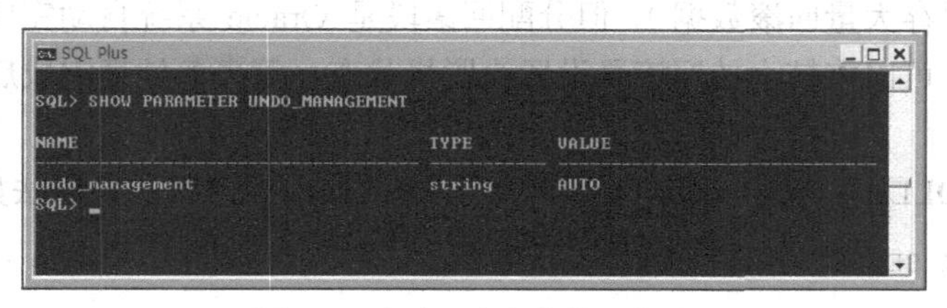

图 5.9 查看回滚段的管理方式

在默认情况下，UNDO_MANAGEMENT 参数的值为 AUTO，即由系统自动管理回滚段。可以使用 ALTER SYSTEM 语句修改 UNDO_MANAGEMENT 参数的值。

【例 5.25】 将回滚段管理方式设置为手动管理的语句如下：

```
ALTER SYSTEM SET UNDO_MANAGEMENT=MANUAL
SCOPE=SPFILE;
```

SCOPE=SPFILE 表示将对初始化参数的修改应用于 SPFILE,需要重新启动数据库实例才能生效。

5.2.3 创建回滚段

除了使用系统自动创建的 SYSTEM 回滚段外，用户还可以为不同的表空间创建专用的回滚段。必须将初始化参数 UNDO_MANAGEMENT 设置为 MANUAL 后，才能由用户创建回滚段。

创建回滚段的语句为 CREATE ROLLBACK SEGMENT，它的语法结构如下：

```
CREATE [PUBLIC] ROLLBACK SEGMENT 回滚段名称
TABLESPACE 所属表空间名称
STORAGE 存储选项
```

使用 PUBLIC 关键字可以创建公共回滚段，公共回滚段可以被多个数据库实例访问。

【例 5.26】 为表空间 OrclTBS01 创建回滚段 OrclRs01，代码如下：

```
CREATE ROLLBACK SEGMENT OrclRs01
TABLESPACE UndoTBS01
STORAGE (INITIAL 5M
         NEXT 2M
         MAXEXTENTS UNLIMITED);
```

UndoTBS01 是还原表空间，INITIAL 5M 表示回滚段的初始大小为 5MB，NEXT 2M 表示下次分配给回滚段的大小为 2MB，MAXEXTENTS UNLIMITED 表示回滚段中可以包含不限制数量的区间。

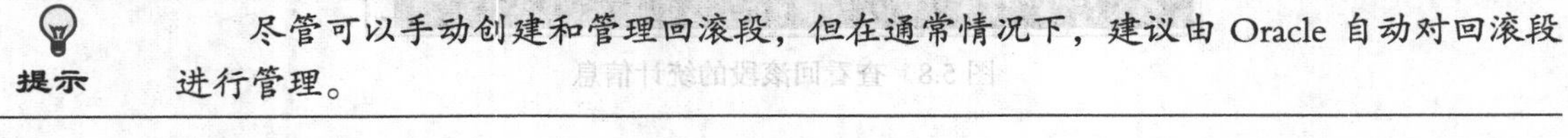

提示 尽管可以手动创建和管理回滚段，但在通常情况下，建议由 Oracle 自动对回滚段进行管理。

5.2.4 修改回滚段的属性

当回滚段创建完成后，在使用过程中有时会根据需要修改回滚段的属性。将初始化参数 UNDO_MANAGEMENT 设置为 MANUAL 后，才能由用户修改回滚段的属性。

1. 修改回滚段的在线状态

回滚段的在线状态可以分为联机和脱机两种。如果暂时不使用某个回滚段，则可以将其设置为脱机状态。例如，当需要大量执行插入、修改和删除操作时，Oracle 就需要使用大的回滚段（数据频繁变化，需要保存大量回滚数据）。但分配回滚段是 Oracle 系统自动完成的，为了使事务能够得到大的回滚段，可以将较小的回滚段设置为脱机状态，等事务处理完成后再将其设置为联机状态。

使用 ALTER ROLLBACK SEGMENT 语句可以修改回滚段的状态，语法如下：

```
ALTER ROLLBACK SEGMENT 回滚段名称 回滚段状态
```

回滚段状态可以是 ONLINE（联机）和 OFFLINE（脱机）两种，新建回滚段的状态为 ONLINE。

【例 5.27】　将回滚段 OrclRs01 设置为联机状态，语句如下。

```
ALTER ROLLBACK SEGMENT OrclRs01 ONLINE;
```

执行完成后，可以使用如下语句查看当前回滚段的状态。

```
SELECT NAME, STATUS FROM V$ROLLNAME, V$ROLLSTAT
WHERE V$ROLLSTAT.USN=V$ROLLNAME.USN;
```

2. 手动收缩回滚段

如果在创建回滚段时指定的初始大小（INITIAL 参数）过大，则可以手动收缩回滚段的大小。语法如下：

```
ALTER ROLLBACK SEGMENT 回滚段名称 SHRINK TO 回滚段的初始大小
```

【例 5.28】　将回滚段 OrclRs01 的大小收缩为 1MB，语句如下。

```
ALTER ROLLBACK SEGMENT OrclRs01 SHRINK TO 1M;
```

5.2.5　删除回滚段

如果不再需要某些回滚段，则可以使用 DROP ROLLBACK SEGMENT 语句删除它。在删除回滚段之前，首先需要执行如下语句将回滚段设置为脱机状态。

```
ALTER ROLLBACK SEGMENT 回滚段名 OFFLINE;
```

【例 5.29】　执行如下语句可以删除回滚段 OrclRs01。

```
ALTER ROLLBACK SEGMENT OrclRs01 OFFLINE;
DROP ROLLBACK SEGMENT OrclRs01;
```

执行完成后，可以查询视图 V$ROLLNAME 确认回滚段 OrclRs01 已经被删除。

5.3　数据库文件管理

Oracle 数据库文件包括控制文件、数据文件和日志文件。本节介绍如何管理 Oracle 数据库文件。

5.3.1　SCN

SCN 是 System Change Number 的缩写，它是 Oracle 数据库的重要机制，可以用来记录和标识执行数据库操作的先后顺序。SCN 保存在 Oracle 数据库文件中，在创建控制文件时可以指定记录 SCN 的规则。下面介绍 SCN 的概念。

在执行回滚事务、备份和恢复数据库等操作时，数据库操作的先后顺序是非常重要的。那么，为什么不使用系统时间作为操作顺序的标识呢？因为不同数据库服务器的系统时间可能是不一致的，即使在同一台服务器上，系统时间也可以被修改。例如，在 10:00 向表中插入一条记录，然后有人将系统时间修改为 9:00；在 9:10 将刚才新插入的记录删除。如果使用系统时间作为操作顺序的标识，就会出现删除尚未插入的数据这样的错误。

SCN 是一个只能增加的大整数，系统可以保证它不会出现越界（达到最大值）的情形。下面简单介绍一下 SCN 的工作原理。当用户修改 Oracle 数据库中的数据（添加、修改和删除）时，

Oracle 数据库并不是立即将其保存到数据文件中，而是将数据保存在缓冲区中，当提交事务时才将数据写入数据文件。

修改数据的简单过程如下。

（1）开始事务。

（2）在缓冲区中查看要修改的数据，如果没有找到，则从数据文件中找到该数据，并将其加载到缓冲区中。

（3）修改缓冲区中的数据块，并将修改的结果保存到日志缓冲区中。因为此时缓冲区中的数据与数据文件中的数据不一致，因此将这种数据叫作“脏数据”。

（4）当用户提交数据时，LGWR（写日志进程）会将缓冲区中的数据和新生成的 SCN 写入到重做日志文件中。但为了减少 I/O 操作，Oracle 不会立即将脏数据写入到数据文件中。

（5）如果发生检查点（Checkpoint，检查点是一个事件，当此事件发生时，DBW*n* 进程将把 SGA 中所有改变的数据库缓冲区写入到数据文件中），则 CKPT 进程唤醒 DBW*n* 进程，更新数据库所有的数据文件和控制文件，并标记最新的检查点，以便下一次更新从最新的检查点开始。

通常在执行 SHUTDOWN NORMAL 和 SHUTDOWN IMMEDIATE 语句时，会触发 Checkpoint 事件。当发生 Checkpoint 事件时，Oracle 数据库会将 SCN 写入到以下 4 个位置。

1. 系统检查点 SCN（System Checkpiont SCN）

当一个 Checkpoint 动作完成后，Oracle 会将系统检查点的 SCN 保存到控制文件中。可以从系统视图 V$DATABASE 中查看到系统检查点 SCN 的值，语句如下：

```
SELECT CHECKPOINT_CHANGE# FROM V$DATABASE;
```

2. 数据文件检查点 SCN（Datafile Checkpoint SCN）

当一个 Checkpoint 动作完成后，Oracle 会将每个数据文件的 SCN 保存到控制文件中。可以从系统视图 V$DATAFILE 中查看到数据文件检查点 SCN 的值，语句如下：

```
SELECT NAME, CHECKPOINT_CHANGE# FROM V$DATAFILE;
```

3. 启动 SCN（Start SCN）

Oracle 把每个数据文件的检查点 SCN 存储在每个数据文件的文件头中，称为启动 SCN。因为在数据库实例启动时，Oracle 会检查每个数据文件的启动 SCN 与控制文件中记录的数据文件检查点 SCN 是否一致。如果不一致，则从重做日志文件中找到丢失的 SCN，重新写入数据文件中进行恢复。

可以从系统视图 V$DATAFILE_HEADER 中查看到启动 SCN 的值，语句如下：

```
SELECT NAME, CHECKPOINT_CHANGE# FROM V$DATAFILE_HEADER;
```

4. 结束 SCN（Stop SCN）

每个数据文件的结束 SCN 都保存在控制文件中。在正常情况下，所有处于联机读写模式下的数据文件的结束 SCN 都为 NULL。

可以从系统视图 V$DATAFILE 中查看到结束 SCN 的值，代码如下：

```
SELECT NAME, LAST_CHANGE# FROM V$DATAFILE;
```

数据库在正常关闭（执行 SHUTDOWN NORMAL 和 SHUTDOWN IMMEDIATE 语句）时，会触发 Checkpoint 事件，将重做日志文件中的数据写入数据文件中，并将上面 4 种 SCN 都更新为最新的值。

当 Oracle 数据库正常启动并运行时，控制文件检查点 SCN、数据文件检查点 SCN 和每个数据文件中的启动 SCN 都是相同的，控制文件中每个数据文件的结束 SCN 都为 NULL。

在需要时，系统会根据时间戳（TIMESTAMP）自动生成最新的 SCN。可以从 dual 表中查看到当前系统生成的最新 SCN，代码如下：

```
SELECT dbms_flashback.get_system_change_number FROM dual;
```

5.3.2 控制文件管理

每个 Oracle 数据库都有控制文件，控制文件是一个小的二进制文件，用于记录数据库的物理结构。控制文件可以包含如下信息。

- 数据库名称。
- 相关数据文件和重做日志文件的名称和位置。
- 数据库创建的时间戳。
- 当前的日志序列号。
- 检查点信息。

当数据库打开时，Oracle 数据库服务器必须可以写控制文件。没有控制文件，数据库将无法装载，恢复数据库也很困难。

1. 查看控制文件的信息

可以在 Oracle Enterprise Manager 中查看控制文件信息，也可以通过一组系统视图查看控制文件信息。

使用 SYS 用户以 SYSDBA 身份登录到 Oracle Enterprise Manager，在左上方的菜单依次选择“存储”→“控制文件”，打开“控制文件”管理页面，如图 5.10 所示。

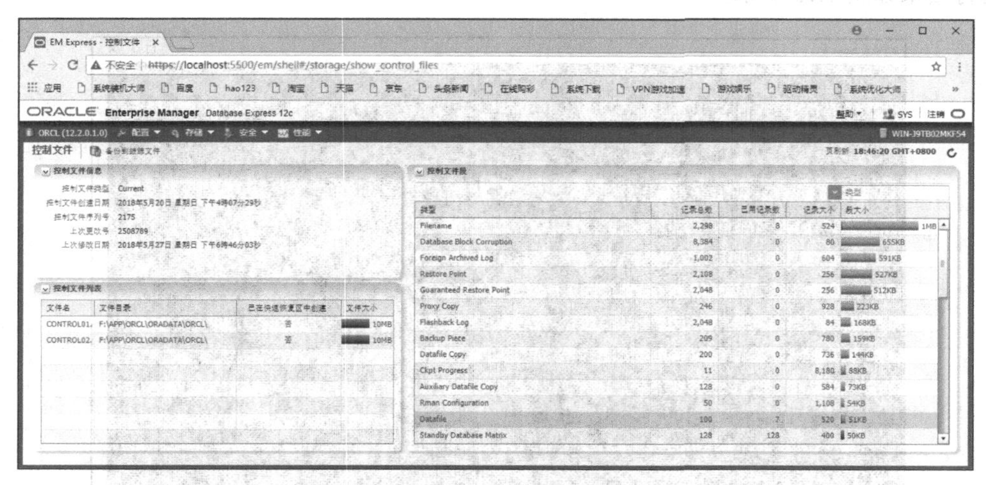

图 5.10 “控制文件”管理页面

左侧的列表中显示了当前数据库实例中所有控制文件的基本信息。右侧的列表中可以查看控制文件段的明细信息。

Oracle 还提供一些与控制文件相关的视图，如表 5.9 所示。

表 5.9　与控制文件相关的视图

视图名	说明
V$CONTROLFILE	显示控制文件的名称列表
V$CONTROLFILE_RECORD_SECTION	显示控制文件的记录信息
V$PARAMETER	显示初始化参数 CONTROL_FILES 中定义的控制文件名称

【例 5.30】 从视图 V$CONTROLFILE 中查询控制文件的名称列表，语句如下：

```
SELECT NAME FROM V$CONTROLFILE;
```

运行结果如图 5.11 所示。

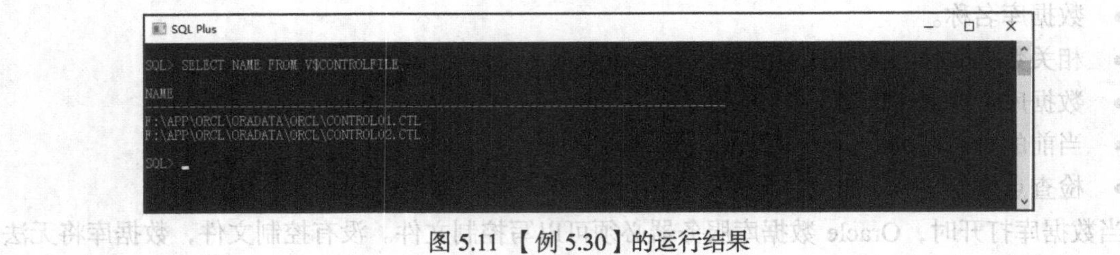

图 5.11 【例 5.30】的运行结果

【例 5.31】 从视图 V$CONTROLFILE_RECORD_SECTION 中查询到控制文件中保存数据的记录类型、记录大小、记录总数量和使用记录数量等信息，语句如下：

```
COL TYPE FORMAT a25
SELECT TYPE,RECORD_SIZE,RECORDS_TOTAL,RECORDS_USED
FROM V$CONTROLFILE_RECORD_SECTION;
```

运行结果如图 5.12 所示。

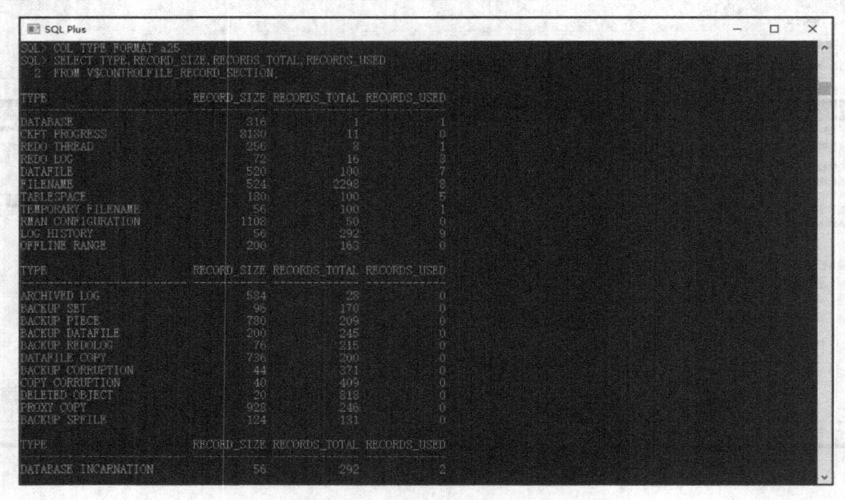

图 5.12 【例 5.31】的运行结果

2. 创建控制文件

本节将介绍如何创建控制文件，包括创建初始控制文件、创建控制文件副本和创建新的控制文件。

（1）创建初始控制文件。

系统在创建数据库的同时会自动创建控制文件。控制文件的名称在初始化参数 CONTROL_

FILES 中定义，可以在 Oracle Enterprise Manager 中查看到 CONTROL_FILES 的值，如图 5.13 所示。

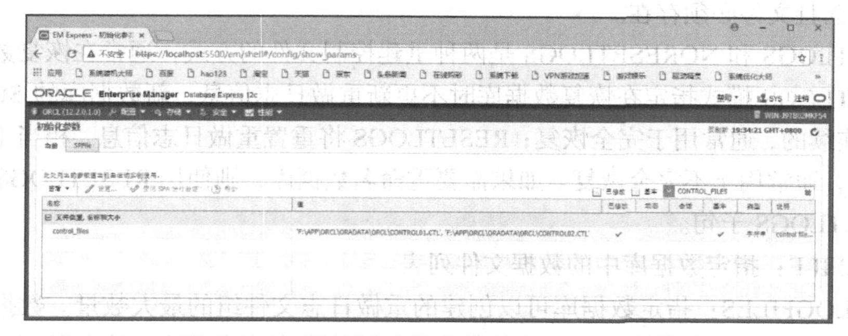

图 5.13　查看初始化参数 CONTROL_FILES 的值

控制文件的扩展名为 CTL。请参照 4.2.3 小节和 4.2.4 小节的内容理解初始化参数。

（2）创建控制文件副本。

控制文件是 Oracle 数据库中非常重要的数据，为了防止控制文件被误删除，可以将当前的控制文件复制到其他目录下，从而创建控制文件的副本。

创建控制文件副本的步骤如下。

- 关闭数据库。
- 将当前的控制文件复制到其他目录下。
- 修改初始化参数 CONTROL_FILES，增加新的控制文件副本或者修改原有的控制文件。
- 重新启动数据库。

（3）创建新的控制文件。

除了在创建数据库时默认创建控制文件外，用户还可以手动创建控制文件。通常在以下几种情况下需要创建新的控制文件。

- 数据库的控制文件被永久破坏，而且没有对控制文件进行备份。
- 需要修改数据库名。

可以使用 CREATE CONTROLFILE 语句创建控制文件，它的基本语法如下：

```
CREATE CONTROLFILE [REUSE]
  SET DATABASE 数据库名
  LOGFILE [GROUP 整数] (日志文件定义) [ , …]
  RESETLOGS | NORESETLOGS
  DATAFILE [数据文件定义] [ , …]
  [MAXLOGFILES 整数]
  [MAXLOGMEMBERS 整数]
  [MAXDATAFILES 整数]
  [MAXINSTANCES 整数]
  [ARCHIVELOG | NOARCHIVELOG]
```

参数说明如下。

- REUSE：指定由初始化参数 CONTROL_FILES 定义的、已经存在的控制文件名可以重用。如果使用此参数，Oracle 将忽略并自动覆盖已经存在的控制文件；如果不使用此参数，则遇到已经存在的控制文件时，Oracle 将返回错误信息 ORA-01503：CREATE CONTROLFILE failed。
- SET DATABASE：指定数据库名称，该数据库名称必须已经存在。

- LOGFILE：指定数据库的重做日志文件（Redo Log Files）。必须列出所有重做日志文件组的所有成员，而且文件必须存在。
- RESETLOGS 和 NORESETLOGS 是两种重建控制文件的方式，通常在恢复数据库时起作用。NORESETLOGS 模式指定在恢复数据库时不更新重做日志信息，新数据库的 SCN 号与原来的 SCN 号是连续的，通常用于完全恢复；RESETLOGS 将重置重做日志信息，相当于重新建立一个新的数据库，通常用于不完全恢复。如果需要重命名数据库，则使用 RESETLOGS 子句，否则使用 NORESETLOGS 子句。
- DATAFILE：指定数据库中的数据文件列表。
- MAXLOGFILES：指定数据库可以创建的重做日志文件组的最大数量。数据库将根据该值来判断需要分配给控制文件多少空间来保存重做日志文件的名称信息。当前数据库实例可以访问的重做日志文件组的数量还取决于初始化参数 LOG_FILES。
- MAXLOGMEMBERS：指定一个重做日志文件组的成员或副本的最大数量。
- MAXDATAFILES：指定数据库中最多可以创建的数据文件数量。当前数据库实例可以访问的数据文件的数量还取决于初始化参数 DB_FILES。
- MAXINSTANCES：指定数据库可以连续加载的最大数据库实例数。
- ARCHIVELOG：指定在重用重做日志文件时，对其内容进行归档。
- NOARCHIVELOG：指定在重做日志文件时，不对其内容进行归档。这是系统的默认值。

创建控制文件是一个比较复杂的过程，因为控制文件中保存着数据库实例的基本信息，是 Oracle 数据库中非常重要的物理文件。下面介绍创建 Oracle 数据库控制文件的过程。

① 了解当前数据库日志文件和数据文件的情况。

在 CREATE CONTROLFILE 语句中使用的文件定义必须是当前数据库中正在使用的数据文件和日志文件列表。为了确保 CREATE CONTROLFILE 语句能够正常运行，需要事先查看数据库中数据文件和日志文件的具体情况。

执行下面的语句可以查看当前数据库中日志文件的列表。

```
SELECT MEMBER FROM V$LOGFILE;
```

运行结果如图 5.14 所示。

执行下面的语句可以查看当前数据库中数据文件的列表。

```
SELECT NAME FROM V$DATAFILE;
```

运行结果如图 5.15 所示。

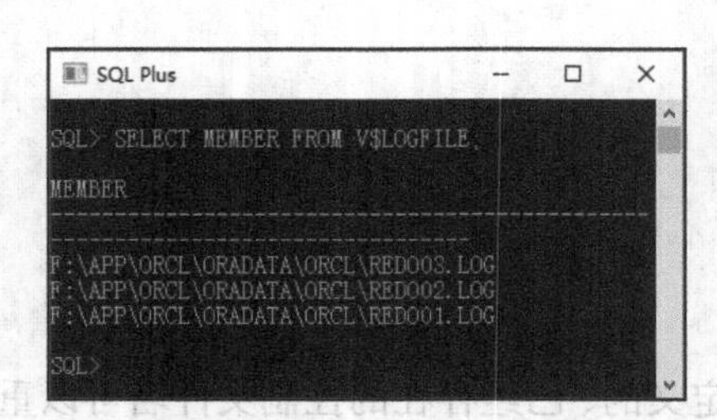

图 5.14　查看当前数据库中日志文件的列表

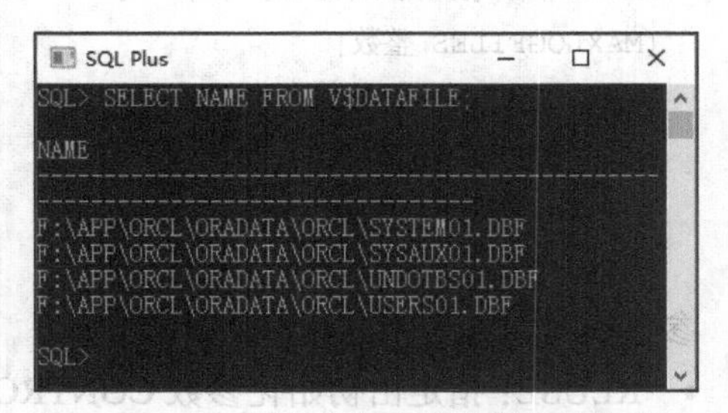

图 5.15　查看当前数据库中数据文件的列表

如果数据库控制文件已经被破坏，则可以直接到保存相关文件的目录下查看。

② 根据日志文件和数据文件列表设计 CREATE CONTROLFILE 语句。

设计 CREATE CONTROLFILE 语句如下。

```
CREATE CONTROLFILE
DATABASE ORCL
LOGFILE GROUP 1 (' F:\APP\ORCL\ORADATA\ORCL\REDO01.LOG'),
          GROUP 2 (' F:\APP\ORCL\ORADATA\ORCL\REDO02.LOG'),
          GROUP 3 (' F:\APP\ORCL\ORADATA\ORCL\REDO03.LOG')
NORESETLOGS
DATAFILE ' F:\APP\ORCL\ORADATA\ORCL\SYSTEM01.DBF',
          ' F:\APP\ORCL\ORADATA\ORCL\SYSAUX01.DBF',
          ' F:\APP\ORCL\ORADATA\ORCL\UNDOTBS01.DBF',
          ' F:\APP\ORCL\ORADATA\ORCL\USERS01.DBF'
MAXLOGFILES 50
MAXLOGMEMBERS 3
MAXLOGHISTORY 400
MAXDATAFILES 200
MAXINSTANCES 6
ARCHIVELOG;
```

这里只是设计 CREATE CONTROLFILE 语句，并不需要立即执行它。

③ 关闭数据库实例。

如果当前数据库实例处于启动状态，则控制文件正在被使用，因此无法创建新的控制文件。建议使用 SHUTDOWN NORMAL 语句关闭数据库。如果无法正常关闭，则可以使用 SHUTDOWN ABORT 或 SHUTDOWN IMMEDIATE 语句来关闭数据库。

④ 备份原来的文件。

为了防止在创建控制文件时破坏原有的数据库文件，建议将所有的数据文件和重做日志文件备份到其他存储介质上。

将原有的控制文件备份到其他位置，然后将其删除。

⑤ 启动数据库实例，但不加载数据库。

使用 STARTUP NOMOUNT 语句启动数据库实例，因为要创建控制文件，所以不能加载数据库（否则刚才就不需要关闭数据库了）。

⑥ 创建控制文件。

执行前面设计的 CREATE CONTROLFILE 语句，创建控制文件。

⑦ 备份控制文件。

为了保证新的数据库文件不被破坏，建议将新的控制文件备份到其他不在线的存储介质中，如 U 盘、移动硬盘或磁带等。

⑧ 修改初始化参数。

如果新建的控制文件与 CONTROL_FILE 参数中定义的控制文件不同，则根据实际情况修改 CONTROL_FILE 参数；如果修改了数据库名称，则还需要修改 DB_NAME 参数。

⑨ 恢复数据库。

如果需要的话，则可以恢复数据库，具体操作方法将在第 8 章中介绍。

3. 恢复控制文件

如果控制文件被破坏，则可以按照本节介绍的方法进行恢复。当然，事先要按照本小节介绍的方法创建控制文件的副本。

在恢复控制文件时，可以按照以下两种情况处理。

（1）控制文件被破坏，但存储控制文件的目录仍然是可访问的。

首先使用 SHUTDOWN 命令关闭数据库实例，然后使用操作系统命令将控制文件副本复制到控制文件目录下。最后，使用 STARTUP 命令打开数据库实例。

（2）存储介质被破坏，导致存储控制文件的目录无法访问。

首先关闭数据库实例，然后使用操作系统命令将控制文件副本复制到一个新的可以访问的目录下。修改 CONTROL_FILES 参数，将无效的控制文件目录修改为新的目录。最后，使用 STARTUP 命令打开数据库实例。

4. 删除控制文件

可以按照如下步骤删除控制文件。

（1）关闭数据库。

（2）编辑 CONTROL_FILES 参数的值，删除指定的控制文件信息。

（3）将要删除的控制文件备份到其他介质，然后使用操作系统命令将该文件删除。

（4）重新启动数据库。

5.3.3 数据文件管理

Oracle 数据文件包含全部数据库数据。本节介绍管理数据文件的方法。

1. 查看数据文件信息

在 Oracle Enterprise Manager 中可以查看数据文件信息。以 SYSDBA 身份登录到 Oracle Enterprise Manager，在左上角的菜单中依次选择“存储”→“表空间”，打开表空间管理页面。然后单击“查看”按钮，选择“全部展开”选项，可以查看到每个表空间中包含的数据文件，如图 5.16 所示。

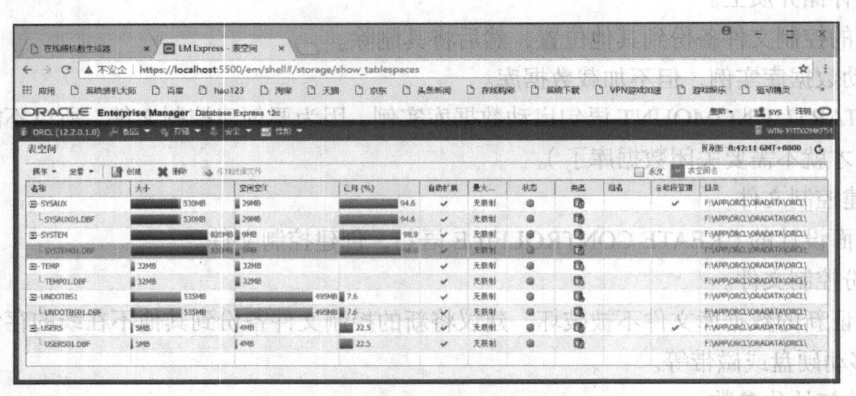

图 5.16 “数据文件”管理页面

也可以从视图 V$DATAFILE 中查看数据文件的信息。视图 V$DATAFILE 包含很多字段，其中比较常用的字段如表 5.10 所示。

表 5.10 视图 V$DATAFILE 的常用字段属性

字段名	数据类型	说明
FILE#	NUMBER	文件标识符
CREATE_TIME	DATE	创建数据文件的时间戳
TS#	NUMBER	所属表空间的编号

续表

字段名	数据类型	说明
STATUS	VARCHAR2(7)	文件的状态，包括 OFFLINE、ONLINE、SYSTEM、RECOVER 和 SYSOFF（表示 SYSTEM 表空间中的脱机文件）
ENABLED	VARCHAR2(10)	表示从 SQL 语句中如何访问文件。DISABLED 表示不允许 SQL 访问，READ ONLY 表示不允许更新访问，READ WRITE 表示允许完全访问，UNKNOWN 表示文件被破坏
BYTES	NUMBER	当前数据文件的大小，单位为字节。如果为 0，表示文件不可访问
BLOCKS	NUMBER	当前数据文件的大小，单位为数据块。如果为 0，表示文件不可访问
BLOCK_SIZE	NUMBER	数据文件中数据块的大小
NAME	VARCHAR2(513)	数据文件的名称

【例 5.32】 使用 SYS 用户以 SYSDBA 身份登录到 SQL Plus，执行如下命令。

```
SELECT NAME, STATUS, BYTES FROM V$DATAFILE;
```

可以使用如下命令设置 NAME 列的宽度，从而使显示结果更加美观。

```
COL NAME FORMAT A40
```

执行结果如图 5.17 所示。

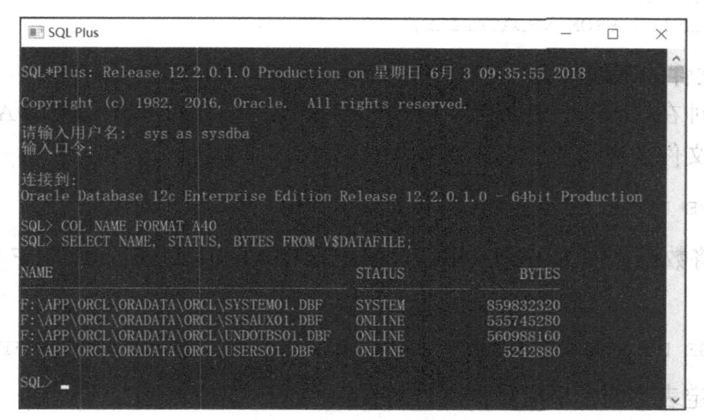

图 5.17 查看数据文件的信息

2. 创建数据文件

数据文件是和表空间一起创建的。在使用 CREATE TABLESPACE 语句创建表空间时，可以使用 DATAFILE 关键字来指定同时创建的数据文件，语法如下：

```
CREATE TABLESPACE 表空间名
DATAFILE 数据文件名 SIZE 数据文件大小;
```

【例 5.33】 创建表空间 MyTbs，同时创建一个 50MB 的数据文件，代码如下：

```
CREATE TABLESPACE MyTbs
DATAFILE 'D:\APP\ORCL\ORADATA\ORCL\MyDataFile01.DBF' SIZE 50M;
```

如果创建的是临时表空间，则可以使用 TEMPFILE 子句同时创建其中的临时文件。

【例 5.34】 创建表空间 TempTbs，同时创建一个 10MB 的临时文件，代码如下：

```
CREATE TEMPORARY TABLESPACE TempTbs
TEMPFILE 'D:\APP\ORCLL\ORADATA\ORCL\MyTempFile01.DBF' SIZE 10M
EXTENT MANAGEMENT LOCAL;
```

使用 ALTER TABLESPACE 语句修改表空间时，可以使用 ADD DATAFILE 关键字向表空间中添加数据文件。

【例 5.35】 向表空间 MyTbs 中添加一个数据文件 MyDataFile02.DBF，大小为 50MB，代码如下：

```
ALTER TABLESPACE MyTbs
ADD DATAFILE 'F:\APP\ORCL\ORADATA\ORCL\MyDataFile02.DBF' SIZE 50M;
```

3. 修改数据文件的大小

使用 ALTER DATABASE 语句可以修改数据文件的大小，语法如下：

```
ALTER DATABASE DATAFILE 数据文件名 RESIZE 数据文件大小;
```

【例 5.36】 将数据文件 D:\APP\ORCL\ORADATA\ORCL\USERS01.DBF 的大小修改为 100MB，代码如下：

```
ALTER DATABASE DATAFILE 'D:\APP\ORCL\ORADATA\ORCL\USERS01.DBF' RESIZE 100M;
```

可以执行如下语句查看当前数据库中数据文件的大小。

```
COL NAME FORMAT A40
SELECT NAME, BYTES FROM V$DATAFILE;
```

4. 修改数据文件的在线状态

数据文件有两种在线状态，即联机（ONLINE）和脱机（OFFLINE）。使用 ALTER DATABASE 语句可以修改数据文件的在线状态，语法如下：

```
ALTER DATABASE DATAFILE 数据文件名 ONLINE | OFFLINE;
```

【例 5.37】 将数据文件 D:\APP\ORCL\ORADATA\ORCL\USERS01.DBF 的在线状态修改为脱机，代码如下：

```
ALTER DATABASE DATAFILE 'D:\APP\ORCL\ORADATA\ORCL\USERS01.DBF' OFFLINE;
```

也可以设置指定表空间中所有数据文件的在线状态，语法如下：

```
ALTER TABLESPACE 表空间名 DATAFILE ONLINE | OFFLINE;
```

【例 5.38】 将表空间 MYTBS 中所有数据文件设置为联机状态，代码如下：

```
ALTER TABLESPACE MYTBS DATAFILE ONLINE;
```

5. 删除数据文件

在删除表空间时，可以指定删除表空间中的数据文件。

【例 5.39】 删除表空间 MyTbs，同时删除其中数据文件的代码如下：

```
DROP TABLESPACE MyTbs INCLUDING CONTENTS CASCADE CONSTRAINTS;
```

也可以使用 ALTER DATABASE 命令删除指定的数据文件。

【例 5.40】 删除数据文件 D:\APP\ORCL\ORADATA\ORCL\MyDataFile01.DBF 的语句如下：

```
ALTER DATABASE DATAFILE 'D:\APP\ORCL\ORADATA\ORCL\MyDataFile01.DBF' OFFLINE DROP;
```

5.3.4 重做日志管理

重做日志（Redo Log）用于保存数据库的所有变化信息。Oracle 数据库的每个实例都有一个相关的重做日志，从而保护数据库的安全。

本节将介绍重做日志的基本概念，以及如何管理重做日志。

1. 重做日志的基本概念

重做日志文件由重做记录组成，而每个重做记录由一组变化元素组成，变化元素中记录了数据库中每个单独的数据块的变化情况。例如，如果用户修改了表中的一条记录，则系统会自动生成一条重做记录。

可以使用重做记录来恢复变化的数据库，保护回滚数据。当使用重做数据恢复数据库时，数据库将从重做记录中读取变化元素，然后将变化应用到相关的数据块中。

数据库中最少包含两个重做日志，一个始终保持可写状态，用于记录数据库的变化；另外一个用于归档操作（当数据库处于 ARCHIVELOG 模式时）。

那么，Oracle 数据库是如何记录重做日志的呢？在本书的 1.2.7 小节中，介绍了 Oracle 的进程结构。其中日志写入进程 LGWR 负责记录重做日志。如果重做日志文件已经被填充满了，则 LGWR 将变化数据写入下一个重做日志文件；如果最后一个有效的重做日志文件被填充满了，则 LGWR 将变化数据写入第一个重做日志文件。此过程如图 5.18 所示。

为了防止重做日志文件本身被破坏，Oracle 提供了一种多元重做日志（Multiplexed Redo Log），也就是说，系统在不同的位置上自动维护重做日志的两个或更多副本。从安全角度出发，这些副本的保存位置应该在不同的磁盘上。

多元性是通过创建重做日志组来实现的，重做日志组包括一个重做日志文件和它的多元副本。每个重做日志组由数字来定义，例如组 1、组 2 等。重做日志组的构成如图 5.19 所示。

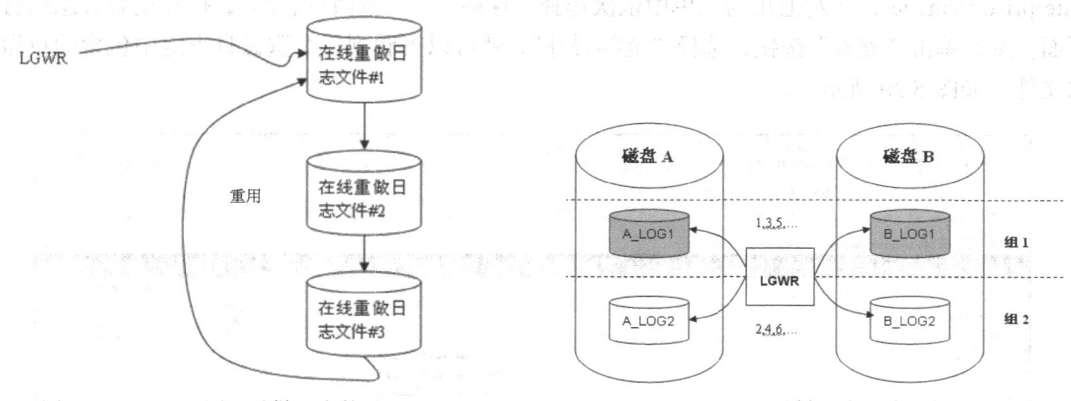

图 5.18 LGWR 写入重做日志的过程　　图 5.19 重做日志的多元性

在图 5.19 中，A_LOG1 和 B_LOG1 都是组 1 的成员，而 A_LOG2 和 B_LOG2 都是组 2 的成员。每个日志文件组的成员必须同时处于激活状态，这样一来，LGWR 就可以同时写入这两个日志文件。LGWR 不会同时写入不同组的日志文件。

如果 LGWR 写入不同组中的一个成员文件，则数据库将此成员标记为 INVALID，并在 LGWR 追踪文件和数据库告警日志中写入一条错误信息。在不同情况下，当重做日志文件无效时，LGWR 所采取的动作如表 5.11 所示。

表 5.11　　　　LGWR 对重做日志文件无效的响应

情况	LGWR 的动作
LGWR 可以写入组中的至少一个成员文件	正常完成写操作。LGWR 写入组中可访问的成员文件，忽略不可访问的成员文件
在日志切换时，LGWR 无法访问下一个组，因为该组需要被归档	临时停止数据库操作，等待该组可以被访问或该组已经被归档
在日志切换时，由于介质被破坏，下一组的所有成员都无法被访问	Oracle 数据库返回错误，数据库实例被关闭。此时，需要从有效的重做日志文件中执行介质恢复操作。数据库恢复操作请参照第 8 章理解。 如果数据库的检查点已经超出了丢失的重做日志，则不需要进行介质恢复，因为重做日志中记录的数据已写入到数据文件中。现在只需要删除无效的重做日志组。如果数据库还没有对失效的日志进行归档操作，则执行 ALTER DATABASE CLEAR UNARCHIVED LOG 禁止归档操作，这样就可以删除日志文件了
当 LGWR 写入时，所有组中的成员文件都突然无法访问	Oracle 数据库返回错误，数据库实例被关闭。此时，需要从有效的重做日志文件中执行介质恢复操作。如果介质没有被破坏，只是不小心掉线了，则不需要执行介质恢复，只要将介质恢复在线，然后让数据库执行自动实例恢复即可

可以通过如下参数来设置重做日志的数量。

- MAXLOGFILES：在 CREATE DATABASE 语句中使用 MAXLOGFILES 参数可以指定每个数据库中重做日志文件组的最大数量。
- MAXLOGMEMBERS：在 CREATE DATABASE 语句中使用 MAXLOGMEMBERS 参数可以指定每个日志文件组中包含的日志文件的最大数量。

2. 查看重做日志信息

可以在 Oracle Enterprise Manager 中查看重做日志信息。以 SYSDBA 身份登录到 Oracle Enterprise Manager，在左上角的菜单中依次选择“存储”→“重做日志组”，打开重做日志组管理页面。然后单击“查看”按钮，选择“全部展开”，就可以查看到每个重做日志组中包含的重做日志文件，如图 5.20 所示。

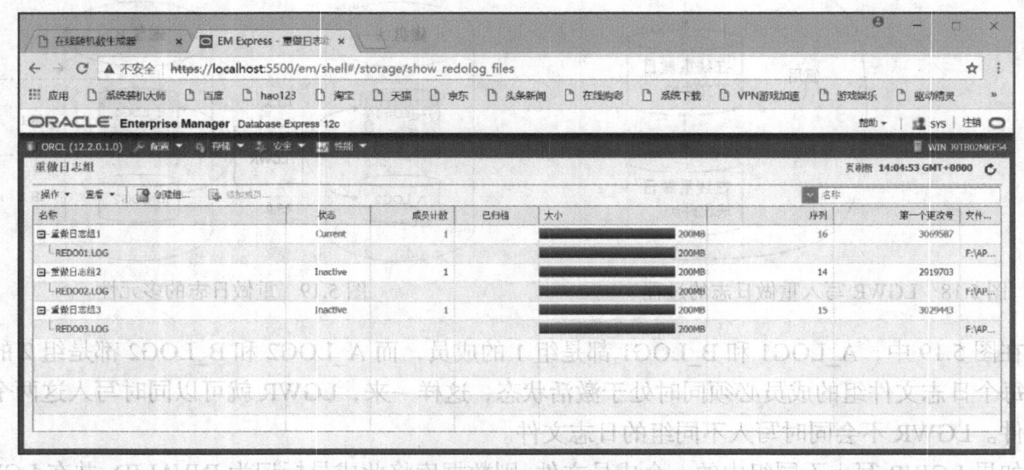

图 5.20　“重做日志组”管理页面

通过查询系统视图也可以获得重做日志信息。

【例 5.41】　查询视图 V$LOG，显示控制文件中重做日志组的信息，语句如下：

```
SELECT GROUP#, ARCHIVED, STATUS FROM V$LOG;
```

运行结果如图 5.21 所示。

【例 5.42】　查询视图 V$LOGFILE，显示重做日志的成员文件，语句如下：

```
SELECT GROUP#,MEMBER FROM V$LOGFILE;
```

运行结果如图 5.22 所示。

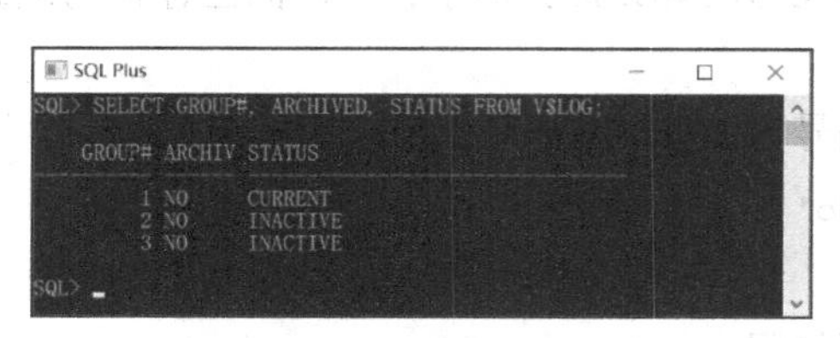

图 5.21　通过查询视图 V$LOG 显示重做日志组信息

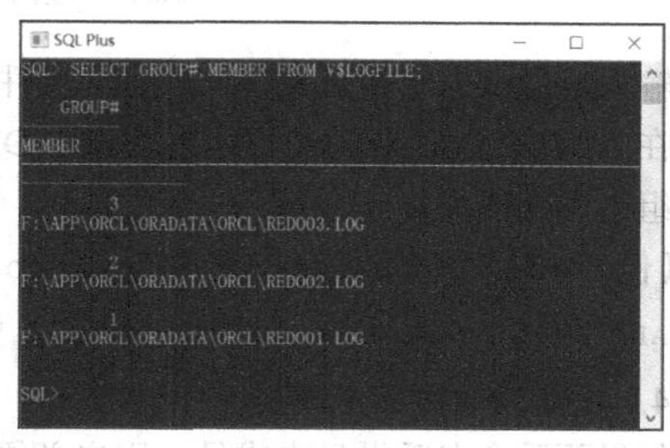

图 5.22　通过查询视图 V$LOGFILE 显示重做日志文件信息

3. 创建重做日志组和成员

在创建数据库的时候，可以规划数据库的重做日志，并创建重做日志组及其成员文件。在数据库创建后，有时也需要添加新的重做日志。若要创建新的重做日志组及其成员，用户必须拥有 ALTER DATABASE 的系统权限。

（1）创建重做日志组

在图 5.20 所示的“重做日志组”管理页面，单击“操作”→“创建”按钮，打开“创建重做日志组”对话框，如图 5.23 所示。

用户可以输入组号和成员。也可以在列表右边单击“+”按钮，添加新的成员文件。单击“确定”按钮，保存重做日志组。

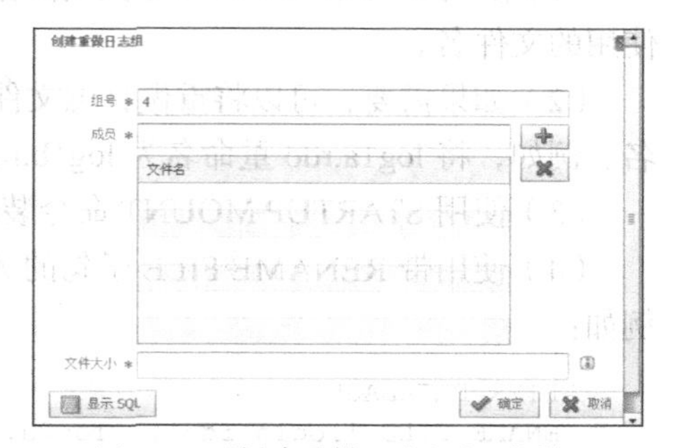

图 5.23　“创建重做日志组”对话框

也可以在 ALTER DATABASE 语句中使用 ADD LOGFILE 子句创建重做日志组。

【例 5.43】　添加重做日志文件 log1c.rdo 和 log2c.rdo，初始大小为 5MB，代码如下：

```
ALTER DATABASE ADD LOGFILE ('log1c.rdo', 'log2c.rdo') SIZE 5000k;
```

如果不指定绝对路径，则重做日志文件保存在$ORACLE_HOME\database 目录下。

在【例 5.43】中，没有定义重做日志组的编号。在使用 ALTER DATABASE 语句创建重做日志组时，可以使用 GROUP 子句定义组编号。

【例 5.44】　创建重做日志组 10，其中包含重做日志文件 log1c.rdo 和 log2c.rdo，语句如下：

```
ALTER DATABASE
   ADD LOGFILE GROUP 10 ('log1a.rdo', 'log2a.rdo') SIZE 5000k;
```

（2）创建重做日志成员

在如图 5.20 所示的“重做日志组”管理页面中选择一个重做日志组，然后单击“操作”→“添加成员”按钮，打开重做日志组“添加成员”对话框，如图 5.24 所示。

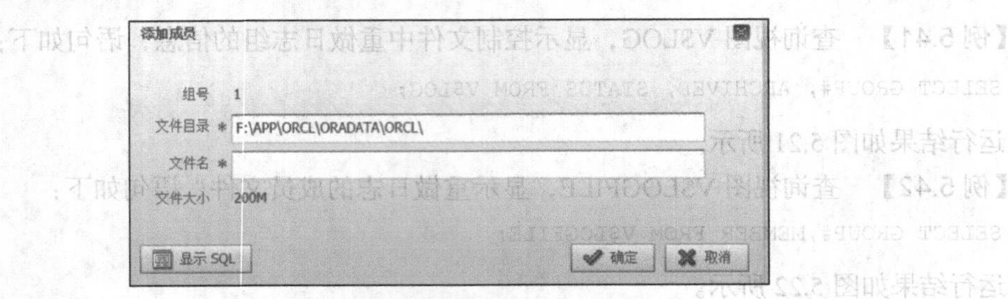

图 5.24　重做日志组“添加成员”对话框

输入重做日志组成员文件的目录和文件名，然后单击“确定”按钮。

在 ALTER DATABASE 语句中使用 ADD LOGFILE MEMBER 关键字，可以向已存在的重做日志组中添加成员。

【例 5.45】　将重做日志文件 log3a.rdo 添加到编号为 10 的重做日志组中，语句如下：

```
ALTER DATABASE ADD LOGFILE MEMBER 'log3a.rdo' TO GROUP 10;
```

4. 重命名重做日志成员

如果要重命名重做日志成员，用户必须拥有如下权限。

- ALTER DATABASE 系统权限。
- 复制文件到指定位置的操作系统权限。
- 打开和备份数据库的权限。

按照以下步骤重命名重做日志成员。

（1）使用 SHUTDOWN 命令关闭数据库，因为只有关闭了数据库后才能修改数据库实例正在使用的文件名。

（2）如果需要，可以将重做日志文件复制到新的位置，然后使用操作系统命令对其进行重命名。例如，将 log1a.rdo 重命名为 log1b.rdo，将 log2a.rdo 重命名为 log2b.rdo。

（3）使用 STARTUP MOUNT 命令装载数据库。

（4）使用带 RENAME FILE 子句的 ALTER DATABASE 语句重命名数据库的重做日志文件，例如：

```
ALTER DATABASE
RENAME FILE 'log1a.rdo', 'log2a.rdo'
TO 'log1b.rdo', 'log2b.rdo';
```

（5）使用 ALTER DATABASE OPEN 命令打开数据库。

5. 删除重做日志组和成员

下面介绍删除重做日志组和删除重做日志成员的方法。

（1）删除重做日志组。

删除重做日志组的用户必须拥有 ALTER DATABASE 系统权限。在删除重做日志组之前，需要考虑如下因素。

- 一个数据库实例最少需要两组重做日志文件，组中的重做日志成员数量不限。
- 只有当重做日志组未激活时才能删除它。
- 在删除之前，确认重做日志组已经被归档。可以从视图 V$LOG 中查看重做日志组的归档情况。

以 SYSDBA 身份登录 Oracle Enterprise Manager，在重做日志组管理页面中选择要删除的重做日志组，单击“操作”→“删除组”按钮，可以删除重做日志组。

在 ALTER DATABASE 语句中使用 DROP LOGFILE 子句也可以删除指定的重做日志组。

【例 5.46】　删除编号为 10 的重做日志组，语句如下：

```
ALTER DATABASE DROP LOGFILE GROUP 10;
```

如果没有启动 Oracle 管理文件（Oracle Managed Files）属性，当从数据库中删除重做日志组时，操作系统文件不会被删除，数据库的控制文件会被更新，将从数据库结构中删除重做日志组。删除重做日志组后，确认删除操作成功，然后就可以手动删除相关重做日志文件。

（2）删除重做日志成员。

删除重做日志成员的用户必须拥有 ALTER DATABASE 系统权限。

在 ALTER DATABASE 语句中使用 DROP LOGFILE MEMBER 子句也可以删除指定的重做日志成员文件。

【例 5.47】　删除重做日志文件 log1a.rdo，语句如下：

```
ALTER DATABASE DROP LOGFILE MEMBER 'log1a.rdo';
```

6. 清空重做日志文件

如果重做日志文件被破坏，可以使用 ALTER DATABASE CLEAR LOGFILE 命令初始化此日志文件。执行此命令时，不需要关闭数据库。

【例 5.48】　清空编号为 10 的重做日志组，语句如下：

```
ALTER DATABASE CLEAR LOGFILE GROUP 10;
```

如果重做日志文件没有归档，则可以在语句中使用 UNARCHIVED 关键字，例如：

```
ALTER DATABASE CLEAR UNARCHIVED LOGFILE GROUP 10;
```

也可以在 Oracle Enterprise Manager 中清空重做日志文件。在如图 5.20 所示的“重做日志组”管理页面中选择一个重做日志组，然后依次单击“操作”→“清除日志文件”按钮，打开确认“清除日志文件”对话框，如图 5.25 所示。

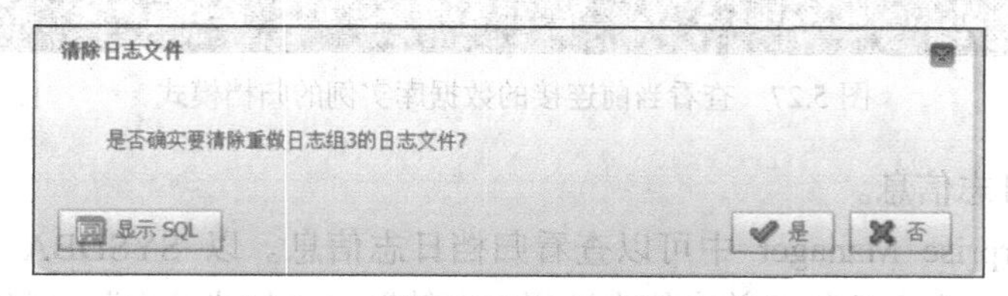

图 5.25　确认“清除日志文件”对话框

单击“是”按钮即可执行清除操作。

5.3.5　归档日志管理

Oracle 数据库允许将被填充满的重做日志文件组保存到一个或多个离线的位置，即归档（ARCHIVE）重做日志，简称归档日志。将重做日志文件转换为归档重做日志文件的过程叫作归档，此过程只能在 ARCHIVELOG 模式下的数据库中进行。下面介绍归档重做日志的管理。

1. 归档日志文件和归档模式

归档日志文件是重做日志文件组成员的备份，它由重做项目和唯一的日志序列号组成。当数据库处于归档模式时，LGWR 无法对未归档的重做日志组进行重用和改写操作。如果设置了自动归档模式，则后台进程 ARC*n* 将自动地执行归档操作。数据库会启动多个归档进程，确保一旦日志文件被填满马上就会被归档。

可以使用归档日志文件达到如下目的。

- 恢复数据库。
- 更新备用数据库。
- 使用 LogMiner 获取数据库的历史信息。

用户可以选择自动归档或手动归档，但自动归档模式更加方便快捷。自动归档日志的过程如图 5.26 所示。

LGWR 向在线重做日志文件写入日志信息，一旦重做日志组被写满，则由 ARC0 进行归档操作。

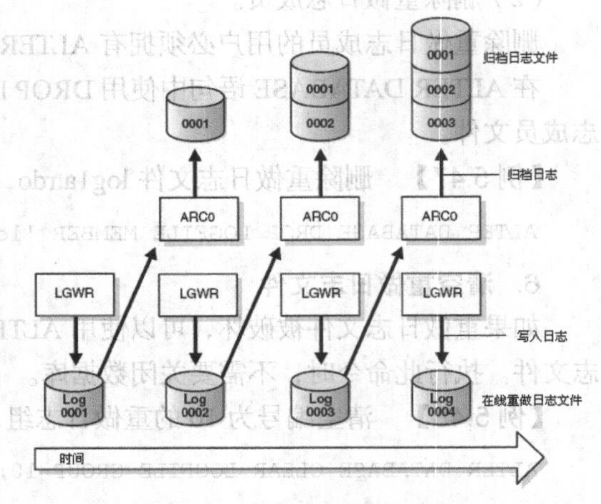

图 5.26 自动归档日志的过程

（1）查看当前数据库实例的归档模式。

从系统视图 V$DATABASE 的 LOG_MODE 列可以查看到当前数据库实例的归档模式。

【例 5.49】 在 SQL Plus 中执行下面的脚本可以查看当前连接的数据库实例的归档模式。

```
SELECT NAME, LOG_MODE FROM V$DATABASE;
```

运行结果如图 5.27 所示。可以看到，数据库实例 orcl 的归档模式为 NOARCHIVELOG，即非归档模式。

图 5.27 查看当前连接的数据库实例的归档模式

（2）查看归档日志信息。

在 Oracle Enterprise Manager 中可以查看归档日志信息。以 SYSDBA 身份登录到 Oracle Enterprise Manager，在左上角的菜单中依次选择“存储”→“归档日志”，打开“归档日志”管理页面，如图 5.28 所示。

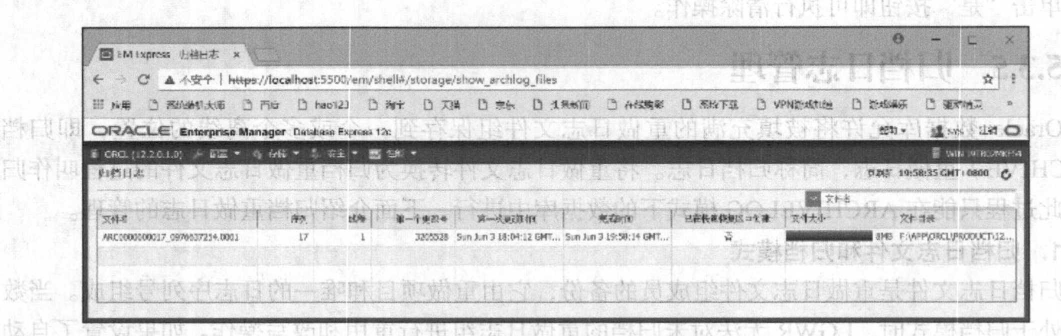

图 5.28 “归档日志”管理页面

列表中显示了当前数据库实例中所有归档日志的基本信息。

也可以使用 ARCHIVE LOG LIST 命令显示归档日志信息，包括数据库日志模式、是否自动存档、存档终点和日志序列等，如图 5.29 所示。

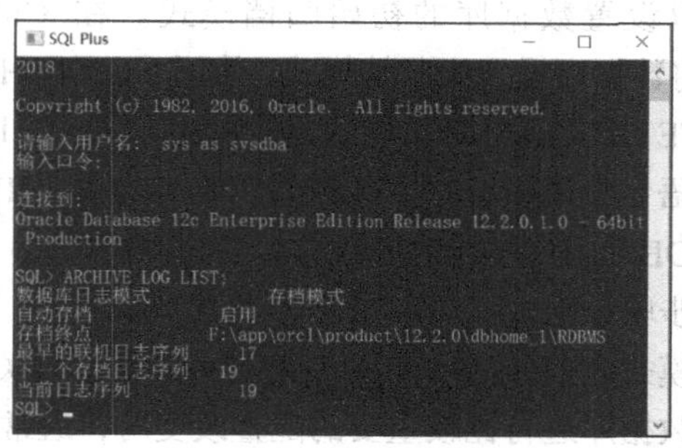

图 5.29　使用 ARCHIVE LOG LIST 命令显示归档日志信息

（3）使用 V$ARCHIVED_LOG 视图查看归档日志信息。

视图 V$ARCHIVED_LOG 包含很多字段，其中比较常用的字段如表 5.12 所示。

表 5.12　视图 V$ARCHIVED_LOG 的常用字段属性

字段名	数据类型	说明
RECID	NUMBER	归档日志记录 ID
STAMP	NUMBER	归档日志记录的时间戳
NAME	VARCHAR2(513)	归档日志文件名
THREAD#	NUMBER	重做线程编号
SEQUENCE#	NUMBER	重做日志序列号
FIRST_CHANGE#	NUMBER	在归档日志中第 1 次修改的编号
STATUS	VARCHAR2(1)	归档日志的状态。A 表示有效（Available），D 表示已删除（Deleted），U 表示无效（Unavailable），X 表示过期（Expired）

【例 5.50】　使用 SYS 用户以 SYSDBA 的身份登录到 SQL Plus，执行如下语句查看归档日志的名称、序列号和状态。

```
SELECT NAME, SEQUENCE#, STATUS FROM V$ARCHIVED_LOG;
```

（4）使用 V$ARCHIVE_PROCESSES 视图查看归档进程信息

视图 V$ARCHIVE_PROCESSES 的字段如表 5.13 所示。

表 5.13　视图 V$ARCHIVE_PROCESSES 的常用字段属性

字段名	数据类型	说明
PROCESS	NUMBER	当前数据库实例的 ARCH 进程标识符（有效值为 0～9）
STATUS	VARCHAR2(10)	ARCH 进程的状态，包括 STOPPED、SCHEDULED、STARTING、ACTIVE、STOPPING 和 TERMINATED.
LOG_SEQUENCE	NUMBER	正在被归档的联机重做日志的序列号
STATE	VARCHAR2(4)	当前 ARCH 进程的状态，包括 IDLE 和 BUSY

2. 管理归档模式

归档日志的操作模式分为两种，即 ARCHIVELOG（归档模式）和 NOARCHIVELOG（非归档模式）。

在创建数据库时，可以设置数据库的初始归档模式。在 CREATE DATABASE 中使用 ARCHIVELOG 关键词可以将数据库设置为归档模式，使用 NOARCHIVELOG 可以将数据库设置为非归档模式。关于 CREATE DATABASE 语句的具体使用方法，可以参考第 4 章。

在 ALTER DATABASE 语句中使用 ARCHIVELOG 或 NOARCHIVELOG 关键词，可以改变数据库的归档模式。只有 SYSDBA 用户才能改变数据库的归档模式。

切换数据库归档模式的步骤如下。

（1）在切换数据库归档模式之前，必须使用 SHUTDOWN 语句关闭相关的数据库实例。

（2）备份数据库。在对数据库进行比较重要的配置改变时，通常要进行数据库备份操作，以防止数据丢失。特别是数据库处于非归档模式时，一旦数据库被破坏，只能依靠数据库备份来恢复数据。关于数据库备份操作，可以参考第 8 章的内容。

（3）编辑初始化参数文件，设置归档日志文件的位置。

（4）使用 STARTUP MOUNT 语句装载数据库，但不打开数据库。

（5）使用 ALTER DATABASE ARCHIVELOG 语句或 ALTER DATABASE NOARCHIVELOG 语句切换归档模式。

（6）使用 ALTER DATABASE OPEN 语句重新打开数据库。

可以使用如下命令设置数据库为手动归档模式。

```
ALTER DATABASE ARCHIVELOG MANUAL;
```

执行此命令时，数据库必须处于已装载但未打开的状态。可以首先使用 SHUTDOWN IMMDIATE 语句关闭数据库，再使用 STARTUP MOUNT 语句装载数据库。

手动归档所有日志文件的语句如下：

```
ALTER SYSTEM ARCHIVE LOG ALL;
```

初始化参数 LOG_ARCHIVE_MAX_PROCESSES 可以指定归档进程（ARC*n*）的数量，其默认值为 2。

【例 5.51】 可以使用 ALTER SYSTEM 语句设置 LOG_ARCHIVE_MAX_PROCESSES 的值，代码如下：

```
ALTER SYSTEM SET LOG_ARCHIVE_MAX_PROCESSES=4;
```

3. 指定归档目的地

在执行归档操作之前，需要指定归档目的地。可以使用 V$ARCHIVE_DEST 视图查看归档目的地信息。视图 V$ARCHIVE_DEST 包含很多字段，其中比较常用的字段如表 5.14 所示。

表 5.14　视图 V$ARCHIVE_DEST 的常用字段属性

字段名	数据类型	说明
DEST_ID	NUMBER	日志归档目的地参数标识符（有效值为 1～10）
DEST_NAME	VARCHAR2(256)	日志归档目的地名称
STATUS	VARCHAR2(9)	归档目的地的状态。VALID 表示表示已被初始化，并且有效；INACTIVE 表示没有目的地信息，DEFERRED 表示被用户手动禁用；ERROR 表示在打开或复制过程中出现错误

续表

字段名	数据类型	说明
DESTINATION	VARCHAR2(256)	指定重做日志被归档的位置
ERROR	VARCHAR2(256)	显示错误信息

【例 5.52】 使用 SYS 用户以 SYSDBA 的身份登录到 SQL Plus，执行如下语句查看归档目的地。

```
SELECT DEST_NAME, STATUS, DESTINATION FROM V$ARCHIVE_DEST;
```

可以使用如下命令设置各列的宽度，从而使显示结果更加美观。

```
COL DEST_NAME FORMAT A20
COL DESTINATION FORMAT A20
```

执行结果如图 5.30 所示。

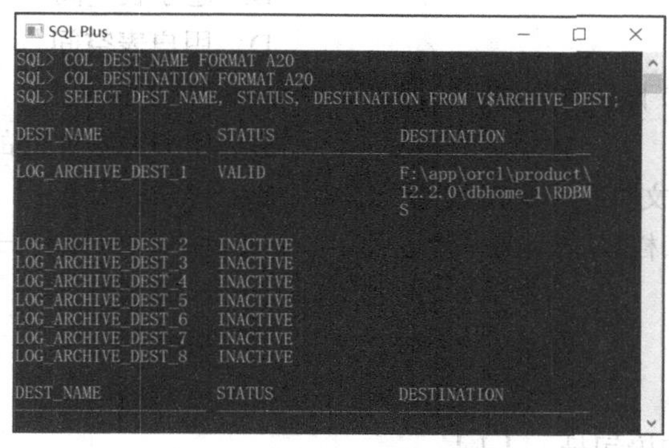

图 5.30 查看归档目的地信息

如果需要指定多个归档目的地，则可以使用初始化参数 LOG_ARCHIVE_DEST_*n*，*n* 的取值范围为 1～10。指定多个归档目的地的步骤如下。

（1）使用 SHUTDOWN 命令关闭数据库。

（2）设置初始化参数 LOG_ARCHIVE_DEST_*n*，使用 LOCATION 关键词设置位置信息，如果要将归档目的地指定到备用数据库，则可以使用 SERVICE 设置有效的网络服务名。例如：

```
LOG_ARCHIVE_DEST_1 = 'LOCATION = /disk1/archive'
LOG_ARCHIVE_DEST_2 = 'LOCATION = /disk2/archive'
LOG_ARCHIVE_DEST_3 = 'LOCATION = /disk3/archive'
LOG_ARCHIVE_DEST_4 = 'SERVICE = standby1'
```

（3）可以编辑初始化参数 LOG_ARCHIVE_FORMAT，设置归档文件的初始化模式，例如：

```
LOG_ARCHIVE_FORMAT = arch_%t_%s_%r.arc
```

%t 表示线程编号，%s 表示日志序列号，%r 表示重置日志编号（resetlogs ID）。

也可以只设置主归档目的地和次归档目的地。初始化参数 LOG_ARCHIVE_DEST 用于指定主归档目的地，LOG_ARCHIVE_DUPLEX_DEST 用于指定次归档目的地，例如：

```
LOG_ARCHIVE_DEST = '/disk1/archive'
LOG_ARCHIVE_DUPLEX_DEST = '/disk2/archive'
```

习　题

一、选择题

1. 用于显示控制文件中保存的所有表空间的名称和属性的视图为（　　）。

A. V$TABLESPACE　　B. DBA_TABLESPACES

C. USER_TABLESPACES　　D. TABLESPACE

2. 在 CREATE TABLESPACE 语句中使用（　　）关键字可以创建临时表空间。

A. TEMP　　B. BIGFILE

C. TEMPORARY　　D. EXTENT MANAGEMENT LOCAL

3. 哪种表空间可以被设置为脱机状态？（　　）

A. 系统表空间　　B. 还原表空间

C. 临时表空间　　D. 用户表空间

4. 控制文件不包含如下哪种信息？（　　）

A. 数据库名称　　B. 相关数据文件的名称和位置

C. 相关重做日志文件的名称和位置　　D. 用户表数据

5. 如果设置了自动归档模式，则后台进程（　　）将自动地执行归档操作。。

A. ARC*n*　　B. LGWR

C. RECO　　D. SMON

二、填空题

1. 用于创建表空间的语句是＿【1】＿。

2. 在 CREATE TABLESPACE 语句中使用关键词＿【2】＿可以创建大文件表空间。

3. 修改表空间的语句是＿【3】＿。

4. 在 ALTER TABLESPACE 语句中使用＿【4】＿关键字，可以设置表空间为脱机状态。

5. 在 ALTER DATABASE 语句中使用＿【5】＿关键字，可以向已存在的重做日志组中添加成员。

三、简答题

1. 简述删除控制文件的步骤。

2. 简述 Oracle 记录重做日志的过程。

3. 简述重命名重做日志成员的步骤。

4. 简述切换数据库归档模式的步骤。

第6章 数据库安全管理

对于数据库应用而言，安全性是非常重要的。本章将介绍 Oracle 数据库的认证方法、用户管理、权限管理和角色管理等。

6.1 Oracle 认证方法

认证是指对需要使用数据、资源或应用程序的用户进行身份确认。通过认证后，就可以为用户后续的数据库操作提供一种可靠的连接关系。Oracle 提供了多种身份认证方式，包括操作系统身份认证、网络身份认证、Oracle 数据库身份认证和数据库管理员认证等。

6.1.1 操作系统身份认证

一些操作系统允许 Oracle 使用它们的用户认证信息。一旦用户被操作系统认证通过，他就可以很方便地连接到 Oracle，不需要再输入用户名和密码。例如，通过操作系统认证的用户可以通过如下命令启动 SQL Plus，而不需要输入用户名和密码：

```
SQLPLUS /
```

如果采用操作系统身份认证的方式，Oracle 就不需要保存和管理用户密码了，只需要将用户名保存到数据库中即可。

6.1.2 网络身份认证

网络身份认证由第三方的 SSL 协议处理。SSL 是 Secure Socket Layer 的缩写，即安全套接字层。它是一个应用层协议，可以用于数据库的用户身份认证。

网络身份认证使用第三方网络认证服务，例如 DCE、Kerberos、PKI、RADIUS 等。由于涉及众多第三方技术，本书不对此内容进行介绍，有兴趣的读者可以查阅相关资料了解。

6.1.3 Oracle 数据库身份认证

Oracle 数据库可以使用存储在数据库中的信息对试图连接数据库的用户进行身份认证。为了建立数据库身份验证机制，在创建用户时，需要指定相应的用户密码（口令）。在用户连接数据库时，必须提供匹配的用户名和密码，才能够登录到 Oracle 数据库。Oracle 数据库以加密格式将密码存储在数据字典中，当前登录用户不能查看其他用户的密码数据，但每个用户都可以随时修改自己的密码。下面介绍 Oracle 数据库身份认证中的几个重要概念。

1. 连接中的密码加密

在网络连接过程中，密码会被自动和透明（用户感觉不到）地加密。加密算法采用改进的 DES 和 3DES 算法，加密过程在数据传输之前完成。

2. 账户锁定

Oracle 可以设置连续登录失败 *n* 次后锁定用户账户。可以配置在经过一段时间后，系统自动解锁被锁定的用户，也可以要求数据库管理员手动解锁。

数据库管理员可以手动锁定账户，此类锁定不能被自动解锁，只能由数据库管理员手动解锁。

3. 密码生存周期

数据库管理员可以指定密码的生存周期，必须修改过期的密码才能够登录。密码过期后有一个过渡期，在此期间，用户每次登录都会收到要求修改密码的告警信息。过渡期之后如果还没有修改密码，则账户将被锁定，只有被管理员解锁后才能使用。

4. 检测历史密码

如果设置了检测历史密码选项，则数据库检测每个新指定的密码，确保密码在指定的时间或指定的修改密码次数内不能被重用。

5. 验证密码复杂度

验证密码是否达到复杂密码的要求，不会被其他人通过猜测密码的方式非法入侵系统。复杂密码的标准如下。

- 密码长度最少为 4 个字符。
- 与用户名不相同。
- 至少要同时包含一个字母、一个数字和一个标点符号。
- 不要包含指定的简单单词，例如 welcome、account、database 和 user 等。

6.1.4 数据库管理员认证

数据库管理员（DBA）拥有极高的管理权限，可以执行一些特殊的操作，例如关闭和启动数据库实例等，这些操作是不允许普通用户进行的。如果随便执行关闭数据库实例的操作，那其他用户将无法正常使用数据库。因此，Oracle 数据库为数据库管理员提供了安全的认证方式，用户可以选择进行操作系统认证或密码文件认证。图 6.1 所示为数据库管理员的认证方式。

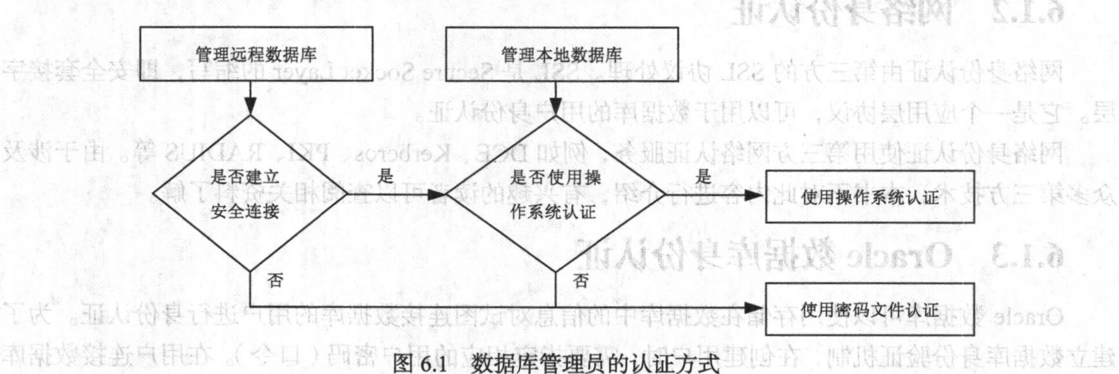

图 6.1 数据库管理员的认证方式

如果采用操作系统认证方式，通常需要在操作系统中创建用户组，并且授予该组 DBA 权限。然后将数据库管理员用户添加到该组中。Oracle 提供两个特殊的用户组，即 OSDBA 和 OSOPER。

在Windows操作系统中，OSDBA对应的用户组为ORA_DBA，OSOPER对应的用户组为ORA_OPER。

如果用户属于 OSDBA 组，并且使用 SYSDBA 身份连接到数据库，则该用户拥有 SYSDBA 系统权限；如果用户属于 OSOPER 组，并且使用 SYSOPER 身份连接到数据库，则该用户拥有 SYSOPER 系统权限；如果用户不属于这两个组，却试图以 SYSDBA 或 SYSOPER 身份连接到数据库，连接操作将失败。

在 SQL Plus 中，如果采用操作系统认证方式登录，则可以使用如下命令：

```
CONNECT / AS SYSDBA
```

或者

```
CONNECT / AS SYSOPER
```

使用密码文件认证方式可以跟踪所有 SYSDBA 和 SYSOPER 用户的密码信息。在连接到数据库时，用户需要正确提供自己的密码才能成功连接到数据库。

要使用密码文件认证方式，必须拥有密码文件。默认的密码文件为$ORACLE_HOME\database\PWD 数据库实例名.ora，例如 D:\app\orcl\product\12.1.0\dbhome_1\database\PWDorcl.ora。可以使用 ORAPWD 命令创建密码文件，语法格式如下：

```
ORAPWD FILE=密码文件的文件名 PASSWORD= SYS 用户的密码 ENTRIES= SYSDBA 和 SYSOPER 用户的最大数量 force=<y/n>
```

参数 FORCE 指定是否覆盖已有的密码文件。

【例 6.1】　创建密码文件 myPwdFile.ora，SYS 用户的密码为 syspwd，SYSDBA 和 SYSOPER 用户的最大数量为 10，代码如下：

```
ORAPWD FILE=myPwdFile.ora PASSWORD=syspwd ENTRIES=10
```

初始化参数 REMOTE_LOGIN_PASSWORDFILE 可以指定密码文件的使用方法，它可以被设置为如下 3 种值。

- NONE：Oracle 数据库认定密码文件不存在，所有的连接都必须是安全连接。
- EXCLUSIVE（默认值）：可以添加、修改和删除用户，也可以修改 SYS 用户的密码。
- SHARED：共享的密码文件不允许被修改，因此不允许添加新用户，也不能修改 SYS 或其他 SYSDBA 和 SYSOPER 用户的密码。

将用户添加到密码文件中，实际上就是为用户授予 SYSDBA 或 SYSOPER 权限。关于权限管理将在 6.4 节中介绍。

视图 V$PWFILE_USERS 中保存了密码文件的信息，可以通过它查看密码文件的内容。

【例 6.2】　使用下面的 SELECT 语句查看密码文件的内容：

```
SELECT * FROM V$PWFILE_USERS;
```

运行结果如图 6.2 所示。

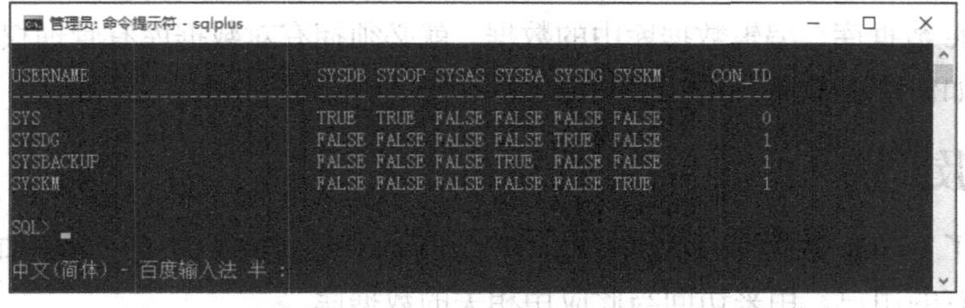

图 6.2　通过视图 V$PWFILE_USERS 查看密码文件信息

视图 V$PWFILE_USERS 包含的字段如表 6.1 所示。

表 6.1　　　　视图 V$PWFILE_USERS 的字段属性

字段名	数据类型	说明
USERNAME	VARCHAR2(30)	用户名
SYSDBA	VARCHAR2(5)	如果等于 TRUE，则表示用户可以使用 SYSDBA 权限连接到数据库
SYSOPER	VARCHAR2(5)	如果等于 TRUE，则表示用户可以使用 SYSOPER 权限连接到数据库
SYSASM	VARCHAR2(5)	它为自动存储管理（Automated Storage Management，ASM）实例所特有，用来管理数据库存储。如果等于 TRUE，则表示用户可以使用 SYSASM 权限连接到数据库。SYSDG 权限用于管理磁盘备份和还原
SYSBACKUP	VARCHAR2(5)	如果等于 TRUE，则表示用户可以使用 SYSBACKUP 权限连接到数据库
SYSDG	VARCHAR2(5)	如果等于 TRUE，则表示用户可以使用 SYSDG 权限连接到数据库。SYSDG 权限用于在 ASM 环境下管理磁盘存储
SYSKM	VARCHAR2(5)	如果等于 TRUE，则表示用户可以使用 SYSKM 权限连接到数据库。SYSKM 权限用于管理所有与 TDE（透明数据加密，用来加密数据文件里的数据，保护从操作系统层面上对数据文件的访问）和数据仓库有关的管理操作
CON_ID	NUMBER	容器数据库 id

6.1.5　忘记 DBA 口令的解决办法

忘记 DBA 口令是一件很麻烦的事情，眼看着熟悉的登录界面就是进不去，数据库管理和维护工作也没有办法进行。下面介绍一个简单的修改 DBA 口令的方法。

首先执行下面的命令，采用操作系统认证方式以 SYSDBA 身份登录到 SQL Plus。

```
sqlplus "/as sysdba"
```

然后在 SQL Plus 中执行如下命令，修改 SYS 用户的口令为 newpwd。

```
ALTER USER SYS IDENTIFIED BY newpwd;
COMMIT;
```

最后就可以执行如下命令，使用 SYS 用户以新密码连接到 SQL Plus。

```
CONN SYS /AS SYSDBA
```

也可以使用同样的方法修改 SYSTEM 用户的口令。

6.2　用 户 管 理

要管理 Oracle 数据库、编辑数据库中的数据，就必须拥有对数据库有管理权限的用户名和密码。本节将介绍如何管理 Oracle 的用户。

6.2.1　创建用户

第 1 章介绍了 Oracle 数据库系统的默认用户。有时需要创建新的用户，例如，为指定的应用程序创建一个专有的用户，用来访问与此应用相关的数据库。

1. 在 Oracle Enterprise Manager 中创建用户

以 SYSDBA 身份登录到 Oracle Enterprise Manager，在“安全”栏目中单击“用户”超链接，打开“用户”页面，如图 6.3 所示。

列表中显示了当前数据库中的所有用户名、账户状态、失效日期、默认表空间、临时表空间、概要文件、创建时间和用户类型等信息。

EM Express - 普通用户
https://127.0.0.1:5500/em/shell#/security/show_users
ORACLE Enterprise Manager Database Express 12c
ORCL (12.2.0.1.0)　配置　存储　安全　性能
普通用户　17:34:31 GMT+0800
操作　创建用户　删除用户

名称	账户状态	失效日期	默认表空间	临时表空间	概要文件	已创建
ANONYMOUS		2017年3月8日 星期三 下午6时01分40秒*	SYSAUX	TEMP	DEFAULT	2017年3月8日 星期三 下午4时21分52秒
APPQOSSYS		2017年3月8日 星期三 下午4时40分03秒*	SYSAUX	TEMP	DEFAULT	2017年3月8日 星期三 下午4时17分38秒
AUDSYS		2017年3月8日 星期三 下午3时57分49秒	USERS	TEMP	DEFAULT	2017年3月8日 星期三 下午3时57分49秒
CTXSYS		2018年4月5日 星期四 上午11时23分27秒*	SYSAUX	TEMP	DEFAULT	2017年3月8日 星期三 下午5时03分16秒
DBSFWUSER		2017年3月8日 星期三 下午4时28分02秒*	SYSAUX	TEMP	DEFAULT	2017年3月8日 星期三 下午4时04分42秒
DBSNMP		2017年3月8日 星期三 下午4时40分01秒*	SYSAUX	TEMP	DEFAULT	2017年3月8日 星期三 下午4时17分35秒
DIP		2017年3月8日 星期三 下午4时26分53秒*	USERS	TEMP	DEFAULT	2017年3月8日 星期三 下午4时03分52秒
DVF		2017年3月8日 星期三 下午6时01分40秒*	SYSAUX	TEMP	DEFAULT	2017年3月8日 星期三 下午5时56分48秒
DVSYS		2017年3月8日 星期三 下午5时58分23秒*	SYSAUX	TEMP	DEFAULT	2017年3月8日 星期三 下午5时56分48秒
GGSYS		2017年3月8日 星期三 下午4时40分22秒*	SYSAUX	TEMP	DEFAULT	2017年3月8日 星期三 下午4时18分33秒
GSMADMIN_INTERNAL		2017年3月8日 星期三 下午4时26分34秒*	SYSAUX	TEMP	DEFAULT	2017年3月8日 星期三 下午4时03分31秒
GSMCATUSER		2017年3月8日 星期三 下午4时40分16秒*	USERS	TEMP	DEFAULT	2017年3月8日 星期三 下午4时18分27秒
GSMUSER		2017年3月8日 星期三 下午4时26分34秒*	USERS	TEMP	DEFAULT	2017年3月8日 星期三 下午4时03分31秒
LBACSYS		2017年3月8日 星期三 下午6时01分40秒*	SYSTEM	TEMP	DEFAULT	2017年3月8日 星期三 下午5时55分45秒
MDDATA		2017年3月8日 星期三 下午6时01分40秒*	USERS	TEMP	DEFAULT	2017年3月8日 星期三 下午5时29分06秒
MDSYS		2017年3月8日 星期三 下午5时06分24秒*	SYSAUX	TEMP	DEFAULT	2017年3月8日 星期三 下午5时06分16秒
OJVMSYS		2017年3月8日 星期三 下午4时57分19秒*	*	TEMP	DEFAULT	2017年3月8日 星期三 下午4时54分56秒
OLAPSYS		2017年3月8日 星期三 下午5时28分26秒*	SYSAUX	TEMP	DEFAULT	2017年3月8日 星期三 下午5时26分19秒
ORACLE_OCM		2017年3月8日 星期三 下午4时29分29秒*	USERS	TEMP	DEFAULT	2017年3月8日 星期三 下午4时05分53秒
ORDDATA		2017年3月8日 星期三 下午5时06分23秒*	SYSAUX	TEMP	DEFAULT	2017年3月8日 星期三 下午5时06分16秒
ORDPLUGINS		2017年3月8日 星期三 下午5时06分24秒*	SYSAUX	TEMP	DEFAULT	2017年3月8日 星期三 下午5时06分16秒
ORDSYS		2017年3月8日 星期三 下午5时06分23秒*	SYSAUX	TEMP	DEFAULT	2017年3月8日 星期三 下午5时06分16秒
OUTLN		2017年3月8日 星期三 下午3时57分53秒	SYSTEM	TEMP	DEFAULT	2017年3月8日 星期三 下午3时57分53秒
REMOTE_SCHEDULER_AGENT		2017年3月8日 星期三 下午4时28分01秒*	USERS	TEMP	DEFAULT	2017年3月8日 星期三 下午4时04分41秒
SI_INFORMTN_SCHEMA		2017年3月8日 星期三 下午5时06分24秒*	SYSAUX	TEMP	DEFAULT	2017年3月8日 星期三 下午5时06分16秒

图 6.3 “用户”页面

单击左上角的“创建用户”按钮，打开“创建用户”页面，如图 6.4 所示。输入用户名，例如 C##NEWUSER，再输入口令。然后单击 [>] 按钮，打开选择用户默认表空间的对话框，如图 6.5 所示。注意，在创建用户的时候用户名必须以 c##或者 C##开头，否则会报“ORA-65096: 公用用户名或角色名无效”的错误。

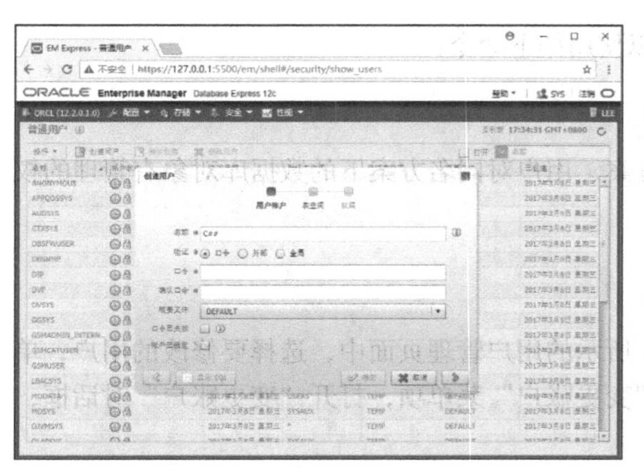

图 6.4 “创建用户”对话框

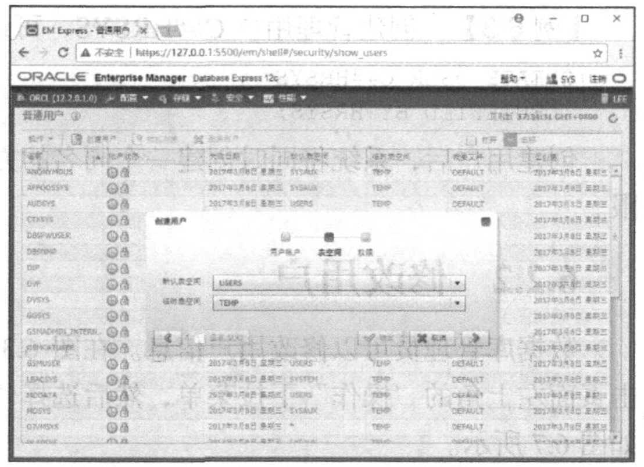

图 6.5 选择用户默认表空间的对话框

选择默认表空间，例如 USERS。选择临时表空间，例如 TEMP。然后单击 [>] 按钮，打开设置用户权限的对话框，如图 6.6 所示。

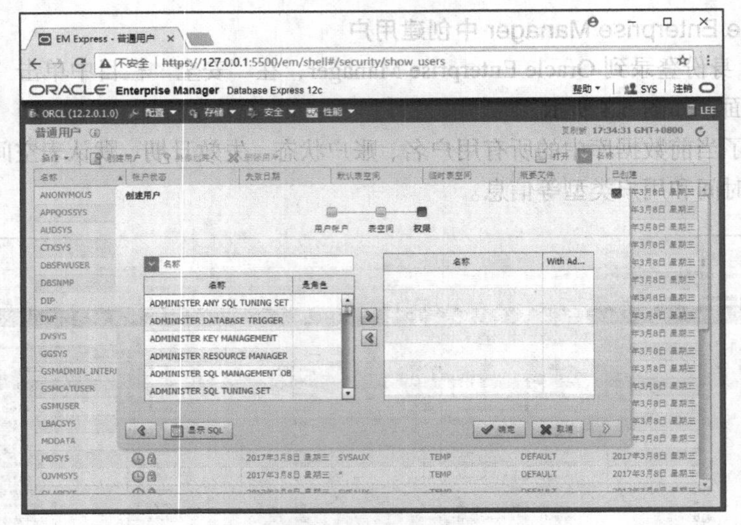

图 6.6　设置用户权限的对话框

选择赋予用户的权限，然后单击“确定”按钮，返回用户列表页面，可以看到新建的用户 C##NEWUSER。

2. 使用 CREATE USER 语句创建用户

CREATE USER 语句的基本语法结构如下：

```
CREATE USER 用户名
IDENTIFIED BY 口令
DEFAULT TABLESPACE 默认表空间
TEMPORARY TABLESPACE 临时表空间;
```

如果不设置默认表空间和临时表空间，则使用 SYSTEM 作为默认表空间，使用 TEMP 作为临时表空间。

【例 6.3】　创建管理用户 C##HRSYS，可以使用如下命令：

```
CREATE USER C##HRSYS
IDENTIFIED BY HRSYS;
```

创建用户后，系统将同时创建一个同名的方案，用户对同名方案下的数据库对象有管理的权限。

6.2.2　修改用户

数据库管理员可以修改用户信息。在图 6.3 所示的用户管理页面中，选择要修改的用户，单击页面左上角的“操作”下拉菜单，然后选择“变更账户”菜单项，打开“变更账户”对话框，如图 6.7 所示。

在图 6.7 所示的对话框中，可以修改用户口令和概要文件。关于概要文件的基本情况将在 6.5 节介绍。还可以设置口令失效，以及锁定账户。

编辑完成后，单击“确定”按钮，可以保存对用户信息的修改。

使用 ALTER USER 语句也可以修改用户信息。

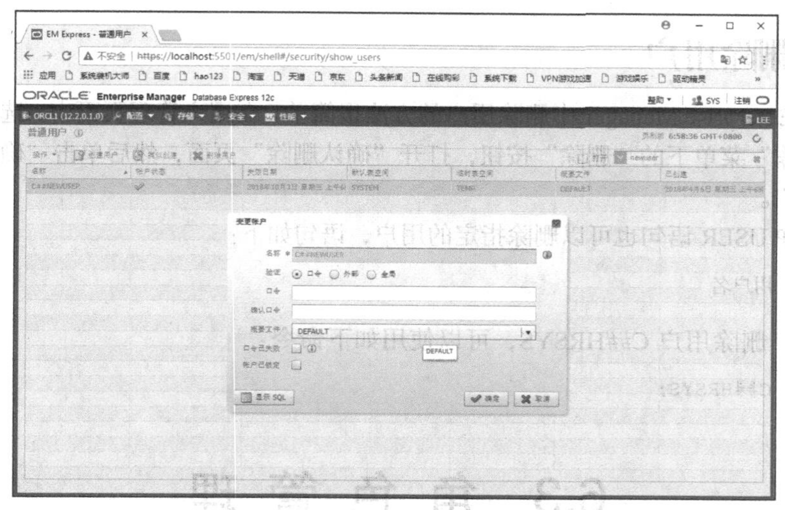

图 6.7 “更改账户”对话框

1. 修改密码

使用 ALTER USER 语句修改用户口令的语法如下：

```
ALTER USER 用户名 IDENTIFIED BY 新密码
```

【例 6.4】　将用户 C##HRSYS 的密码修改为 NewPassword，语句如下：

```
ALTER USER C##HRSYS IDENTIFIED BY NewPassword;
```

2. 使用 PASSWORD EXPIRE 关键词设置密码过期

【例 6.5】　设置用户 C##HRSYS 的密码立即过期，在下一次登录时必须修改密码，语句如下：

```
ALTER USER C#HRSYS PASSWORD EXPIRE;
```

3. 使用 ACCOUNT LOCK 关键词锁定用户

【例 6.6】　锁定用户 C##HRSYS，使其无法登录到数据库，语句如下：

```
ALTER USER C##HRSYS ACCOUNT LOCK;
```

4. 使用 ACCOUNT UNLOCK 关键词解锁用户

【例 6.7】　解除对用户 C##HRSYS 的锁定，语句如下：

```
ALTER USER C##HRSYS ACCOUNT UNLOCK;
```

6.2.3　为用户分配表空间配额

每个新建的用户都对应一个同名的方案。如果用户在该方案中创建表，就需要首先指定保存数据的表空间。DBA 可以为用户分配表空间的配额，即该用户在指定表空间中可以占用的空间大小，以防止一个用户无限度地占用系统资源。

使用 ALTER USER 语句为用户分配表空间配额的语法如下：

```
ALTER USER <用户名> QUOTA <表空间配额大小> ON <表空间>;
```

【例 6.8】　为 HRSYS/用户在表空间 USERS 中分配 100MB 的配额，代码如下：

```
ALTER USER C##HRSYS QUOTA 100M ON USERS;
```

6.2.4 删除用户

在 Oracle Enterprise Manager 中删除用户的方法很简单。在用户管理页面中，选择要删除的用户，单击“操作”菜单下的“删除”按钮，打开“确认删除”页面，然后单击“确认”按钮，即可删除指定用户。

使用 DROP USER 语句也可以删除指定的用户，语句如下：

```
DROP USER 用户名
```

【例 6.9】 删除用户 C##HRSYS，可以使用如下命令：

```
DROP USER C##HRSYS;
```

6.3 角色管理

角色是对用户的一种分类管理办法，不同权限的用户可以分为不同的角色。例如，DBA 角色是在 Oracle 数据库创建时自动生成的角色，它包含大多数数据库系统权限，因此只有系统管理员才能被授予 DBA 角色。本节将介绍对 Oracle 角色的管理。

6.3.1 Oracle 系统角色

为了方便用户管理，Oracle 提供了一组预定义的系统角色。也就是说，如果没有特殊需要，用户无须自定义角色，只需使用系统提供的角色即可。

常用的 Oracle 预定义系统角色如表 6.2 所示。

表 6.2 常用的 Oracle 预定义系统角色

角色名	说明
CONNECT	授予最终用户的基本角色，主要包括 ALTER SESSION（修改会话）、CREATE CLUSTER（建立聚簇）、CREATE DATABASE LINK（建立数据库链接）、CREATE SEQUENCE（建立序列）、CREATE SESSION（建立会话）、CREATE SYNONYM（建立同义词）、CREATE VIEW（建立视图）等权限
RESOURCE	授予开发人员的基本角色，主要包括 CREATE CLUSTER（创建聚簇）、CREATE PROCEDURE（创建过程）、CREATE SEQUENCE（创建序列）、CREATE TABLE（创建表）、CREATE TRIGGER（创建触发器）、CREATE TYPE（创建类型）等权限
DBA	拥有所有系统级管理权限
IMP_FULL_DATABASE 和 EXP_FULL_DATABASE	导入、导出数据库所需要的角色，主要包括 BACKUP ANY TABLE（备份表）、EXECUTE ANY PROCEDURE（执行过程）、SELECT ANY TABLE（查询表）等权限
DELETE_CATALOG_ROLE	删除 sys.aud$记录的权限，sys.aud$表中记录着审计后的记录
SELECT_CATALOG_ROLE	具有从数据字典查询的权限
EXECUTE_CATALOG_ROLE	具有从数据字典中执行部分过程和函数的权限

从视图 DBA_ROLES 中可以查询到角色的信息，它包含的字段如表 6.3 所示。

表 6.3　　视图 DBA_ROLES 的字段属性

字段名	数据类型	说明
ROLE	VARCHAR2(30)	角色名
PASSWORD_REQUIRED	VARCHAR2(8)	表明角色是否需要使用口令来启用

【例 6.10】　使用如下语句查看所有角色信息：

```
SELECT * FROM DBA_ROLES;
```

6.3.2　创建角色

通常只需要使用系统预设的角色即可。如果需要，也可以手动创建角色。

1. 在 Oracle Enterprise Manager 中创建角色

以 SYSDBA 身份登录到 Oracle Enterprise Manager，在“安全”菜单中单击“角色”超链接，打开“角色”管理页面，如图 6.8 所示。列表中显示了当前数据库中的所有角色名和验证方式信息。

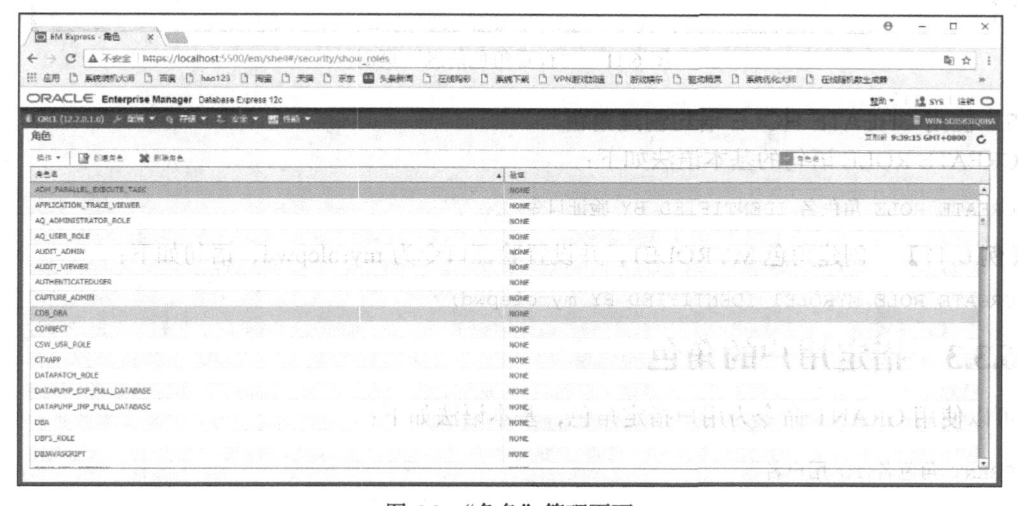

图 6.8　“角色”管理页面

单击左上角的“创建角色”按钮，打开“创建角色”对话框，如图 6.9 所示。

输入角色名，例如 MYROLE，然后单击[>]按钮，打开设置角色权限的对话框，如图 6.10 所示。

图 6.9　“创建角色”对话框

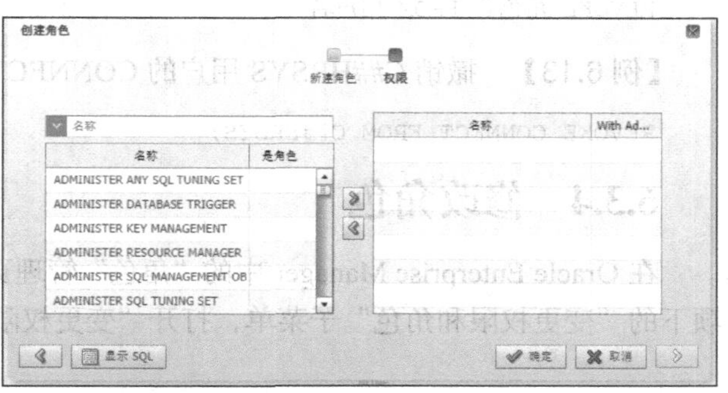

图 6.10　设置角色权限的对话框

选择角色拥有的权限，然后单击“确定”按钮，返回角色列表页面，可以看到新建的角色 MYROLE。单击 MYROLE 超链接，可以打开“查看角色信息”页面，如图 6.11 所示。

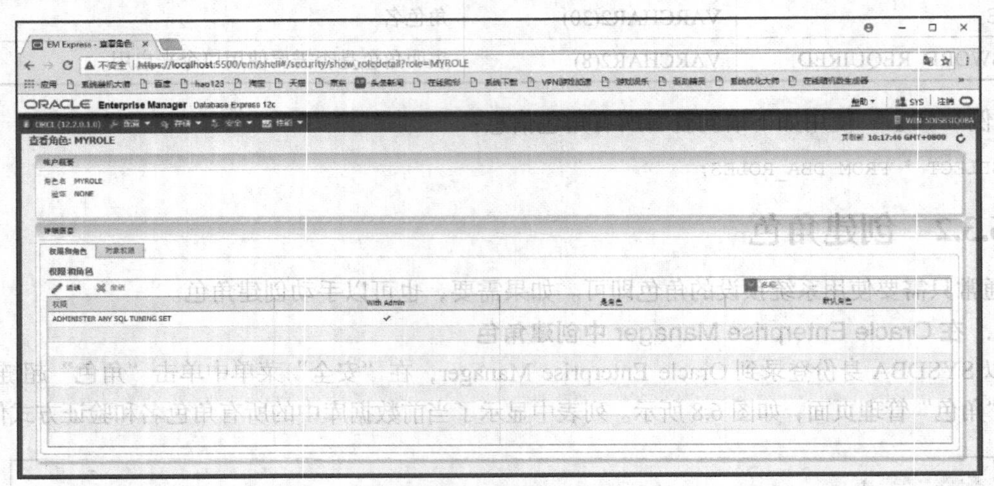

图 6.11 “查看角色信息”页面

2. 使用 CREATE ROLE 语句创建角色

CREATE ROLE 语句的基本语法如下：

```
CREATE ROLE 角色名 IDENTIFIED BY 验证口令
```

【例 6.11】 创建角色 MYROLE1，并设置验证口令为 myrolepwd，语句如下：

```
CREATE ROLE MYROLE1 IDENTIFIED BY myrolepwd;
```

6.3.3 指定用户的角色

可以使用 GRANT 命令为用户指定角色，基本语法如下：

```
GRANT 角色名 TO 用户名
```

【例 6.12】 将 C##HRSYS 用户指定为 CONNECT 角色，语句如下：

```
GRANT CONNECT TO C##HRSYS;
```

可以使用 REVOKE 命令撤销用户的角色，基本语法如下：

```
REVOKE 角色名 FROM 用户名
```

【例 6.13】 撤销 C##HRSYS 用户的 CONNECT 角色，语句如下：

```
REVOKE CONNECT FROM C##HRSYS;
```

6.3.4 修改角色

在 Oracle Enterprise Manager 中的“角色”管理页面中选择要修改的角色，单击“操作”菜单项下的“变更权限和角色”子菜单，打开“变更权限和角色”对话框，如图 6.12 所示。

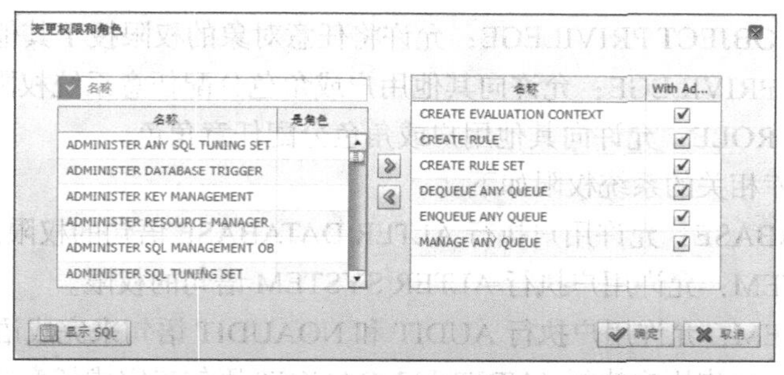

图 6.12　“变更权限和角色”对话框

可以看到，只能修改角色的权限。修改完成后单击“确定”按钮保存。

也可以使用 ALTER ROLE 语句修改角色。

【例 6.14】　可以使用如下语句取消角色 MYROLL 的密码验证。

```
ALTER ROLE MYROLE NOT IDENTIFIED;
```

6.3.5　删除角色

在 Oracle Enterprise Manager 中的角色列表页面中，选中要删除的角色，单击左上角的“删除角色”按钮，可以打开确认删除角色对话框。单击“确定”按钮，将删除指定角色。

也可以使用 DROP ROLE 语句删除指定的角色。

【例 6.15】　可以使用如下语句删除角色 C##MYROLE。

```
DROP ROLE C##MYROLE;
```

6.4　权 限 管 理

权限管理是 Oracle 数据库安全管理的重要部分。每个用户（或角色）都拥有自己的管理权限，它们都在自己的权限范围内工作。对于新创建的用户（或角色）而言，只有授予其相应的权限，才有使用的意义，否则无法完成任何工作。数据库管理员可以授予和取消用户（或角色）的数据库管理权限。

6.4.1　Oracle 权限的分类

Oracle 权限可以分为系统权限和对象权限。

1．系统权限

系统权限规定用户使用系统的权限。Oracle 的系统权限很多，下面分类介绍一些常用的系统权限。

Oracle 中与管理相关的系统权限如下。

- SYSDBA：最高级数据库权限，允许创建、修改、启动或关闭数据库。
- SYSOPER：能够启动、关闭、修改、安装、备份和恢复数据库，能够创建或修改 SPFILE。比 SYSDBA 级别低一些。
- SELECT ANY DICTIONARY：允许读取任意一个数据字典。
- ANALYZE ANY：允许对任意表、索引或聚集执行 ANALYZE 语句。

- GRANT ANY OBJECT PRIVILEGE：允许将任意对象的权限授予其他对象。
- GRANT ANY PRIVILEGE：允许向其他用户或角色分配任意系统权限。
- GRANT ANY ROLE：允许向其他用户或角色分配任意角色。

Oracle 中与数据库相关的系统权限如下。

- ALTER DATABASE：允许用户执行 ALTER DATABASE 语句的权限。
- ALTER SYSTEM：允许用户执行 ALTER SYSTEM 语句的权限。
- AUDIT SYSTEM：允许用户执行 AUDIT 和 NOAUDIT 语句来完成语句审计。
- AUDIT ANY：允许用户执行 AUDIT 和 NOAUDIT 语句来完成任意方案的对象审计。

Oracle 中与程序调试相关的系统权限如下。

- DEBUG CONNECT SESSION：允许用户把当前会话连接到一个调试程序中。
- DEBUG ANY PROCEDURE：允许用户调试数据库中所有的 PL/SQL 语句和 Java 代码。

Oracle 中与索引相关的系统权限如下。

- CREATE ANY INDEX：允许用户在任意方案下创建索引的权限。
- ALTER ANY INDEX：允许用户在任意方案下修改索引的权限。
- DROP ANY INDEX：允许用户在任意方案下删除索引的权限。

Oracle 中与存储过程相关的系统权限如下。

- CREATE PROCEDURE：允许用户在自己的方案中创建过程。
- CREATE ANY PROCEDURE：允许用户在任意方案中创建过程。
- ALTER ANY PROCEDURE：允许用户在任意方案中修改过程。
- DROP ANY PROCEDURE：允许用户在任意方案中删除过程。
- EXCUTE ANY PROCEDURE：允许用户执行任意方案中的过程。

Oracle 中与角色相关的系统权限如下。

- CREATE ROLE：允许用户创建角色。
- CREATE ANY ROLE：允许用户在任意方案中创建角色。
- DROP ANY ROLE：允许用户删除任意方案中的角色。
- GRANT ANY ROLE：允许将角色授予任何用户或者取消授予用户的任何角色。

Oracle 中与序列相关的系统权限如下。

- CREATE SEQUENCE：允许用户创建序列。
- CREATE ANY SEQUENCE：允许用户在任意方案中创建序列。
- ALTER ANY SEQUENCE：允许用户修改任意序列的属性。
- DROP ANY SEQUENCE：允许用户删除任意方案中的序列。
- SELECT ANY SEQUENCE：允许用户读取任意一个序列。

Oracle 中与会话相关的系统权限如下。

- CREATE SESSION：允许用户连接到数据库。
- ALTER SESSION：允许用户执行 ALTER SESSION 语句。
- RESTRICTED SESSION：允许用户访问 RESTRICTED SESSION 模式下的数据库。

Oracle 中与表相关的系统权限如下。

- CREATE TABLE：允许用户在自己的方案下创建表。
- CREATE ANY TABLE：允许用户在任意方案下创建表。
- ALTER ANY TABLE：允许用户在任意方案下修改表。

- DROP ANY TABLE：允许删除任意方案下的表。
- COMMENT ANY TABLE：允许在任意方案下对表、视图或列进行注释。
- SELECT ANY TABLE：允许读取任意方案下的表。
- INSERT ANY TABLE：允许向任意方案下的表中插入数据。
- UPDATE ANY TABLE：允许修改任意方案下表中的数据。
- DELETE ANY TABLE：允许删除任意方案下表中的数据。
- LOCK ANY TABLE：允许锁定任意方案下的表。
- FLASHBACK ANY TABLE：允许对任意一个方案下的表或视图执行 SQL 闪回查询。

Oracle 中与表空间相关的系统权限如下。

- CREATE TABLESPACE：允许用户创建表空间。
- ALTER TABLESPACE：允许用户修改表空间的属性。
- DROP TABLESPACE：允许用户删除表空间。
- MANAGE TABLESPACE：允许更改表空间的状态，包括 ONLINE、OFFLINE、BEGIN BACKUP 和 END BACKUP。
- UNLIMITED TABLESPACE：允许用户无限使用表空间。

Oracle 中与表触发器相关的系统权限如下。

- CREATE TRIGGER：允许用户在自己的方案下创建触发器。
- CREATE ANY TRIGGER：允许用户在任意方案下创建触发器。
- ALTER ANY TRIGGER：允许用户修改任意方案下的触发器。
- DROP ANY TRIGGER：允许用户删除任意方案下的触发器。
- ADMINISTER DATABASE TRIGGER：允许用户创建 ON DATABASE 触发器。

Oracle 中与用户管理相关的系统权限如下。

- CREATE USER：允许创建用户。
- ALTER USER：允许修改用户。
- DROP USER：允许删除用户。

Oracle 中与视图管理相关的系统权限如下。

- CREATE VIEW：允许用户在自己的方案下创建视图。
- CREATE ANY VIEW：允许用户在任意方案下创建视图。
- DROP ANY VIEW：允许用户删除任意方案下的视图。

2. 对象权限

对象权限规定用户对数据库对象（如表和视图）的访问权限。常见的对象权限包括以下 4 个。

- SELECT：允许查询数据。
- INSERT：允许插入数据。
- UPDATE：允许修改数据。
- DELETE：允许删除数据。

6.4.2 在 Oracle Enterprise Manager 中管理权限

数据库管理员以 SYSDBA 身份登录 Oracle Enterprise Manager，可以在 Oracle Enterprise Manager 中管理权限。

在用户管理页面中，选中要管理权限的用户，在左上角的菜单中依次选择“操作”→“变更权限和角色”，打开编辑用户权限和角色信息的页面，如图 6.13 所示。

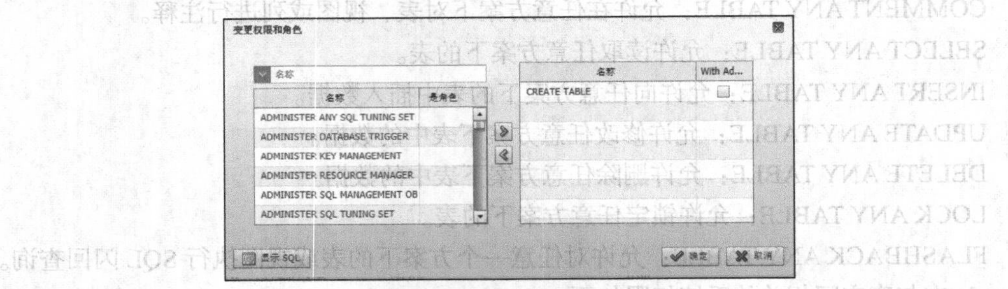

图 6.13　变更用户的权限和角色

在左侧窗格中选中要授予用户的权限，然后单击按钮，可以添加用户权限。在右侧窗格中选中已经授予用户的权限，然后单击按钮，可以取消用户权限。单击“确定”按钮保存。

6.4.3　权限管理语句

使用 GRANT 语句可以将权限授予指定的用户或角色。GRANT 语句有以下两种常见的使用方法。

1. 授予系统权限

使用 GRANT 授予系统权限的语法如下：

```
GRANT 系统权限 TO 用户名或角色名
```

【例 6.16】　对用户 C##HRSYS 授予 SYSDBA 权限，可以使用如下语句：

```
GRANT SYSDBA TO C##HRSYS;
```

2. 授予数据对象权限

使用 GRANT 授予数据对象权限的语法如下：

```
GRANT 数据对象权限 ON 数据对象 TO 用户名或角色名
```

【例 6.17】　对用户 C##HRSYS 授予表 Employees 的 SELECT、INSERT、UPDATE、DELETE 权限，可以使用如下语句：

```
GRANT SELECT ON C##HRSYS.Employees TO C##HRSYS;
GRANT INSERT ON C##HRSYS.Employees TO C##HRSYS;
GRANT UPDATE ON C##HRSYS.Employees TO C##HRSYS;
GRANT DELETE ON C##HRSYS.Employees TO C##HRSYS;
```

3. 撤销用户的角色和权限

使用 REVOKE 语句可以撤销用户或角色的权限。REVOKE 语句的使用方法如下：

```
REVOKE 权限 FROM 用户名或角色名
```

【例 6.18】　撤销用户 C##HRSYS 的系统权限，可以使用如下语句：

```
REVOKE SYSDBA FROM C##HRSYS;
```

6.5 概 要 文 件

概要文件又称为资源文件，它是 Oracle 为了合理地分配和使用系统资源而提出的概念。本节介绍概要文件的功能以及如何管理概要文件。

6.5.1　概要文件的主要功能

当 DBA 创建一个用户时，Oracle 会自动为该用户创建一个相关联的默认概要文件。概要文件中包含一组约束条件和配置项，它们可以限制允许用户使用的资源。

概要文件主要可以对数据库系统的如下指标进行限制。

- 用户的最大并发会话数（SESSION_PER_USER）。
- 每个会话的 CPU 时钟限制（CPU_PER_SESSION）。
- 每次调用的 CPU 时钟限制，调用包含解析、执行命令和获取数据等（CPU_PER_CALL）。
- 最长连接时间。一个会话的连接时间超过指定时间后，Oracle 会自动断开连接（CONNECT_TIME）。
- 最长空闲时间。如果一个会话处于空闲状态超过指定的时间，Oracle 会自动断开连接（IDLE_TIME）。
- 每个会话可以读取的最大数据块数量（LOGICAL_READS_PER_SESSION）。
- 每次调用可以读取的最大数据块数量（LOGICAL_READS_PER_CALL）。
- SGA 私有区域的最大容量（PRIVATE_SGA）。

概要文件对口令的定义和限制如下。

- 登录失败的最大允许尝试次数（FAILED_LOGIN_ATTEMPTS）。
- 口令的最长有效期（PASSWORD_LIFE_TIME）。
- 口令在可以重用之前必须修改的次数（PASSWORD_REUSE_MAX）。
- 口令在可以重用之前必须经过的天数（PASSWORD_REUSE_TIME）。
- 超过登录失败的最大允许尝试次数后，账户被锁定的天数。
- 指定用于判断口令复杂性的函数名。

6.5.2　查看概要文件信息

为了更直观地了解概要文件的情况，本小节介绍如何查看概要文件信息，理解概要文件都包含哪些内容。

1. 在 Oracle Enterprise Manager 中查看概要文件信息

使用 SYS 用户以 SYSDBA 身份登录 Oracle Enterprise Manager，在左上方的菜单中依次选择“安全”→“概要文件”，打开“概要文件”管理页面，如图 6.14 所示。

可以看到，Oracle 12c 中包含两个默认的概要文件，即 DEFAULT 和 MONITORING_PROFILE。单击列表中的“概要文件”超链接，可以查看概要文件的详细信息。

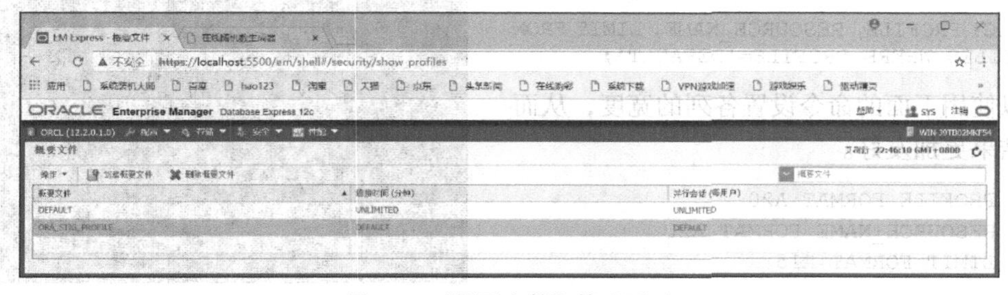

图 6.14　“概要文件”管理页面

选择一个概要文件，依次单击“操作”→“查看详细信息”，打开“查看概要文件”详细信息的页面，如图 6.15 所示。

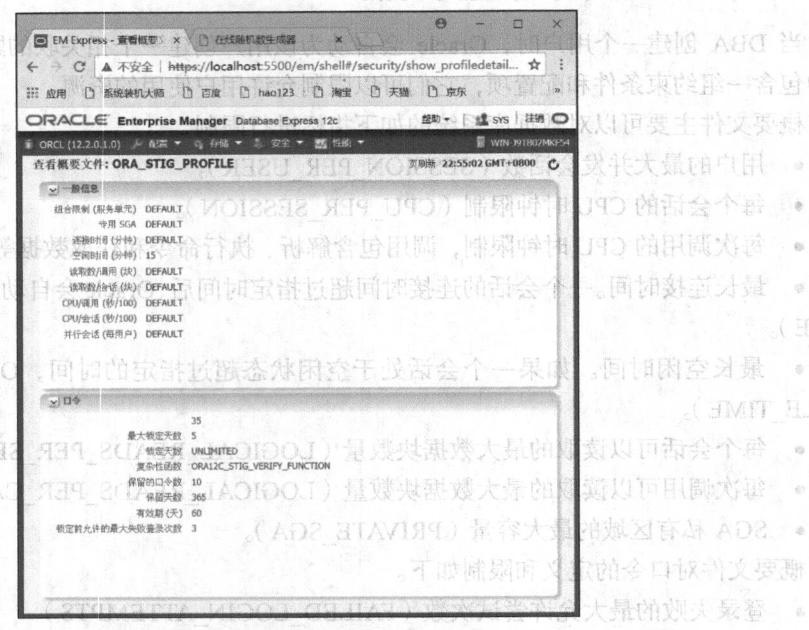

图 6.15 “查看概要文件”的详细信息

2. 使用 DBA_PROFILES 视图查看概要文件信息

视图 DBA_PROFILES 包含的常用字段如表 6.4 所示。

表 6.4 视图 DBA_PROFILES 的常用字段属性

字段名	数据类型	说明
PROFILE	VARCHAR2(30)	概要文件名称
RESOURCE_NAME	VARCHAR2(32)	资源名称
RESOURCE_TYPE	VARCHAR2(8)	指示当前参数对应的资源类型，可以是 KERNEL（资源限制参数）和 PASSWORD（口令参数）
LIMIT	VARCHAR2(40)	概要文件在当前资源上设置的限定条件

【例 6.19】 使用 SYS 用户以 SYSDBA 的身份登录到 SQL Plus，执行如下命令查看概要文件 DEFAULT 的内容。

```
SELECT PROFILE, RESOURCE_NAME, LIMIT FROM
DBA_PROFILES WHERE PROFILE='DEFAULT';
```

可以使用下面的命令设置各列的宽度，从而使显示结果更加友好。

```
COL PROFILE FORMAT A20
COL RESOURCE_NAME FORMAT A20
COL LIMIT FORMAT A15
```

执行结果如图 6.16 所示。

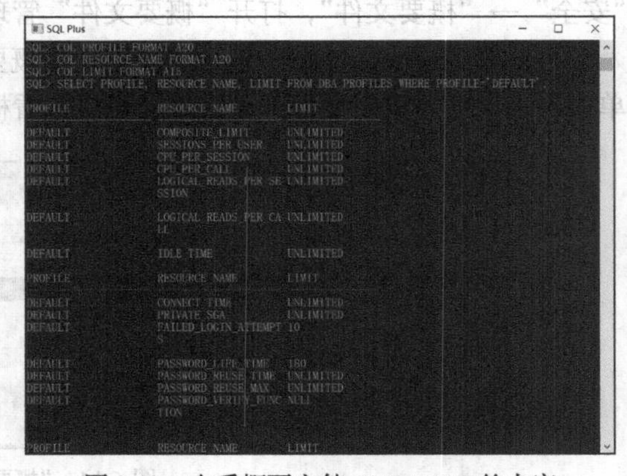

图 6.16 查看概要文件 DEFAULT 的内容

3. 查询用户的资源限制和口令设置信息

使用视图 DBA_USERS 和视图 DBA_PROFILES 连接查询，可以获取用户的资源限制和口令设置信息。

【例 6.20】　可以使用如下语句查询用户 C##HRSYS 的资源限制和口令设置信息。

```
SELECT p.PROFILE, p.RESOURCE_NAME, p.LIMIT
FROM DBA_USERS u , DBA_PROFILES p
WHERE u.PROFILE=p.PROFILE AND u.UserName=' C##HRSYS';
```

6.5.3　创建概要文件

除了默认概要文件，还可以为不同的用户手动创建概要文件。

1. 在 Oracle Enterprise Manager 创建概要文件

在概要文件管理页面中单击“创建概要文件”按钮，打开“创建概要文件”对话框，如图 6.17 所示。

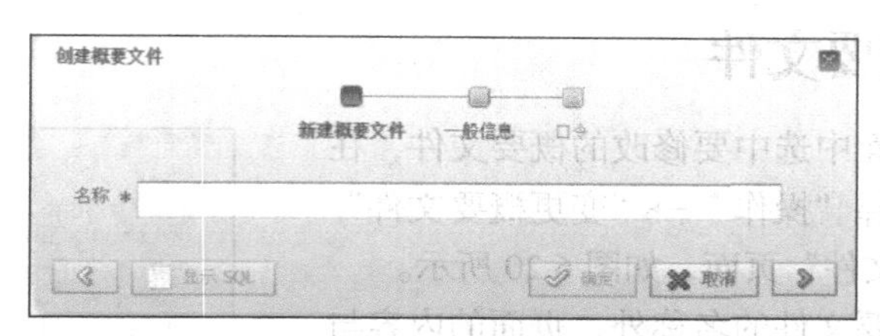

图 6.17　“创建概要文件”对话框

在“名称”文本框中输入概要文件的名称，然后单击 按钮，打开“配置概要文件—般信息”对话框，如图 6.18 所示。在下面的下拉框中选择各配置选项的值。配置完成后单击 按钮，打开“设置概要文件的口令规则”对话框，如图 6.19 所示。

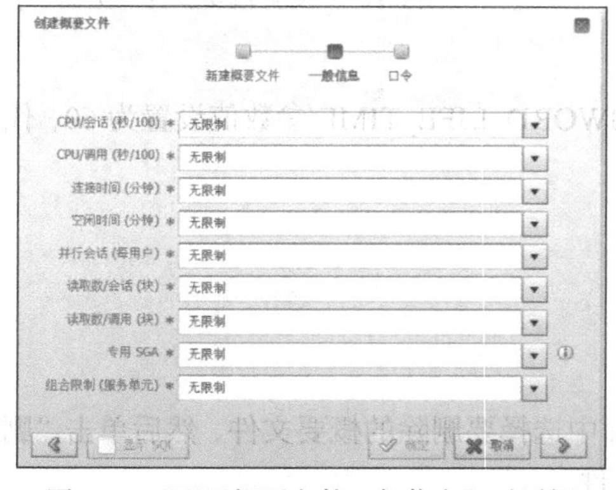

图 6.18　“配置概要文件—般信息”对话框

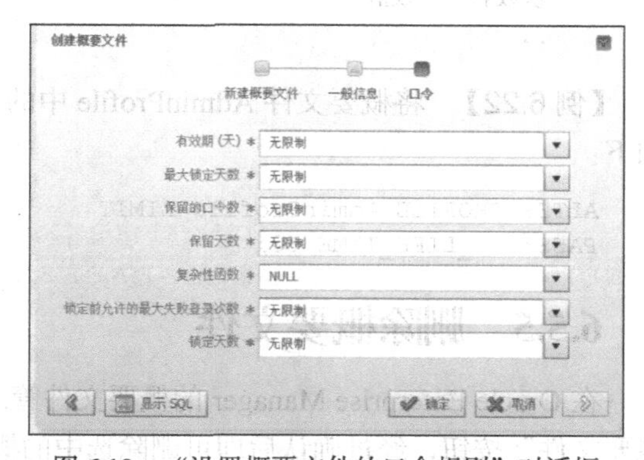

图 6.19　“设置概要文件的口令规则”对话框

配置好口令信息后单击“确定”按钮完成添加概要文件。

2. 使用 CREATE PROFILE 语句创建概要文件

CREATE PROFILE 语句的语法如下：

```
CREATE PROFILE 概要文件名 LIMIT 配置项目 取值
```

“配置项目”表示在概要文件中设置的项目，包括 SESSIONS_PER_USER、CPU_PER_SESSION、

CPU_PER_CALL、CONNECT_TIME、LOCAL_READS_PER_SESSION、LOCAL_READS_PER_CALL、COMPOSITE_LIMIT 和 PRIVATE_SGA 等；"取值"表示配置项目的值，可以是 UNLIMITED（用户可以无限制地使用配置项目所指定的资源）、DEFAULT（使用概要文件中规定的默认值），也可以直接指定一个整数值。

【例 6.21】 使用如下语句可以创建一个概要文件 AdminProfile。

```
CREATE PROFILE AdminProfile LIMIT
    SESSIONS_PER_USER           2
    CPU_PER_SESSION             10000
    CPU_PER_CALL                DEFAULT
    CONNECT_TIME                500
    IDLE_TIME                   90
    PASSWORD_LIFE_TIME          90
    PASSWORD_REUSE_TIME         100
    PASSWORD_REUSE_MAX          UNLIMITED
    FAILED_LOGIN_ATTEMPTS       5;
```

6.5.4 修改概要文件

在概要文件管理页面中选中要修改的概要文件，在左上角的菜单中依次选择"操作"→"变更概要文件"按钮，打开"变更概要文件"页面，如图 6.20 所示。

除了不允许修改概要文件的名称外，页面的内容与创建概要文件页面完全相同。

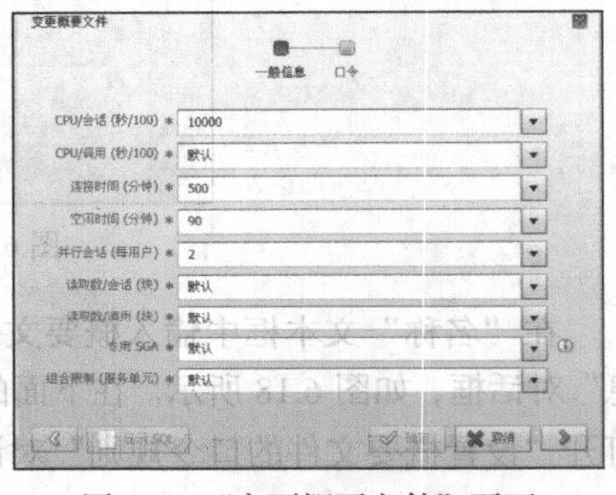

图 6.20 "变更概要文件"页面

ALTER PROFILE 语句也可以修改概要文件中每个参数的值，它的基本语法如下：

```
ALTER PROFILE 概要文件名 LIMIT
    参数名  参数值
    …
```

【例 6.22】 将概要文件 AdminProfile 中的 PASSWORD_LIFE_TIME 参数值设置为 60，代码如下：

```
ALTER PROFILE AdminProfile LIMIT
PASSWORD_LIFE_TIME 60;
```

6.5.5 删除概要文件

在 Oracle Enterprise Manager 的概要文件管理页面中选择要删除的概要文件，然后单击"删除概要文件"按钮，经过确认后即可删除选中的概要文件。

使用 DROP PROFILE 语句也可以删除概要文件，语法如下：

```
DROP PROFILE 概要文件名 [CASCADE];
```

CASCADE 选项表示删除概要文件后，使用该概要文件的用户将自动将概要文件设置为 DEFAULT 文件。

【例 6.23】 要删除概要文件 AdminProfile，代码如下：

```
DROP PROFILE AdminProfile CASCADE;
```

6.5.6 将概要文件授予用户

概要文件只有授予用户后才能发挥作用。在创建和修改用户时都可以将概要文件授予用户。使用 CREATE USER 语句授予概要文件的语法如下：

```
CREATE USER 用户名 PROFILE 概要文件
```

【例 6.24】 创建一个用户 NEWUSER，同时为其授予 AdminProfile 概要文件，语句如下：

```
CREATE USER NEWUSER PROFILE AdminProfile
IDENTIFIED BY pwd;
```

然后执行如下的 SELECT 语句查看用户 NEWUSER 的概要文件。

```
COL PROFILE FORMAT A20
COL USERNAME FORMAT A20
SELECT USERNAME, PROFILE FROM DBA_USERS
WHERE USERNAME='NEWUSER';
```

运行结果如图 6.21 所示。

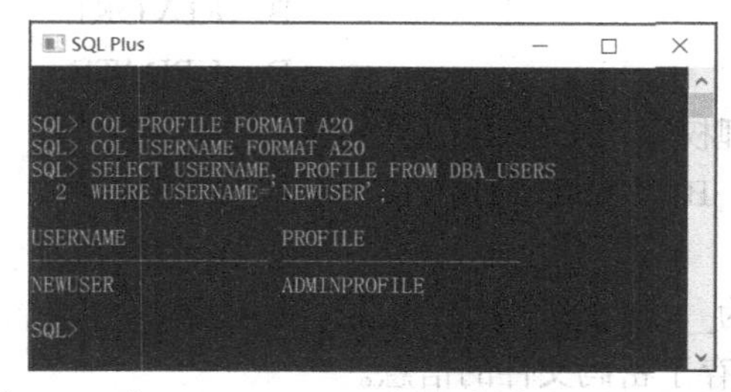

图 6.21 在 CREATE USER 语句中授予用户概要文件

从图 6.21 中可以看到，用户 NEWUSER 的概要文件为 ADMINPROFILE。

也可以使用 ALTER USER 语句修改用户的概要文件，语法如下：

```
ALTER USER 用户名 PROFILE 概要文件
```

【例 6.25】 将用户 NEWUSER 的概要文件修改为 DEFAULT，代码如下：

```
ALTER USER NEWUSER PROFILE DEFAULT;
```

6.5.7 设置概要文件生效

在创建概要文件后，DBA 可以手动将其赋予每个用户。但概要文件并不会立即生效，只有将初始化参数文件中的参数 RESOURCE_LIMIT 设置为 TRUE 后，概要文件才会生效。

使用 SHOW PARAMETER 语句可以查看 RESOURCE_LIMIT 参数的值，语句如下：

```
SHOW PARAMETER RESOURCE_LIMIT
```

RESOURCE_LIMIT 的默认值为 FALSE，即概要文件不生效。使用 ALTER SYSTEM 语句可以设置初始化参数的值。可以使用如下语句将 RESOURCE_LIMIT 参数值设置为 TRUE。

```
ALTER SYSTEM SET RESOURCE_LIMIT=TRUE;
```

习　题

一、选择题

1. Oracle 密码的复杂度限制中约定，Oracle 密码最少为（　　）个字符。

   A. 3　　B. 4　　C. 5　　D. 6

2. 创建密码文件的命令是（　　）。

   A. ORAPWD　　B. MAKEPWD

   C. CREATEPWD　　D. MAKEPWDFILE

3. 撤销用户指定权限的命令是（　　）。

   A. REVOKE　　B. REMOVE RIGHT

   C. DROP RIGHT　　D. DELETE RIGHT

4. 下面不是常用的数据对象权限的是（　　）。

   A. DELETE　　B. REVOKE

   C. INSERT　　D. UPDATE

5. 拥有所有系统级管理权限的角色是（　　）。

   A. ADMIN　　B. SYSTEM　　C. SYSMAN　　D. DBA

二、填空题

1. 向用户授权的命令为__【1】__。
2. 视图__【2】__中保存了密码文件的信息。
3. 创建用户的语句是__【3】__。
4. 在 ALTER USER 语句中，使用__【4】__关键词设置密码过期。
5. 在 ALTER USER 语句中，使用__【5】__关键词锁定账户。
6. 修改角色的语句是__【6】__。

三、简答题

1. 以流程图的方式描述 Oracle 数据库管理员的认证方式。
2. 简述用户和角色的关系。
3. 试列举 3 个 Oracle 系统权限，并说明其含义。

第 7 章 数据库对象管理

本章主要介绍 Oracle 数据库常用对象的管理方法，包括表管理、视图管理、索引管理、序列管理和约束管理等。

7.1 配置管理数据库对象的用户

本章介绍的数据库对象都是方案（Schema）的一部分，而方案又对应于一个 Oracle 用户。在创建 Oracle 用户时，都会自动创建一个同名的方案。

在开发 Oracle 数据库应用程序之前，通常需要创建一个 Oracle 用户，用于专门管理该应用程序中的数据库对象。这里假定本章所有演示对象和数据都属于第 6 章中创建的用户 C##HRSYS 对应的方案 C##HRSYS。

刚创建的用户没有任何权限，不能管理数据库对象。需要以 SYSDBA 身份执行如下语句，对 C##HRSYS 用户进行授权。

```
GRANT CONNECT, RESOURCE TO C##HRSYS;
GRANT SELECT ANY DICTIONARY TO C##HRSYS;
```

CONNECT 和 RESOURCE 是最基本的角色，通常数据库开发人员都应是这两个角色的成员，这样用户就拥有了连接数据库和管理数据库资源的权限。请参照第 6 章了解 CONNECT 和 RESOURCE 角色拥有的具体权限。

SELECT ANY DICTIONARY 系统权限允许用户读取任意一个数据字典。

7.2 表 管 理

表是最基本的数据库对象，一个数据库中可以没有视图和索引，但是如果没有表，数据库将没有任何意义。在关系型数据库中，表由行和列的二维结构组成。

7.2.1 数据类型

在设计表结构时需要指定列的数据类型。选择适当的数据类型可以节省存储空间，提高运算效率。Oracle 数据类型包括字符型、数值型、日期/时间型、大对象（LOB）型和 Rowid 型等。

1. 字符型

Oracle 中包含的字符型数据类型如表 7.1 所示。

表 7.1　字符型数据类型

数据类型	最大长度	说明
CHAR(*size*)	2000 字节	固定长度字符串，*size* 表示存储的字符数量
NCHAR(*size*)	2000 字节	固定长度的国家语言支持（National Language Support，NLS）字符串，*size* 表示存储的字符串数量。NLS 字符串的作用是用本国语言和格式来存储、处理和检索数据
NVARCHAR2(*size*)	4000 字节	可变长度的 NLS 字符串，*size* 表示存储的字符数量
VARCHAR2(*size*)	4000 字节	可变长度字符串，*size* 表示存储的字符数量
LONG	2GB	可变长度字符串，只为提供向后兼容而保留，不建议使用
RAW	2000 字节	可变长度二进制字符串
LONGRAW	2GB	可变长度二进制字符串，只为提供向后兼容而保留，不建议使用

提示　Oracle 包括支持国际语言的体系结构，用户可以使用本地化语言来存储、处理和检索数据。可以通过参数 NLS_LANG 查看和设置 Oracle 当前支持的语言。

2. 数值型

Oracle 中包含的数值型数据类型如表 7.2 所示。

表 7.2　数值型数据类型

数据类型	说明
NUMBER(*p*, *s*)	包含小数位的数值类型。参数 *p* 表示精度，参数 *s* 表示小数点后的位数。例如 NUMBER(10, 2)表示小数点之前最多可以有 8 位数字，小数位有两位数字
NUMERIC (*p*, *s*)	与 NUMBER(*p*, *s*)相同
FLOAT	浮点数类型。属于近似数据类型，它并不存储为多数数字指定的精确值，只存储这些值的最近似值。
DEC(*p*, *s*)	与 NUMBER(*p*, *s*)相同
DECIMAL (*p*, *s*)	与 NUMBER(*p*, *s*)相同
INTEGER	整数类型
INT	与 INTEGER 相同
SMALLINT	短整类型
REAL	实数类型，与 FLOAT 相同，属于近似数据类型
DOUBLE	双精度类型

3. 日期/时间型

Oracle 中包含的日期/时间型数据类型如表 7.3 所示。

表 7.3　日期/时间型数据类型

数据类型	说明
DATE	日期类型
TIMESTAMP(<微秒的精确范围>)	与 DATE 数据类型相比，TIMESTAMP 类型可以精确到微秒，微秒的精确范围为 0～9，默认值为 6
TIMESTAMP (<微秒的精确范围>) WITH TIME ZONE	带时区偏移量的 TIMESTAMP 数据类型
TIMESTAMP (<微秒的精确范围>) WITH LOCAL TIME ZONE	带本地时区偏移量的 TIMESTAMP 数据类型
INTERVAL YEAR (<年份精度>) TO MONTH	使用 YEAR 和 MONTH 日期时间字段存储一个时段。年份精度指定表示年份的数字的位数，默认值为 2
INTERVAL DAY (<日精度>) TO SECOND (<微秒的精确范围>)	用于按照日、小时、分钟和秒来存储一个时段。日精度表示 DAY 字段的位数，默认为 2；微秒的精确范围为 0～9，默认值为 6

4. 大对象（LOB）型

Oracle 中包含的大对象型数据类型如表 7.4 所示。

表 7.4　大对象型数据类型

数据类型	说明
BFILE	指向服务器文件系统上的二进制文件的文件定位器，该二进制文件保存在数据库之外
BLOB	保存非结构化的二进制大对象数据
CLOB	保存单字节或多字节字符数据
NCLOB	保存 unicode 编码字符数据

5. Rowid 型

Oracle 中包含的 Rowid 型数据类型如表 7.5 所示。

表 7.5　Rowid 型数据类型

数据类型	说明
ROWID	64 位基本编号系统（64 Base Number System），表示行在表中的唯一地址
UROWID(*size*)	通用的 Rowid 类型，即可以保存物理 Rowid，也可以保存逻辑 Rowid

7.2.2　创建表

本小节介绍创建表的方法。例如，下面演示如何在人力资源方案 C##HRSYS 中创建部门表 Departments，表 Departments 的结构如表 7.6 所示。

表 7.6　表 Departments 的结构

列名	数据类型	具体说明
Dep_id	NUMBER	部门编号
Dep_name	VARCHAR2 (100)	部门名称

在表 Departments 的结构中用到了 Oracle 中比较常用的两个数据类型，NUMBER 和 VARCHAR2。

可以使用 CREATE TABLE 语句在数据库中创建新表。CREATE TABLE 语句的基本语法如下：

```
CREATE TABLE [方案名.]表名
    ( 列名 1     数据类型,
      列名 2     数据类型,
      ...
      列名 n     数据类型
  );
```

【例 7.1】 参照表 7.1 在 C##HRSYS 方案创建表 Departments 的 SQL 语句如下。

```
CREATE TABLE C##HRSYS.Departments
  (Dep_id              Number,
   Dep_name            Varchar2(100)
  );
```

【例 7.2】 参照表 7.7 在 C##HRSYS 方案创建员工表 Employees。

表 7.7 表 Employees 的结构

列名	数据类型	具体说明
Emp_id	NUMBER	员工编号
Emp_name	VARCHAR2 (50)	员工姓名
Sex	VARCHAR2 (10)	员工性别
Title	VARCHAR2 (50)	员工职务
Wage	NUMBER	工资（精度 8，小数位数 2）
IdCard	VARCHAR2 (20)	身份证号
Dep_id	NUMBER	所在部门编号

使用 CREATE TABLE 语句创建表 Employees 的方法如下：

```
CREATE TABLE C##HRSYS.Employees
(
    Emp_id NUMBER,
    Emp_name VARCHAR2(50),
    Sex VARCHAR2(10),
    Title VARCHAR2(50),
    Wage NUMBER,
    IdCard VARCHAR2 (20),
    Dep_id NUMBER
);
```

7.2.3 修改表

可以使用 ALTER TABLE 语句修改表。

（1）添加列。在 ALTER TABLE 语句中使用 ADD 子句可以在表中添加列。

【例 7.3】 在表 C##HRSYS.Departments 中添加一列 tmpcol，数据类型为 NUMBER(5,2)，语句如下：

```
ALTER TABLE C##HRSYS.Departments ADD (tmpcol NUMBER(5,2));
```

（2）修改列名。在 ALTER TABLE 语句中使用 RENAME COLUMN…TO…子句可以修改列名。

【例 7.4】 将表 C##HRSYS.Departments 中 tmpcol 列的名称修改为 tmpcol_1，语句如下：

```
ALTER TABLE C##HRSYS.Departments RENAME COLUMN tmpcol TO tmpcol_1;
```

（3）删除列。在 ALTER TABLE 语句中使用 DROP COLUMN 子句可以删除列。

【例 7.5】　将表 C##HRSYS.Departments 中的列 tmpcol_1 删除，语句如下：

```
ALTER TABLE C##HRSYS.Departments DROP COLUMN tmpcol_1;
```

（4）将列设置为不可用。在 ALTER TABLE 语句中使用 SET UNUSED 子句可以将列设置为不可用。

【例 7.6】　将表 C##HRSYS.Departments 中的列 tmpcol_1 设置为不可用，语句如下：

```
ALTER TABLE C##HRSYS.Departments SET UNUSED (tmpcol_1);
```

（5）删除不可用的列。在 ALTER TABLE 语句中使用 DROP UNUSED COLUMNS 子句可以删除不可用的列。

【例 7.7】　删除表 C##HRSYS.Departments 中所有的不可用列，语句如下：

```
ALTER TABLE C##HRSYS.Departments DROP UNUSED COLUMNS;
```

7.2.4　删除表

可以使用 DROP TABLE 语句删除表。

【例 7.8】　删除表 C##HRSYS.Departments，可以使用如下语句：

```
DROP TABLE C##HRSYS.Departments;
```

7.2.5　插入数据

可以使用 INSERT 语句向指定的表中插入数据。INSERT 语句的基本使用方法如下：

```
INSERT INTO <表名>(列名 1,列名 2,…,列名 n)
VALUES(值 1,值 2,…,值 n);
```

列名 1、列名 2……列名 *n* 必须是指定表名中定义的列，而且必须与 VALUES 子句中的值 1、值 2……值 *n* 一一对应，且数据类型相同。注意，在向表中插入数据之前，首先需要授予当前用户对指定表空间无限制配额的权限，例如：

```
ALTER USER "C##HRSYS" QUOTA UNLIMITED ON "USERS";
```

【例 7.9】　向表 C##HRSYS. Departments 中插入如表 7.8 所示的数据。

表 7.8　　表 C##HRSYS. Departments 中的演示数据

Dep_id	Dep_name
1	人事部
2	办公室
3	财务部
4	技术部
5	服务部

请使用下面的语句插入数据并检查结果。

```
INSERT INTO C##HRSYS.Departments(Dep_id, Dep_name) VALUES ( 1, '人事部');
INSERT INTO C##HRSYS.Departments(Dep_id, Dep_name) VALUES ( 2, '办公室');
INSERT INTO C##HRSYS.Departments(Dep_id, Dep_name) VALUES ( 3, '财务部');
```

```
INSERT INTO C##HRSYS.Departments(Dep_id, Dep_name) VALUES ( 4, '技术部');
INSERT INTO C##HRSYS.Departments(Dep_id, Dep_name) VALUES ( 5,'服务部');
COMMIT;
SELECT * FROM C##HRSYS.Departments;
```

使用 COMMIT 语句可以将前面 INSERT 语句插入的数据真正写入数据库中。上述语句的运行结果如图 7.1 所示。

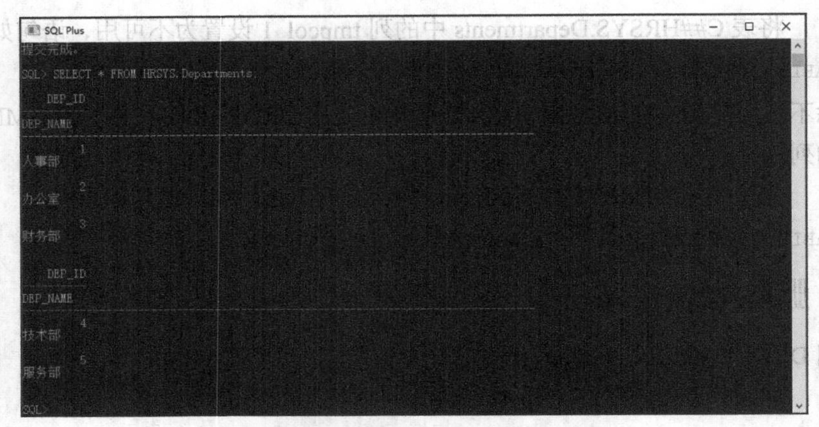

图 7.1　查看表 C##HRSYS.Departments 中的数据

从图 7.1 中可以看到查询结果与设计的数据完全相同。

如果完全按照表中列的存储顺序来安排 VALUES 子句中的值，则可以将列名序列省略。

【例 7.10】　向表 C##HRSYS.Employees 中插入表 7.9 所示的数据。在 INSERT 语句中省略列名序列。

表 7.9　　　　表 C##HRSYS.Employees 中的演示数据

Emp_Id	Emp_Name	Sex	Title	Wage	IdCard	Dep_Id
1	张三	男	部门经理	6000	110123aadx1	1
2	李四	男	职员	3000	110123dddx2	1
3	王五	女	职员	3500	110123aadx3	1
4	赵六	男	部门经理	6500	110123dddx4	2
5	高七	男	职员	2500	110123aadx5	2
6	马八	男	职员	3100	110123dddx6	2
7	钱九	女	部门经理	5000	110123aadx7	3
8	孙十	男	职员	2800	110123dddx8	3

```
INSERT INTO C##HRSYS.Employees VALUES ( 1,'张三', '男','部门经理', 6000, '110123aadx1', 1);
INSERT INTO C##HRSYS.Employees VALUES ( 2,'李四', '男','职员', 3000, '110123dddx2', 1);
INSERT INTO C##HRSYS.Employees VALUES ( 3,'王五', '女','职员', 3500, '1110123aadx3', 1);
INSERT INTO C##HRSYS.Employees VALUES ( 4,'赵六', '男','部门经理', 6500, '110123dddx4', 2);
INSERT INTO C##HRSYS.Employees VALUES ( 5,'高七', '男','职员', 2500, '110123aadx5', 2);
INSERT INTO C##HRSYS.Employees VALUES ( 6,'马八', '男','职员', 3100, '110123dddx6', 2);
INSERT INTO C##HRSYS.Employees VALUES ( 7,'钱九', '女','部门经理', 5000, '1110123aadx7', 3);
INSERT INTO C##HRSYS.Employees VALUES ( 8,'孙十', '男','职员', 2800, '110123dddx8', 3);
COMMIT;
```

7.2.6 修改数据

可以使用 UPDATE 命令修改表中的数据。UPDATE 语句的基本使用方法如下：

```
UPDATE 表名 SET 列名1 = 值1, 列名2 = 值2, …, 列名n = 值n
WHERE 更新条件表达式
```

当执行 UPDATE 语句时，指定表中所有满足 WHERE 子句条件的行都将被更新，列 1 的值被设置为值 1，列 2 的值被设置为值 2，列 *n* 的值被设置为值 *n*。如果没有指定 WHERE 子句，则表中所有的行都将被更新。

【例 7.11】 将员工“张三”的姓名修改为“张老三”，可以使用如下 SQL 语句。

```
UPDATE C##HRSYS.Employees SET EMP_NAME ='张老三' WHERE EMP_NAME='张三';
COMMIT WORK;
COL EMP_NAME FORMAT a35
SELECT Emp_Id, EMP_NAME FROM C##HRSYS.Employees;
```

运行结果为

```
    EMP_ID EMP_NAME
---------- -----------------------------------
         1 张老三
         2 李四
         3 王五
         4 赵六
         5 高七
         6 马八
         7 钱九
         8 孙十

已选择 8 行。
```

7.2.7 删除数据

可以使用 DELETE 命令删除表中的数据。DELETE 语句的基本使用方法如下。

```
DELETE FROM 表名
WHERE 删除条件表达式
```

当执行 DELETE 语句时，指定表中所有满足 WHERE 子句条件的行都将被删除。

【例 7.12】 删除表 C##HRSYS.Employees 中列 EMP_NAME 等于空（' '）的数据，可以使用如下 SQL 语句。

```
DELETE FROM C##HRSYS.Employees WHERE EMP_NAME = '';
COMMIT WORK;
```

7.2.8 设置 DEFAULT 列属性

在列上设置 DEFAULT 属性后，当插入数据时，如果不指定该列的值，则 Oracle 会自动为该列赋默认值。在列定义中使用 DEFAULT 关键字可以设置该列的默认值。

【例 7.13】 创建表 C##HRSYS.tmpUsers，设置 UserPwd 列的默认值为 111111，代码如下：

```
CREATE TABLE C##HRSYS.tmpUsers
 (UserId            Number Primary Key,
  UserName          Varchar2(40) NOT NULL UNIQUE,
  UserPwd           Varchar2(40) DEFAULT('111111')
  );
```

然后执行如下 INSERT 语句，向表 C##HRSYS.tmpUsers 中插入一条新记录，但并没有指定 UserPwd 列的值。

```
INSERT INTO C##HRSYS.tmpUsers (UserId, UserName) VALUES(1, 'user');
```

再查看表 C##HRSYS.tmpUsers 中的数据，结果如图 7.2 所示。可以看到，UserPwd 列的值被默认设置为 111111。

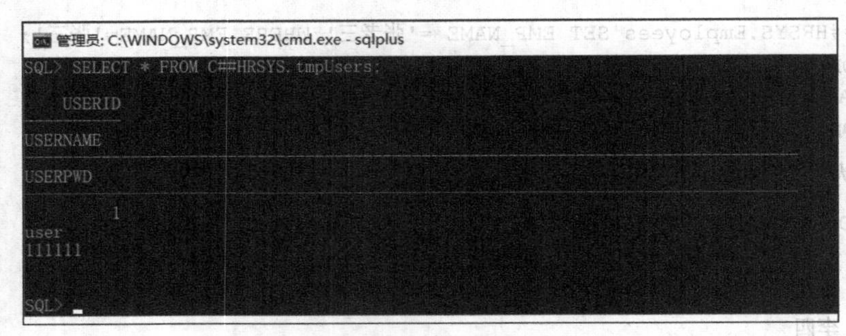

图 7.2　定义和使用列的 DEFAULT 属性

7.2.9　表约束

在设计数据库时，需要考虑数据完整性，不允许向表中写入无效的数据。当表之间的数据相互依赖时，可以保护数据不被误删除。例如，表 Users 中不应该存在相同用户名的两条记录，用户名列的值不应该为空等。如果不满足数据完整性，数据库中就会存在大量的无效数据，从而造成资源的浪费和逻辑的混乱。

表约束（Constraint）是 Oracle 提供的一种强制实现数据完整性的机制，它包括以下约束。

- 主键（PRIMARY KEY）约束：主键是表中的一列或一组列，它们的值可以唯一地标识表中的每一行。
- 非空（NOT NULL）约束：指定列的值不允许为空。
- 唯一键（UNIQUE KEY）约束：又称为唯一约束，可以保证除主键外的其他列的数据唯一性，以防止在列中输入重复的值。
- 检查（CHECK）约束：指定表中一列或多列可以接受的数据值或格式。例如，表 Departments 中的工资列 Dep_name 的值应该不为空。
- 外键（FOREIGN KEY）约束：用于建立和加强两个表数据之间连接的一列或多列。通过将表中的主键列添加到另一个表中，可创建两个表之间的连接，这个主键列就成为第 2 个表的外键。外键约束可以确保添加到外键表中的任何行在主表中都存在相应的行。

1．创建和验证主键约束

可以在 CREATE TABLE 语句和 ALTER TABLE 语句中创建约束。例如，要创建用户表 C##HRSYS.Users1，结构如表 7.10 所示。

表 7.10　　表 C##HRSYS.Users1 的结构

列名	数据类型	具体说明
UserId	NUMBER	记录编号，主键
UserName	VARCHAR2(50)	用户名
UserPwd	VARCHAR2(50)	密码

在 CREATE TABLE 语句中，可以直接在主键列定义的后面使用 PRIMARY KEY 关键字标识该列为主键列。

【例 7.14】　创建 C##HRSYS.Users1 的语句如下：

```
CREATE TABLE C##HRSYS.Users1
  (UserId              NUMBER PRIMARY KEY,
   UserName            VARCHAR2 (40),
   UserPwd             VARCHAR2(40)
  );
```

也可以使用 CONSTRAINT 关键字定义约束，并指定约束的名称。

【例 7.15】　创建表 C##HRSYS.Users2，其结构与表 C##HRSYS.Users1 完全相同，语句如下：

```
CREATE TABLE C##HRSYS.Users2
  (UserId                  NUMBER,
   UserName            VARCHAR2(40),
   UserPwd             VARCHAR2(40),
   CONSTRAINT PK_USERID PRIMARY KEY(UserId)
  );
```

使用 ALTER TABLE 语句也可以创建主键约束。

【例 7.16】　将表 C##HRSYS.Departments 的 Dep_id 列设置为主键列，语句如下：

```
ALTER TABLE C##HRSYS.Departments
ADD CONSTRAINT Dep_id_PK
PRIMARY KEY(Dep_id);
```

定义了主键约束的列不允许存在重复的记录。

【例 7.17】　执行如下 INSERT 语句向表 C##HRSYS.Departments 中插入两条记录，它们的 UserId 列值是重复的。

```
INSERT INTO C##HRSYS.Departments VALUES(1, 'TEST');
INSERT INTO C##HRSYS.Departments VALUES(1, '测试部');
```

在执行第 2 条语句时，系统将提示违反了唯一约束条件，如图 7.3 所示。

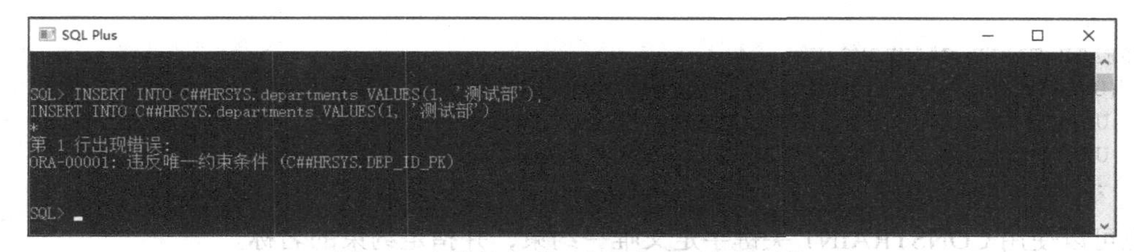

图 7.3　主键约束列不允许存在重复的列值

2. 创建和验证非空约束

设置为非空约束的列不接受空值。在 CREATE TABLE 语句中可以创建非空约束，方法是在列定义的后面直接使用 NOT NULL 关键字。

【例 7.18】 创建表 C##HRSYS.Users3，并指定 UserName 列和 UserPwd 列为非空约束，代码如下：

```
CREATE TABLE C##HRSYS.Users3
  (
UserId                  NUMBER,
  UserName              VARCHAR2(40) NOT NULL,
  UserPwd               VARCHAR2(40) NOT NULL,
  CONSTRAINT PK_USERID PRIMARY KEY(UserId)
  );
```

【例 7.19】 将表 C##HRSYS.Departments 中 Dep_name 列设置为 NOT NULL，代码如下：

```
ALTER TABLE C##HRSYS.Departments MODIFY Dep_name NOT NULL;
```

【例 7.20】 将表 C##HRSYS.Users 中 UserName 列设置为允许空，代码如下：

```
ALTER TABLE C##HRSYS.Users MODIFY UserName NULL;
```

下面验证一下 NOT NULL 约束的作用。向表 C##HRSYS.User3 中插入数据，其 UserName 值为 NULL，代码如下：

```
INSERT INTO C##HRSYS.Users3 (UserId, UserPwd) VALUES(1,'123456');
```

执行上述语句会提示“无法将 NULL 插入”，如图 7.4 所示。

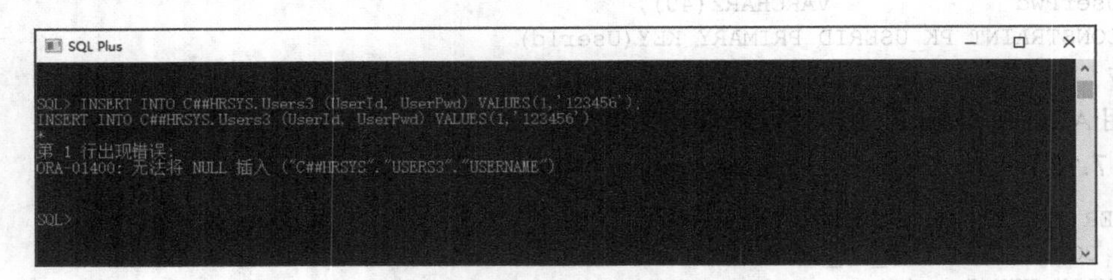

图 7.4 不允许向创建非空约束的列中插入 NULL 值

3. 创建和验证唯一约束

一个表中只能存在一个主键，如果其他列也具有唯一性，则可以使用 UNIQUE 关键字进行约束。

在 CREATE TABLE 语句和 ALTER TABLE 语句中都可以创建唯一约束。

【例 7.21】 创建表 C##HRSYS.Users4，在 UserName 列上定义唯一约束，使用的 SQL 语句如下：

```
CREATE TABLE C##HRSYS.Users4
  (UserId              NUMBER Primary Key,
   UserName            VARCHAR2(40) NOT NULL UNIQUE,
   UserPwd             VARCHAR2(40) NOT NULL
  );
```

也可以使用 CONSTRAINT 关键字定义唯一约束，并指定约束的名称。

【例 7.22】 创建表 C##HRSYS.Users5，其结构与表 Users 完全相同，在 UserName 列上定义唯一约束，使用的 SQL 语句如下：

```
CREATE TABLE C##HRSYS.Users5
  (UserId               NUMBER PRIMARY KEY,
```

```
  UserName            VARCHAR2(40),
  UserPwd             VARCHAR2(40),
  CONSTRAINT UK_USERNAME UNIQUE(UserName)
 );
```

使用 ALTER TABLE 语句也可以创建唯一约束。

【例 7.23】 为表 C##HRSYS.Departments 的 Dep_name 列设置唯一约束，代码如下：

```
ALTER TABLE C##HRSYS.Departments
ADD CONSTRAINT UK_Dep_name
UNIQUE(Dep_name);
```

定义了唯一约束的列不允许存在重复的记录。

【例 7.24】 执行如下 INSERT 语句向表 C##HRSYS.Users5 中插入两条记录，它们的 UserName 列值是重复的。

```
INSERT INTO C##HRSYS.Users5 VALUES(100, 'test', 'PWD');
INSERT INTO C##HRSYS.Users5 VALUES(101, 'test', '1234');
```

在执行第 2 条语句时，系统将提示违反了唯一约束条件，如图 7.5 所示。

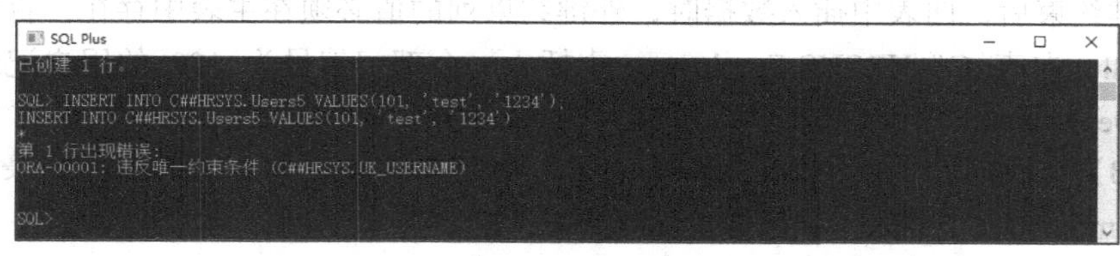

图 7.5 唯一约束列不允许存在重复的列值

4. 创建和验证检查约束

在 CREATE TABLE 语句和 ALTER TABLE 语句中都可以创建检查约束。

【例 7.25】 创建表 C##HRSYS.Users6，规定 UserPwd 字段的长度不能小于 6，可以在 UserPwd 列上定义检查约束，使用的 SQL 语句如下：

```
CREATE TABLE C##HRSYS.Users6
 (UserId              number PRIMARY KEY,
  UserName            varchar2(40),
  UserPwd             varchar2(40)
  CONSTRAINT CK_USERPWD CHECK(LENGTH(UserPwd)>=6)
 );
```

LENGTH()是 Oracle 函数，用于计算字符串的长度。

使用 ALTER TABLE 语句也可以创建检查约束。

【例 7.26】 为表 C##HRSYS.Users 的 UserPwd 列设置检查约束，规定 UserPwd 字段的长度不能小于 3，代码如下：

```
ALTER TABLE C##HRSYS.Users
ADD CONSTRAINT CK_Dep_name3 CHECK(LENGTH(UserPwd)>=3);
```

每次向表中插入数据或更新表中数据时，Oracle 都会检查字段中的数据是否满足检查约束。例如，执行如下 INSERT 语句向表 Users6 中插入记录，它的 UserPwd 列值的长度小于 6。

```
INSERT INTO C##HRSYS.Users6 VALUES(102, 'user', 'pwd');
```

在执行语句时，系统将提示"违反检查约束条件"的错误，如图 7.6 所示。

```
SQL Plus
表已创建。

SQL> INSERT INTO C##HRSYS.Users6 VALUES(102, 'user', 'pwd');
INSERT INTO C##HRSYS.Users6 VALUES(102, 'user', 'pwd')
*
第 1 行出现错误:
ORA-02290: 违反检查约束条件 (C##HRSYS.CK_USERPWD)

SQL>
```

图 7.6　验证检查约束的作用

5. 创建和验证外键约束

外键约束用于建立两个表之间的连接关系。可以在 CREATE TABLE 语句和 ALTER TABLE 语句中使用 CONSTRAINT…FOREIGN KEY…关键字来创建外键约束。

【例 7.27】　为表 C##HRSYS. Departments 的 Dep_id 列和表 C##HRSYS.Employees 的 Dep_id 列创建外键约束 FK_ DEPID，代码如下：

```
ALTER TABLE C##HRSYS.Employees
ADD CONSTRAINT FK_DEPID
FOREIGN KEY (Dep_id) REFERENCES C##HRSYS.Departments(Dep_id);
```

创建外键约束后，向表中插入数据时，外键约束列的值必须在主表中存在，否则会提示出现错误。例如，向表 C##HRSYS.Employees 中插入一个部门编号为 100 的用户记录，则在表 C##HRSYS.Departments 中也必须存在一个编号为 100 的部门记录。

【例 7.28】　假定表 C##HRSYS.Departments 中没有编号为 3 的用户类型记录，此时向表 C##HRSYS.Employees 中插入一条记录，代码如下：

```
INSERT INTO C##HRSYS.Employees VALUES ( 100,'测试', '男','职员', 2800, '110123dddx8', 100);
```

运行结果如图 7.7 所示。

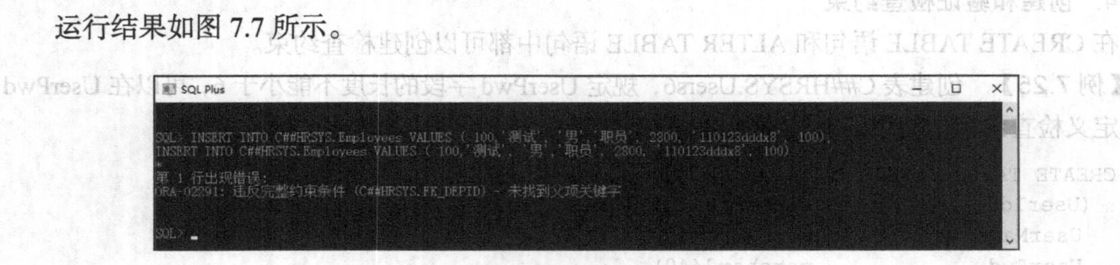

图 7.7　验证外键约束的作用

Oracle 提示该 INSERT 语句"违反完整约束条件"，因此插入操作失败。这样就可以保证表 C##HRSYS.Employees 中不存在无效（没有对应类型）的记录。

7.3　数 据 查 询

使用 SELECT 语句可以实现数据查询，并把查询结果以表格的形式返回。

7.3.1　SELECT 语句的基本应用

SELECT 语句的基本语法结构如下：

```
SELECT 子句
```

```
[ INTO 子句 ]
FROM 子句
[ WHERE 子句 ]
[ GROUP BY 子句]
[ HAVING 子句 ]
[ ORDER BY 子句 ]
```

各子句的主要作用如表 7.11 所示。

表 7.11　　SELECT 语句中各子句的说明

子句	描述
SELECT 子句	指定由查询返回的列
INTO 子句	创建新表并将结果行插入新表中
FROM 子句	指定从其中检索行的表
WHERE 子句	指定查询条件
GROUP BY 子句	指定查询结果的分组条件
HAVING 子句	指定组或统计函数的搜索条件
ORDER BY 子句	指定结果集的排序

最基本的 SELECT 语句只包括 SELECT 子句和 FROM 子句。

【例 7.29】　使用 SELECT 语句查询表 C##HRSYS.Departments 中的所有记录，代码如下：

```
SELECT * FROM C##HRSYS.Departments;
```

在 SQL Plus 中的返回结果如图 7.8 所示。

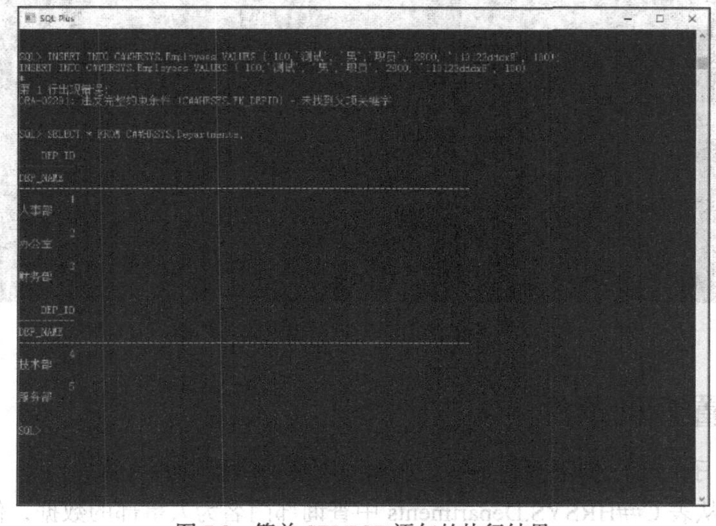

图 7.8　简单 SELECT 语句的执行结果

在上面的 SELECT 语句中，* 是一个通配符，表示表中的所有列。如果需要显示指定的列，则可以在 SELECT 关键字后面直接使用列名。

【例 7.30】　要查询表 C##HRSYS.Departments 中的部门名称信息，可以使用如下语句。

```
SELECT Dep_name FROM C##HRSYS.Departments;
```

运行结果如图 7.9 所示。

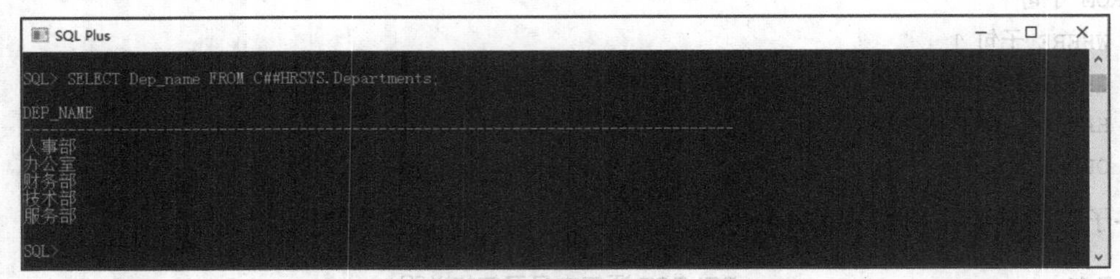

图 7.9　在 SELECT 语句中查询指定的列名

7.3.2　定义显示标题

在上一小节介绍的 SELECT 语句中，返回结果的标题都是对应的列名。对于普通用户而言，这种显示方式不容易被理解。可以在 SELECT 语句中使用 AS 关键字设置列的显示标题。

【例 7.31】　查询表 C##HRSYS.Departments，显示部门编号和部门名称，并以中文显示查询结果中的列标题，代码如下：

```
SELECT Dep_id AS 部门编号, Dep_name AS 部门名称 FROM C##HRSYS.Departments
```

运行结果如图 7.10 所示。

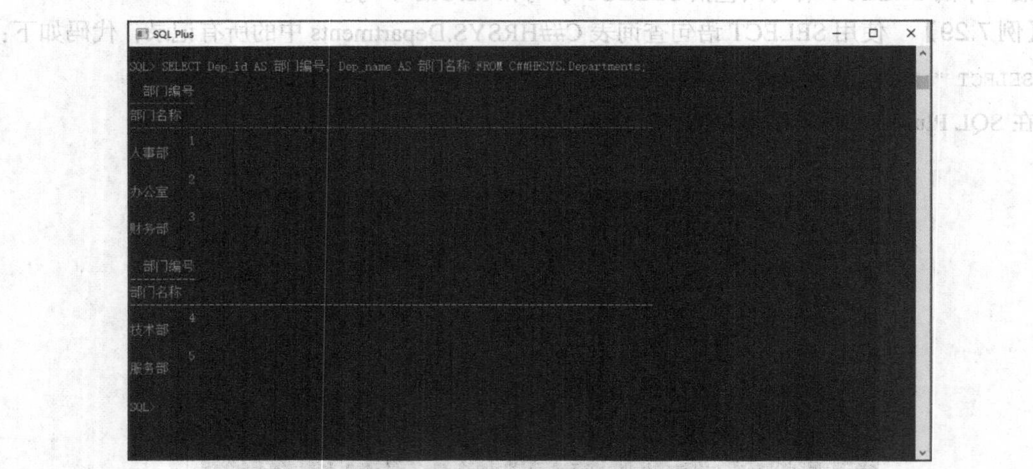

图 7.10　在 SELECT 语句中设置列标题

7.3.3　设置查询条件

使用 WHERE 子句可以指定搜索条件，从而限制返回结果集的内容。

【例 7.32】　从表 C##HRSYS.Departments 中查询部门名为人事部的数据，代码如下：

```
SELECT Dep_id AS 部门编号, Dep_name AS 部门名称 FROM C##HRSYS.Departments
WHERE Dep_name ='人事部';
```

运行结果如图 7.11 所示。

```
SQL> SELECT Dep_id AS 部门编号, Dep_name AS 部门名称 FROM C##HRSYS.Departments
  2  WHERE Dep_name = '人事部';

  部门编号
----------
部门名称
--------------------------------------------------------------------------------
         1
人事部

SQL>
```

图 7.11 查询部门名为人事部的数据

可以在 WHERE 子句中使用 LIKE 关键字和通配符，通配符%表示任意字符串。

【例 7.33】 查询所有姓李的员工数据，可以使用以下语句：

```
SELECT Emp_name AS 姓名, Sex AS 性别 FROM C##HRSYS.Employees
WHERE Emp_name LIKE '李%';
```

运行结果如图 7.12 所示。

图 7.12 使用 LIKE 关键字实现模糊查询

7.3.4 对查询结果排序

可以使用 ORDER BY 子句对指定结果集排序。

【例 7.34】 在查询用户信息时，按照用户名排序，可以使用如下语句：

```
COL 姓名 FORMAT a35
SELECT Emp_name AS 姓名, Wage AS 工资 FROM C##HRSYS.Employees
ORDER BY Wage;
```

运行结果如图 7.13 所示。

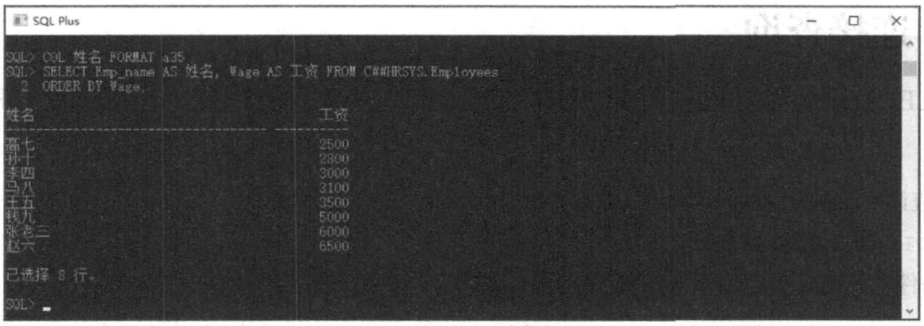

```
SQL> COL 姓名 FORMAT a35
SQL> SELECT Emp_name AS 姓名, Wage AS 工资 FROM C##HRSYS.Employees
  2  ORDER BY Wage;

姓名                                      工资
----------------------------------- ----------
高七                                      2500
孙十                                      2800
李四                                      3000
马八                                      3100
王五                                      3500
钱九                                      5000
张老三                                    6000
赵六                                      6500

已选择 8 行。

SQL>
```

图 7.13 按工资进行排序

从图 7.13 中可以看到，在默认情况下数据是按照由小到大的升序排列的。如果需要按照降序排列，则可以在 ORDER BY 子句中使用 DESC 关键字。请看下面的例子：

```
COL 姓名 FORMAT a35
```

```
SELECT Emp_name AS 姓名, Wage AS 工资 FROM C##HRSYS.Employees
ORDER BY Wage DESC;
```

运行结果如图 7.14 所示。

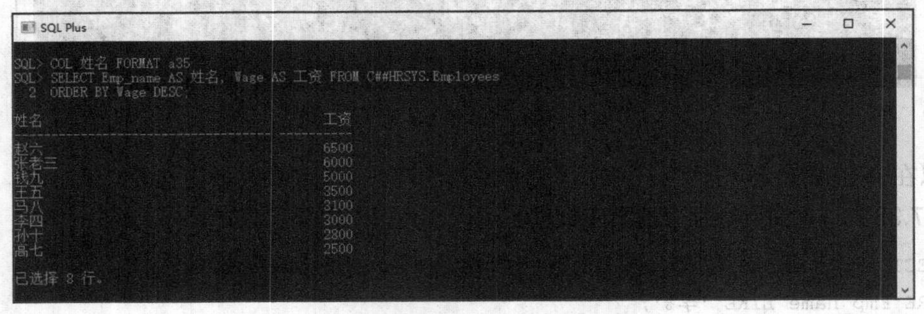

图 7.14　使用 DESC 关键字进行降序排序

7.3.5　使用统计函数

在 SELECT 语句中可以使用统计函数进行统计，并返回统计结果。常用的统计函数包括 COUNT( )、AVG( )、SUM( )、MAX( )和 MIN( )等。统计函数的功能描述如表 7.12 所示。

表 7.12　统计函数的功能描述

统计函数	描述
COUNT()	统计记录的数量
AVG()	统计列的平均值
SUM()	统计列值之和
MAX()	统计列的最大值
MIN()	统计列的最小值

【例 7.35】　统计表 C##HRSYS.Employees 中的用户总数，可以使用以下语句：

```
SELECT COUNT(*) FROM C##HRSYS.Employees;
```

7.3.6　连接查询

如果 SELECT 语句需要从多个表中提取数据，则可将这种查询称为连接查询。简单的连接查询语法如下：

```
SELECT 查询字段列表 FROM 表 1 名称 别名 1
INNER JOIN 表 2 名称 别名 2
ON 连接条件
```

在连接查询中，为了便于在 SELECT 语句中标识表，可以为每个表起别名。在“查询字段列表”和“连接条件”中，可以使用别名来代替表名。ON 子句可以设置两个表之间的关联关系。

【例 7.36】　在查询员工信息时显示所在部门的名称，可以使用如下 SQL 语句：

```
COL 姓名 FORMAT a10
COL 部门 FORMAT a10
```

```
SELECT e.Emp_name AS 姓名, e.Wage AS 工资, d.Dep_name AS 部门
FROM C##HRSYS.Employees e, C##HRSYS.Departments d
WHERE e.Dep_Id = d.Dep_Id;
```

在上述的 SELECT 语句中涉及两个表：表 Employees 和表 Departments。在 FROM 子句中，可为每个表指定一个别名，表 Employees 的别名为 t，表 Departments 的别名为 u。在 WHERE 子句中设置两个表的连接条件。

上述的 SELECT 语句也可以使用内连接的方法实现，代码如下：

```
COL 姓名 FORMAT a10
COL 部门 FORMAT a10
SELECT e.Emp_name AS 姓名, e.Wage AS 工资, d.Dep_name AS 部门
FROM HRSYS.Employees e INNER JOIN C##HRSYS.Departments d  ON e.Dep_Id = d.Dep_Id;
```

INNER JOIN 关键字表示内连接，内连接指两个表中的数据平等地相互连接，连接的表之间没有主次之分。ON 关键字用于指示连接条件。

7.4　视　　图

视图是一个虚拟的表，它在物理上并不存在。视图可以把表或其他视图的数据按照一定的条件组合起来，所以也可以把它看成是一个存储的查询。视图并不包含数据，它只是从基表中读取数据。

本节介绍如何管理 Oracle 视图，包括创建视图、修改视图和删除视图等。

7.4.1　创建视图

可以使用 CREATE VIEW 语句创建视图。CREATE VIEW 语句的基本使用方法如下所示。

```
CREATE VIEW 视图名
AS
SELECT 语句;
```

【例 7.37】　创建员工信息视图 C##HRSYS.V_EMP，可以使用如下 SQL 语句。

```
CREATE VIEW C##HRSYS.V_EMP
AS
SELECT e.Emp_id, HRSYS.d.Dep_name
FROM HRSYS.Employees e, C##HRSYS.Departments d
WHERE e.Dep_Id = d.Dep_Id;
```

7.4.2　修改视图

可以在 CREATE VIEW 语句中增加 OR REPLACE 子句，修改视图的定义。

【例 7.38】　修改视图 C##HRSYS.HR.V_EMP，增加员工的姓名和工资信息，代码如下：

```
CREATE OR REPLACE VIEW C##HRSYS.V_EMP
AS
SELECT e.Emp_id, e.Emp_name, e.Wage,d.Dep_name
FROM C##HRSYS.Employees e, C##HRSYS.Departments d
WHERE e.Dep_Id = d.Dep_Id;
```

7.4.3 删除视图

可以使用 DROP VIEW 语句删除指定视图。

【例 7.39】 删除视图 C##HRSYS.V_EMP，代码如下：

```
DROP VIEW C##HRSYS.V_EMP;
```

在“视图”管理页面中，单击“删除”按钮，打开确认删除视图页面，单击“是”按钮可以删除视图。

7.4.4 实体化视图

实体化视图是包含查询结果的数据库对象。它可以是远程数据的本地备份，也可以是根据基础表中的数据创建的汇总表。基于远程表的实体化视图也被称为数据库快照，数据库快照是只读的。

实体化视图可以查询表、视图或其他实体化视图。在大型数据库中使用实体化视图可以提高 SUM()、COUNT()、AVG()、MIN()、MAX()等函数的查询速度。只要在实体化视图管理上创建了统计，查询优化器将自动地使用实体化视图管理，这种特性被称为查询重写（QUERY REWRITE）。

与表相比，实体化视图需要依赖表、视图或其他实体化视图，而表则是存储数据的原始数据库对象。与普通视图不同的是，实体化视图管理存储数据，占据数据库的物理空间，查询实体化视图可以直接访问其中保存的数据；而视图并不真正保存数据，视图中的数据保存在基础表中，查询视图相当于对基础表进行查询。

1. **创建实体化视图**

可以使用 CREATE MATERIAZED VIEW 语句创建实体化视图，其基本语法如下：

```
CREATE MATERIALIZED VIEW 实体化视图名
实体化视图选项
[USING INDEX 存储选项]
[REFRESH 刷新选项 | NEVER REFRESH]
[FORUPDATE] [{ENABLE | DISABLE} QUERY REWRITE]
AS
SELECT 语句;
```

CREATE MATERIAZED VIEW 语句的完整语法很复杂，这里只介绍其中的常用部分。

“刷新选项”的具体定义如下：

```
FAST | COMPLETE | FORCE
    ON [DEMAND | COMMIT]
    WITH {PRIMARY KEY | ROWID}
  …
```

参数说明如下。

- FAST：执行增量刷新。
- COMPLETE：执行完全刷新。
- FORCE：如可能则执行增量刷新；如不可能执行增量刷新，则执行完全刷新。
- ON DEMAND：指定在用户需要的时候进行刷新，可以手工通过 DBMS_MVIEW.REFRESH 等方法来进行刷新，也可以通过作业定时进行刷新。

- ON COMMIT：指定在对基表的 DML 操作提交的同时进行刷新。
- WITH {PRIMARY KEY | ROWID}：指定实体化视图的刷新方法是主键还是行 ID。

【例 7.40】 创建实体化视图 MV_EMP，可以使用以下 SQL 语句。

```
CREATE MATERIALIZED VIEW C##HRSYS.MV_EMP
REFRESH FORCE
ON DEMAND
AS
SELECT e.Emp_id, e.Emp_name, e.Wage,d.Dep_name
FROM C##HRSYS.Employees e, C##HRSYS.Departments d
WHERE e.Dep_Id = d.Dep_Id;
```

可以使用 DBA_MVIEWS 视图来查看当前数据库实例中的实体化视图信息。如果提示出现“ORA-01031：权限不足”的错误，则可以执行如下语句对 C##HRSYS 进行授权。

```
GRANT ALL PRIVILEGES TO C##HRSYS;
```

【例 7.41】 执行如下语句查看 C##HRSYS 方案中的实体化视图。

```
SELECT MVIEW_NAME FROM DBA_MVIEWS WHERE OWNER='C##HRSYS';
```

运行结果如图 7.15 所示。

图 7.15 使用 DBA_MVIEWS 查看实体化视图信息

2. 修改实体化视图

可以使用 ALTER MATERIALIZED VIEW 语句修改实体化视图的定义。

【例 7.42】 修改实体化视图 C##HRSYS.MV_EMP，将刷新类型设置为 COMPLETE，代码如下：

```
ALTER MATERIALIZED VIEW C##HRSYS.MV_EMP
REFRESH COMPLETE
ON DEMAND;
```

3. 删除实体化视图

可以使用 DROP MATERIALIZED VIEW 语句删除指定的实体化视图。

【例 7.43】 删除指定的实体化视图 C##HRSYS.MV_EMP 的语句如下：

```
DROP MATERIALIZED VIEW C##HRSYS.MV_EMP;
```

7.5 索　引

索引是关系型数据库的一个基本对象。本节将介绍索引的概念，以及如何创建、修改和删除索引。

7.5.1 索引的概念

数据库的索引和词典中的索引非常相似。许多人喜欢在英文词典的侧面用 26 个英文字母 A、B、C 等进行标注，从而能够快速地找到以此字母开头的单词。数据库中的索引也有相似的功能，它是对表的一列或多列进行排序的结构。因为绝大多数的搜索方法在搜索排序结构时效率都会大大提高，所以如果表中某一列经常被作为关键字搜索，则建议对此列创建索引。

索引提供指针以指向存储在表中指定列的数据值，然后根据指定的排序排列这些指针。数据库使用索引的方式与使用书的目录很相似：通过搜索索引找到特定的值，然后跟随指针到达包含该值的行。

用户可以利用索引快速访问数据库表中的特定信息。例如，在用户信息表中，如果经常需要根据用户名来查找特定的用户，则按用户名列 UserName 建立索引将大大缩短查询的时间。

Oracle 支持以下几种索引结构。

（1）B-树索引：是 Oracle 中最常用的、默认的索引结构。B-树索引是基于二叉树的，由分支块和叶块组成。在树结构中，位于最底层的块被称为叶块，其中包含每个被索引列的值和行所对应的 Rowid；在叶节点的上面是分支块，用来导航结构，包含了索引列（关键字）范围和另一索引块的地址。图 7.16 是 B-树索引的结构图，图中节点包括根节点、非叶节点和叶节点 3 种。根节点和非叶节点都保存着索引列值的范围，这里使用两个数字来描述，例如 100 : 300。如果要查找的索引列值小于 100，则转向左侧指针指向的子节点，否则（大于 100 且小于 300）转向右侧指针指向的子节点；叶节点中的指针直接指向表中的数据。

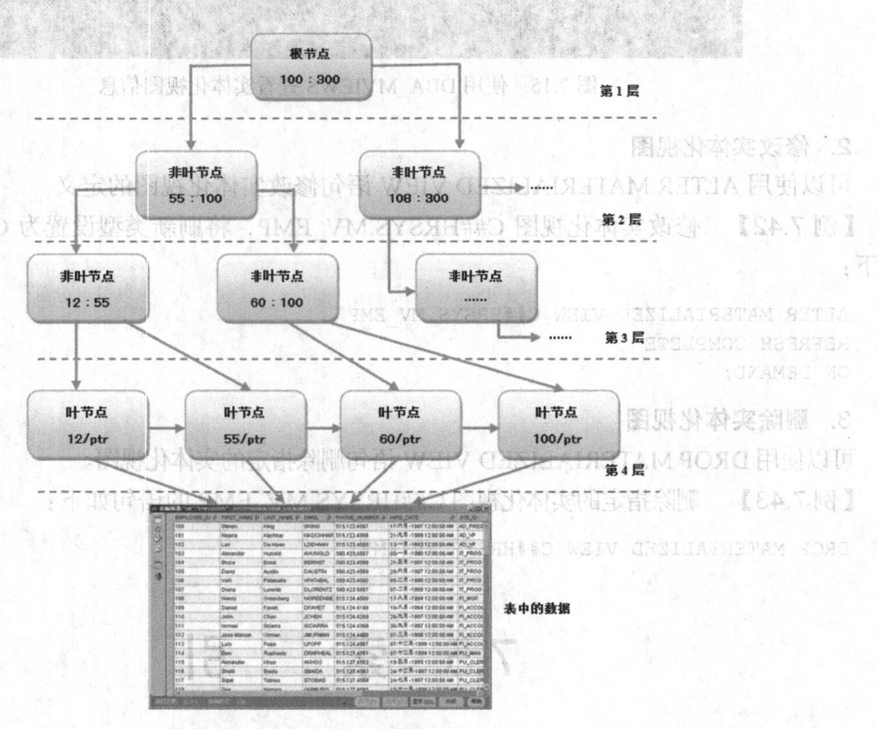

图 7.16　B-树索引结构图

（2）B-树簇索引：是专门为簇定义的索引。

（3）哈希簇索引：是专门为哈希簇定义的索引。

（4）全局和本地索引：是分区索引的两种类型。

（5）反向索引：是 B-树索引的一个分支。如果 B-树索引中有一列是由递增的序列号产生的，那么这些索引信息基本分布在同一个叶块，当用户修改或访问相似的列时，索引块很容易产生争用。反向索引中的索引码将会被分布到各个索引块中，以减少争用。

（6）位图索引：主要用于静态数据，即列的唯一值除以行数为一个很小的值。例如，定义一个性别列 Sex，它只有"男""女"和"NULL"3 种可选值。如果表中有 10 000 条记录，则 3/10 000 接近 0。这种情况下最适合使用位图索引。位图索引使用位图作为键值，对于表中的每一数据行位图包含了 TRUE（1）、FALSE（0）或 NULL 值。位图索引的位图存放在 B-树结构的叶节点中。B-树结构使查找位图变得非常方便和快速。另外，位图以一种压缩格式存放，因此占用的磁盘空间比 B-树索引要小得多。

（7）函数索引：用于包含函数和表达式的计算列。在传统索引列上使用函数时，该索引将无法被使用。而函数索引则可以在使用函数时发挥索引的作用。

（8）域索引：是程序专用索引，作为一个索引类型通过实例管理和访问。之所以叫作域索引，是因为它的索引数据位于程序专用区域。

提示

在设计合理的情况下，索引会提高数据查询的效率。但创建索引会增加存储空间，同时降低添加、修改和删除数据的效率，所以对那些不经常被搜索的列，建议不要创建索引；对于包含数据量不大的表也不需要创建索引。

7.5.2　创建索引

可以使用 CREATE INDEX 语句创建索引。CREATE INDEX 语句的基本语法如下：

```
CREATE [UNIQUE | BITMAP] INDEX [方案名.]索引名
ON [方案名.]表名 [表别名]
   (<列名> [ASC | DESC]) INDEX 子句 INDEX 属性
```

UNIQUE 用于指定创建唯一索引，BITMAP 用于指定创建位图索引。ASC 和 DESC 用于指定索引列各列的排序方式，ASC 表示升序，DESC 表示降序。

INDEX 子句可以用于指定保存索引的表空间，例如：

```
LOCAL STORE IN <表空间名>
```

【例 7.44】　为表 C##HRSYS.Employees 的列 Emp_name 创建索引，索引名为 index_Emp_name，代码如下：

```
CREATE INDEX index_Emp_name ON C##HRSYS.Employees (Emp_name)
TABLESPACE Users;
```

（1）创建主键索引。主键是表中的一列或一组列，它们的值可以唯一地标识表中的每一行。在创建和修改表时，可以定义主键索引。主键列的值不允许为空。在创建表时，可以使用 PRIMARY KEY 关键词指定主键列。

【例 7.45】　在创建表 C##HRSYS.Users 时，将 UserId 字段设置为主键列，语句如下：

```
CREATE TABLE C##HRSYS.Users
 (UserId             NUMBER PRIMARY KEY,
  UserName           VARCHAR2(40),
  UserType           NUMBER(1),
```

```
    UserPwd              VARCHAR2(40)
    );
```

（2）创建唯一索引。唯一索引可以保证除主键外的其他一个或多个列的数据唯一性，以防止在列中输入重复的值。在创建表时，可以使用 UNIQUE 关键词指定唯一索引。

【例 7.46】 在创建表 Users_1 时，将 UserName 字段设置为唯一索引，语句如下：

```
CREATE TABLE C##HRSYS.Users_1
 (UserId               NUMBER PRIMARY KEY,
  UserName             VARCHAR2(40) UNIQUE,
  UserType             NUMBER(1),
  UserPwd              VARCHAR2(40)
  );
```

也可以使用 CREATE UNIQUE INDEX 语句创建唯一索引。

【例 7.47】 使用 CREATE UNIQUE INDEX 语句在 C##HRSYS.Users 表的 UserName 字段上创建索引，索引名为 index_username，语句如下：

```
CREATE UNIQUE INDEX index_username  ON C##HRSYS.Users(UserName)
TABLESPACE Users;
```

7.5.3 修改索引

使用 ALTER INDEX 语句可以修改索引。

【例 7.48】 设置索引 index_username 不可用，可以使用如下语句：

```
ALTER INDEX index_username UNUSABLE;
```

若要重新使用索引 index_username，则可以在 ALTER INDEX 中使用 REBUILD 关键词，语句如下：

```
ALTER INDEX index_username REBUILD;
```

在 ALTER INDEX 语句中使用 RENAME TO 子句可以重命名索引。

【例 7.49】 将索引名 index_username 重命名为 index_username_1，语句如下：

```
ALTER INDEX index_username RENAME TO index_username_1;
```

7.5.4 删除索引

可以使用 DROP INDEX 语句删除指定索引。

【例 7.50】 删除索引 index_username_1，语句如下：

```
DROP INDEX index_username_1;
```

7.6 簇

簇（Cluster）是保存表数据的一种可选方式，它由共享相同数据块的一组表组成。这些表被组合在一起，因为它们共享一组列，并且经常一起使用。

7.6.1　簇的概念

为了演示簇的概念，设计班级信息表 Classes，其结构如表 7.13 所示。

表 7.13　表 Classes 的结构

列名	数据类型	具体说明
id	NUMBER	班级编号
Name	VARCHAR2(100)	班级名称

设计学生信息表 Students，其结构如表 7.14 所示。

表 7.14　表 Students 的结构

列名	数据类型	具体说明
id	NUMBER	学生编号
Name	VARCHAR2(50)	学生姓名
Sex	VARCHAR2(2)	学生性别
Title	VARCHAR2(50)	学生职务
IdCard	VARCHAR2(20)	身份证号
ClassId	NUMBER	所在班级编号

如果把表 Classes 和表 Students 组合成簇，Oracle 数据库就会把这两个表中每个班级的所有行都在物理上保存到相同的数据块中，如图 7.17 所示。

提示　保存在簇中的表被称为簇表。簇表中相关的列被称为簇键。以后再创建增加到簇中的每个表时，都需要指定相同的簇键。每个簇键值在簇中仅存储一次，无论不同的表中有多少行数据包含该值。例如，在图 7.17 中，表 Classes 的 id 列为簇键。表 Classes 的每条记录都和表 Students 中 ClassId 列值所对应的记录存储在一起，簇键值只存储一次。

非簇表的数据存储方式如图 7.18 所示。

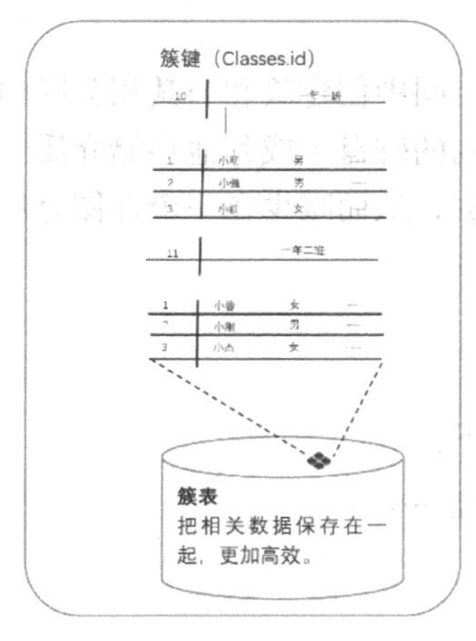

图 7.17　簇表的数据存储方式

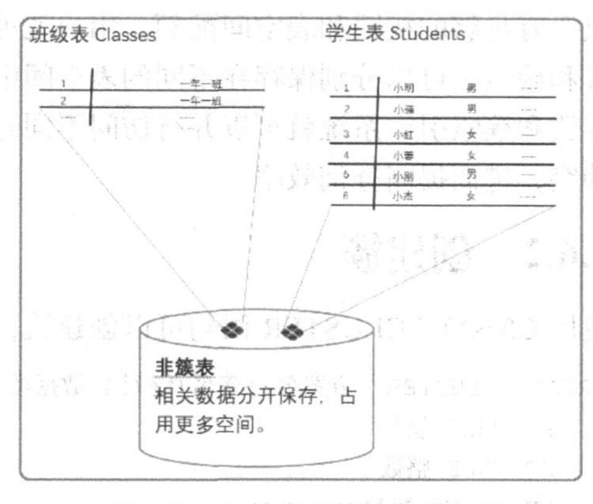

图 7.18　非簇表的数据存储方式

可以看到，簇表比非簇表节省存储空间。在创建簇之后，可以在簇中创建表。但在向簇表中插入数据之前，必须先创建聚簇索引。在簇表中还可以创建其他索引，创建和删除索引的方法与创建普通表相同。

提示　如果几个表经常被独立地访问，而不是执行联合查询，则不应该将它们创建为簇，否则反而会影响查询效率。

下面介绍对簇进行管理的几个要点，具体操作方法将在后面的小节中介绍。

1. 选择适当的表添加到簇中

前面的提示中已经提到，把不适当的表放到簇中反而会影响查询效率。那么，什么样的表适合放在簇中呢？下面两点可供读者参考。

- 簇里的表主要用于查询，换而言之，这些表不会被大量地执行插入和更新等操作。
- 表中的数据经常被连接查询。

2. 选择适当的列作为簇键

如果在对簇中的多个表执行连接查询时使用到多个列，则可以将簇键（Cluster Key）定义为组合键。设计比较好的簇键应该包含足够多的唯一值，从而使每个键对应的一组记录都可以恰好填充一个数据块。

如果每个簇键只对应很少的列，那么就会浪费存储空间，而且对性能的改善也有限；反之，如果每个簇键对应的列很多，那么在按照键值进行查询时，又会浪费很多时间。比如，以性别作为簇键，因为性别只包含“男”和“女”两种情况，所以每个键对应的记录就会很多，这样的设计就是不合理的。

3. 指定簇所需要的空间

DBA 可以估算每个簇键及其对应行所占用空间的平均值，并在创建簇（使用 CREATE CLUSTER 语句）时以 SIZE 子句指定该值。数据库将在以下几种情况中使用到 SIZE 子句。

- 估算能填充一个簇数据块的簇键的数量。
- 限制保存在簇数据块中的簇键的数量。

在默认情况下，数据库只把一个簇键及其相关的行保存在一个数据块中。尽管不同操作系统对应的数据块大小也不相同，但它们都遵循一个数据块保存一个簇键的原则。如果指定簇键对应的行无法保存在一个数据块中，则保存该簇键的数据块会被链接到一起，以提高按键值进行查询的效率。簇索引指向数据块链表的开始。

4. 指定簇和簇索引行的位置

只要有足够的权限和表空间配额，用户就可以在联机的表空间中创建簇和与其相关联的簇索引，簇和簇索引可以分别保存在不同的表空间中。比如，在不同的磁盘（或其他存储介质）上分别保存簇和簇索引，系统就可以并行访问不同介质上保存的数据，从而减少在一个存储介质上的访问冲突，进而提高查询效率。

7.6.2 创建簇

使用 CREATE CLUSTER 语句可以创建簇，其基本语法如下：

```
CREATE CLUSTER [方案名.]簇名(键列 1 数据类型, 键列 2 数据类型 …)
    PCTUSED 整数
    PCTFREE 整数
    INITRANS 整数
    MAXTRANS 整数
    SIZE 整数 K | M
    TABLESPACE 表空间名
    STORAGE 子句
```

主要参数说明如下。

- PCTUSED：每个数据块中使用空间的最小比例。
- PCTFREE：每个数据块中空闲空间的最小比例。
- INITRANS：指定数据块首部中事务表的初始空间。
- MAXTRANS：指定数据块首部中事务表的最大空间。
- SIZE：指定估计的平均簇键及其相关行所需的字节数。
- TABLESPACE：指定簇所属的表空间名。
- STORAGE 子句：指定簇的存储属性。

【例 7.51】 使用如下语句在 C##HRSYS 方案中创建簇 C##HRSYS.HrCluster，用于保存部门和员工数据。

```
CREATE CLUSTER C##HRSYS.HrCluster (dep_id NUMBER)
    PCTUSED 80
    PCTFREE 5
    SIZE 500
    TABLESPACE users
    STORAGE (INITIAL 200K
    NEXT 300K
    MINEXTENTS 2
    MAXEXTENTS UNLIMITED
    PCTINCREASE 33);
```

在 STORAGE 子句中，INITIAL 参数指定区间的初始大小，NEXT 参数指定下一次分配区间的大小，参数 MINEXTENTS 指定最小区间数，MAXEXTENTS 指定最大区间数量（UNLIMITED 表示无限制），PCTINCREASE 指定下一次分配区间的大小将根据 PCTINCREASE 指定的比例增长。

7.6.3 创建簇表

在 CREATE TABLE 语句中使用 CLUSTER 子句可以创建簇表。

【例 7.52】 在簇 C##HRSYS.HrCluster 中创建表 C##HRSYS.DeptInfo，语句如下。

```
CREATE TABLE C##HRSYS.DeptInfo
(
   Dep_id          NUMBER  PRIMARY KEY,
   Dep_name        VARCHAR2(100) NOT NULL
)
CLUSTER C##HRSYS.HrCluster(Dep_id);
```

在簇 C##HRSYS.HrCluster 中创建表 C##HRSYS.EmpInfo，代码如下。

```
CREATE TABLE C##HRSYS.EmpInfo
  (
   Emp_id          NUMBER  PRIMARY KEY,
   Emp_name        VARCHAR2(50) NOT NULL,
   Sex             VARCHAR2(2),
   Title           VARCHAR2(50),
   Wage            NUMBER(8, 2),
   IdCard          VARCHAR2(20),
   Dep_id          NUMBER
  )
CLUSTER C##HRSYS.HrCluster(Dep_id);
```

提示

在使用 CREATE TABLE 语句创建簇表时可以指定簇表所属的方案，该方案可以与簇所属的方案不同。

7.6.4 使用 DBA_CLUSTERS 视图查看簇信息

可以使用 DBA_CLUSTERS 视图查看簇信息，视图 DBA_CLUSTERS 中包含很多字段，其中比较常用的字段如表 7.15 所示。

表 7.15　　视图 DBA_CLUSTERS 的常用字段属性

字段名	数据类型	说明
OWNER	VARCHAR2(30)	簇的所有者
CLUSTER_NAME	VARCHAR2(30)	簇名
TABLESPACE_NAME	VARCHAR2(513)	簇所属的表空间名
PCT_FREE	NUMBER	每个数据块中空闲空间的最小比例
PCT_USED	NUMBER	每个数据块中使用空间的最小比例
KEY_SIZE	NUMBER	簇键及其相关行的估算大小
INI_TRANS	NUMBER	事务的初始数量
MAX_TRANS	NUMBER	事务的最大数量
INITIAL_EXTENT	NUMBER	初始区间大小，单位为字节
NEXT_EXTENT	NUMBER	下一个分配的区间的大小，单位为字节
MIN_EXTENTS	NUMBER	段中允许包含的最小区间数量
MAX_EXTENTS	NUMBER	段中允许包括的最大区间数量
PCT_INCREASE	NUMBER	区间大小增长的百分比
AVG_BLOCKS_PER_KEY	NUMBER	表中每个簇值所占用的数据块数量
CLUSTER_TYPE	VARCHAR2(5)	簇的类型，可供选择的类型包括 B-树索引或者散列簇

使用 SYS 用户以 SYSDBA 的身份登录到 SQL Plus，执行如下命令。

```
COL CLUSTER_NAME FORMAT A20
COL OWNER FORMAT A20
COL TABLESPACE_NAME FORMAT A20
SELECT CLUSTER_NAME, OWNER, TABLESPACE_NAME, CLUSTER_TYPE FROM DBA_CLUSTERS;
```

执行结果如图 7.19 所示。

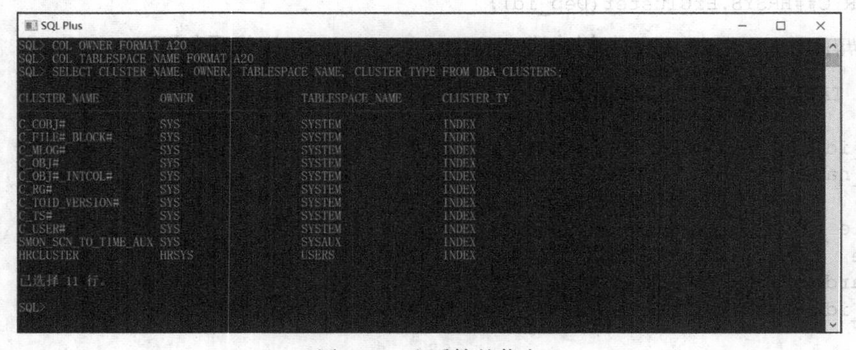

图 7.19　查看簇的信息

7.6.5 修改簇

只有拥有 ALTER ANY CLUSTER 系统权限的用户才能修改簇。可以修改的簇属性如下。

- PCTFREE、PCTUSED、INITRANS、MAXTRANS 和存储特征等物理属性。
- 存储簇键值的所有行所需要的存储空间的平均值。
- 默认的并行度。

使用 ALTER CLUSTER 语句可以修改簇属性，其基本语法如下。

```
ALTER CLUSTER [方案名.]簇名
    SIZE 整数 K | M | G
    NEXT 整数 K | M | G
    MINEXTENTS 整数
    MAXEXTENTS 整数
    PCTUSED 整数
    PCTFREE 整数
    INITRANS 整数
    MAXTRANS 整数
    TABLESPACE 表空间名
    STORAGE 子句
```

【例 7.53】 修改簇 C##HRSYS.HrCluster 的 PCTUSED 和 PCTFREE 属性，代码如下。

```
ALTER CLUSTER C##HRSYS.HrCluster
    PCTUSED 60
    PCTFREE 30;
```

提示　可以使用 ALTER TABLE 语句修改簇表，但只能添加、修改或删除非簇键列，增加、删除、启用或停用完整性约束。

7.6.6 删除簇

可以使用 DROP CLUSTER 语句删除簇，基本语法如下。

```
DROP CLUSTER [方案名.]簇名 [INCLUDING TABLES [CASCADE CONSTRAINTS]];
```

参数 INCLUDING TABLES 表示在删除簇时将其中的簇表也一起删除；参数 CASCADE CONSTRAINTS 表示删除外键约束。

【例 7.54】 删除簇 C##HRSYS.HrCluster 的同时删除簇表和外键约束的代码如下。

```
DROP CLUSTER C##HRSYS.HrCluster
INCLUDING TABLES
CASCADE CONSTRAINTS;
```

7.7 序列管理

序列号是一个 Oracle 整数，最多可有 38 个数字。序列的作用是自动生成整型数值，作为表中标识字段的值。有许多表在创建时定义了一个标识字段，此字段的值需要由系统自动生成，每当插入一条新记录时，此字段的值自动加 1。在 Oracle 中，这个功能可由序列来实现。

本节介绍如何创建、修改、删除和使用序列。

7.7.1 创建序列

在创建序列时，需要定义的信息包括序列名、上升或下降、序列号之间的间距和其他信息。

Oracle 使用序列生成器（Sequence Generator）来产生序列号。

在创建序列时，需要对以下属性进行设置。

- 初始值：设置序列生成的第一个数字，默认值为 1。
- 排序类型：设置序列号是上升还是下降。
- 最小值：设置序列可以生成的最小数字。
- 最大值：设置序列可以生成的最大数字。
- 循环值：设置序列值在达到限制值以后可以重复。
- 排序值：设置按顺序生成序列号。
- 高速缓存：设置序列值占据的内存块的大小，默认值为 20。

当创建序列时，初始值必须等于或大于最小值。

可以使用 CREATE SEQUENCE 语句创建序列。

【例 7.55】为表 C##HRSYS.Departments 的 Dep_id 列创建序列 DEPT_S，代码如下：

```
CREATE SEQUENCE C##HRSYS.DEPT_S
MINVALUE 10
NOMAXVALUE
START WITH 1
INCREMENT BY 1
NOCYCLE
CACHE 20;
```

参数说明如下。

- MINVALUE 1：表示序列的最小值为 10。
- NOMAXVALUE：表示序列没有最大值限制。
- START WITH 1：表示序列的初始值为 1。
- INCREMENT BY 1：表示序列间隔为 1。
- CACHE 20：表示高速缓存大小为 20MB。

7.7.2 修改序列

使用 ALTER SEQUENCE 命令可以修改序列。

【例 7.56】 使用如下命令将序列 DEPT_S 的最大值设置为 10 000。

```
ALTER SEQUENCE C##HRSYS.DEPT_S
MAXVALUE 10000;
```

ALTER SEQUENCE 命令的参数与 CREATE SEQUENCE 命令相同，请参照 7.7.1 小节理解。

7.7.3 删除序列

使用 DROP SEQUENCE 语句也可以删除序列。

【例 7.57】 删除序列 C##HRSYS.DEPT_S 的语句如下。

```
DROP SEQUENCE C##HRSYS.DEPT_S;
```

7.7.4 使用序列

因为对所有序列的定义都存储在 SYSTEM 表空间的数据字典表中，所以所有序列定义总是可用的。可以在 SQL 语句中使用序列生成一个新的序列号。一旦用户会话中的 SQL 语句生成一个序列号，该序列号就只为该会话可用。序列号的生成独立于表，所以同一序列生成器可用于一个或多个表，所生成的序列号可用于生成唯一的主键。

可以使用以下语句得到序列 DEPT_S 的新值。

```
USER_S.NEXTVAL
```

【例 7.58】　向表 C##HRSYS.Departments 中插入一个新的记录，格式如下。

```
INSERT INTO C##HRSYS.Departments (Dep_id, Dep_name) VALUES(C##HRSYS.DEPT_S.NEXTVAL,
'新部门');
```

习　　题

一、选择题

1. 在 CREATE TABLE 语句中，指定某列不接受空值，可以使用哪个关键字（　　）。

   A. NOT EMPTY　B. NOT NULL　C. IS EMPTY　D. IS NULL

2. 在 ALTER TABLE 中，指定某列不可用，可以使用哪个关键字（　　）。

   A. UNUSED　B. USED　C. DISABLE　D. NOUSE

3. 用于修改表中数据的语句是（　　）。

   A. EDIT　B. MODIFY　C. UPDATE　D. ALTER

4. 序列号是一个 Oracle 整数，最多可有（　　）个数字。

   A. 36　B. 37　C. 38　D. 39

二、填空题

1. 在 CREATE TABLE 语句中，定义主键的关键字是 【1】 。
2. 在 ALTER TABLE 语句中，使用 【2】 子句修改列名。
3. 在 SELECT 语句中，设置查询条件的关键字是 【3】 。
4. 在 SELECT 语句中，实现模糊查询的功能关键字是 【4】 。
5. 在连接查询中，可以使用 【5】 关键字实现内连接查询。

三、操作题

1. 练习在 Oracle Enterprise Manager 中添加表。
2. 使用 SQL 语句创建表 Departments，表结构如表 7.16 所示。

表 7.16　　表 Departments 的结构

编号	字段名称	数据结构	说明
1	DepId	NUMBER	编号，主键
2	DepName	VARCHAR2 40	部门名称，不允许为空
3	Desc	VARCHAR2 400	描述信息
4	UpperId	NUMBER	上级部门编号，必须大于 0

四、简答题

1. 简述表与视图的区别与联系。
2. 简述索引的工作原理。

第 8 章 备份和恢复

在数据库系统中，由于人为操作或自然灾害等因素可能造成数据丢失或损坏，从而对用户的工作造成重大损失。这是数据库系统需要预防和避免的问题。Oracle 具有的备份和恢复数据的安全机制，为用户放心地使用 Oracle 数据库提供了保障。本章将介绍如何使用 Oracle Enterprise Manager、RMAN 和 Oracle 闪回技术对 Oracle 数据库进行备份和恢复。Oracle 数据库的备份和恢复操作非常复杂，由于篇幅所限，本书只介绍其中的基本概念和操作方法。

8.1 数据库备份和恢复概述

1. 物理备份和逻辑备份

Oracle 数据库备份分为物理备份和逻辑备份两种方式，具体描述如下。

（1）物理备份指将数据文件复制到其他介质（通常是磁带或磁盘）的过程。物理备份又可以分为冷备份和热备份。

- 冷备份也称为 NonArchiveLog 方式。如果可以暂时关闭数据库，则可以利用此机会将数据文件复制到其他介质。当数据库遭到破坏时，可以将之前备份的数据库文件复制回原来的位置。这种方法简单易行，因为在数据库不提供服务时进行备份，所以又称为冷备份。在冷备份模式中，数据库在备份过程中保持关闭状态，重做日志中所有提交的数据变化都会被写入到数据文件中，因此数据文件处于事务一致性状态。冷备份又称为一致性备份，当从一致性备份中恢复数据文件后，可以立即启动并打开数据库。
- 热备份也称为 ArchiveLog 方式。当不能关闭数据库且数据库处于归档模式时，可以采用热备份。热备份可以根据归档日志的时间轴来进行备份和恢复，理论上可以恢复到前一个操作。

（2）逻辑备份指利用 SQL 语句从数据库中获取数据并存储于二进制文件的过程。逻辑备份是对物理备份的有效补充，例如导出数据库对象（表或表空间等）。但是逻辑备份不能保护整个数据库，因此有效的数据库备份机制必须是基于物理备份的。

可以使用导入/导出工具 EXP/IMP 进行逻辑备份。具体方法将在 8.2 节介绍。

2. 介质恢复

如果要还原归档重做日志文件和数据文件，则在打开数据库之前必须执行介质恢复。在数据库被打开之前，所有未写入数据文件的归档重做日志中的事务都将应用到数据文件中，从而使数据库处于事务一致性状态。

介质恢复需要控制文件、数据文件（通常从备份中还原）和联机归档重做日志文件。在联机归档重做日志文件中包含了数据文件备份后数据库发生的改变。介质恢复通常用来解决介质故障造成的数据丢失，例如数据库文件被破坏、磁盘被损坏和用户误操作删除表中数据等。

介质恢复可以实现完全恢复，或者恢复到指定的时间点。

- 在执行完全恢复时，首先还原备份的数据文件，然后再根据联机归档重做日志文件将执行备份操作后发生的改变应用到数据文件中。执行完介质恢复后，数据库将恢复到发生故障前的状态，而且可以正常打开数据库，不会有任何数据丢失。
- 在执行恢复到指定时间点时，可以使数据库恢复到用户指定的时间点时的内容。首先将从备份数据中恢复在指定时间点之前创建的数据文件，然后再根据联机归档重做日志文件恢复从创建数据库备份到指定时间点的数据变化。指定时间点之后发生的数据改变将被丢弃。

3. RMAN

RMAN（Oracle Recovery Manager）基于命令行和 Oracle Enterprise Manager 工具，使用它可以实现高效的数据库备份和恢复操作。RMAN 在数据库服务器上工作，可以在数据库备份和还原的过程中提供数据块级的坏块检测。关于 RMAN 技术将在 8.3 节进行介绍。

4. 闪回技术

Oracle 数据库的闪回特点提供了一系列物理和逻辑数据恢复工具，此功能的基础就是快速恢复区（Flash Recovery Area）。

闪回（Flashback）技术的最大特点是实现自动备份与恢复，这大大减少了管理开销。当 Oracle 数据库发生人为故障时，不需要事先备份数据库，就可以利用闪回技术快速而方便地进行恢复。

闪回技术包括闪回数据库、闪回表、闪回回收站、闪回查询、闪回版本查询和闪回事务查询等。具体使用方法将在 8.4 节中介绍。

8.2 使用 EXP/IMP 工具进行备份和恢复

EXP 是 Oracle 的命令行导出工具，使用 EXP 工具可以将表中的数据导出到一个指定的扩展名为.dmpde 的压缩文件中。而使用 IMP 工具可以将指定的.dmp 文件导入到数据库表中。

8.2.1 使用 EXP 工具导出数据

EXP 工具保存在/ORACLE_HOME/bin/文件夹下，即 exp.exe。EXP 工具有如下 3 种模式。

（1）用户模式：导出指定用户的所有对象以及对象中的数据。

（2）表模式：导出指定用户的所有表或者指定的表。

（3）整库模式：导出数据库中所有对象。

1. 以用户模式导出数据

使用 EXP 工具以用户模式导出数据的方法如下：

```
exp 用户名/密码@数据库 file=导出文件 owner=(要导出所有数据库对象的用户列表)
```

例如，导出 C##HRSYS 用户的所有表到 c:\hrsys.dmp，代码如下：

```
exp system/manager@orcl file=c:\hrsys.dmp owner=( C##HRSYS)
```

运行结果如图 8.1 所示。

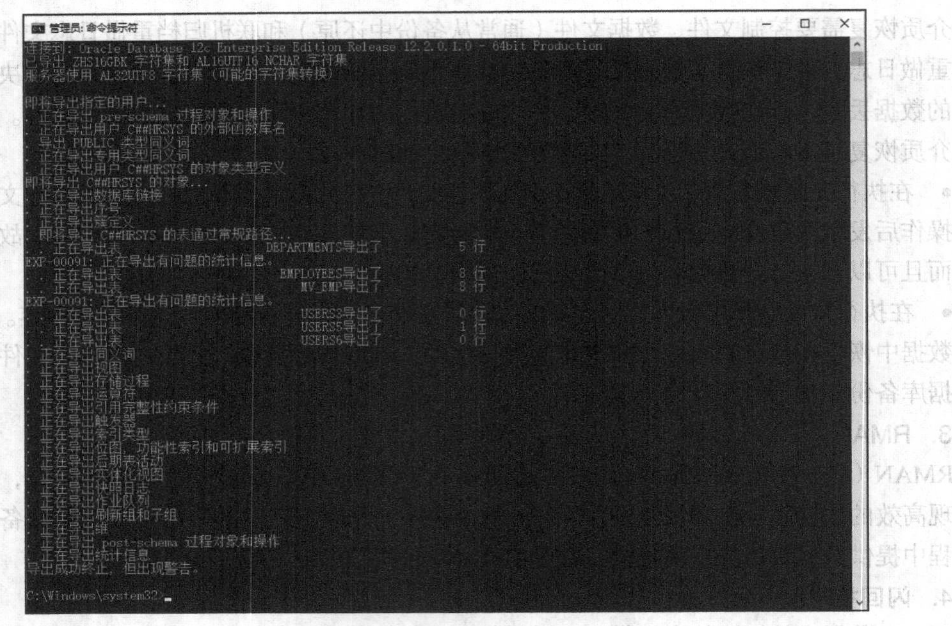

图 8.1　以用户模式导出数据

2. 以表模式导出数据

使用 EXP 工具以表模式导出表数据的方法如下：

```
exp 用户名/密码@数据库 file=导出文件 tables=(要导出的表列表)
```

例如，导出表 C##HRSYS.Departments 和 C##HRSYS.Employees 中的数据到 c:\hrsys.dmp，代码如下：

```
exp C##HRSYS/pass@orcl file=c:\hrsys.dmp tables=( C##HRSYS.Departments, C##HRSYS.Employees)
```

运行结果如图 8.2 所示。

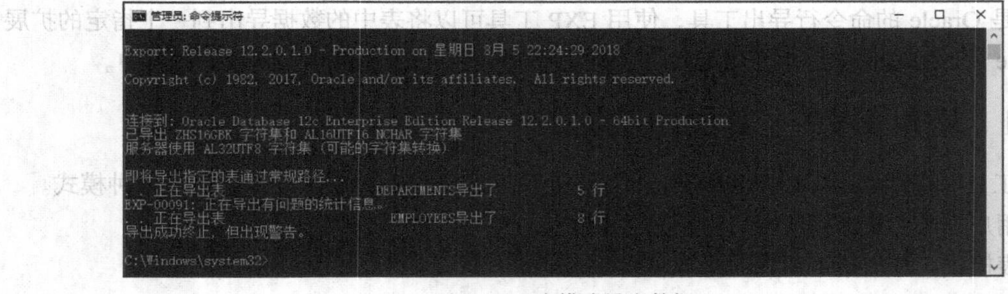

图 8.2　以表模式导出数据

3. 以整库模式导出数据

使用 EXP 工具导出整个数据库的方法如下：

```
exp 用户名/密码@数据库 file=导出文件 full=y
```

例如，导出数据库 orcl 的所有对象到 c:\orcl.dmp，代码如下：

```
exp system/manager@orcl file=c:\orcl.dmp full=y
```

运行结果如图 8.3 所示。

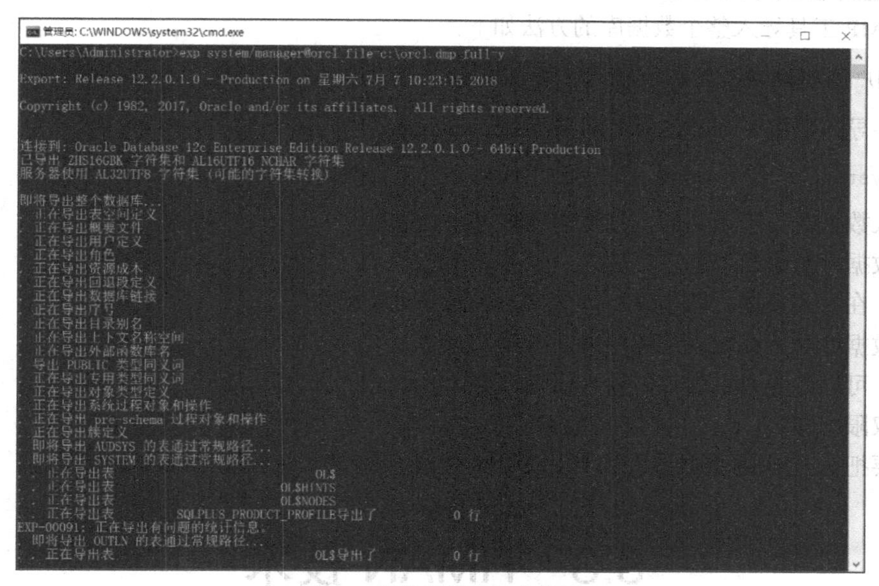

图 8.3　以整库模式导出数据

8.2.2　使用 IMP 工具导入数据

使用 IMP 工具导入数据的过程如下。

（1）如果要导入的表不存在，则创建表。

（2）插入数据。

（3）创建索引。

（4）创建触发器和约束。

与导出数据时相同，导入数据也可以分为用户模式、表模式和整库模式。

1. 以用户模式导入数据

使用 IMP 工具以用户模式导入数据的方法如下：

```
exp 用户名/密码@数据库 file=导入文件 fromuser=导入数据时只导入文件中此用户的数据 touser=指定将数据导入到目标数据库的此用户下
```

例如，将 c:\hrsys.dmp 中用户 C##HRSYS 下的数据导入到数据库 orcl 中用户 C##HRSYS 下，代码如下：

```
imp system/manager@orcl file=c:\hrsys.dmp fromuser =c##HRSYS touser = c##HRSYS
```

2. 以表模式导入数据

使用 IMP 工具以表模式导入数据的方法如下：

```
exp 用户名/密码@数据库 file=导出文件 tables=(要导入的表列表)
```

例如，将 c:\hrsys.dmp 中用户 C##HRSYS 下的数据导入到数据库 orcl 中用户 C##HRSYS 下，代码如下：

```
imp c##HRSYS/HRSYS@orcl file=c:\hrsys.dmp touser = c##HRSYS tables=( Departments, Employees)
```

3. 以整库模式导入数据

使用 IMP 工具导入整个数据库的方法如下：

```
exp 用户名/密码@数据库 file=导入文件 full=y
```

例如，导入数据库 orcl 的所有对象到 c:\orcl.dmp，代码如下：

```
imp system/manager@orcl file=c:\orcl.dmp full=y
```

在导入数据时，当遇到如下几种情况时可能会报错。

（1）数据库对象已经存在。

通常，在导入数据之前应该将待导入的数据库对象删除。

（2）数据库对象存在主外键约束。

通常，可以先导入主表，再导入依存表。

（3）权限不够。

如果要把 A 用户的数据导入到 B 用户下，A 用户需要有 imp_full_database 权限。

8.3 RMAN 技术

RMAN 是 Recovery Manager 的缩写，即恢复管理器。它可以用来备份和恢复数据库文件、归档日志和控制文件，还可以用来执行完全或不完全的数据库恢复。

8.3.1 RMAN 简介

RMAN 环境至少包含以下几个组件。

- 目标数据库：使用 TARGET 关键字可以将 RMAN 连接到指定的 Oracle 数据库。目标数据库是 RMAN 执行备份和恢复操作的数据库，RMAN 会自动维护目标数据库控制文件中原数据的操作。
- RMAN 客户端：RMAN 客户端是一个可执行文件，文件名为 rman.exe。执行该文件可以连接到 Oracle 数据库服务器，执行 RMAN 命令，记录数据库控制文件中的活动。在安装 Oracle 数据库时会自动安装 RMAN 客户端，其存储目录为$ORACLE_HOME\bin。

RMAN 创建的数据库备份有两种存储方式，即备份集（Backup Sets）和映像备份（Image Copies）。

映像备份是独立文件（数据文件、归档日志、控制文件）的复制，它类似操作系统级的文件复制。映像备份记录由 RMAN 创建，也可以通过 Oracle Enterprise Manager 写入到 RMAN 资料库中，这样一来，RMAN 就可以在备份和恢复数据库的过程中使用这些副本了。只要文件被记录在 RMAN 资料库中，就可以对其进行恢复操作。RMAN 只能在磁盘上创建映像备份。

在使用 RESTORE DATABASE 语句恢复数据库时，RMAN 使用资料库中的记录来选择执行恢复操作所需要的备份数据。RMAN 资料库主要保存在数据库的控制文件中，因此控制文件对于 RMAN 来说是至关重要的，必须保护好控制文件。用户也可以指定 RMAN 资料库的副本，它存储在一个叫作 recovery catalog 的方案中。

备份集是 BACKUP 命令生成的逻辑实体，该命令可以在磁盘或其他存储介质上生成备份集。每个备份集都包含多个物理文件，称为备份片（Backup Pieces）。备份片使用压缩的 RMAN 格式来存储数据库文件的备份数据。备份集的优势之一是通过压缩不使用的数据块来节省备份数据文件的磁盘空间。备份集中只包括数据文件中使用的数据块。一个备份片的大小是有限制的。如果没有大小的限制，备份集就只由一个备份片构成。备份片的大小不能大于文件系统所支持的文件大小的最大值。

RMAN 依赖服务器会话和数据库服务器上运行的进程来创建备份，并执行恢复操作。它使用通道与目标数据库建立连接，使用 ALLOCATE CHANNEL 命令可以在目标数据库启动一个服务器进程，同时必须定义服务器进程执行备份或者恢复操作使用的 I/O 类型。

下面首先介绍一组与 RMAN 相关的基本概念。

- 多文件备份（File Multiplexing）：将不同的多个数据文件的数据块混合备份在一个备份集中。
- 完全备份集（Full Backup Sets）：是对数据文件中使用过的数据块的备份。没有使用过的数据块不进行备份。
- 增量备份集合（Incremental Backup Sets）：是指备份数据文件自从上一次同一级别的或更低级别的备份以来被修改过的数据块。与完全备份相同，增量备份也进行压缩。
- 恢复目录（Catalog）：是由 RMAN 使用、维护的用来放置备份信息的仓库。RMAN 利用恢复目录记载的信息去判断如何执行需要的备份和恢复操作。恢复目录可以存放于 Oracle 数据库的计划中。恢复目录可以用来备份多个数据库，建议为恢复目录创建一个单独的数据库。恢复目录数据库不能使用恢复目录备份自身。
- 恢复目录同步（Recovery Catalog Resyncing）：使用 RMAN 执行 BACKUP、COPY、RESTORE 或者 SWITCH 命令时，恢复目录都会自动进行更新，但是有关日志与归档日志信息没有自动记入恢复目录，需要进行目录同步。使用 RESYNC CATALOG 命令进行同步。

在使用 RMAN 之前，需要做好准备工作，包括将数据库设置为归档日志（ARCHIVELOG）模式、创建恢复目录所使用的表空间、创建 RMAN 用户并授权、创建恢复目录和注册目标数据库等，具体方法将在本章后面的内容进行介绍。

8.3.2　启动 RMAN 并连接数据库

在命令窗口中执行 RMAN 命令，可以启动 RMAN。可以使用 CONNECT TARGET 命令在 RMAN 中连接到指定的数据库。例如，要连接到数据库实例 orcl，代码如下：

```
CONNECT TARGET orcl
```

运行结果如图 8.4 所示。在输入 SYS 用户口令后，可以登录到指定的数据库实例。

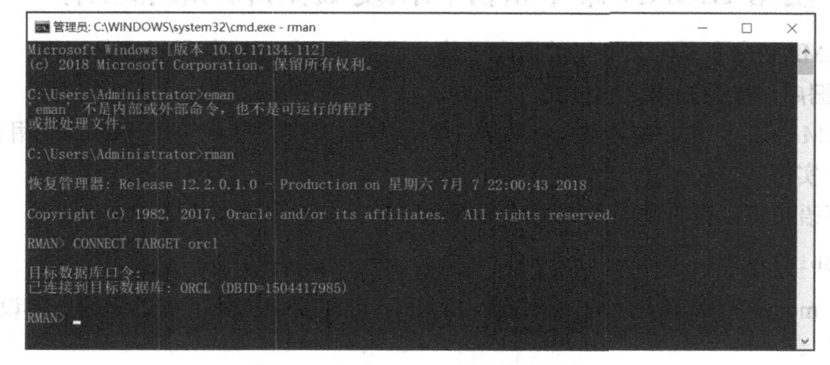

图 8.4　启动 RMAN 并连接数据库

如果连接到本地数据库服务器，则可以使用操作系统身份验证方式，命令格式如下：

```
CONNECT TARGET /
```

此时不需要输入用户口令，Oracle 会使用当前操作系统用户连接到数据库服务器。

使用 LIST BACKUP 命令可以显示备份集信息。

【例 8.1】 执行如下命令可以显示当前数据库中的备份集。

```
LIST BACKUP OF DATABASE BY BACKUP;
```

运行结果如图 8.5 所示。

```
C:\WINDOWS\system32\cmd.exe - rman
RMAN> LIST BACKUP OF DATABASE BY BACKUP;

备份集列表
===================

BS 关键字  类型 LV 大小       设备类型 经过时间 完成时间
------- ---- -- ---------- ----------- ------------ ----------
3       Full    1.22G      DISK        00:01:22     22-4月 -12
        BP 关键字: 3   状态: AVAILABLE  已压缩: NO  标记: BACKUP_ORCL_000004_042212054547
段名:D:\APP\ADMINISTRATOR\FLASH_RECOVERY_AREA\ORCL\BACKUPSET\2012_04_22\O1_MF_NNNDF_BACKUP_ORCL_000004_0_7S7NU32G_.BKP
  备份集 3 中的数据文件列表
  文件 LV 类型 Ckp SCN    Ckp 时间  名称
  ---- -- ---- ---------- --------- ----
  1       Full 4022518    22-4月 -12 D:\APP\ADMINISTRATOR\ORADATA\ORCL\SYSTEM01.DBF
  2       Full 4022518    22-4月 -12 D:\APP\ADMINISTRATOR\ORADATA\ORCL\SYSAUX01.DBF
  3       Full 4022518    22-4月 -12 D:\APP\ADMINISTRATOR\ORADATA\ORCL\UNDOTBS01.DBF
  4       Full 4022518    22-4月 -12 D:\APP\ADMINISTRATOR\ORADATA\ORCL\USERS01.DBF
  5       Full 4022518    22-4月 -12 D:\APP\ADMINISTRATOR\ORADATA\ORCL\EXAMPLE01.DBF
  6       Full 4022518    22-4月 -12 D:\APP\ADMINISTRATOR\ORADATA\ORCL\MYTBS.DBF
  7       Full 4022518    22-4月 -12 D:\APP\ADMINISTRATOR\ORADATA\ORCL\ORCLTBS01.DBF
  8       Full 4022518    22-4月 -12 D:\APP\ADMINISTRATOR\ORADATA\ORCL\ORCLTBS02.DBF
  9       Full 4022518    22-4月 -12 D:\APP\ADMINISTRATOR\ORADATA\ORCL\ORCLTBS03.DBF
```

图 8.5 显示当前数据库中的备份集

【例 8.2】 执行如下命令可以显示文件的备份信息。

```
LIST BACKUP BY FILE;
```

【例 8.3】 执行如下命令可以显示备份的综合信息。

```
LIST BACKUP SUMMARY;
```

使用 LIST COPY OF DATAFILE 命令可以显示数据文件的副本信息。

【例 8.4】 查看编号为 1 的数据文件的副本，代码如下。

```
LIST COPY OF DATAFILE 1;
```

8.3.3 使用 RMAN 命令备份和恢复数据库的准备工作

在使用 RMAN 命令备份和恢复数据库之前，需要参照如下步骤做好准备工作。

1. 将数据库切换为归档日志模式

要使用 RMAN，首先必须将数据库设置为归档日志模式。打开 SQL Plus，使用 SYSDBA 身份登录到 orcl 实例。

执行如下语句可以查看到当前数据库实例的编号、名称和日志模式。

```
SELECT dbid, name, log_mode FROM V$DATABASE;
```

如果 log_mode 字段值等于 NOARCHIVELOG，则需要使用如下方法将数据库设置为归档日志模式。

（1）执行如下语句关闭数据库。

```
SHUTDOWN IMMEDIATE
```

（2）执行如下语句，再次启动数据库，但不打开实例。

```
STARTUP MOUNT
```

（3）执行如下语句切换实例为归档日志模式。

```
ALTER DATABASE ARCHIVELOG;
```

在确认数据库处于归档日志模式后，可以执行如下语句打开数据库实例。

```
ALTER DATABASE OPEN;
```

运行结果如图 8.6 所示。

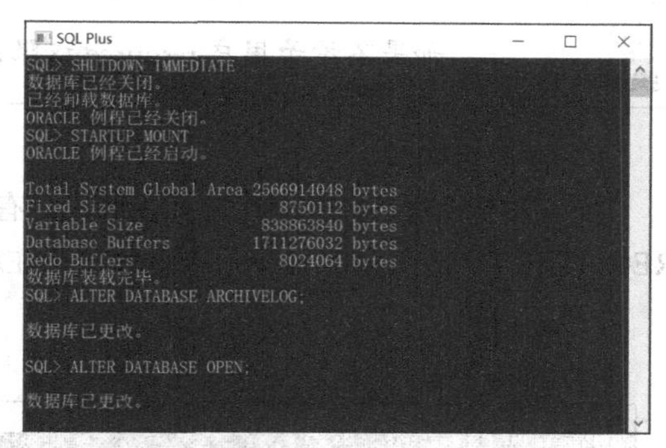

图 8.6　将数据库切换为归档日志模式

2. 创建保存 RMAN 数据的表空间

使用 CREATE TABLESPACE 语句创建表空间，代码如下。

```
CREATE TABLESPACE rman_ts1 DATAFILE 'E:\oradata\rman_ts1.dbf' size 200M;
```

创建的表空间名为 rman_ts1，数据文件为 E:\oradata\rman_ts1.dbf，表空间的大小为 200MB。注意，指定数据文件的目录必须存在，否则会产生错误。

3. 创建 RMAN 用户并授权

创建一个 RMAN 用户，并授予其相关权限，专门进行数据库备份和恢复操作。可以使用 CREATE USER 语句创建用户，语句如下：

```
CREATE USER rman1 IDENTIFIED BY rman DEFAULT TABLESPACE rman_ts1 TEMPORARY TABLESPACE
temp;
```

创建的用户名为 rman1，默认的表空间的 rman_ts1，临时表空间为 temp。

使用 GRANT 语句授予 rman1 用户 connect、recovery_catalog_owner 和 resource 权限，代码如下：

```
GRANT connect, recovery_catalog_owner, resource TO rman1;
```

拥有 connect 权限可以连接数据库，创建表、视图等数据库对象；拥有 recovery_catalog_owner 权限可以对恢复目录进行管理；拥有 resource 权限可以创建表、视图等数据库对象。

执行如下语句，指定用户 rman1 可以无限制地分配表空间 rman_ts1 的空间。

```
ALTER USER rman1 QUOTA UNLIMITED on rman_ts1;
```

4. 创建恢复目录

在命令行窗口中执行如下命令，打开恢复管理器并连接到 orcl 数据库实例。

```
RMAN CATALOG rman1/rman TARGET orcl
```

上面语句中出现了两个 rman。第 1 个 RMAN 代表执行 rman.exe；第 2 个 rman 代表使用用户 rman1 的口令。参数 TARGET 后面是目标数据库的连接字符串，参数 CATALOG 指定使用恢复目录，如果不使用恢复目录，则使用 NOCATALOG。

在输入数据库实例 orcl 的口令后，可以连接到目标数据库。在 RMAN 中使用 CREATE CATALOG 命令可以创建恢复目录，具体如下：

```
CREATE CATALOG TABLESPACE rman_ts1;
```

恢复目录使用 rman_ts1 表空间。运行结果如图 8.7 所示。

提示

如果不授予用户 resource 权限，在创建恢复目录时将会出现错误。

5. 注册目标数据库

接下来需要对目标数据库进行注册，只有注册的数据库才能进行备份和恢复操作。可以使用 REGISTER DATABASE 命令对数据库进行注册，如图 8.8 所示。

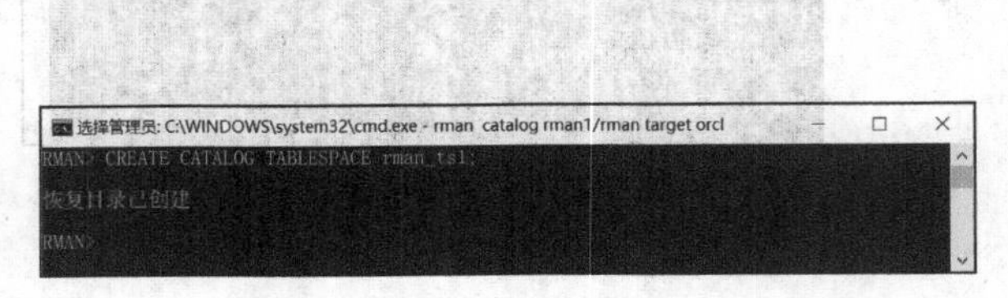

图 8.7　创建恢复目录

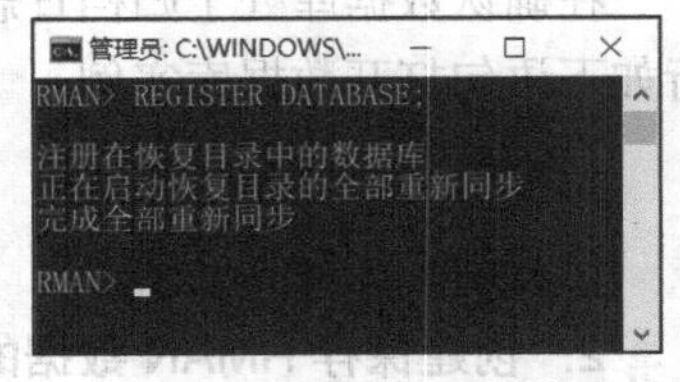

图 8.8　注册目标数据库

至此，准备工作已经完成。可以参照 8.3.4 小节和 8.3.5 小节在 RMAN 中执行备份和恢复数据库的操作。

8.3.4　使用 RMAN 备份数据库

在 RMAN 中使用 BACKUP 命令来备份数据库，本节将介绍在各种情况下备份数据库的方法。

1. 在 ARCHIVELOG 模式下备份数据库

如果数据库运行在 ARCHIVELOG 模式下，则可以在数据库打开的情况下备份数据库，这被称为不一致备份，因为在恢复数据库时需要使用重做日志才能将数据库恢复到最近的状态。

执行如下语句可以查看当前数据库实例的编号、名称和日志模式。

```
SELECT dbid, name, log_mode FROM V$DATABASE;
```

运行结果如图 8.9 所示。

启动 RMAN 连接到要备份的数据库，然后执行如下命令将备份整个数据库及其归档重做日志文件到默认的备份设备：

```
BACKUP DATABASE PLUS ARCHIVELOG;
```

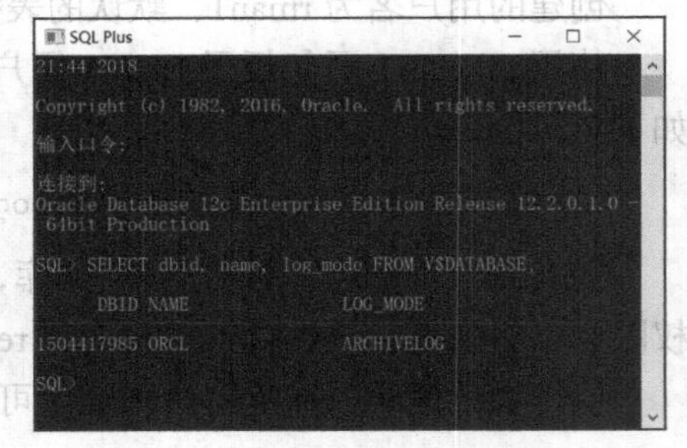

图 8.9　查看数据库的日志模式

2. 在 NOARCHIVELOG 模式下备份数据库

如果数据库在 NOARCHIVELOG 模式下运行，则只能进行一致性备份。若要进行一致性备份，首先就要关闭数据库，然后再加载并不打开数据库。

启动 RMAN 连接到要备份的数据库，然后执行如下命令，为备份数据库准备好环境。

```
SHUTDOWN IMMEDIATE;
STARTUP FORCE DBA;
SHUTDOWN IMMEDIATE;
STARTUP MOUNT;
```

然后执行 BACKUP DATABASE 命令，即可备份数据库。如果希望在备份数据库时创建所有数据文件的映像副本，则可以使用如下命令来备份数据库。

```
BACKUP AS COPY DATABASE;
```

备份完成后，执行如下命令打开数据库。

```
ALTER DATABASE OPEN;
```

3. 执行增量备份

使用 BACKUP INCREMENTAL 语句可以创建数据库的增量备份。增量备份可以捕获上次执行不一致备份后所发生的数据块级变化，因此它比完整数据库备份更小、更快。而且使用增量备份进行恢复数据库操作比单独使用重做日志要快。

增量备份是指在一次全备份或上一次增量备份的基础上对数据库中变化的部分进行备份的策略。增量备份的起始点是一个 0 级增量备份，它将备份数据库中的所有数据块。0 级备份在内容上与完整备份是一致的，但 0 级备份被看作是增量备份策略的一部分。1 级增量备份只包含之前增量备份后发生变化的数据块。如果在执行 1 级增量备份时没有执行过 0 级备份，则 RMAN 会自动执行 0 级备份。

1 级备份包括累积增量备份（Cumulative Incremental Backup）和差异增量备份（Differential Incremental Backup）两种情况。累积增量备份包括从 0 级备份以来的所有变化的数据块，而差异增量备份只包括从最近一次差异备份以来变化的数据块。

【例 8.5】 启动 RMAN 连接到要备份的数据库，然后执行如下命令，创建 0 级增量备份。

```
BACKUP INCREMENTAL LEVEL 0 DATABASE;
```

【例 8.6】 创建 1 级累积增量备份的代码如下：

```
BACKUP INCREMENTAL LEVEL 1 CUMULATIVE DATABASE;
```

【例 8.7】 创建 1 级差异增量备份的代码如下：

```
BACKUP INCREMENTAL LEVEL 1 DATABASE;
```

4. 备份表空间和各种数据库文件

在 RMAN 中，可以使用 BACKUP TABLESPACE 命令来备份表空间。

【例 8.8】 打开 RMAN 并连接到目标数据库。执行如下语句备份表空间 USERS 和 UNDOTBS1。

```
BACKUP TABLESPACE USERS, UNDOTBS1;
```

在备份表空间时，Oracle 会自动将其转换为备份表空间中的数据文件。

使用 BACKUP DATAFILE 命令可以指定要备份的数据文件，使用文件编号表示数据文件。

【例 8.9】 打开 RMAN 并连接到目标数据库。执行如下语句的同时备份编号为 1、2、3、4 的数据文件。

```
BACKUP DATAFILE 1,2,3,4;
```

可以在数据库处于加载和打开状态时对控制文件进行备份。RMAN 使用快照控制文件来确保有一个读一致性的版本。

在备份表空间时使用 INCLUDE CURRENT CONTROLFILE 子句可以同时备份控制文件。

【例 8.10】 打开 RMAN 并连接到目标数据库，执行如下语句备份表空间 users 和数据库控制文件。

```
BACKUP TABLESPACE users
INCLUDE CURRENT CONTROLFILE;
```

【例 8.11】　使用如下命令可以单独备份控制文件。

```
BACKUP AS COPY CURRENT CONTROLFILE;
```

执行 BACKUP SPFILE 命令可以单独备份服务器参数。

5. 验证数据库文件和备份

可以使用 VALIDATE 命令确认所有数据库文件是否存在、是否在正确的存储位置，并且物理上是否被破坏。

【例 8.12】　在 RMAN 中执行如下命令可以检查所有数据库文件和归档重做日志文件是否存在物理和逻辑损坏。

```
BACKUP VALIDATE CHECK LOGICAL
DATABASE ARCHIVELOG ALL;
```

CHECK LOGICAL 选项表示检查是否存在逻辑块损坏。因为是对整个数据库进行检查，所以持续的时间会比较长，输出的信息也比较多。

使用 VALIDATE 语句还可以对指定数据文件的指定数据块进行检查。

【例 8.13】　在 RMAN 中执行如下命令可以检查 4 号数据文件的 10～13 数据块。

```
VALIDATE DATAFILE 4 BLOCK 10 TO 13;
```

也可以使用 VALIDATE 语句对备份集进行验证，语法如下：

```
VALIDATE BACKUPSET 备份集编号
```

【例 8.14】　在 RMAN 中执行如下语句可以对备份集 1 进行验证。

```
VALIDATE BACKUPSET 1;
```

6. 在 RMAN 中显示备份信息

使用 LIST BACKUP 命令可以显示备份集信息，使用 LIST COPY 命令可以显示数据文件的副本信息。

【例 8.15】　使用如下命令可以显示当前数据库中的备份集。

```
LIST BACKUP OF DATABASE BY BACKUP
```

运行结果如图 8.10 所示。

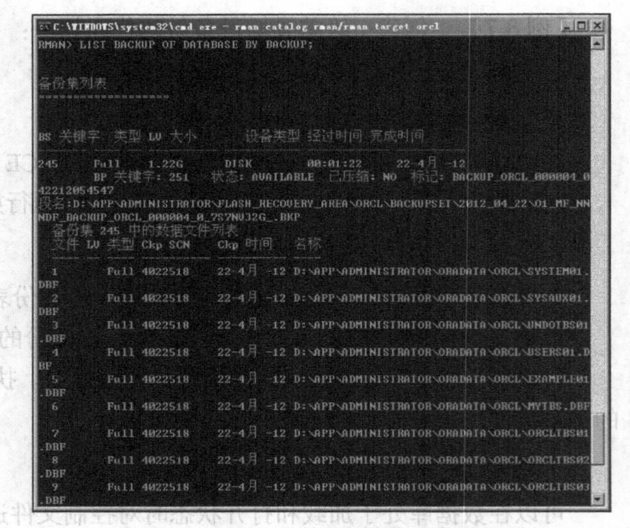

图 8.10　显示当前数据库中的备份集

【例 8.16】　执行如下命令可以显示文件的备份信息。

```
LIST BACKUP BY FILE;
```

【例 8.17】　执行如下命令可以显示备份的综合信息。

```
LIST BACKUP SUMMARY;
```

使用 LIST COPY OF DATAFILE 命令可以显示数据文件的副本信息。

【例 8.18】　查看编号为 1 的数据文件的副本，代码如下：

```
LIST COPY OF DATAFILE 1;
```

8.3.5　使用 RMAN 恢复数据库

在 RMAN 中使用 RESTORE 语句和 RECOVER 语句来恢复数据库，本节将介绍在各种情况下恢复数据库的方法。

1. 恢复整个数据库

使用 RESTORE DATABASE 语句和 RECOVER DATABASE 语句可以恢复整个数据库，前提是之前做了完整的数据库备份。

RESTORE 语句和 RECOVER 语句的区别如下。

- RESTORE：按照 RMAN 存储库中的条目从备份文件中恢复需要的文件。
- RECOVER：使用数据文件和重做日志文件进行完全的或者时间点的数据库媒体恢复。

通常在数据库服务器的存储介质发生故障导致当前数据库中的数据文件、控制文件或归档日志文件被破坏时，建议使用 RECOVER 命令执行时间点恢复。RESTORE 命令用于恢复完整备份、增量备份（只支持 0 级备份）或者数据文件、控制文件和归档重做日志文件的副本。因为 RECOVER 命令会在需要时自动恢复归档日志，所以几乎不需要手动恢复日志。

打开 RMAN 并连接到目标数据库。恢复数据库之前首先要关闭数据库，然后以 MOUNT 方式启动数据库，使用的命令如下：

```
SHUTDOWN IMMEDIATE
STARTUP FORCE MOUNT
```

然后分别执行如下命令，恢复数据库。

```
RESTORE DATABASE;
RECOVER DATABASE;
```

恢复完成后，执行如下命令打开数据库。

```
ALTER DATABASE OPEN;
```

2. 恢复表空间

在恢复表空间之前，需要将其设置为脱机状态。在 RMAN 中，使用 SQL 命令可以执行指定的 SQL 语句，语法如下：

```
SQL <SQL 语句>;
```

【例 8.19】　在 RMAN 中将表空间 users 设置为脱机状态，代码如下：

```
SQL "ALTER TABLESPACE users OFFLINE IMMEDIATE";
```

可以使用 RESTORE TABLESPACE 命令和 RECOVER TABLESPACE 命令恢复表空间。

【例 8.20】　恢复表空间 users 的语句如下：

```
RESTORE TABLESPACE users;
RECOVER TABLESPACE users;
```

恢复完成后，再执行如下语句将表空间 users 设置为联机状态。

```
SQL "ALTER TABLESPACE users ONLINE";
```

3. 恢复单个数据块

在 RMAN 中可以恢复被破坏的单个数据块。当 RMAN 执行备份文件的完整扫描时，视图 V$DATABASE_BLOCK_CORRUPTION 中列出了被破坏的数据块。

【例 8.21】 可以使用如下命令恢复所有被破坏的数据块。

```
RECOVER CORRUPTION LIST;
```

也可以恢复指定的被破坏的数据块。通常可以在跟踪文件和警告日志中找到被破坏的数据块信息。在 SQL Plus 中执行如下语句可以查看跟踪文件和警告日志的位置。

```
SELECT NAME, VALUE FROM V$DIAG_INFO;
```

在恢复数据块时可以指定数据文件编号和数据块编号。

【例 8.22】 恢复 1 号数据文件的编号为 233 和 235 的数据块以及 2 号数据文件中编号为 100～200 的数据块，语句如下：

```
RECOVER DATAFILE 1 BLOCK 233, 235 DATAFILE 2 BLOCK 100 TO 200;
```

4. 恢复归档日志

使用 RESTORE ARCHIVELOG 命令可以恢复归档日志。

【例 8.23】 执行如下命令可以恢复全部归档日志信息。

```
RESTORE ARCHIVELOG ALL;
```

8.3.6 RMAN 批处理

在 RMAN 中执行备份和恢复时，常常需要同时执行多个语句，可以使用 run 定义一组需要执行的语句，以批处理方式运行。这种方式的好处是所有批处理中的命令被视为一个作业，如果作业中任何一条命令执行失败，则整个命令停止执行。

【例 8.24】 执行如下语句可以实现全数据库备份。

```
run {
ALLOCATE CHANNEL dev1 type disk;
backup database;
RELEASE CHANNEL dev1;
}
```

ALLOCATE CHANNEL 语句用于手动分配一个 RMAN 与数据库实例的连接通道。dev1 指定通道的名称；type disk 指定备份设备的类型为磁盘。如果希望增加备份的效率，则可以分配多个通道。

RELEASE CHANNEL 语句用于释放通道。

8.4 闪 回 技 术

Oracle 提供基于磁盘的自动备份与恢复，此功能的基础就是闪回恢复区（Flash Recovery Area）。本节将介绍闪回（Flashback）技术的具体应用。

8.4.1 闪回技术概述

为了简化对备份和恢复文件的管理，可以在 Oracle 数据库中创建一个快速恢复区。快速恢复区是用来存储与数据库恢复相关文件的存储空间，它的存储形式包括目录、文件系统和自动存储管理（ASM）磁盘组。可以在快速恢复区中存储如下几种文件。

- 控制文件。
- 归档的日志文件。
- 闪回日志。
- 控制文件和 SPFILE 自动备份。
- RMAN 备份集。
- 复制数据文件。

Oracle 数据库会自动管理快速恢复区，删除不再需要的文件。定期将快速恢复区中的备份数据复制到磁带上，从而释放空间给其他文件使用。因此，可以将快速恢复区看作是磁带在磁盘上的缓存。

闪回技术的最大特点是实现自动备份与恢复，大大减少了管理开销。当 Oracle 数据库发生人为故障时，不需要事先备份数据库，就可以利用闪回技术快速而方便地进行恢复。

闪回技术包括闪回数据库、闪回表、闪回回收站、闪回查询、闪回版本查询和闪回事务查询等。下面分别对它们进行介绍。

8.4.2　闪回数据库

闪回数据库可以快速地将 Oracle 数据库倒退回到以前的某个时间点，从而纠正逻辑数据丢失和人为错误造成的问题。若要使用闪回数据库，必须首先配置快速恢复区。初始化参数 db_recovery_ file_dest 指定闪回恢复区的位置，db_recovery_file_dest_size 指定快速恢复区的大小。

在 SQL Plus 中执行如下命令可查看与快速恢复区相关的初始化参数值。

```
SHOW PARAMETER db_recovery_file_dest;
```

如果没有设置 db_recovery_file_dest 和 db_recovery_file_dest_size 的值，则可以使用 ALTER SYSTEM 命令设置，否则无法启用闪回数据库。例如：

```
ALTER SYSTEM set db_recovery_file_dest_size =2048M;
ALTER SYSTEM set db_recovery_file_dest='E:\app\orcl\flash_recovery_area';
```

需要注意以下几点。

（1）首先设置 db_recovery_file_dest_size 的值，然后才能设置 db_recovery_file_dest 的值；

（2）db_recovery_file_dest 的值必须是已经存在的路径。设置完成后可以在 SQL Plus 执行如下语句，将当前数据库设置为闪回数据库。

```
SHUTDOWN IMMEDIATE
STARTUP MOUNT
ALTER DATABASE ARCHIVELOG;
ALTER DATABASE FLASHBACK ON;
ALTER DATABASE OPEN;
```

【例 8.25】　下面演示一个使用闪回数据库恢复误删除表的例子，前提是数据库已经按照上述介绍的方法被设置为闪回数据库。

（1）首先在数据库方案 C##HRSYS 中创建一个表 mydep，表结构和表数据与 C##HRSYS. Departments 一样。然后查看表 C##HRSYS.mydep 中的数据。语句如下：

```
CREATE TABLE C##HRSYS.mydep AS SELECT * FROM C##HRSYS.Departments;
DESC C##HRSYS.mydep;
```

运行结果如图 8.11 所示。可以看到，表 C##HRSYS.Mydep（Oracle 中不区分大小写）已经存在。

（2）使用 DROP TABLE 语句删除表 C##HRSYS.Mydep，语句如下：

```
SET TIME ON;
DROP TABLE C##HRSYS.mydep;
DESC C##HRSYS.mydep;
```

运行结果如图 8.12 所示。可以看到，表 C##HRSYS.Mydep 已经被删除。

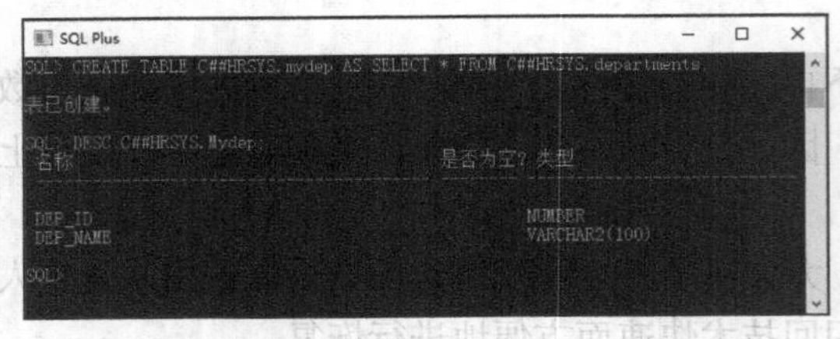

图 8.11　创建表 C##HRSYS.mydep

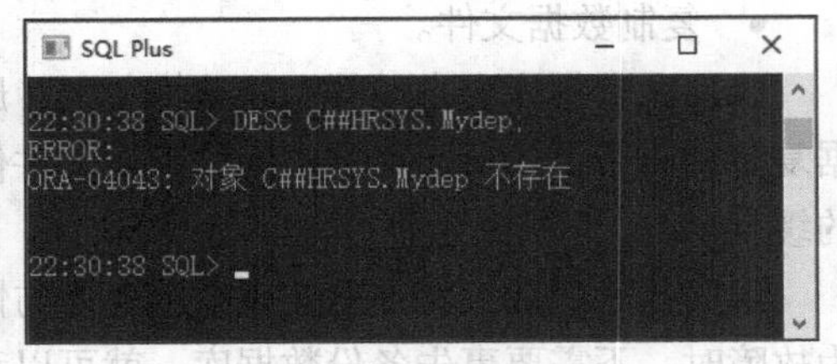

图 8.12　删除表 C##HRSYS.mydep

为了显示删除操作的时间，首先执行了 SET TIME ON 语句。此时，在 SQL>提示符的前面显示了当前的时间。这里假定删除表的时间为 2019-12-29 22:30:30。

（3）关闭数据库再以 MOUNT 方式打开，语句如下：

```
SHUTDOWN IMMEDIATE
STARTUP MOUNT
```

（4）为了显示方便，设置当前系统日期的显示模式，语句如下：

```
ALTER SESSION SET nls_date_format='yyyy-mm-dd hh24:mi:ss';
```

（5）从系统视图 v$flashback_database_log 中可查看闪回数据库日志信息，代码如下：

```
SELECT * FROM v$flashback_database_log;
```

运行结果如图 8.13 所示。

图 8.13　查看闪回数据库日志信息

从图 8.13 中可以看到最早的闪回 SCN 编号、最早的闪回日志时间、闪回文件大小等信息。比较重要的信息是其中的时间值，它表示只能从快速恢复区恢复此时间点后的数据。如果试图恢复此时间点之前的数据，则系统会提示："ORA-38796: 闪回数据库日志数据不足。"

（6）使用 FLASHBACK DATABASE 语句闪回恢复数据库，代码如下：

```
FLASHBACK DATABASE
TO TIMESTAMP(TO_DATE('2019-12-29 22:30:20','yyyy-mm-dd hh24:mi:ss'));
```

使用 TO TIMESTAMP 函数可以指定恢复的时间。因为前面删除表 C##HRSYS.Mydep 的时间是 2019-12-29 22:30:30，所以这里选择了一个稍微提前一点的时间。注意，如果时间提前太多，则可能还没有创建表 C##HRSYS.Mydep，达不到演示的效果。

（7）重新打开数据库实例，确认 C##HRSYS.Mydep 是否恢复。注意，闪回恢复后，再打开数据库实例时，需要使用参数 RESETLOGS 或 NORESETLOGS，代码如下：

```
ALTER DATABASE OPEN RESETLOGS;
DESC C##HRSYS.Mydep;
```

运行结果如图 8.14 所示。确认表 C##HRSYS.Mydep 已经被恢复。

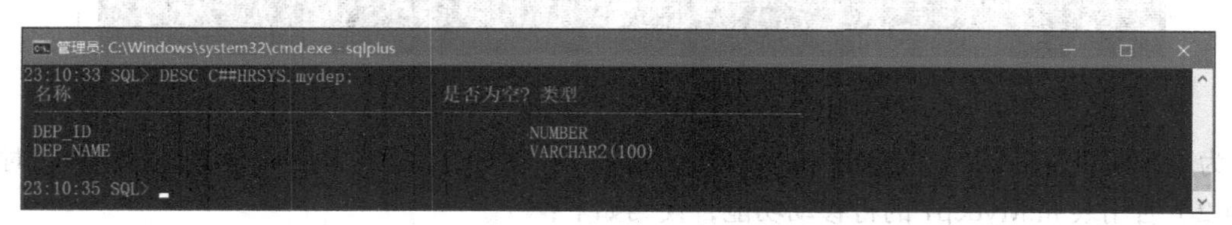

图 8.14 表 C##HRSYS.Mydep 被恢复了

8.4.3 闪回表

闪回数据库可以将整个数据库恢复到指定的时间点。但有时仅仅是对一个表做了误操作，而对数据库的其他操作是有效的。此时，用户希望对指定的表进行恢复。Oracle 提供了闪回表的概念，可以将指定表中的数据、索引、触发器等恢复到指定的时间点。

使用 FLASHBACK TABLE 语句可以对表进行闪回操作，语法如下：

```
FLASHBACK TABLE 表名
To [before drop[rename to 表别名]]|[scn|timestamp]表达式
[Enable|disable triggers];
```

参数说明如下。

- To before drop：将表恢复到删除之前的状态。
- Rename to：表别名。修改表名。
- To scn：使用 SCN 来恢复表。
- To timestamp：使用时间戳来恢复表。
- Enable | disable triggers：恢复后是否直接启用触发器。

要对指定表执行闪回表操作，必须事先启用该表的行移动功能，方法如下：

```
ALTER TABLE t1 ENABLE ROW MOVEMENT;
```

【例 8.26】 下面介绍一个闪回表的实例。

（1）创建表 C##HRSYS.Mydep1，表结构和数据与 C##HRSYS.Departments 相同，代码如下：

```
SQL> SET TIME ON
08:22:43 SQL> CREATE TABLE C##HRSYS.Mydep1 AS SELECT * FROM C##HRSYS.Departments;
表已创建。

08:24:41 SQL> SELECT * FROM C##HRSYS.Mydep1;
```

运行结果如图 8.15 所示。

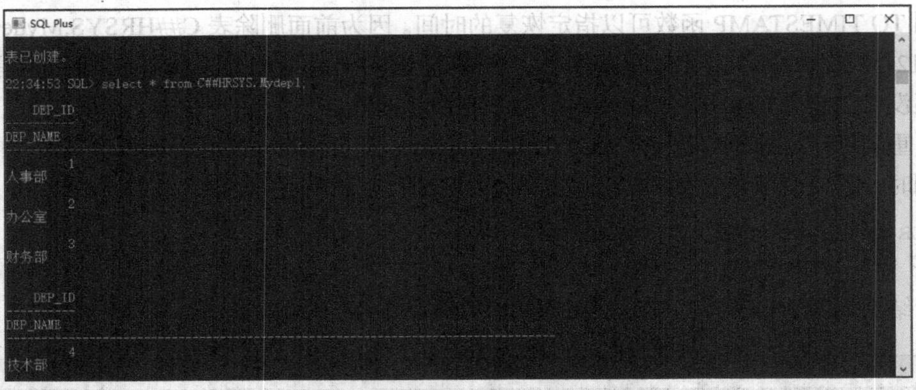

图 8.15　浏览表 C##HRSYS.Mydep1 的内容

为了确定恢复时间，首先执行 SET TIME ON 命令，在 SQL>提示符前面显示当前的系统时间。

（2）启用表 hr.Mydep1 的行移动功能，代码如下：

```
ALTER TABLE HRSYS.mydep1 ENABLE ROW MOVEMENT;
闪回完成。
```

（3）删除 dep_id=5 的记录，然后检查此记录是否存在，代码如下：

```
08:38:17 SQL> DELETE FROM C##HRSYS.Mydep1 WHERE dep_id=5;
已删除 1 行。
08:44:46 SQL> COMMIT;
提交完成。
08:52:41 SQL> SELECT * FROM C##HRSYS.Mydep1 where dep_id=5;
未选定行
```

执行 DELETE 语句后，通过执行 COMMIT 语句提交任务，将此记录真正地从表中删除。再使用 SELECT 语句查询 department_id=10 的记录，结果没有找到。

（4）执行 FLASHBACK TABLE 语句，对表 C##HRSYS.Mydep1 进行恢复，代码如下：

```
09:03:23 SQL> FLASHBACK TABLE C##HRSYS.mydep1 to timestamp to_timestamp('2018-07-15
08:38:00', 'yyyy-mm-dd hh24:mi:ss');
闪回完成。
08:13:26 SQL> SELECT * FROM C##HRSYS.mydep1 WHERE dep_id=5;
DEP_ID          DEP_NAME
-----           --------
    5           服务部
```

注意，删除数据的时间是 08:38:17，因此将恢复时间设置为 08:38:00。当显示闪回完成后，执行 SELECT 语句，已经可以查询到被删除的数据。

8.4.4　闪回回收站

读者对 Windows 的回收站一定不陌生。在 Windows 中，为了防止误操作删除数据，将删除的文件和目录放在回收站中。如果需要，可以从回收站中恢复数据。当然，回收站中的数据依然占用硬盘空间，所以在不需要的时候，可以将其从回收站中彻底删除。

Oracle 也提供了一个回收站对象（Recyclebin），它的功能与 Windows 回收站相似。

【例 8.27】　下面通过实例介绍如何查看和使用 Oracle 回收站。为了测试在回收站中查看到已经删除的数据，首先执行如下 SQL 语句，删除表 C##HRSYS.Mydep1。

```
DROP TABLE C##HRSYS.Mydep1;
```

然后执行如下语句，通过系统视图 dba_recyclebin 查看回收站中的数据。

```
SELECT object_name, original_name, createtime, droptime FROM dba_recyclebin WHERE
ORIGINAL_NAME='MYDEP1';
```

运行结果如图 8.16 所示。

```
选择SQL Plus
10:10:52 SQL> select object_name, original_name, createtime, droptime from dba_recyclebin WHERE
ORIGINAL_NAME='MYDEP1';

OBJECT_NAME
ORIGINAL_NAME
CREATETIME                    DROPTIME
BIN$Bp4cZUNeRI+fwgZtyJDKOA==$0
MYDEP1
2018-07-15:08:24:41           2018-07-15:10:10:11
```

图 8.16　查看回收站中的数据

如果以 SYSDBA 的身份登录，则可以在表 dba_recyclebin 中查看到回收站中的数据。如果以普通用户的身份登录，则可以查看表 user_recyclebin 中的数据。

在回收站中，被删除的对象被赋予了新的名称（OBJECT_NAME），它的原有名称被保存为 ORIGINAL_NAME。CREATETIME 字段保存对象创建的时间，DROPTIME 保存对象被删除（DROP）的时间。

可以使用 FLASHBACK TABLE 语句从回收站中恢复数据，语法如下：

```
FLASHBACK TABLE 表名 TO BEFORE DROP;
```

执行如下语句可以恢复删除表 C##HRSYS.Mydep1。

```
FLASHBACK TABLE C##HRSYS.Mydep1 TO BEFORE DROP;
```

运行结果如图 8.17 所示。从图 8.17 中可以看到，表 C##HRSYS.Mydep1 已经被恢复。

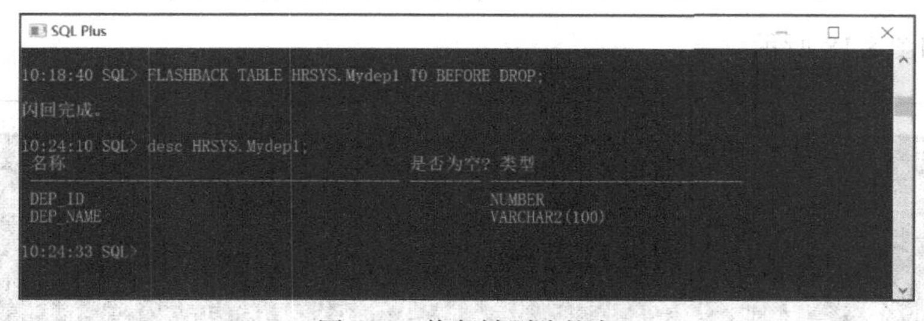

图 8.17　恢复被删除的表

可以使用 PURGE TABLE 语句来删除回收站中的数据，从而节省存储空间。

【例 8.28】　要从回收站中删除表 C##HRSYS.Mydep1，可以使用如下命令：

```
PURGE TABLE C##HRSYS.Mydep1;
```

使用 PURGE dba_recyclebin 命令可以清空整个回收站。如果是普通用户，则使用 PURGE recyclebin 命令。

8.4.5　闪回查询

闪回查询（Flashback Query）可以查询指定时间点时表中的数据。使用闪回查询可以找到发生误操作前的数据情况，为恢复数据库提供依据。闪回查询就是在传统的 SELECT 语句中加入 as of timestamp 子句，指定要查询的时间戳。注意，在指定的查询时间戳到当前时间内，要进行闪回查询的表不能发生结构改变，否则无法进行闪回查询。

要实现闪回查询，必须将初始化参数 UNDO_MANAGEMENT 设置为 AUTO，这是此参数的默认值。初始化参数 UNDO_RETENTION 决定了能往前闪回查询的最大时间，值越大则表示可以往前闪回查询的最大时间越长，但占用的磁盘空间也越大。

【例 8.29】　下面通过实例演示闪回查询的使用方法。

（1）创建示例表 C##HRSYS.Mydep4，表结构和表中的数据与 C##HRSYS.Departments 相同。并向表 C##HRSYS.Mydep4 中插入记录，代码如下：

```
SET TIME ON
CREATE TABLE C##HRSYS.Mydep4 as SELECT * FROM C##HRSYS.Departments;
```

（2）删除表 C##HRSYS.Mydep4 中编号为 2 的记录。代码如下：

```
DELETE FROM C##HRSYS.Mydep4 WHERE Dep_id =2;
COMMIT;
```

（3）使用 SELECT 语句查询 Dep_id =2 的记录，代码如下：

```
SELECT * FROM C##HRSYS.Mydep4 WHERE Dep_id=2;
```

结果应该是没有找到记录。

（4）使用闪回查询，可以找到指定记录。假定删除数据的时间为 2018-07-15 13:41:26（注意，应以执行 COMMIT 命令的时间为准，因为提交事务后数据才真正被删除），则在闪回查询中指定在此时间稍微提前一点的时间（注意，不能提前太多，应在创建表 HRSYS.Mydep4 之后），代码如下：

```
SELECT * FROM C##HRSYS.Mydep4 as of timestamp
TO_TIMESTAMP('2018-07-15 13:41:20','yyyy-mm-dd hh24:mi:ss') WHERE Dep_id =2;
```

运行结果如图 8.18 所示。

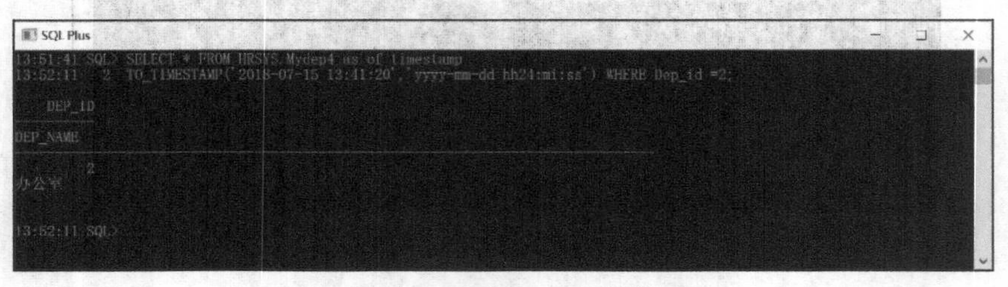

图 8.18　闪回查询已经被删除的记录

8.4.6　闪回版本查询

闪回版本查询提供了对表中数据进行审核的方法，它可以查询表在不同时间点的不同版本的数据。闪回版本查询只能查询提交（Commit）后的数据。进行闪回版本查询的方法是在 SELECT

语句中使用 versions between 子句。

【例 8.30】　下面通过实例演示闪回版本的查询。

（1）首先创建一个测试用的表 C##HRSYS.testtable，它由一个 number 类型字段 score 组成。代码如下：

```
CREATE TABLE C##HRSYS.testtable (score number);
```

（2）在表中插入一条记录。代码如下：

```
INSERT INTO C##HRSYS.testtable values(100);
COMMIT;
```

（3）更新表中的数据。代码如下：

```
UPDATE C##HRSYS.testtable SET score=110 WHERE score=100;
COMMIT;
```

（4）删除表中的数据。代码如下：

```
DELETE FROM C##HRSYS.testtable WHERE score>0;
COMMIT;
```

（5）使用闪回版本查询。代码如下：

```
COL VERSIONS_STARTTIME FORMAT A40
SELECT versions_starttime, versions_operation, score
FROM C##HRSYS.testtable versions between timestamp minvalue and maxvalue;
```

运行结果如图 8.19 所示。versions_starttime 和 versions_operation 是伪列，分别表示版本的开始时间和版本进行的操作，D 表示删除，U 表示更新，I 表示插入。versions between timestamp minvalue and maxvalue 子句指定显示所有可能的版本数据。

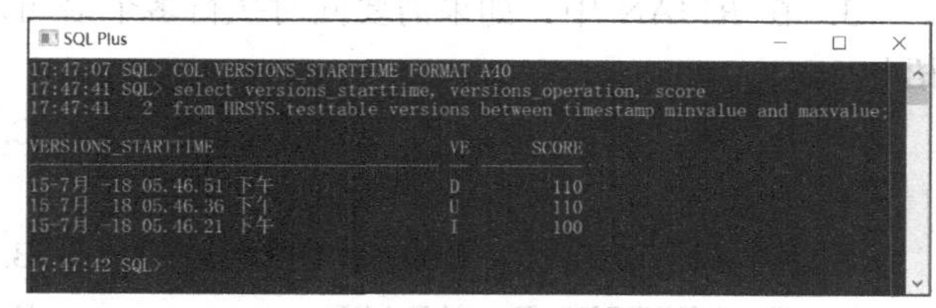

图 8.19　闪回版本查询

8.4.7　闪回事务查询

对于已经提交的事务，也可以通过闪回方式查询。闪回事务保存在表 flashback_transaction_ query 中，可以通过查询此表了解曾经发生的事务。表 flashback_transaction_ query 的结构如表 8.1 所示。

表 8.1　　表 flashback_transaction_ query 的结构

字段名	数据类型	说明
XID	RAW(8)	事务标识符
START_SCN	NUMBER	事务开始的 SCN
START_TIMESTAMP	DATE	事务开始的时间戳
COMMIT_SCN	NUMBER	提交事务的 SCN
COMMIT_TIMESTAMP	DATE	提交事务的时间戳
LOGON_USER	VARCHAR2(30)	事务的登录用户
UNDO_CHANGE#	NUMBER	从 1 开始的撤销变化的编号
OPERATION	VARCHAR2(32)	撤销的操作

续表

字段名	数据类型	说明
TABLE_NAME	VARCHAR2(256)	事务涉及的表名
TABLE_OWNER	VARCHAR2(32)	表的属主
ROW_ID	VARCHAR2(19)	撤销事务涉及的行 id
UNDO_SQL	VARCHAR2(4000)	撤销事务所要执行的 SQL 语句

习　题

一、选择题

1. 在对 RMAN 用户进行授权时，不是必须授予的权限是（　　）。

A. CONNECT　　B. RECORERY_CATALOG_OWNER

C. DBA　　D. RESOURCE

2. 注册 Oracle 目标数据库的命令是（　　）。

A. reg db　　B. register database

C. database register　　D. regst database

3. 在 RMAN 中，如果需要同时执行多个语句，可以使用（　　）命令定义一组要执行的语句。

A. bat　　B. group　　C. run　　D. execute

4. 使用（　　）语句可以闪回恢复数据库

A. FLASHBACK DATABASE　　B. RECORERY DATABASE

C. RESTORE DATABASE　　D. RMAN

二、填空题

1. Oracle 数据库备份分为__【1】__和__【2】__两种方式

2. 如果数据库处于__【3】__模式下，则可以制作非一致性备份，借助归档重做日志文件可以对非一致性备份进行恢复。

3. RMAN 是__【4】__的缩写，即恢复管理器。它可以用来备份和恢复数据库文件、归档日志和控制文件，可以用来执行完全或不完全的数据库恢复。

4. 备份集是 BACKUP 命令生成的逻辑实体，该命令可以在磁盘或其他存储介质上生成备份集。每个备份集都包含多个物理文件，称为__【5】__。

5. 打开恢复管理器的命令是__【6】__。

6. 可以使用__【7】__命令和__【8】__命令恢复表空间。

7. 初始化参数__【9】__表示闪回恢复区的位置，__【10】__表示闪回恢复区的大小。

三、简答题

1. 在使用 RMAN 命令备份和恢复数据库之前，需要做哪些准备工作？

2. 简述将数据库设置为归档日志模式的操作步骤。

第9章 PL/SQL基础

SQL的全称是结构化查询语言（Structure Query Language），要学习数据库编程技术必须首先了解SQL。PL/SQL是Oracle数据库系统提供的扩展SQL。使用PL/SQL可以在各种环境下对Oracle数据库进行访问。本章将对PL/SQL进行介绍。

9.1 PL/SQL简介

本节将简单介绍PL/SQL的基本情况，包括PL/SQL的结构和一个示例程序。

9.1.1 PL/SQL的结构

PL/SQL是结构化程序设计语言。下面介绍PL/SQL的基本组成结构。

块（Block）是PL/SQL程序中最基本的结构，所有PL/SQL程序都是由块组成的。PL/SQL的块由变量声明、程序代码和异常处理代码3部分组成，可以用如下结构来描述PL/SQL块。

```
DECLARE         --标记声明部分
…               --此处用来定义常量、变量、类型和游标等
BEGIN           --标记程序体部分开始
…               --此处用来编写各种PL/SQL语句、函数和存储过程
EXCEPTION       --标记异常处理部分开始
…               --此处用来编写异常处理代码
END;            --标记程序体部分结束
```

9.1.2 PL/SQL示例程序

学习一种程序设计语言最快捷的方法就是从简单的示例程序开始，从而对这种语言形成初步的认识。本小节将介绍一个简单的PL/SQL示例程序，这段程序将展示PL/SQL程序的基本结构。

示例程序的代码如下：

```
SET ServerOutput ON;
DECLARE
  /* 声明变量 */
  var_EmpName VARCHAR2(100);
BEGIN
  SELECT Emp_Name
```

```
    INTO var_EmpName
    FROM C##HRSYS.Employees
    WHERE Emp_Id = 4;
  dbms_output.put_line(var_EmpName); --输出变量 var_EmpName
END;
//////                                           /
```

以 C##HRSYS 用户登录 SQL Plus 并执行此脚本，结果如下：

```
赵六
PL/SQL 过程已成功完成。
```

从这个示例程序可以了解以下内容。

- 使用 SET ServerOutput ON 命令将环境变量 serveroutput 设置为打开状态，从而使 PL/SQL 程序能够在 SQL Plus 中输出结果。
- DECLARE 关键字标志着 PL/SQL 程序中声明段的开始，在声明段中可以声明变量、常量和游标等对象。本示例中声明了一个字符型变量 var_EmpName，用来临时保存读取的用户名。
- BEGIN 关键字标志着主程序体的开始，END 关键字标志着主程序体的结束。
- 使用函数 dbms_output.put_line( )可以输出参数的值。
- “/” 命令用于提交执行 PL/SQL 语句块。

9.2 PL/SQL 组件

PL/SQL 程序通常由两个主要组件组成：声明部分和执行部分。

9.2.1 声明部分

在 PL/SQL 中，常量和变量在使用前必须声明，可以使用 DECLARE 对变量进行声明，使用方法如下：

```
DECLARE
    <变量名 1>  <数据类型 1>;
    <变量名 2>  <数据类型 2>;
    …
    <变量名 n>  <数据类型 n>;
```

在 DECLARE 块中可以同时声明多个常量和变量。声明普通常量或变量时需要说明以下信息。

- 常量或变量的名称。
- 常量或变量的数据类型。

常量名和变量名的定义必须遵守 PL/SQL 标识符命名规则，包括以下内容。

- 标识符必须以字符开头。
- 标识符中可以包含数字（0～9）、下画线（_）、“$” 和 “#”。
- 标识符最大长度为 30。
- 标识符不区分大小写，如 TypeName 和 typename 是完全相同的。
- 不能使用 PL/SQL 保留字作为标识符名，例如不能声明变量名为 DECLARE。

PL/SQL 的数据类型与 Oracle 数据库的数据类型几乎完全相同，可以很方便地使用变量读取数据库中的数据，但是 PL/SQL 也有自己的专用数据类型。以下是 PL/SQL 中比较常用的几种数据类型。

- BLOB：二进制大对象，可以用来保存图像和文档等二进制数据。
- BOOLEAN：布尔数据类型，支持 TRUE/FALSE 值。
- CHAR：固定长度字符串。
- CLOB：字符大对象，可用来保存多达 4GB 的字符数据。
- DATE：存储全部日期的固定长度字符串。
- LONG：可变长度字符串。
- NUMBER：可变长度数值。
- RAW：二进制数据的可变长度字符串。
- VARCHAR2：可变长度字符串。

下面分别介绍声明常量和变量的具体方法。

1. 声明常量

声明常量的基本格式如下：

```
常量名 constant 数据类型 := 值;
```

关键字 constant 表示声明的是常量。例如，要声明一个程序的版本信息常量 conVersion，可以使用以下代码：

```
conVersion constant VARCHAR2(20) := '1.0.01';
```

【例 9.1】 定义常量 conVersion，保存指定产品的版本信息。然后调用 dbms_output.put_line 输出常量的值，代码如下：

```
SET ServerOutput ON;
DECLARE
  conVersion constant VARCHAR2(20) := '1.0.01';
BEGIN
  dbms_output.put_line(conVersion);
END;
/
```

程序的运行结果为：

```
1.0.01
```

2. 声明变量

声明变量的基本格式如下：

```
变量名 数据类型 [(宽度) := 初始值];
```

其中宽度和初始值是可选项。

【例 9.2】 例如，要声明一个变量 Database 保存数据库信息，可以使用如下代码：

```
SET ServerOutput ON;
DECLARE
  Database VARCHAR2(50) := 'Oracle 12c';
BEGIN
  dbms_output.put_line(Database);
END;
/
```

程序的运行结果为：

```
Oracle 12c
```

9.2.2 执行部分

PL/SQL 程序的执行部分以 BEGIN 关键字开始，以 END 关键字结束，每条执行语句都以分号（;）结束。执行部分可以包括以下内容：赋值语句、流程控制语句、SQL 语句和游标语句。

本小节将介绍赋值语句和流程控制语句的使用方法，游标语句将在第 10 章中介绍。

1. 赋值语句

在前面的示例程序中，已经出现了赋值操作符“:=”，但那只是在声明常量或变量的同时对其设置初始值，也可以在程序的执行部分对变量进行赋值。

【例 9.3】 在程序的运行过程中，对变量进行赋值操作，代码如下：

```
SET ServerOutput ON;
DECLARE
  Database VARCHAR2(50);
BEGIN
  Database := 'Oracle 12c';
  dbms_output.put_line(Database);
END;
/
```

2. 条件语句 IF

条件语句 IF 的功能是根据指定的条件表达式的值决定执行相应的程序段。IF 语句的语法结构如下：

```
IF 条件表达式 THEN
  执行语句 … 执行语句 n
[ELSIF 条件表达式 THEN
  执行语句 … 执行语句 n
 …
 ELSE
  执行语句]
END IF;
```

其中 ELSIF 子句和 ELSE 子句是可选项。

【例 9.4】 下面的示例程序演示了 IF 语句的使用方法，代码如下：

```
SET ServerOutput ON;
DECLARE
  Num INTEGER := -11;
BEGIN
  IF Num < 0 THEN
    dbms_output.put_line('负数');
  ELSIF Num >0 THEN
    dbms_output.put_line('正数');
  ELSE
    dbms_output.put_line('0');
  END IF;
END;
/
```

程序中声明了一个整型变量 Num，使用 IF 语句判断 Num 变量是正数、负数或 0。程序的运行结果为“负数”。

3. 分支语句 CASE

分支语句的功能是对指定的变量进行判断，从指定的列表中选择满足条件的行，并把该行的值作为 CASE 语句的结果返回。CASE 语句的语法结构如下：

```
CASE 变量
  WHEN 表达式 1 THEN 值 1
  WHEN 表达式 2 THEN 值 2
  …
  WHEN 表达式 n THEN 值 n
  ELSE 值 m
END;
```

程序的执行过程是依次将变量与表达式 1、表达式 2 直到表达式 n 的值进行比较，如果匹配成功，则把后面相应的值作为结果返回；如果没有匹配成功，则返回值 m。

【例 9.5】 使用 CASE 语句根据给定的整数输出对应的星期值，代码如下：

```
SET ServerOutput ON;
DECLARE
  varDAY INTEGER := 3;
  Result VARCHAR2(20);
BEGIN
  Result := CASE varDAY
    WHEN 1 THEN '星期一'
    WHEN 2 THEN '星期二'
    WHEN 3 THEN '星期三'
    WHEN 4 THEN '星期四'
    WHEN 5 THEN '星期五'
    WHEN 6 THEN '星期六'
    WHEN 7 THEN '星期七'
    ELSE '数据越界'
  END;
  dbms_output.put_line(Result);
END;
/
```

程序中声明了一个整型变量 varDAY 和一个字符型变量 Result。使用 CASE 语句判断 varDAY 变量是星期几。如果变量 varDAY 在 1～7 之间，则能够显示相应的星期信息；否则返回提示信息“数据越界”。程序的运行结果为“星期三”。

4. 循环语句 LOOP…EXIT…END LOOP

此语句的功能是重复执行循环体中的程序块，直到执行 EXIT 语句，则退出循环。LOOP…EXIT…END LOOP 语句的语法结构如下：

```
LOOP
  程序块 1
  IF 条件表达式 THEN
    EXIT
  END IF
  程序块 2
```

```
END LOOP;
```

当条件表达式的值为真时，执行 EXIT 语句，退出循环。

【例 9.6】 下面是关于 LOOP…EXIT…END LOOP 语句的示例程序，代码如下：

```
SET ServerOutput ON;
DECLARE
  v_Num INTEGER := 1;
  v_Sum INTEGER := 0;
BEGIN
  LOOP
    v_Sum := v_Sum + v_Num;
    dbms_output.put_line(v_Num);
    IF v_Num = 3 THEN
      EXIT;
    END IF;
    dbms_output.put_line(' + ');
    v_Num := v_Num + 1;
  END LOOP;
  dbms_output.put_line(' = ');
  dbms_output.put_line(v_Sum);
END;
/
```

程序将计算 1～3 累加的结果，程序的运行结果为：

```
1
+
2
+
3
=
6
```

5. 循环语句 LOOP…EXIT WHEN…END LOOP

此语句的功能是重复执行循环体中的程序块，直到满足 EXIT WHEN 后面的判断语句，则退出循环。LOOP…EXIT WHEN…END LOOP 语句的语法结构如下：

```
LOOP
  程序块 1
  EXIT WHEN 条件表达式
  程序块 2
END LOOP;
```

【例 9.7】 【例 9.6】的示例程序也可以用 LOOP…EXIT WHEN…END LOOP 语句来实现，代码如下：

```
SET ServerOutput ON;
DECLARE
  v_Num INTEGER := 1;
  v_Sum INTEGER := 0;
BEGIN
  LOOP
    v_Sum := v_Sum + v_Num;
    dbms_output.put_line(v_Num);
    EXIT WHEN v_Num = 3;
```

```
    dbms_output.put_line(' + ');
    v_Num := v_Num + 1;
  END LOOP;
  dbms_output.put_line(' = ');
  dbms_output.put_line(v_Sum);
END;
/
```

6. 循环语句 WHILE…LOOP…END LOOP

此语句的功能是当 WHILE 后面的条件语句成立时，重复执行循环体中的程序块。WHILE…LOOP…END LOOP 语句的语法结构如下：

```
WHILE 条件表达式
LOOP
  程序块
END LOOP;
```

【例 9.8】　【例 9.6】的示例程序也可以用 WHILE…LOOP…END LOOP 语句来实现，代码如下：

```
SET ServerOutput ON;
DECLARE
  v_Num INTEGER := 1;
  v_Sum INTEGER := 0;
BEGIN
  WHILE v_Num <= 3
  LOOP
    v_Sum := v_Sum + v_Num;
    dbms_output.put_line(v_Num);
    IF v_Num < 3 THEN
      dbms_output.put_line(' + ');
    END IF;
    v_Num := v_Num + 1;
  END LOOP;
  dbms_output.put_line(' = ');
  dbms_output.put_line(v_Sum);
END;
/
```

7. 循环语句 FOR…IN…LOOP…END LOOP

此语句将定义一个循环变量，并指定循环变量的初始值和终止值。每循环一次，循环变量自动加 1。FOR…IN…LOOP…END LOOP 语句的语法结构如下：

```
FOR 循环变量 IN 初始值 … 终止值
LOOP
  程序块
END LOOP;
```

【例 9.9】　【例 9.6】的示例程序也可以用 FOR…IN…LOOP…END LOOP 语句来实现，代码如下：

```
SET ServerOutput ON;
DECLARE
  v_Num INTEGER;
  v_Sum INTEGER := 0;
```

```
BEGIN
  FOR v_Num IN 1..3
  LOOP
    v_Sum := v_Sum + v_Num;
    dbms_output.put_line(v_Num);
    IF v_Num < 3 THEN
      dbms_output.put_line(' + ');
    END IF;
  END LOOP;
  dbms_output.put_line(' =');
  dbms_output.put_line(v_Sum);
END;
/
```

提示

循环变量不需要在 FOR 语句外赋初始值，在循环体中也不要改变循环变量的值。

9.2.3 异常处理

PL/SQL 程序在运行过程中，可能会出现错误或异常情况，例如无法建立到 Oracle 数据库的连接或用 0 做除数等。PL/SQL 程序应该对可能发生的异常情况进行处理，异常处理代码在 EXCEPTION 块中实现。

可以使用 WHEN 语句来定义异常处理。WHEN 语句的使用方法如下。

```
EXCEPTION
  WHEN 异常情况名 THEN
    异常处理代码
  WHEN 异常情况名 THEN
    异常处理代码
  …
  WHEN OTHERS THEN
    异常处理代码
```

异常情况名是 Oracle 定义的异常情况标识，当 WHEN 语句中指定的异常情况发生时，THEN 关键字后面的异常处理代码将被执行。

PL/SQL 定义的标准异常情况名如表 9.1 所示。

表 9.1　　PL/SQL 定义的标准异常情况名

异常情况名	ORA 代码	SQL 代码	说明
ACCESS_INTO_NULL	ORA-06530	-6530	试图给一个未初始化的对象赋值
COLLECTION_IS_NULL	ORA-06531	-6531	试图使用未初始化的嵌入表或变长数组
CURSOR_ALREADY_OPEN	ORA-06511	-6511	试图打开一个已经打开的游标
DUP_VAL_ON_INDEX	ORA-00001	-1	试图向一个表中插入数据，但该行数据不符合索引约束
INVALID_CURSOR	ORA-01001	-1001	试图进行游标操作，但不能打开游标
INVALID_NUMBER	ORA-01722	-1722	字符向数字转换失败
LOGIN_DENIED	ORA-01017	-1017	试图与 Oracle 建立连接，但是不能提供有效的用户名和口令

续表

异常情况名	ORA 代码	SQL 代码	说明
NO_DATA_FOUND	ORA-01403	100	执行了 SELECT INTO 语句，但是没有匹配的行数据
NOT_LOGGED_ON	ORA-01012	-1012	试图进行数据库操作，但没有登录
PROGRAM_ERROR	ORA-06501	-6501	PL/SQL 内部错误
ROWTYPE_MISMATCH	ORA-06504	-6504	PL/SQL 返回的游标变量和主游标不匹配
SELF_IS_NULL	ORA-30625	-30625	试图执行对象例程的一个成员方法，但例程为空（NULL）
STORAGE_ERROR	ORA-06500	-6500	存储空间错误
SUBSCRIPT_BEYOND_COUNT	ORA-06533	-6533	试图通过使用索引来引用嵌入表，但此索引比表中要素的数值还要大
SUBSCRIPT_OUTSIDE_LIMIT	ORA-06532	-6532	使用的子脚本程序中用到的变长数组的范围已经超过了该数组声明时所定义的范围
SYS_INVALID_ROWID	ORA-01410	-1410	试图将一个字符串传递给 ROWID，但操作失败
TIMEOUT_ON_RESOURCE	ORA-00051	-51	当 Oracle 等待分配资源时，资源已耗尽
TOO_MANY_ROWS	ORA-01422	-1422	执行一条 SELECT INTO 语句，但返回了多行数据
VALUE_ERROR	ORA-06502	-6502	当试图将一个值存进一个变量时，此变量不接受这个值。可能是由于该值太大或与变量类型不匹配
ZERO_DIVIDE	ORA-01476	-1476	试图用 0 作为除数

【例 9.10】 下面是一个异常处理的例子。

```
SET SERVEROUTPUT ON;
DECLARE
    x NUMBER;
BEGIN
    x:= 'a123';    --向 NUMBER 类型的变量 x 中赋值字符串，导致异常
EXCEPTION
   WHEN VALUE_ERROR THEN
     DBMS_OUTPUT.PUT_LINE('数据类型错误');
END;
/
```

上例中首先声明了一个 NUMBER 类型的变量 x，然后将字符串常量'123'赋值给 x，从而导致异常发生，异常情况名为 VALUE_ERROR。运行结果为：

```
数据类型错误
PL/SQL 过程已成功完成。
```

【例 9.11】 下面是一段与数据库操作有关的异常处理代码。

```
SET SERVEROUTPUT ON;
DECLARE
    var_EmpName VARCHAR(40);
BEGIN
    SELECT Emp_Name INTO var_EmpName
    FROM C##HRSYS.Employees WHERE Dep_id = 1;
```

```
EXCEPTION
   WHEN NO_DATA_FOUND THEN
      DBMS_OUTPUT.PUT_LINE('没有数据');
   WHEN TOO_MANY_ROWS THEN
      DBMS_OUTPUT.PUT_LINE('返回多行匹配的数据');
    WHEN OTHERS THEN
      DBMS_OUTPUT.PUT_LINE('错误情况不明');
END;
/
```

这段代码从表C##HRSYS.Employees中读取部门编号为1的用户名，并赋值到变量var_EmpName中。此时可能存在以下 3 种情况。

- 返回一行数据，并将结果赋值到变量 var_EmpName 中。
- 没有满足条件的数据，引发 NO_DATA_FOUND 异常。
- 返回多行满足条件的数据，引发 TOO_MANY_ROWS 异常。

如果不是这两种情况导致的异常，则由 WHEN OTHERS THEN 语句处理，显示“错误情况不明”。

根据数据库中的实际情况，这段代码的运行结果为：

```
返回多行匹配的数据
PL/SQL 过程已成功完成。
```

9.3 常用函数

函数对于任何程序设计语言都是非常关键的组成部分。PL/SQL 语言为程序员提供了非常丰富的函数，足以满足开发应用程序的需要。

由于篇幅所限，本节只介绍一些常用的函数。

9.3.1 数值型函数

本小节将介绍几个常用的数值型函数。可以使用 SQL Plus 调试和运行以下示例。

- ABS：ABS 函数返回给定数字表达式的绝对值。

【例 9.12】 如果要计算−4 的绝对值，可以执行如下命令。

```
SET ServerOutput ON;
BEGIN
  dbms_output.put_line(ABS(-4));
END;
/
```

运行结果为 4。

- CEIL：CEIL 函数返回大于或等于所给数字表达式的最小整数。

【例 9.13】 分别对正数、负数和 0 计算 CEIL，代码如下。

```
SET ServerOutput ON;
BEGIN
  dbms_output.put_line(CEIL(116.24));
  dbms_output.put_line(CEIL(-112.75));
  dbms_output.put_line(CEIL(0));
```

```
END;
/
```

运行结果为：

```
117
-112
0
```

- FLOOR：FLOOR 函数返回小于或等于所给数字表达式的最大整数。

【例 9.14】　分别对正数、负数和 0 计算 FLOOR，代码如下。

```
SET ServerOutput ON;
BEGIN
  dbms_output.put_line(FLOOR(116.24));
  dbms_output.put_line(FLOOR(-112.75));
  dbms_output.put_line(FLOOR(0));
END;
/
```

运行结果为：

```
116
-113
0
```

- POWER：POWER 函数返回给定表达式指定次方的值。

【例 9.15】　执行以下命令，计算 15 的 4 次方。

```
SET ServerOutput ON;
BEGIN
  dbms_output.put_line(POWER(15, 4));
END;
/
```

运行结果为 50 625。

- ROUND：ROUND 函数返回数字表达式并将其四舍五入为指定的长度或精度。

【例 9.16】　请执行如下命令，注意观察长度变化对结果的影响。

```
SET ServerOutput ON;
BEGIN
  dbms_output.put_line(ROUND(123.456, 2));
  dbms_output.put_line(ROUND(123.456, 1));
  dbms_output.put_line(ROUND(123.456, 0));
  dbms_output.put_line(ROUND(123.456, -1));
  dbms_output.put_line(ROUND(123.456, -2));
  dbms_output.put_line(ROUND(123.456, -3));
END;
/
```

运行结果为：

```
123.46
123.5
123
120
100
0
```

9.3.2 字符型函数

字符型函数对字符串输入值执行操作，返回字符串或数字值。下面介绍几个常用字符型函数的示例。

- ASCII：ASCII 函数返回字符串表达式最左端字符的 ASCII 值。

【例 9.17】 执行以下命令，输出字符 A 的 ASCII 值。

```
SET ServerOutput ON;
BEGIN
  dbms_output.put_line(ASCII('ABC'));
END;
/
```

运行结果为 65，表明字符 A 的 ASCII 值为 65。

- LENGTH：LENGTH 函数返回给定字符串表达式的字符（而不是字节）个数，其中不包含尾随空格。

【例 9.18】 执行如下语句可以返回用户名的字符串长度。

```
SELECT Dep_Name, LENGTH(Dep_Name) FROM C##HRSYS.Departments;
```

运行结果为：

```
DEP_NAME              LENGTH(DEP_NAME)
------------          -----------------
人事部                 3
办公室                 3
财务部                 3
技术部                 3
服务部                 3
新增部门               4
手动添加部门           6
新增部门               4

已选择 8 行。
```

- UPPER：返回将小写字符数据转换为大写字符的表达式。

【例 9.19】 执行以下语句将字符串 'abc' 转换为大写字母。

```
SET ServerOutput ON;
BEGIN
  dbms_output.put_line(UPPER('abc'));
END;
/
```

运行结果为 ABC。

9.3.3 日期型函数

本节介绍 PL/SQL 中常用的日期型函数。

- SYSDATE：返回当前日期和时间。

【例 9.20】 执行以下语句输出当前的日期信息。

```
SET ServerOutput ON;
BEGIN
  dbms_output.put_line(SYSDATE);
END;
/
```

- TO_CHAR：将日期转换为字符串。

【例 9.21】　执行如下语句将当前日期转换为字符串后再输出。

```
SET ServerOutput ON;
BEGIN
  dbms_output.put_line(TO_CHAR(SYSDATE));
END;
/
```

- LAST_DAY：返回指定日期所在月份的最后一天的日期。这个函数可以用来确定当前月还剩下多少天。

【例 9.22】　执行如下语句输出当前月份的最后一天。

```
SET ServerOutput ON;
BEGIN
  dbms_output.put_line(LAST_DAY(SYSDATE));
END;
/
```

- MONTHS_BETWEEN：返回两个日期之间月的数目。

【例 9.23】　执行如下语句计算 2018-06-05 到 2018-10-05 之间的月份数目，代码如下：

```
SET ServerOutput ON;
DECLARE
  date1 VARCHAR2(20) := '2018-06-05';
  date2 VARCHAR2(20) := '2018-10-05';
BEGIN
  dbms_output.put_line(MONTHS_BETWEEN(TO_DATE(date2,'yyyy-mm-dd'),  TO_DATE(date1,
'yyyy-mm-dd')));
END;
/
```

运行结果为 4。

9.3.4　统计函数

统计函数对一组值执行计算并返回单一的值。统计函数经常与 SELECT 语句的 GROUP BY 子句一同使用。

请看以下几个常用统计函数的示例。

- COUNT：COUNT 函数返回组中项目的数量。

【例 9.24】　执行如下语句可以统计表 C##HRSYS.Departments 中用户记录的数量：

```
SELECT COUNT(1) FROM C##HRSYS.Departments;
```

- MAX：MAX 函数返回表达式的最大值。

【例 9.25】　执行如下语句可以统计表 C##HRSYS.Employees 中最大的工资数：

```
SELECT MAX(Wage) FROM C##HRSYS.Employees;
```

- MIN：MIN 函数返回表达式的最小值。

【例 9.26】执行如下语句可以统计表 C##HRSYS.Employees 中最小的工资数：

```
SELECT MIN(Wage) FROM C##HRSYS.Employees;
```

习　　题

一、选择题

1. PL/SQL 标识符的最大长度为（　　）。

   A. 20　　B. 30　　C. 40　　D. 50

2. Oracle 用于保存二进制大对象的数据类型是（　　）。

   A. BINARY　　B. BIGOBJECT　　C. BLOB　　D. CLOB

3. 在循环语句中，退出循环体的关键字是（　　）。

   A. BREAK　　B. EXIT　　C. UNLOAD　　D. GO

4. （　　）函数返回大于或等于所给数字表达式的最小整数。

   A. CEIL　　B. ABS　　C. FLOOR　　D. ROUND

5. 统计函数（　　）返回组中项目的数量。

   A. SUM　　B. COUNT　　C. MAX　　D. MIN

二、填空题

1. ___【1】___关键字标志着 PL/SQL 程序中声明段的开始，在声明段中可以声明变量、常量和游标等对象。

2. PL/SQL 的异常处理代码在___【2】___块中实现。

3. 将字符串中字母转换成大写字母的函数是___【3】___。

4. 获取当前系统日期的函数是___【4】___。

5. ___【5】___函数返回表达式的最大值。

三、操作题

1. 编写 PL/SQL 程序，使用 LOOP…NEXT…END 语句计算 1～100 之间所有偶数之和。

2. 在 SELECT 语句中使用 CASE 语句输出表 userman.users 中的用户名和用户类型信息。usertype = 1 时输出“管理员”，usertype = 2 时输出“普通用户”，否则输出“未知”。

第 10 章 游标、存储过程和触发器

本章将介绍 Oracle 数据库程序设计中经常会用到的 3 个概念，即游标、存储过程和触发器。

10.1 游　　标

在使用 SELECT 语句查询数据库时，查询返回的数据存放在结果集中。用户在得到结果集后，需要逐行逐列地获取其中存储的数据，从而在应用程序中使用这些数据。本节所要介绍的游标，就是一种定位并控制结果集的机制。

10.1.1 游标的基本概念

游标从字面来理解就是游动的光标。用数据库语言来描述，游标是映射在结果集中一行数据上的位置实体，有了游标，用户就可以访问结果集中的任意一行数据了。将游标放置到某行后，即可对该行数据进行操作，最常见的操作是提取当前行数据。

图 10.1 所示为游标的示意图。

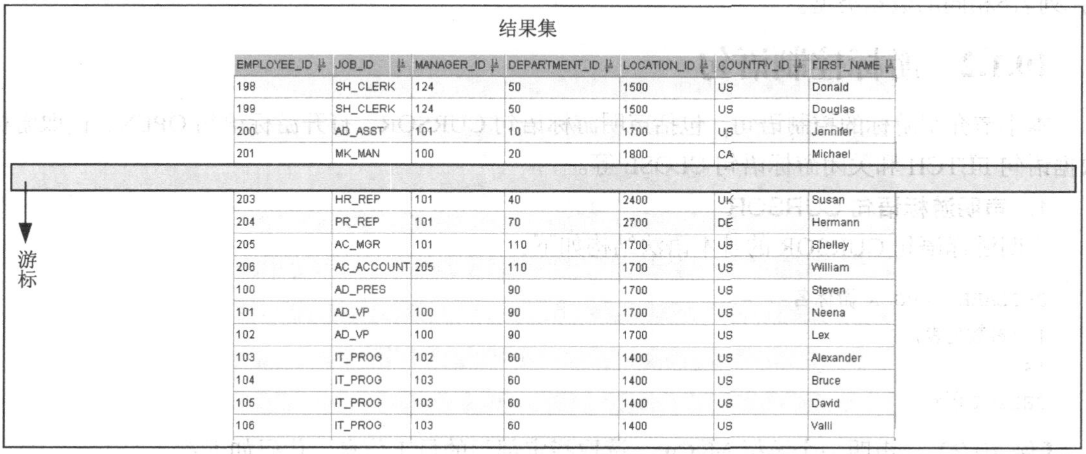

结果集

EMPLOYEE_ID	JOB_ID	MANAGER_ID	DEPARTMENT_ID	LOCATION_ID	COUNTRY_ID	FIRST_NAME
198	SH_CLERK	124	50	1500	US	Donald
199	SH_CLERK	124	50	1500	US	Douglas
200	AD_ASST	101	10	1700	US	Jennifer
201	MK_MAN	100	20	1800	CA	Michael
203	HR_REP	101	40	2400	UK	Susan
204	PR_REP	101	70	2700	DE	Hermann
205	AC_MGR	101	110	1700	US	Shelley
206	AC_ACCOUNT	205	110	1700	US	William
100	AD_PRES		90	1700	US	Steven
101	AD_VP	100	90	1700	US	Neena
102	AD_VP	100	90	1700	US	Lex
103	IT_PROG	102	60	1400	US	Alexander
104	IT_PROG	103	60	1400	US	Bruce
105	IT_PROG	103	60	1400	US	David
106	IT_PROG	103	60	1400	US	Valli

游标

图 10.1　游标的示意图

根据声明方式可将 Oracle 游标分为两种类型，显式游标和隐式游标。

显式游标需要声明，在使用之前需要打开游标，使用完成后要关闭游标。使用显式游标一般

包括以下 4 个步骤。

（1）声明游标。定义游标名及游标中使用的 SELECT 语句。

（2）打开游标。执行声明游标时定义的 SELECT 语句，把查询结果装入内存，游标位于结果集的第 1 条记录位置。

（3）读取数据。从结果集的游标当前位置处读取数据，执行完成后游标后移一行。

（4）关闭游标。释放结果集和游标占用的内存空间。

隐式游标不需要声明，使用时也不需要执行打开和关闭操作。实际上，隐式游标就是在 SELECT 语句中增加了 INTO 子句，把结果集自动读取到指定的变量中。

【例 10.1】 使用 SELECT 语句声明隐式游标，从 C##HRSYS.Departments 表中读取 Dep_name 字段的值到变量 DepName，代码如下：

```
SET ServerOutput ON;
DECLARE DepName C##HRSYS.Departments.Dep_Name%Type;
BEGIN
SELECT Dep_name INTO DepName
FROM C##HRSYS.Departments
WHERE Dep_ID=1;
dbms_output.put_line(DepName);
END;
/
```

在 SQL Plus 中使用/命令指定执行前面的 SQL 语句块或 PL/SQL 过程。运行结果为：

```
人事部
PL/SQL 过程已成功完成。
```

通常所说的游标就是显式游标。显式游标使用户可以直接参与管理，从而使程序结构清晰，便于控制。建议使用显式游标。

在许多情况下，可以使用 PL/SQL 变量存储数据库表中指定行和指定列的数据。此时，变量应该拥有与表列相同的类型。使用<列名>%Type 作为数据类型来定义变量，即可使变量拥有与<列名>相同的数据类型。

10.1.2 游标控制语句

本小节介绍游标的控制语句，包括声明游标语句 CURSOR、打开游标语句 OPEN、读取游标数据语句 FETCH 和关闭游标语句 CLOSE 等。

1. 声明游标语句 CURSOR

声明游标语句 CURSOR 的基本语法结构如下：

```
DECLARE CURSOR 游标名
[ (参数列表) ]
IS
SELECT 语句;
```

【例 10.2】 声明一个游标 MyCur，读取指定部门的员工信息，代码如下：

```
DECLARE CURSOR MyCur(varDepid NUMBER) IS
  SELECT Emp_Id, Emp_Name FROM C##HRSYS.Employees
  WHERE Dep_id = varDepid;
```

参数 varDepid 在打开游标时指定，游标将根据 varDepid 的值决定结果集的内容。请不要在 SQL Plus 中单独运行以上代码，因为这只是程序的一部分，需要在完整程序中才能正常运行。

2. 打开游标语句 OPEN

打开游标语句 OPEN 的基本语法结构如下：

```
OPEN 游标名 [ (参数列表) ];
```

【例 10.3】 打开游标 MyCur，读取类型为 1 的用户信息，代码如下：

```
OPEN MyCur(1);
```

显式游标必须事先声明，才能使用 OPEN 语句打开，否则会出现错误。

3. 读取游标数据语句 FETCH

读取游标数据语句 FETCH 的基本语法结构如下：

```
FETCH 游标名 INTO 变量列表;
```

【例 10.4】 在打开的游标 MyCur 的当前位置读取数据，代码如下：

```
FETCH MyCur INTO varId, varName;
```

显式游标必须事先打开，才能使用 FETCH 语句取值，否则会出现错误。

4. 关闭游标语句 CLOSE

关闭游标语句 CLOSE 的基本语法结构如下：

```
CLOSE 游标名;
```

【例 10.5】 关闭游标 MyCur，代码如下：

```
CLOSE MyCur;
```

显式游标使用完后，应该及时关闭，从而释放存储空间。

【例 10.6】 下面介绍一个完整的游标应用实例，代码如下：

```
/* 打开显示模式 */
SET ServerOutput ON;
DECLARE  --开始声明部分
  varId  NUMBER;  --声明变量，用来保存游标中的用户编号
  varName VARCHAR2(50);   --声明变量，用来保存游标中的用户名
  --定义游标， varDepid 为参数，指定员工部门编号
  CURSOR MyCur(varDepid NUMBER) IS
   SELECT Emp_Id, Emp_Name FROM C##HRSYS.Employees
  WHERE Dep_id = varDepid;
BEGIN   --开始程序体
  OPEN MyCur(1); --打开游标，参数为 1，表示读取部门编号为 1 的记录
  FETCH MyCur INTO varId, varName;  --读取当前游标位置的数据
  CLOSE MyCur;   --关闭游标
  dbms_output.put_line('员工编号:' || varId ||', 姓名:' || varName); --显示读取的数据
END;   --结束程序体
/
```

dbms_output.put_line( )的功能是在 PL/SQL 过程中输出数据。运行结果为：

```
员工编号:1, 姓名:张老三
```

```
PL/SQL 过程已成功完成。
```

10.1.3 游标属性

Oracle 游标有 4 个属性：%ISOPEN、%FOUND、%NOTFOUND 和 %ROWCOUNT。在程序中使用这些属性，可以避免出现错误，提高程序设计的灵活性。

1. %ISOPEN 属性

%ISOPEN 属性用于判断游标是否被打开。如果游标被打开，则%ISOPEN 等于 TRUE；否则，%ISOPEN 等于 FALSE。

【例 10.7】 下面的代码演示当使用未打开的游标时，将会出现错误。

```
/* 打开显示模式 */
SET ServerOutput ON;
DECLARE  --开始声明部分
  varName VARCHAR2(50);  --声明变量，用来保存游标中的用户名
  varId NUMBER;   --声明变量，用来保存游标中的用户编号
  --定义游标，varDepid 为参数，指定部门编号
    CURSOR MyCur(varDepid NUMBER) IS
 SELECT Emp_Id, Emp_Name FROM C##HRSYS.Employees
  WHERE Dep_id = varDepid;
BEGIN   --开始程序体
  FETCH MyCur INTO varId, varName;  --读取当前游标位置的数据
  CLOSE MyCur;   --关闭游标
  dbms_output.put_line('员工编号:' || varId ||', 姓名:' || varName); --显示读取的数据
END;  --结束程序体
/
```

运行结果为：

```
ORA-01001: 无效的游标
ORA-06512: 在 line 9
```

【例 10.8】 修改【例 10.7】中的代码，在使用游标之前，调用%ISOPEN 属性判断游标是否打开。

```
/* 打开显示模式 */
SET ServerOutput ON;
DECLARE  --开始声明部分
  varName VARCHAR2(50);  --声明变量，用来保存游标中的用户名
  varId NUMBER;   --声明变量，用来保存游标中的用户编号
  --定义游标，varDepid 为参数，指定部门编号
    CURSOR MyCur(varDepid NUMBER) IS
 SELECT Emp_Id, Emp_Name FROM C##HRSYS.Employees
  WHERE Dep_id = varDepid;
BEGIN  --开始程序体
  IF MyCur%ISOPEN = FALSE Then
    OPEN MyCur(2);
  END IF;
  FETCH MyCur INTO varId, varName;  --读取当前游标位置的数据
  CLOSE MyCur;   --关闭游标
```

```
  dbms_output.put_line('用户编号:' || varId ||', 用户名:' || varName); --显示读取的数据
END;  --结束程序体
/
```

这段程序可以避免因为没有打开游标而出现的错误。

2. %FOUND 属性和%NOTFOUND 属性

%FOUND 属性用于判断游标所在的行是否有效。如果有效，则%FOUND 等于 TRUE；否则，%FOUND 等于 FALSE。

【例 10.9】　使用%FOUND 属性可以循环执行游标读取数据，代码如下。

```
/* 打开显示模式 */
SET ServerOutput ON;
DECLARE  --开始声明部分
  varName VARCHAR2(50);  --声明变量，用来保存游标中的用户名
  varId NUMBER;   --声明变量，用来保存游标中的用户编号
  --定义游标，varDepid 为参数，指定部门编号
    CURSOR MyCur(varDepid NUMBER) IS
 SELECT Emp_Id, Emp_Name FROM C##HRSYS.Employees
   WHERE Dep_id = varDepid;

BEGIN  --开始程序体
  IF MyCur%ISOPEN = FALSE Then
    OPEN MyCur(1); --读取部门编号为 1 的员工记录
  END IF;
  FETCH MyCur INTO varId, varName;  --读取当前游标位置的数据
  WHILE MyCur%FOUND --如果当前游标有效，则执行循环
  LOOP
    dbms_output.put_line('员工编号:' || varId ||', 姓名:' || varName); --显示读取的数据
    FETCH MyCur INTO varId, varName;  --读取当前游标位置的数据
  END LOOP;
  CLOSE MyCur;   --关闭游标
END;  --结束程序体
/
```

运行结果为：

```
员工编号:1, 姓名:张老三
员工编号:2, 姓名:李四
员工编号:3, 姓名:王五

PL/SQL 过程已成功完成。
```

%NOTFOUND 属性的使用方法与%FOUND 相似，只是功能正好相反。

3. %ROWCOUNT 属性

%ROWCOUNT 属性用于返回到当前位置为止游标读取的记录行数。

【例 10.10】　在【例 10.6】程序中，只读取前两行记录，程序代码如下。

```
/* 打开显示模式 */
SET ServerOutput ON;
DECLARE  --开始声明部分
```

```
  varName VARCHAR2(50);  --声明变量，用来保存游标中的用户名
  varId NUMBER;   --声明变量，用来保存游标中的用户编号
  --定义游标，varDepid为参数，指定部门编号
   CURSOR MyCur(varDepid NUMBER) IS
  SELECT Emp_Id, Emp_Name FROM C##HRSYS.Employees
   WHERE Dep_id = varDepid;
BEGIN  --开始程序体
  IF MyCur%ISOPEN = FALSE Then
    OPEN MyCur(1);
  END IF;
  FETCH MyCur INTO varId, varName;  --读取当前游标位置的数据
  WHILE MyCur%FOUND --如果当前游标有效，则执行循环
  LOOP
    dbms_output.put_line('员工编号:' || varId ||', 姓名:' || varName); --显示读取的数据
    IF MyCur%ROWCOUNT = 2 THEN
      EXIT;
    END IF;
    FETCH MyCur INTO varId, varName;  --读取当前游标位置的数据
  END LOOP;
  CLOSE MyCur;   --关闭游标
END;   --结束程序体
/
```

运行结果为：

```
员工编号:1, 姓名:张老三
员工编号:2, 姓名:李四
PL/SQL 过程已成功完成。
```

10.1.4 游标 FOR 循环

游标 FOR 循环是显式游标的一种快捷使用方式，它使用 FOR 循环依次读取结果集中的行数据。当 FOR 循环开始时，游标被自动打开（不需要使用 OPEN 语句）；每循环一次，系统自动读取游标当前行的数据（不需要使用 FETCH 语句）；当退出 FOR 循环时，游标自动关闭（不需要使用 CLOSE 语句）。

因为游标 FOR 循环通常与 PL/SQL 记录一起使用，所以首先介绍 PL/SQL 记录的使用情况。PL/SQL 记录（Record）与 C 语言中的结构体相似，是由一组数据项构成的逻辑单元。例如，若要描述一个用户信息，则可以使用由用户编号 UserId、用户名 UserName 和用户类型 UserType 等数据项组成的记录。

PL/SQL 记录并不保存在数据库中，它与变量一样，保存在内存空间中。在使用记录时，需要先定义记录的结构，然后声明记录变量。可以把 PL/SQL 记录看作一个用户自定义的数据类型。

定义记录类型的基本语法如下：

```
TYPE 记录类型名 IS RECORD
  ( 字段声明 [, 字段声明] …);
```

在“字段声明”中，需要定义 PL/SQL 记录中的字段项及其数据类型。数据类型可以是 PL/SQL 中定义的数据类型，也可以是 Oracle 数据库中列的数据类型。

定义记录变量的方法与定义普通变量的方法相同，语法如下：

```
记录变量名 记录变量类型
```

【例 10.11】 声明记录类型 User_Record_Type 和定义记录变量 var_UserRecord，代码如下：

```
TYPE User_Record_Type IS RECORD
  ( UserId                    Users.UserId%Type,
   UserName                   Users.UserName%Type);
var_UserRecord User_Record_Type;
```

在声明记录类型时，使用“方案名.表名.列名%Type”来表示表中列的数据类型。

可以使用如下方法访问记录中的字段：

```
记录名.字段名
```

例如，var_UserRecord.UserId 和 var_UserRecord.UserName。

如果要声明的记录类型与某个表或视图的结构完全相同，则可以直接使用%ROWTYPE 属性来定义记录变量，语法如下：

```
变量名  表名.%ROWTYPE;
```

【例 10.12】 定义一个与表 User 结构完全相同的记录变量 var_UserRecord1，代码如下：

```
var_UserRecord1 User%ROWTYPE;
```

使用这种方法定义记录变量，不需要声明记录类型。记录变量的字段名与对应表或视图中的列名一致，而且拥有相同的数据类型。

【例 10.13】 PL/SQL 记录可以与游标结合使用，代码如下。

```
/* 打开显示模式 */
SET ServerOutput ON;
DECLARE  --开始声明部分
/* 声明记录类型 */
TYPE Employees_Record_Type IS RECORD
  ( EmpId                      C##HRSYS.Employees.Emp_Id%Type,
   EmpName                     C##HRSYS.Employees.Emp_Name%Type);
/* 定义记录变量 */
var_EmpRecord Employees_Record_Type;
  --定义游标，varDepid 为参数，指定部门编号
  CURSOR MyCur(varDepid NUMBER) IS
 SELECT Emp_Id, Emp_Name FROM C##HRSYS.Employees
  WHERE Dep_id = varDepid;
BEGIN  --开始程序体
  IF MyCur%ISOPEN = FALSE Then
    OPEN MyCur(1);
  END IF;
  LOOP
    FETCH MyCur INTO var_EmpRecord;  --读取当前游标位置的数据到记录变量 var_EmpRecord
    EXIT WHEN MyCur%NOTFOUND;  --当游标指向结果集结尾时退出循环
    /* 显示保存在记录变量 var_EmpRecord 中的数据 */
    dbms_output.put_line('员工编号:' || var_EmpRecord.EmpId ||', 用户名::' || var_EmpRecord.
EmpName);
  END LOOP;
```

```
  CLOSE MyCur;   --关闭游标
END;  --结束程序体
/
```

运行结果为：

```
员工编号:1, 用户名::张老三
员工编号:2, 用户名::李四
员工编号:3, 用户名::王五
PL/SQL 过程已成功完成。
```

典型游标 FOR 循环需要先对游标进行声明，然后才可以使用。典型游标 FOR 循环的语法说明如下：

```
FOR <记录名> IN <游标名> LOOP
  语句 1;
  语句 2;
  …
  语句 n;
END LOOP;
```

【例 10.14】 如下代码是一个典型游标 FOR 循环的例子。

```
/* 打开显示模式 */
SET ServerOutput ON;
DECLARE
  CURSOR MyCur(varDepid NUMBER) IS
 SELECT Emp_Id, Emp_Name FROM C##HRSYS.Employees
   WHERE Dep_id = varDepid;
BEGIN  --开始程序体
  FOR var_EmpRecord IN MyCur(1) LOOP
    /* 显示保存在记录变量 var_EmpRecord 中的数据 */
    dbms_output.put_line('员工编号:' || var_EmpRecord.Emp_Id ||', 用户名::' ||
var_EmpRecord.Emp_Name);
  END LOOP;
END;  --结束程序体
/
```

运行结果为：

```
员工编号:2, 用户名::李四
员工编号:3, 用户名::王五
PL/SQL 过程已成功完成。
```

在使用游标 FOR 循环时不能使用 OPEN 语句、FETCH 语句和 CLOSE 语句，否则会产生错误。

在典型游标 FOR 循环中，需要先声明游标，然后再使用。还有一种更简单的使用方法，就是在游标 FOR 循环中直接使用 SELECT 子查询代替游标名，这样就不需要事先声明游标了。

带子查询的游标 FOR 循环的语法如下：

```
FOR <记录名> IN <SELECT 子查询> LOOP
  语句 1;
```

```
  语句 2;
  …
  语句 n;
END LOOP;
```

【例 10.15】　修改【例 10.14】，在游标 FOR 循环中直接使用 SELECT 子查询代替游标名，代码如下：

```
/* 打开显示模式 */
SET ServerOutput ON;
BEGIN   --开始程序体
  FOR var_EmpRecord IN (SELECT Emp_Id, Emp_Name FROM C##HRSYS.Employees
                          WHERE Dep_id = 1) LOOP
    /* 显示保存在记录变量 var_EmpRecord 中的数据 */
    dbms_output.put_line('部门编号:' || var_EmpRecord.Emp_Id ||', 姓名::' || var_EmpRecord.
Emp_Name);
  END LOOP;
END;   --结束程序体
/
```

运行结果与【例 10.14】相同。使用游标 FOR 循环可以简化游标的声明和使用，是一种很实用的方法。

10.1.5　引用游标

引用游标（REF 游标）是一种动态游标，它比普通的静态游标更加灵活，因为它不依赖指定的查询语句。换言之，引用游标在运行时可以与不同的查询语句相关联，也可以使用游标变量。

引用游标有两种类型，即强型游标和弱型游标。强型游标返回指定格式的结果集，而弱型游标则没有返回类型。

提示　除非有特殊的需要，建议在声明引用游标时指定返回类型，因为这样可以减小出现错误的概率。

使用引用游标的基本方法如下：

```
DECLARE
TYPE cursor_type IS REF CURSOR RETURN return_type;
cursor_variable cursor_type;
single_record return_type;
OPEN cursor_variable FOR SELECT 语句;
LOOP
FETCH cursor_variable;
EXIT WHEN cursor_variable %NOTFOUND;
...; -- 处理得到的行
    …
END LOOP;
CLOSE cursor_variable;
```

具体说明如下：

- cursor_type 指定引用游标的名称。
- return_type 指定返回结果的类型。

- cursor_variable 是定义的引用游标变量，single_record 是返回结果变量。
- 使用 OPEN 语句打开并查询游标变量。
- 使用 FETCH 语句获取游标中的数据。
- 使用%NOTFOUND 属性判断游标中结果集的当前行是否有效。
- 使用 CLOSE 语句关闭游标。

【例 10.16】 如下代码是一个弱型游标的实例。

```
SET ServerOutput ON;
DECLARE
   TYPE RefCur IS REF CURSOR; --声明引用游标类型，游标返回的类型没有限制
   EmpCur  RefCur; --定义游标变量
   EmpRow C##HRSYS.Employees %ROWTYPE; --存储游标查询得到的员工结果集
   DepRow C##HRSYS.Departments%ROWTYPE; -- 存储游标查询得到的部门结果集
   flag int:=2;  -- 根据 flag 变量值的不同，与引用游标相关联的 SQL 语句也不同
BEGIN
   IF flag=0 THEN
      OPEN EmpCur  FOR SELECT * FROM C##HRSYS.Employees WHERE Wage <3000;
   ELSIF flag=1 THEN
      OPEN EmpCur FOR SELECT * FROM C##HRSYS.Employees WHERE Wage >=3000;
   ELSIF flag=2 THEN
     --因为弱类型游标对目标表没有限制，数据可以使来自任何表，所以这里绑定到表 Departments
      OPEN EmpCur FOR SELECT * FROM C##HRSYS.Departments;
   ELSE
      OPEN EmpCur FOR SELECT * FROM C##HRSYS.Employees;
   END IF;
   LOOP
      IF flag = 2 THEN
         FETCH EmpCur INTO DepRow;
         EXIT WHEN EmpCur%NOTFOUND;   --如果没有查询到数据就退出
         DBMS_output.put_line(' Dep_name='||DepRow.Dep_name);
      ELSE
         FETCH EmpCur INTO EmpRow;
         EXIT WHEN EmpCur%NOTFOUND;   --如果没有查询到数据就退出
         DBMS_output.put_line('name='||EmpRow.Emp_name || 'Wage='||EmpRow.Wage);
      END IF;
   END LOOP;
   CLOSE EmpCur;
END;
/
```

将 flag 设置为 0 时，游标 RefCur 遍历表 C##HRSYS.Employees 中所有 Wage <3000 的记录，运行结果如图 10.2 所示。

图 10.2 将 flag 设置为 0 时的运行结果

将 flag 设置为 1 时，游标 RefCur 遍历表 C##HRSYS.Employees 中所有 Wage≥3000 的记录，运行结果如图 10.3 所示。

将 flag 设置为 2 时，游标 RefCur 遍历表 C##HRSYS. Departments 中的所有记录，运行结果如图 10.4 所示。

图 10.3　将 flag 设置为 1 时的运行结果

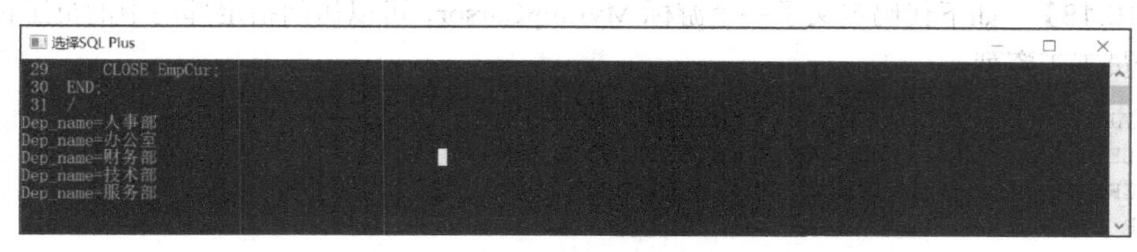

图 10.4　将 flag 设置为 2 时的运行结果

可以看到，当 flag 被设置为不同值时，引用游标可以关联到不同的 SQL 语句，甚至可以访问不同的表。

【例 10.17】　可以将【例 10.16】中的引用游标修改为强型游标，只能返回 C##HRSYS.Employees 类型的记录，代码如下：

```
SET ServerOutput ON;
DECLARE
    --声明引用游标类型，只能返回 C##HRSYS.Employees 类型的记录
    TYPE RefEmpCur IS REF CURSOR RETURN C##HRSYS.Employees%ROWTYPE;
    EmpCur RefEmpCur; --定义游标变量
    EmpRow C##HRSYS.Employees%ROWTYPE; --存储游标查询得到的员工结果集
    flag int:=0;  -- 根据 flag 变量值的不同，与引用游标相关联的 SQL 语句也不同
BEGIN
    IF flag=0 THEN
        OPEN EmpCur  FOR SELECT * FROM C##HRSYS.Employees WHERE Wage <3000;
    ELSIF flag=1 THEN
        OPEN EmpCur FOR SELECT * FROM C##HRSYS.Employees WHERE Wage >=3000;
    ELSE
        OPEN EmpCur FOR SELECT * FROM C##HRSYS.Employees;
    END IF;
    LOOP
        FETCH EmpCur INTO EmpRow;
        EXIT WHEN EmpCur%NOTFOUND;   --如果没有查询到数据就退出
      DBMS_output.put_line('name='||EmpRow.Emp_name || 'Wage='||EmpRow.Wage);
    END LOOP;
    CLOSE EmpCur;
END;
/
```

10.1.6 管理游标结果集

在定义游标时，可以指定允许更新或删除游标结果集中的行，从而对游标结果集进行管理。

1. 修改游标结果集中的行

定义游标时可以使用 FOR UPDATE OF 子句指定可以更新的列，语法如下：

```
DECLARE CURSOR 游标名
[ (参数列表) ]
IS
SELECT 语句
FOR UPDATE OF 可以更新的列名;
```

【例 10.18】 如下代码定义了一个游标 MyEmpCursor，可以访问指定部门中的员工记录，并可以更新员工工资列。

```
DECLARE CURSOR MyEmpCursor (varEmpId NUMBER) IS
  SELECT Emp_name, Wage FROM C##HRSYS.Employees
  WHERE Dep_id = varDepId
  FOR UPDATE OF Wage;
/
```

在使用 UPDATE 语句修改游标中数据时，需要使用 WHERE CURRENT OF 子句指定要更新的游标，语法如下：

```
UPDATE 表名 SET 子句
WHERE CURRENT OF 游标名
```

【例 10.19】 如下脚本可以将所有部门编号为 1 的员工工资增加 100。

```
DECLARE CURSOR MyEmpCursor (varDepId NUMBER) IS
  SELECT Emp_name, Wage FROM C##HRSYS.Employees
  WHERE Dep_id = varDepId
  FOR UPDATE OF Wage;
BEGIN
  FOR rec1 IN MyEmpCursor(1) LOOP
    UPDATE C##HRSYS.Employees SET Wage = Wage + 100
    WHERE CURRENT OF MyEmpCursor;
  END LOOP;
END;
/
```

脚本的运行过程如下。

（1）首先使用 DECLARE CURSOR 语句声明一个游标 MyEmpCursor，查询表 C##HRSYS.Employees 中部门编号等于参数 varDepId 的员工记录。

（2）使用 FOR…LOOP 语句遍历表 MyEmpCursor(1)中的所有记录。

（3）在 UPDATE 语句中使用 WHERE CURRENT OF 子句，修改当前游标中的记录。

执行上述脚本后，查询表 C##HRSYS.Employees 中的数据，确认部门编号为 1 的员工工资增加了 100。

2. 删除游标结果集中的行

对于使用了 FOR UPDATE OF 子句的游标，可以使用 DELETE 语句删除其中的内容，方法如下：

```
DELETE FROM 表名
WHERE CURRENT OF 游标名
```

【例 10.20】　如下脚本可以删除所有部门编号为 1 的员工记录。

```
DECLARE CURSOR MyEmpCursor (varDepId NUMBER) IS
  SELECT Emp_name, Wage FROM C##HRSYS.Employees
  WHERE Dep_id = varDepId
  FOR UPDATE OF Wage;
BEGIN
  FOR rec1 IN MyEmpCursor(1) LOOP
    DELETE FROM C##HRSYS.Employees
    WHERE CURRENT OF MyEmpCursor;
  END LOOP;
END;
/
```

10.2　存储过程

与其他程序设计语言一样，PL/SQL 也可以把用户自己编写的程序存储起来，在需要的时候调用执行。这样可以实现工作的积累，提高代码的重用性和共享性。存储过程就是以一种形式存储的用户程序，它需要人为执行调用语句运行。

PL/SQL 有以下 3 种存储过程。

- 过程：一种基本的存储过程，由过程名、参数和程序体组成。
- 函数：与过程类似，只是函数有返回值。
- 程序包：一组相关的 PL/SQL 过程和函数，由包名、说明部分和包体组成。

10.2.1　过程

可以使用 CREATE PROCEDURE 语句来创建过程，它的基本语法结构如下：

```
CREATE [ OR REPLACE ] PROCEDURE 过程名
[ 参数列表 ] IS | AS
[ 局部变量声明 ]
BEGIN
  <过程体>
END [ 过程名 ];
```

以下几点需要特别说明。

- 使用 REPLACE 关键字表示如果要创建的过程已经存在，则将其替换为当前定义的过程。
- 参数声明的格式如下：

```
参数名 [IN | OUT | IN OUT] 数据类型 [ := 初始值 ]
```

IN 参数类型表示此参数接受过程外传递来的值；OUT 参数类型表示此参数将在过程中被赋值，并传递到过程体外；IN OUT 参数类型表示此参数同时具备 IN 和 OUT 参数类型的特性。

- 在局部变量声明块中定义的变量只在过程体内有效。

【例 10.21】　创建示例过程 ResetWage，此过程的功能是将表 C##HRSYS.Employees 中指定

用户的工资重置为 8000，代码如下：

```
CREATE OR REPLACE PROCEDURE C##HRSYS.ResetWage
( v_EmpId IN NUMBER)
AS
BEGIN
  UPDATE C##HRSYS.Employees SET Wage = 8000 WHERE Emp_id = v_EmpId;
END;
/
```

在 SQL Plus 中运行此脚本，将在方案 C##HRSYS 下创建一个过程 ResetWage。使用 EXECUTE 命令可以调用过程。例如，若要将编号为 2（员工李四）的用户工资重置，则可以使用如下代码：

```
EXECUTE C##HRSYS.ResetWage(2);
SELECT Emp_name, Wage FROM C##HRSYS.Employees WHERE Emp_Id = 2;
```

运行结果为：

```
EMP_NAME                          WAGE
-----------------    --------------------
李四                              8000
```

可以看到，员工李四的工资已经由 3000 修改为 8000。

可以使用 DROP PROCEDURE 命令删除过程，语法如下：

```
DROP PROCEDURE [方案名.]过程名
```

【例 10.22】 使用如下语句可以删除示例过程 ResetWage。

```
DROP PROCEDURE C##HRSYS.ResetWage;
```

10.2.2 函数

可以使用 CREATE FUNCTION 语句来创建函数，它的基本语法结构如下：

```
CREATE [ OR REPLACE ] FUNCTION 函数名
[ 参数列表 ]
[ RETURN 函数数据类型 ] IS | AS
[ 局部变量声明 ]
BEGIN
  过程体
  RETURN 函数值
END [ 过程名 ];
```

其中很多内容与 CREATE PROCEDURE 语句相同。以下两点需要特别说明。

- RETURN 函数数据类型子句指定了函数返回值的数据类型。
- RETURN 函数值子句将函数值作为函数的结果返回。

【例 10.23】 下面介绍一个示例函数 GetWage，此函数的功能是在表 C##HRSYS.Employees 中根据指定的员工姓名返回其工资信息。代码如下：

```
CREATE FUNCTION C##HRSYS.GetWage
( v_name IN Employees.Emp_Name%Type )
RETURN Employees.Wage%Type
AS
outwage Employees.Wage%Type;
```

```
BEGIN
  SELECT Wage INTO outwage FROM Employees
  WHERE Emp_name=''||v_name||'';
  RETURN outwage;
END;
/
```

因为在 PL/SQL 中单引号“'”是转义字符，所以在 SQL 语句中使用两个单引号“''”来代替员工姓名字符串中的单引号。

在 SQL Plus 中，可以使用如下代码调用函数。

```
SET ServerOutput ON;
DECLARE
  varWage C##HRSYS.Employees.Wage%Type;
BEGIN
  varWage:= C##HRSYS.GetWage('李四');
  dbms_output.put_line(varWage);
END;
/
```

可以使用 DROP FUNCTION 命令删除函数。

【例 10.24】　删除函数 C##HRSYS.GetWage 的语句如下：

```
DROP FUNCTION C##HRSYS.GetWage;
```

10.2.3　程序包

PL/SQL 程序包是由包的说明部分和包体组成的。可以使用 CREATE PACKAGE 语句来创建包的说明部分，它的基本语法结构如下：

```
CREATE [ OR REPLACE ] PACKAGE 程序包名
IS | AS
[ 声明部分 ]
END [ 程序包名 ];
```

声明部分可以包括类型、变量、过程、函数和游标的说明。

【例 10.25】　下面介绍一个创建程序包 C##HRSYS.MyPack 的示例，它包含前面小节介绍过的过程 ResetWage 和函数 GetWage。代码如下：

```
CREATE OR REPLACE PACKAGE C##HRSYS.MyPack
IS
PROCEDURE ResetWage
 ( v_EmpId IN NUMBER);
FUNCTION GetWage
 ( v_name IN Employees.Emp_Name%Type )
RETURN Employees.Wage%Type;
END MyPack;
/
```

在 SQL Plus 中运行此脚本，将在方案 C##HRSYS 下创建一个程序包 MyPack。

可以使用 CREATE PACKAGE BODY 语句来创建包体部分，它的基本语法结构如下：

```
CREATE PACKAGE BODY 程序包名
IS | AS
```

```
[ 声明部分 ]
[ 过程体 ]
[ 函数体 ]
[ 初始化部分 ]
END [ 程序包名 ];
```

【例 10.26】 下面创建程序包 C##HRSYS.MyPack 的包体部分，代码如下：

```
CREATE PACKAGE BODY C##HRSYS.MyPack
IS
PROCEDURE ResetWage
 ( v_EmpId IN NUMBER)
AS
BEGIN
  UPDATE C##HRSYS.Employees SET Wage = 8000 WHERE Emp_id = v_EmpId;
END;

FUNCTION GetWage
 ( v_name IN Employees.Emp_Name%Type )
RETURN Employees.Wage%Type
AS
outwage Employees.Wage%Type;
BEGIN
  SELECT Wage INTO outwage FROM Employees
  WHERE Emp_name=''||v_name||'';
  RETURN outwage;
END;
END MyPack;
/
```

可以使用如下方法调用程序包中的过程。

```
方案名.程序包名.过程名
```

可以使用如下方法调用程序包中的函数。

```
方案名.程序包名.函数名
```

【例 10.27】 调用 C##HRSYS.MyPack.GetPwd 函数，返回指定用户的密码信息，代码如下：

```
SET ServerOutput ON;
DECLARE
  varWage C##HRSYS.Employees.Wage%Type;
BEGIN
  varWage:= C##HRSYS.MyPack.GetWage('李四');
  dbms_output.put_line(varWage);
END;
/
```

可以使用 DROP PACKAGE BODY 命令删除程序包体。

【例 10.28】 删除程序包体 C##HRSYS.MyPack 的语句如下：

```
DROP PACKAGE BODY C##HRSYS.MyPack;
```

可以使用 DROP PACKAGE 命令删除程序包的说明部分。

【例 10.29】 删除程序包 C##HRSYS.MyPack 的语句如下：

```
DROP PACKAGE C##HRSYS.MyPack;
```

10.3 触 发 器

触发器是一种特殊的存储过程，当指定的事件发生时自动运行。本节将介绍触发器的基本概念以及管理触发器的方法。

10.3.1 触发器的基本概念

触发器与普通存储过程的不同之处在于：触发器的执行是由事件触发的，而普通存储过程是由命令调用执行的。

触发事件的不同决定了触发器的不同，可以根据以下 3 个因素区分不同的触发器。

1. 触发事件

- DML 语句事件：执行 INSERT、UPDATE、DELETE 等语句时触发的事件。
- DDL 语句事件：执行 CREATE、ALTER、DROP 等语句时触发的事件。
- 数据库事件：执行 STARTUP、SHUTDOWN、LOGON、LOGOFF 等操作时触发的事件。
- 系统错误：当 Oracle 数据库系统出现错误时触发的事件。

2. 触发时间

- BEFORE：在指定的事件发生之前执行触发器。
- AFTER：在指定的事件发生之后执行触发器。

3. 触发级别

- 行触发：对触发事件影响的每一行（例如，一条语句更新或删除多条记录）都执行触发器。
- 语句触发：对于触发事件只能执行触发器一次。

10.3.2 创建触发器

使用 CREATE TRIGGER 语句可以创建触发器，创建不同类型触发器的方法略有不同。

1. 创建语句触发器

可以使用 CREATE TRIGGER 语句创建语句触发器，语法如下：

```
CREATE [ OR REPLACE ] TRIGGER 触发器名
[BEFORE | AFTER ] 触发事件 ON 表名 | 视图名
PL/SQL 程序体
```

以下几点需要特别说明。

- 触发事件可以是 INSERT、UPDATE 和 DELETE 等。
- 表名 | 视图名定义了与触发器相关的表或视图的名字。
- PL/SQL 程序体是触发器触发时要执行的程序块。

当使用 OR REPLACE 关键字时，如果该触发器已经存在，则会修改它的内容。

【例 10.30】 下面演示一个创建语句触发器的实例，使用语句触发器在指定的表中记录这些操作。首先执行如下的 CREATE TABLE 语句，在 C##HRSYS 方案下创建表 Test 和表 LogTable。表 Test 是本实例的基础表，表 LogTable 用于记录对表 Test 的 INSERT、UPDATE 和 UPDATE 等操作。创建表 Test 和表 LogTable 的语句如下：

```
CREATE TABLE C##HRSYS.Test
(
  id  INTEGER,
  name    VARCHAR2(50)
);
CREATE TABLE C##HRSYS.LogTable
(
  log_date    DATE,
  action  VARCHAR2(50)
);
```

然后执行如下的 CREATE TRIGGER 语句，创建语句触发器 C##HRSYS.LogUpdateTrigger。

```
CREATE OR REPLACE TRIGGER C##HRSYS.LogUpdateTrigger
AFTER INSERT OR UPDATE OR DELETE
ON C##HRSYS.Test
DECLARE log_action VARCHAR2(50);
BEGIN
IF INSERTING THEN log_action := 'Insert';
ELSIF UPDATING THEN log_action := 'Update';
ELSIF DELETING THEN log_action := 'Delete';
ELSE DBMS_OUTPUT.PUT_LINE('...');
END IF;
INSERT INTO C##HRSYS.LogTable (log_date, action)
VALUES (SYSDATE, log_action);
END;
/
```

INSERTING 表示当前执行的操作为 INSERT，UPDATING 表示当前执行的操作为 UPDATE，DELETING 表示当前执行的操作为 DELETE。

创建完成后执行如下语句，在表 C##HRSYS.Test 上执行 INSERT、UPDATE 和 DELETE 操作。

```
INSERT INTO C##HRSYS.Test VALUES(1, 'Insert');
UPDATE HRSYS.Test SET name='Update';
DELETE FROM C##HRSYS.Test WHERE id=1;
COMMIT;
```

然后查看表 LogTable 的内容，如图 10.5 所示。

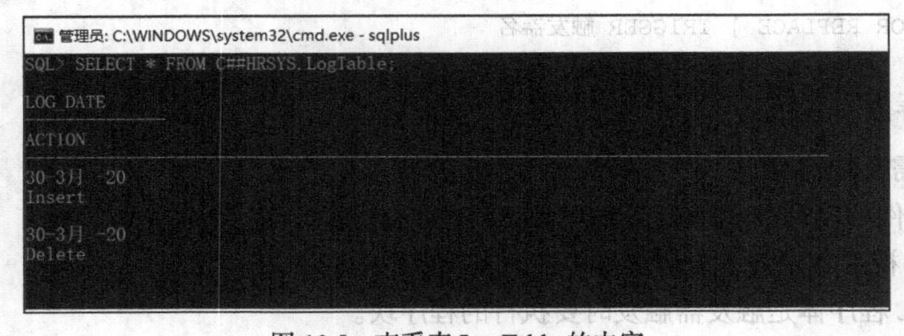

图 10.5　查看表 LogTable 的内容

可见，在表 Test 上执行 INSERT、UPDATE 和 DELETE 语句时，激活了语句触发器表 C##HRSYS.LogUpdateTrigger，向表 LogTable 中插入了相应的记录。

2. 创建行触发器

行触发器在受影响的每一行上执行。可以使用 CREATE TRIGGER 语句创建行触发器，语法如下：

```
CREATE [ OR REPLACE ] TRIGGER 触发器名
[BEFORE | AFTER ] 触发事件 ON 表名| 视图名
FOR EACH ROW
<PL/SQL 程序体>
```

FOR EACH ROW 表示当前触发器为行触发器。

【例 10.31】 创建行触发器 C##HRSYS.MyTrigger。它的作用是当表 C##HRSYS.Departments 中 Dep_Id 列的值发生变化时，自动更新表 C##HRSYS.Employees 中的 Dep_Id 列的值，从而保证数据的完整性。创建触发器的代码如下：

```
CREATE OR REPLACE TRIGGER C##HRSYS.MyTrigger
AFTER UPDATE ON C##HRSYS.Departments
FOR EACH ROW
BEGIN
  UPDATE C##HRSYS.Employees SET Dep_Id = :new.Dep_Id
  WHERE Dep_Id = :old.Dep_Id;
END;
/
```

在上述代码中有两个新的概念，即:new 和:old。这是两个虚拟的表，:new 表示执行 INSERT、UPDATE 和 DELETE 操作后的新表，:old 表示执行 INSERT、UPDATE 和 DELETE 操作之前的旧表。通过使用这两个表，可以分别访问到触发器执行前后表数据的变化。

为了验证触发器的功能，可以在 SQL Plus 中运行如下命令：

```
UPDATE C##HRSYS.Departments SET Dep_Id=101 WHERE Dep_Id=1;
COMMIT;
```

提交后，查看表 C##HRSYS.Employees 中的数据，确认 Dep_Id =1 的记录，Dep_Id 列的值已经自动更新为 101。

3. 创建 INSTEAD OF 触发器

创建 INSTEAD OF 触发器的语法如下：

```
CREATE [ OR REPLACE ] TRIGGER 触发器名
INSTEAD OF 触发事件 ON 表名 | 视图名
PL/SQL 程序体
```

【例 10.32】 下面演示一个创建 INSTEAD OF 触发器的实例。首先执行下面的脚本创建一个视图 V_EMP_DEPT，其中包含员工及其部门信息。

```
CREATE VIEW C##HRSYS.V_EMP_DEPT
AS
SELECT C##HRSYS.Employees.Emp_id, C##HRSYS.Employees.Emp_name, C##HRSYS.Employees.Sex,
C##HRSYS.Employees.Title, C##HRSYS.Departments.DEP_NAME, C##HRSYS.Departments.DEP_ID FROM
C##HRSYS.Employees, C##HRSYS.Departments WHERE C##HRSYS.Employees.DEP_ID = C##HRSYS.
Departments.DEP_ID;
```

创建一个触发器 MyInsteadofTrigger，它的作用是当视图 V_EMP_DEPT 执行 UPDATE 操作时，自动更新表 C##HRSYS.Employees 中对应记录值（表 C##HRSYS.Employees 包含的字段很多，这里只更新其中的 3 个字段），从而保证数据的完整性。创建触发器的代码如下：

```
CREATE OR REPLACE TRIGGER C##HRSYS.MyInsteadofTrigger
INSTEAD OF UPDATE ON C##HRSYS.V_EMP_DEPT
BEGIN
  UPDATE C##HRSYS.Employees SET Emp_name = :new.Emp_name,
    Sex = :new.Sex,Title = :new.Title
    WHERE Emp_id = :old.Emp_id;
END;
/
```

在对视图 C##HRSYS.V_EMP_DEPT 执行 UPDATE 语句后，引发触发器 MyInsteadofTrigger，程序根据:new 表中的数据更新表 C##HRSYS.Employees 和表 C##HRSYS.Departments 中的相应记录。这样一来，对视图的更新操作就被替换为对其基表的更新操作了。

创建触发器 MyInsteadofTrigger 后，为了验证它的功能，可以在 SQL Plus 中运行如下命令：

```
UPDATE C##HRSYS.V_EMP_DEPT SET Emp_name ='李红', Title='经理',
Sex='女'
WHERE Emp_id =2;
COL Emp_name FORMAT A20
COL Title FORMAT A20
SELECT Emp_name, Title, Sex FROM C##HRSYS.Employees
WHERE Emp_id =2;
```

运行结果如图 10.6 所示。

```
管理员: C:\WINDOWS\system32\cmd.exe - sqlplus
SQL> COL Emp_name FORMAT A20
SQL> COL Title FORMAT A20
SQL> SELECT Emp_name, Title, Sex FROM C##HRSYS.Employees
  2  WHERE Emp_id =2;

EMP_NAME             TITLE                SEX
李红                 经理                 女

SQL>
```

图 10.6　查看 INSTEAD OF 触发器的效果

可以看到，表 C##HRSYS.Employees 中 Emp_id =2 的记录内容已经被更新，说明 INSTEAD OF 触发器 MyInsteadofTrigger 已经被触发。

4. 创建 LOGON 和 LOGOFF 触发器

LOGON 触发器在用户登录数据库时被触发，LOGOFF 触发器则在用户注销时被触发。使用这两个触发器可以将用户访问数据库的情况记录在一个日志表中。

【例 10.33】 为了演示如何创建 LOGON 和 LOGOFF 触发器，首先创建表 C##HRSYS.Users_Log，用于记录用户 C##HRSYS 的登录和注销信息，代码如下：

```
CREATE TABLE C##HRSYS.Users_Log
(
  UserName     VARCHAR2(50),
  Activity     VARCHAR2(20),
  EventDate    DATE
);
```

执行如下语句创建 LOGON 触发器 C##HRSYS.MyLogonTrigger。

```
CREATE OR REPLACE TRIGGER C##HRSYS.MyLogonTrigger
AFTER LOGON
ON HRSYS.SCHEMA
```

```
BEGIN
  INSERT INTO C##HRSYS.Users_Log VALUES (USER, 'LOGON', SYSDATE);
END;
/
```

执行如下语句创建 LOGOFF 触发器 C##HRSYS.MyLogoffTrigger。

```
CREATE OR REPLACE TRIGGER C##HRSYS.MyLogoffTrigger
BEFORE LOGOFF
ON HRSYS.SCHEMA
BEGIN
  INSERT INTO C##HRSYS.Users_Log VALUES (USER, 'LOGOFF', SYSDATE);
END;
/
```

两个触发器都创建完成后，打开另外一个 SQL Plus，使用 C##HRSYS 用户登录后，再执行 EXIT 命令注销用户。然后在当前的 SQL Plus 窗口中查看 C##HRSYS.Users_Log 表的内容，如图 10.7 所示。

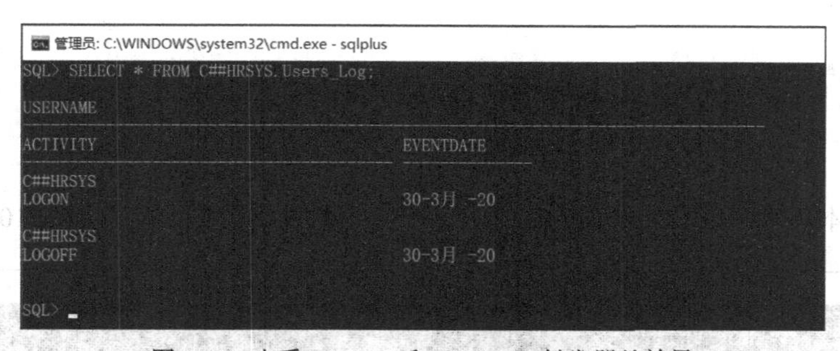

图 10.7　查看 LOGON 和 LOGOFF 触发器的效果

可以看到，用户登录和注销的信息已经写入到表 Users_Log 中，说明 LOGON 和 LOGOFF 触发器已经被触发。

10.3.3　启用和禁用触发器

在有些情况下可能需要临时禁用触发器，比如它引用的数据库对象已经无效，或者需要执行大量的数据操作，此时不希望触发器工作，以避免造成延时等。

可以使用 ALTER TRIGGER DISABLE 语句禁用触发器。

【例 10.34】　禁用触发器 C##HRSYS.MyLogoffTrigger 的语句如下：

```
ALTER TRIGGER C##HRSYS.MyLogoffTrigger DISABLE;
```

使用 ALTER TRIGGER ENABLE 语句可以重新启用触发器。

【例 10.35】　启用触发器 C##HRSYS.MyLogoffTrigger 的语句如下：

```
ALTER TRIGGER C##HRSYS.MyLogoffTrigger ENABLE;
```

如果在一个表上定义了多个触发器，则可以使用 ALTER TABLE DISABLE ALL TRIGGERS 语句禁用表上的所有触发器。

【例 10.36】　可以使用如下语句禁用表 C##HRSYS.Departments 上的所有触发器：

```
ALTER TABLE C##HRSYS.Departments DISABLE ALL TRIGGERS;
```

使用 ALTER TABLE ENABLE ALL TRIGGERS 语句可以启用指定表上的所有触发器。

【例 10.37】 可以使用如下语句启用表 C##HRSYS. Departments 上的所有触发器：

```
ALTER TABLE C##HRSYS.Departments ENABLE ALL TRIGGERS;
```

10.3.4 编译触发器

在使用 CREATE TRIGGER 语句创建触发器时，Oracle 会对触发器进行编译。如果在编译过程中发现错误，则可以使用 DBA_ERRORS（或者 USER_ERRORS）视图查看错误的具体信息，具体的 SELECT 语句如下：

```
SELECT * FROM DBA_ERRORS WHERE TYPE='TRIGGER';
```

【例 10.38】 执行如下语句创建触发器 C##HRSYS.MyTrigger，其中将:new 写成了 new，因此在执行过程中会出现编译错误。

```
CREATE OR REPLACE TRIGGER C##HRSYS.MyTrigger
AFTER UPDATE ON C##HRSYS.Departments
FOR EACH ROW
BEGIN
  UPDATE C##HRSYS.Employees SET Dep_id= new.Dep_id
  WHERE Dep_id = :old.Dep_id;
END;
/
```

执行上述脚本后，可以看到 DBA_ERRORS 中关于触发器的错误信息如图 10.8 所示。

```
SQL Plus
SQL> SELECT * FROM DBA_ERRORS WHERE TYPE='TRIGGER';

OWNER
NAME
TYPE                                    SEQUENCE       LINE   POSITION
TEXT
ATTRIBUTE          MESSAGE_NUMBER
HRSYS
MYTRIGGER
TRIGGER                                        1          2         38
OWNER
NAME
TYPE                                    SEQUENCE       LINE   POSITION
TEXT
ATTRIBUTE          MESSAGE_NUMBER
PL/SQL: ORA-00904: "NEW"."DEP_ID": 标识符无效
ERROR                           0
```

图 10.8 查看触发器的编译错误

在返回的结果集中可以看到提示的错误信息为“PL/SQL: ORA-00904: "NEW"." DEP_ID": 标识符无效”，这可以帮助 DBA 定位和分析错误。

在使用 CREATE TRIGGER 语句创建触发器后，即使触发器没有通过编译，但还是可以成功创建触发器对象。在修改触发器的定义后，可以使用 ALTER TRIGGER COMPILE 语句对触发器进行编译。

【例 10.39】 可以使用如下语句重新编译触发器 C##HRSYS.MyTrigger。

```
ALTER TRIGGER C##HRSYS.MyTrigger COMPILE;
```

10.3.5　删除触发器

使用 DROP TRIGGER 语句可以删除指定的触发器，语法如下：

```
DROP TRIGGER 方案名.触发器名
```

【例 10.40】　使用如下语句可以删除 C##HRSYS.MyTrigger。

```
DROP TRIGGER C##HRSYS.MyTrigger;
```

习　　题

一、选择题

1. 打开游标的语句是（　　）。
   A. OPEN　　B. OPEN CURSOR
   C. DECLARE CURSOR　　D. FETCH
2. 下面不是 Oracle 游标属性的是（　　）。
   A. %ISOPEN　　B. %FOUND　　C. %ROWCOUNT　　D. %FETCH
3. 下面定义 PL/SQL 记录的语法正确的是（　　）。
   A. TYPE 记录类型名 IS RECORD
   （字段声明 [, 字段声明] …）;
   B. TYPE 记录类型名 RECORD
   （字段声明 [, 字段声明] …）;
   C. RECORE 记录类型名
   （字段声明 [, 字段声明] …）;
   D. TYPE RECORE 记录类型名
   （ 字段声明 [, 字段声明] …）;
4. 判断游标是否被打开的属性是（　　）。
   A. %ISOPEN　　B. %FOUND　　C. %OPEN　　D. % ROWCOUNT
5. 下面关于触发器的描述错误的是（　　）。
   A. 触发器是一种特殊的存储过程，当指定的事件发生时自动运行
   B. 触发器与普通存储过程的不同之处在于：触发器的执行是由事件触发的，而普通存储过程是由命令调用执行的
   C. 只有在执行 INSERT、UPDATE、DELETE 等语句时才能执行触发器
   D. 触发事件可以分为 DML 语句事件、DDL 语句事件、数据库事件和系统错误等 4 种

二、填空题

1. 声明游标的语句是＿【1】＿。
2. 游标的取值语句是＿【2】＿。
3. PL/SQL 包含 3 种存储过程，即＿【3】＿、＿【4】＿和＿【5】＿。
4. 可以使用＿【6】＿语句来创建函数。
5. PL/SQL 程序包是由＿【7】＿和＿【8】＿组成的。

三、简答题

1. 简述游标的基本概念。
2. 简述触发器与存储过程的关系。

第 11 章 ADO.NET 数据访问技术

ADO.NET 是比较流行的数据库访问技术，使用 Visual C#开发的实例是基于 ADO.NET 数据访问技术实现的。本章介绍通过 ADO.NET 访问 Oracle 数据库的方法。

11.1 ADO.NET 的结构和命名空间

Visual C#使用 ADO.NET 技术访问数据库。ADO.NET 为.NET Framework 提供高效的数据访问机制。本节介绍 ADO.NET 数据库访问技术的结构和命名空间。

11.1.1 ADO.NET 的结构

ADO. NET 的结构并不复杂，它由一组数据库访问类组成，如图 11.1 所示。

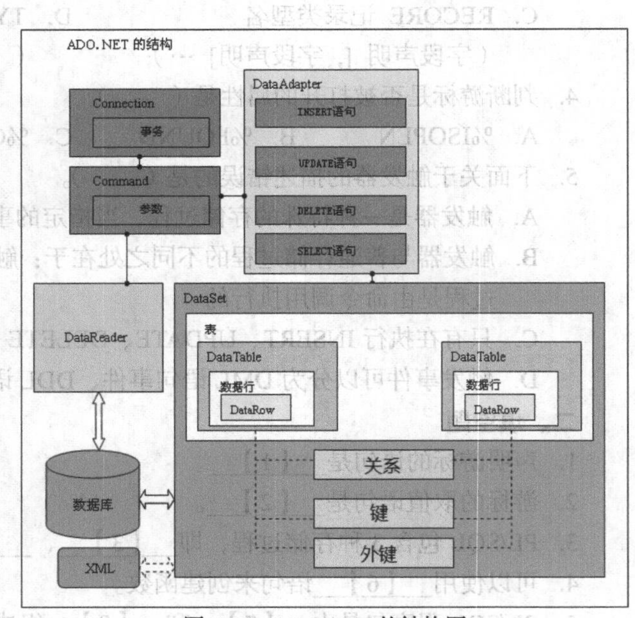

图 11.1 ADO.NET 的结构图

在 ADO. NET 中，可以通过 Command 对象和 DataAdapter 对象访问数据库。DataSet 就如同保存在系统内存的数据库副本，它不但提供访问数据库的机制，同时还支持访问 XML 文件的机制，可以方便地实现与 XML 文件的数据交互。在 ADO. NET 中，任何数据或数据的模式都可以序列化为 XML 的格式。

下面介绍 ADO.NET 常用类的基本情况。

1. Connection 类

Connection 类主要提供连接数据库的功能，即提供一个连接，应用程序可以通过此连接把数据库的操作指令传送到数据存储器等。连接数据库的方式有信任连接和用户名\密码两种方式，Connection 类提供数据库（源）的连接是实现操作数据库的基础。Connection 类使用数据库连接字符串来连接数据库，该字符串以“键\值”对的形式实现。

2. Command 类

Command 类提供 SqlCommand、OleDbCommand、OdbcCommand 和 OracleCommand 等多种访问方式，可以直接访问不同种类的数据库。同时 Command 类还支持 IDbCommand 接口，可以从数据库获取一个标量结果或者一个存储过程的输出参数。该类主要用于执行 SQL 语句，从数据库检索数据、插入数据、修改和删除数据。

3. DataReader 类

DataReader 类通过 Command 类提供从数据库检索数据信息的功能。此功能以一种只读的、向前的、快速的方式访问数据库，在读取或操作数据库时，不能断开与数据库之间的连接。所以在使用 DataReader 对象时，必须保持与数据库的连接。

4. DataSet 类

DataSet 类提供一种断开式的数据访问机制，即以驻留在内存中的形式来显示数据之间的关系模型。DataSet 可以视作数据存储器的部分数据的本地副本，可以执行读取、插入、修改和删除其中数据的操作。

5. DataAdapter 类

DataAdapter 类是 DataSet 类和数据源之间的桥接器，可以检索和保存数据。DataAdapter 类通过 Fill 方法来修改 DataSet 中的数据，以便与数据源中的数据相匹配；通过 Update 方法来修改数据源中的数据，以便与 DataSet 中的数据相匹配。DataAdapter 类可以执行 SELECT、INSERT、UPDATE 和 DELETE 等 4 种语句。

11.1.2　ADO.NET 的命名空间

命名空间是.NET Framework 类的逻辑分组，System.Data 命名空间提供对 ADO.NET 结构中类的访问。此命名空间包含一些组件，用于有效管理多个数据源的数据。System.Data 的主要命名空间如表 11.1 所示。

表 11.1　System.Data 的主要命名空间

命名空间	说明
System.Data.Common	包含由.NET Framework 数据提供程序共享的类。.NET Framework 数据提供程序描述用于在托管空间中访问数据源（如数据库）的类的集合
System.Data.Design	包含可用于生成自定义类型化数据集的类
System.Data.ODBC	用于 ODBC 的.NET Framework 数据提供程序
System.Data.OleDb	用于 OLE DB 的.NET Framework 数据提供程序
System.Data.OracleClient	用于 Oracle 的.NET Framework 数据提供程序
System.Data.Sql	包含支持 SQL Server 特定功能的类
System.Data.SqlClient	封装 SQL Server .NET Framework 数据提供程序。SQL Server .NET Framework 数据提供程序描述了用于在托管空间中访问 SQL Server 数据库的类集合
System.Data.SqlServerCe	用于 SQL Server Mobile 的.NET Compact Framework 数据提供程序
System.Data.SqlTypes	包含 SQL Server 2000 以及更高版本中使用的不同数据类型的各种信息

11.2 ADO.NET 中的常用 Oracle 访问类

本节介绍 ADO.NET 中的常用 Oracle 访问类，使用它们可以访问 Oracle 数据库。为了在程序中访问 Oracle 数据库，需要引用 System.Data.OracleClient。在菜单中依次选择“项目”→“添加引用”，打开“引用管理器”对话框，如图 11.2 所示。

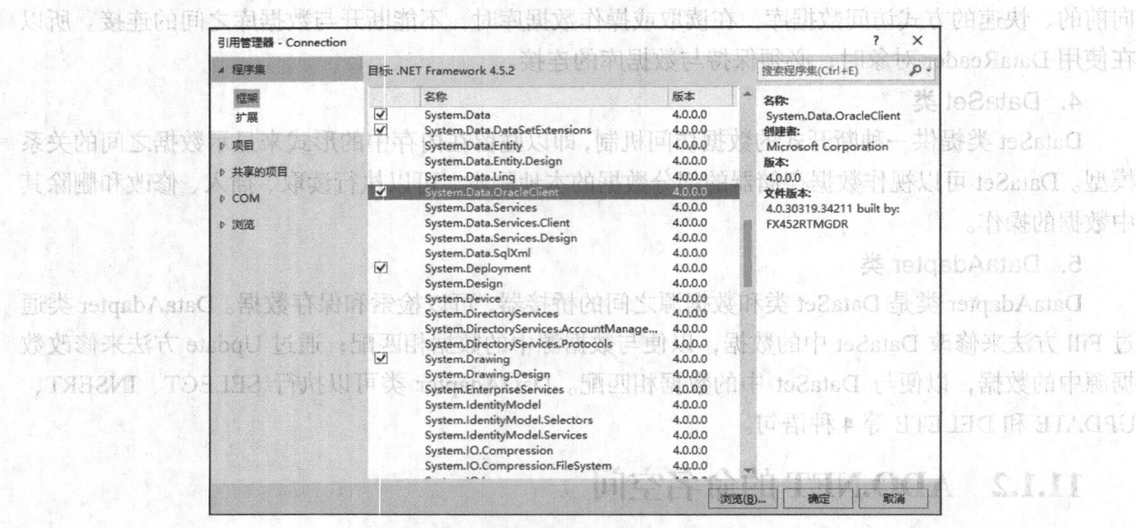

图 11.2 添加 System.Data.OracleClient 引用

在.NET 组件列表中，选择 System.Data.OracleClient，单击“确定”按钮，即可将 System.Data.OracleClient 添加到项目中。使用 Visual C#开发应用程序时，为了在窗体 Form1 中访问 Oracle 数据库，需要使用如下代码包含 System.Data.OracleClient：

```
using System.Data.OracleClient;
```

11.2.1 OracleConnection 类

OracleConnection 类主要用于处理对 Oracle 数据库的连接，它是操作 Oracle 数据库的基础。该类表示应用程序和数据源之间的唯一会话。在.NET Framework 中，使用 IDbConnection 接口定义 OracleConnection 类的属性和方法。

IDbConnection 接口的主要属性如表 11.2 所示，其主要方法如表 11.3 所示。

表 11.2　　IDbConnection 接口的主要属性

属性	说明
ConnectionString	用于定义打开或连接数据库的字符串
ConnectionTimeout	从尝试建立连接到终止尝试并生成错误之前所等待的时间
Database	当前数据库或连接打开后要使用的数据库的名称
State	连接的当前状态

表 11.3　　IDbConnection 接口的主要方法

方法	说明
Open	打开对数据库的连接
Close	关闭当前对数据库的连接
CreateCommand	创建并返回一个与该连接相关联的 Command 对象
BeginTransaction	开始数据库事务
ChangeDatabase	更改当前打开的 Connection 对象的数据库

数据库连接字符串是以“键/值”对的形式组合而成的，其中常用的属性如下。

- Data Source：数据源，可以使用 Oracle 连接描述符指定要连接的 Oracle 数据源。
- User Id：用户 ID，用于连接数据库的用户身份名称。
- Password；用户密码，用于连接数据库的用户登录的密码。

例如，采用用户名 C##HRSYS 和密码 HRSYS 连接本地 Oracle 数据库实例 ORCL，连接字符串代码如下：

```
String ConnString = "Data Source=(DESCRIPTION=(ADDRESS=(PROTOCOL=TCP)(HOST=192.168.1.105)
(PORT=1521))(CONNECT_DATA=(SERVICE_NAME=ORCL)));User Id=C##HRSYS;Password= HRSYS;";
```

【例 11.1】　下面通过实例介绍 OracleConnection 类的使用方法。

这是一个 Windows 应用程序项目，它的运行界面如图 11.3 所示。

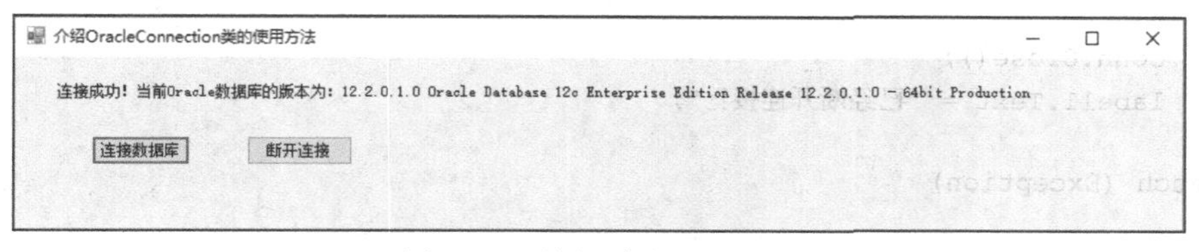

图 11.3　示例程序的运行界面

单击“连接数据库”按钮时，程序连接到指定的 Oracle 数据库，并在页面中显示当前数据库的版本信息；单击“断开连接”时，程序断开与数据库的连接。

首先需要声明一个 OracleConnection 对象，用于访问 Oracle 数据库，代码如下：

```
OracleConnection conn; // 定义一个数据库连接对象;
```

接下来需要定义连接字符串，代码如下：

```
String ConnectionString = "Data Source=(DESCRIPTION=(ADDRESS=(PROTOCOL=TCP)(HOST=
192.168.1.105) (PORT=1521))(CONNECT_DATA=(SERVICE_NAME=ORCL)));User Id=C##HRSYS;Password=
HRSYS;";
```

这里假定用户 C##HRSYS 的密码为 HRSYS。HOST=192.168.1.105 表示连接到本地数据库。

当载入页面时，需要创建新的 OracleConnection 对象，代码如下：

```
protected void Page_Load(object sender, EventArgs e)
{
    conn = new OracleConnection(ConnectionString);
    label1.Text = "";
}
```

在创建新的 OracleConnection 对象时，使用连接字符串 ConnectString 作为参数，这样就可以使用此对象来访问指定的 Oracle 数据库实例了。

label1 是用于显示信息的控件，初始化时不显示信息。

单击“连接数据库”按钮时，执行 buttonConnect_Click 函数，代码如下：

```
private void buttonConnect_Click(object sender, EventArgs e)
{
    try
    {
        conn.Open();
        label1.Text = "连接成功！当前 Oracle 数据库的版本为：" + conn.ServerVersion;
    }
    catch (Exception ex)
    {

    }
}
```

程序调用 conn.Open()函数打开 Oracle 数据库的连接，conn.ServerVersion 表示 Oracle 服务器的版本信息。

单击“断开连接”按钮时，执行 buttonDisconnect_Click 函数，代码如下：

```
private void buttonDisconnect_Click(object sender, EventArgs e)
{
    try
    {
        conn.Close();
        label1.Text = "已经断开连接！";
    }
    catch (Exception)
    {

    }
}
```

程序调用 conn.Close()函数断开与数据库的连接，并显示“已经断开连接！”。

运行程序时有可能出现如下异常：

System.InvalidOperationException”类型的未经处理的异常在 System.Data.OracleClient.dll 中发生

其他信息：尝试加载 Oracle 客户端库时引发 BadImageFormatException。如果在安装 32 位 Oracle 客户端组件的情况下以 64 位模式运行，将出现此问题。

解决方案如下：

在“解决方案管理器”中，右击项目名，在菜单中选择“属性”，打开项目属性界面。选择“生成”，在“目标平台”下拉框中选择 x64 即可，如图 11.4 所示。

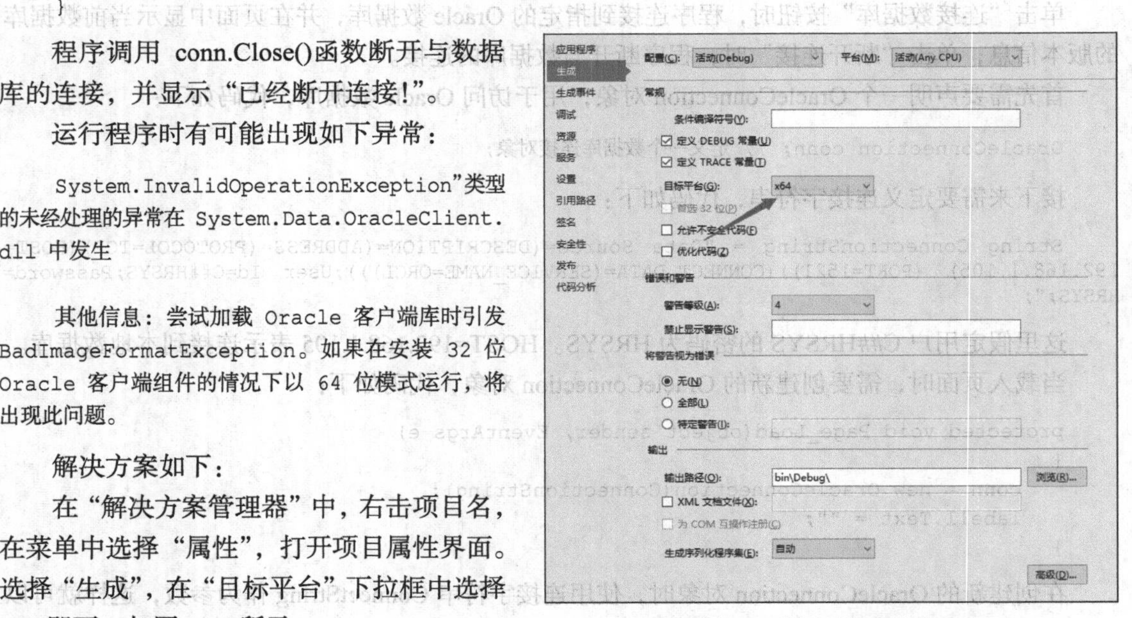

图 11.4　设置目标平台为 x64

11.2.2 OracleCommand 类

OracleCommand 是 ADO. NET 中的重要类，它用于实现对数据源的操作，如查询、插入、修改和删除等。在通常情况下，可以通过构造函数或者 CreateCommand()函数创建对象 Command，其中第一种为常用方式。虽然创建 OracleCommand 对象存在两种不同的方式，但是在最终功能上是相同的。

【例 11.2】 如下代码介绍使用构造函数和 CreateCommand()函数创建对象 OracleCommand 的方法。

```
    String ConnectionString = "Data Source=(DESCRIPTION=(ADDRESS=(PROTOCOL=TCP)(HOST=
192.168.1.105) (PORT=1521))(CONNECT_DATA=(SERVICE_NAME=ORCL)));User Id=C##HRSYS;Password=
HRSYS;";
    private void CommandObject()                         ///通过构造函数创建 Command
    {
       OracleConnection conn = new OracleConnection(ConnectionString);
       string cmdText = "SELECT COUNT(*) AS UserCount FROM Employees";
       OracleCommand myCommand = new OracleCommand(cmdText, conn);
    }
    private void CreateCommand()                         ///通过 CreateCommand 函数创建 Command
    {
       OracleConnection conn = new OracleConnection(ConnectionString);
       String cmdText = "SELECT COUNT(*) AS EmpCount FROM Employees ";
       OracleCommand myCommand = conn.CreateCommand();
       myCommand.CommandText = cmdText;
    }
```

OracleCommand 类的 CommandType 属性提供 3 种执行命令类型，如表 11.4 所示。

表 11.4 OracleCommand 对象的 CommandType 属性值

命令类型	说明
Text	用于执行 SQL 语句，SQL 语句构成执行数据库操作的文本，Command 对象可以把该文本直接传递给数据库，不需要进行任何处理。系统默认为该类型的命令
Stored Procedure	用于调用并执行存储过程的命令
TableDirect	一种特殊类型的 Command 命令，它从数据库返回一个完整的表，等价于 Select * From TableName 来调用 Text 类型的 Command 命令。该类型的命令只有 OLE DB 托管提供程序支持

OracleCommand 类的默认执行命令方式为 Text 类型，当然，也可以使用如下语句指明以存储过程的类型调用 Command 命令。

```
myCommand.CommandType = CommandType.StoredProcedure;
```

OracleCommand 类执行命令的方式有多种，如表 11.5 所示，它们之间最大区别是数据库返回结果集的格式。

表 11.5 OracleCommand 类执行命令的主要方式

方法	说明
ExecuteReader	返回一个 SqlDataReader 对象或 OleDbDataReader 对象，可以通过这个对象来检查查询结果

续表

方法	说明
ExecuteNonQuery	返回受命令影响记录的行数，它可以执行 INSERT、DELELE、UPDATE、SET 语句及 Transact-SQL 等命令
ExecuteScalar	执行查询，返回结果集中的第 1 行、第 1 列，所有其他行和列将被忽略

【例 11.3】 下面通过实例介绍对象 Command 中 ExecuteNonQuery()函数的使用方法。

这是一个 Windows 应用程序项目，运行界面如图 11.5 所示。

可以参照【例 11.1】理解连接 Oracle 数据库的方法。

单击“确定”按钮时，执行 buttonSubmit_Click 函数，代码如下：

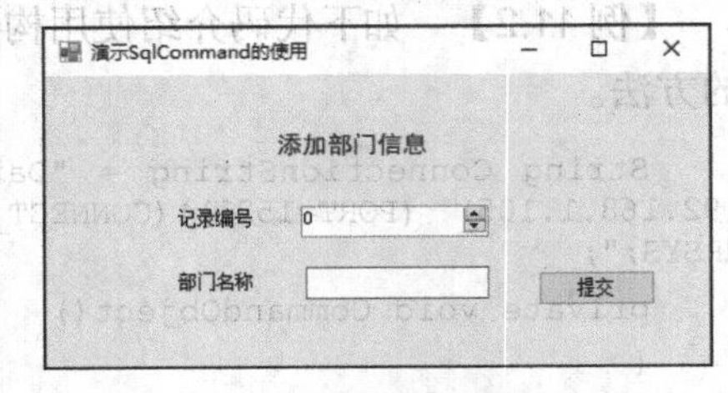

图 11.5 【例 11.3】的运行界面

```
private void buttonSubmit_Click(object sender, EventArgs e)
{
    if (txtName.Text.Trim() == "")
    {
        MessageBox.Show("请输入部门名称!");
        return;
    }
    // 定义 SqlCommand 对象
    OracleCommand comm;
    String sql = "INSERT INTO Departments VALUES(" + numericUpDown1.Value.ToString()
+ ",'" + txtName.Text + "')";
    conn.Open();
    comm = new OracleCommand(sql, conn);
    if (conn.State == ConnectionState.Open)
        comm.ExecuteNonQuery();
    else
    {
        MessageBox.Show("无法连接到数据库! ");
        return;
    }
    MessageBox.Show("保存成功");
    conn.Close();
}
```

程序调用 OracleCommand 对象的 ExecuteNonQuery()函数，执行 INSERT 语句，向表 C##HRSYS.Departments 中插入数据。

11.2.3 OracleDataReader 类

OracleDataReader 类提供一种以只进流的方式从数据库中读取数据的方法。若要创建 OracleDataReader 对象，必须调用 OracleCommand 对象的 ExecuteReader()方法，而不使用对象 SqlDataReader 的构造函数。OracleDataReader 对象具有如下两个独有特性。

（1）OracleDataReader 只能读取数据，没有提供创建、修改和删除数据库记录的功能。

（2）OracleDataReader 是一种向前的读取数据的方式，不能回头读取上一条记录。

SqlDataReader 对象的主要属性如表 11.6 所示，其主要方法如表 11.7 所示。

表 11.6　　　　OracleDataReader 类的主要属性

属性	说明
HasRows	DataReader 中是否包含记录
Item	DataReader 中列的值
IsClosed	DataReader 对象的当前状态
FieldCount	当前行中的列数

表 11.7　　　　OracleDataReader 类的主要方法

方法	说明
Close	关闭 DataReader 对象
IsDBNull	表示某列中是否包含不存在的或缺少的值
Read	读取 DataReader 对象中的下一条记录
NextResult	当读取批处理 Transact-SQL 语句的结果时，使数据读取器前进到下一个结果

OracleDataReader 对象的 Item 属性返回指定字段的对象值。可以使用如下两种方式访问对象 DataReader 的 Item 属性中的记录值。

```
object fieldValue = dataReader[FieldName];
object fieldValue = dataReader[FieldIndex];
```

FieldName 表示对象 OracleDataReader 记录集中数据列的列名称，FieldIndex 表示对象 DataReader 记录集中数据列所在的索引，该索引从 0 开始。

另外，在 OracleDataReader 对象中定义一系列的 Get 方法。这些方法返回适当类型的值，如 GetString()方法返回 String 类型的数据值。这些方法会自动地把返回的值转换为返回数据的相应类型。如下代码返回 DataReader 对象 recm 的第 2 列 String 类型的数据值。

```
String companyName = recm.GetString(1);   ///返回第 2 列中数据值
```

除非应用程序调用 OracleDataReader 对象的 Close 方法，否则该对象一直处于连接状态。稍后将在 11.2.4 小节的【例 11.4】中演示 OracleDataReader 对象的具体使用方法。

11.2.4　DataSet 类

DataSet 类是 ADO. NET 中最复杂的类，它可以包括一个或多个 DataTable，并且还包括 DataTable 之间的关系、约束等。它的结构如图 11.6 所示。

关于 DataSet 类的结构图说明如下。

- DataSet 类的层次如图 11.7 所示，图中只给出部分 DataSet 的部分类，而没有列出所有 DataSet 的类。
- DataTable 与数据库表的结构相似，采用行、列的形式组织数据集。
- DataRow 是由单行数据集构成的数据集合，它表示表中包含的实际数据。
- DataColumn 是一组列的集合，它表示 DataTable 中列的架构。
- Constraint 用于获取该表维护的约束的集合。

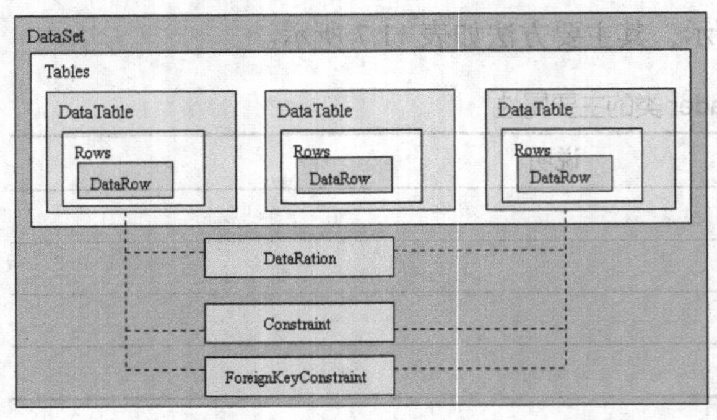

图 11.6　DataSet 类的结构图

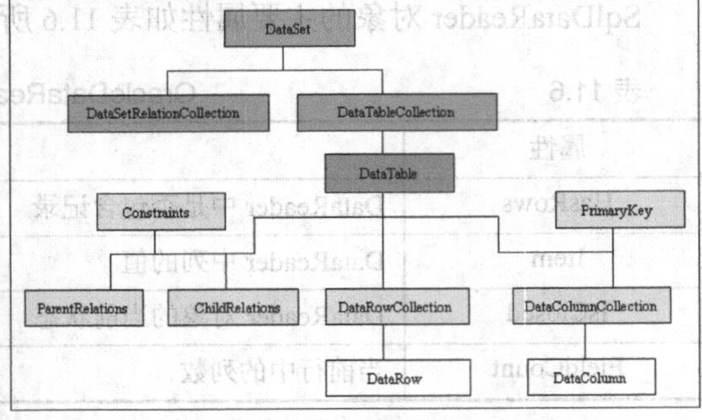

图 11.7　DataSet 类的层次结构图

【例 11.4】　因为 DataSet 类比较复杂，所以这里演示其包含的 DataTable 类的用法。本实例的功能是从表 Empployees 中读取数据到 DataTable 对象中，然后将其显示在表格控件 GridView 中，如图 11.8 所示。本实例演示了类 DataRow、类 DataColumn 和类 DataTable 的使用方法。

图 11.8　【例 11.4】的运行界面

在主窗体的设计视图中，从“工具箱”中拖曳 DataGridView 控件到页面中。DataGridView 控件的默认名称为 dataGridView1，主要用来显示 DataTable 对象的数据。

本实例中的代码如下：

```
    String ConnectionString = "Data Source=(DESCRIPTION=(ADDRESS=(PROTOCOL=TCP)(HOST=
192.168.1.105) (PORT=1521))(CONNECT_DATA=(SERVICE_NAME=ORCL)));User Id=C##HRSYS;Password=
HRSYS;";
    private void Form1_Load(object sender, EventArgs e)
    {
        OracleConnection conn = new OracleConnection(ConnectionString);
                                                        // 创建 OracleConnection 对象
        String sql = "SELECT * FROM Employees";         // 设置 SELECT 语句
        OracleCommand comm = new OracleCommand(sql, conn);  // 创建 OracleCommand 对象
        conn.Open();                                    // 打开数据库连接
        DataTable table = new DataTable();              // 创建 DataTable 对象
        // 在 DataTable 对象中添加列
        table.Columns.Add("序号");
        table.Columns.Add("姓名");
        table.Columns.Add("性别");
        table.Columns.Add("职务");
        // 从数据库读取数据
        OracleDataReader reader = comm.ExecuteReader();
        int index = 0;          // 序号
        while (reader.Read())
        { ///构造新的数据行
            DataRow row = table.NewRow();
```

```
            row["序号"] = (++index).ToString();
            row["姓名"] = reader["EMP_NAME"].ToString();
            row["性别"] = reader["SEX"].ToString();
            row["职务"] = reader["TITLE"].ToString();
            table.Rows.Add(row);
        }
        // 释放对象
        reader.Close();
        conn.Close();
        dataGridView1.DataSource = table;
    }
```

DataTable 对象可以作为 GridView 控件的数据源（DataSource 属性）。实例的设计步骤如下。

（1）使用 OracleConnection 对象，创建到 Oracle 数据库的连接。

（2）使用 OracleCommand 对象从表 Users 中读取数据，并把数据存放到对象 OracleDataReader 中。

（3）创建 DataTable 对象 table，并向 table 中添加 DataColumn。

（4）从 OracleDataReader 对象中读取数据，并把各列数据添加到 DataRow 对象 row 中，最终将 row 对象添加到 table 对象中。

（5）把 table 对象作为 DataGridView 控件的数据源。

11.2.5　OracleDataAdapter 类

OracleDataAdapter 类是 DataSet 对象和数据库之间关联的桥梁，可以用于检索和更新数据。OracleDataAdapter 类包含 4 个与 OracleCommand 对象相关的属性，如表 11.8 所示。

表 11.8　DataAdapter 对象中与 OracleCommand 对象相关的属性

属性	说明
SelectCommand	表示执行 PL/SQL 语句或存储过程，在数据源中查询记录
InsertCommand	表示执行 PL/SQL 语句或存储过程，在数据源中插入新记录
UpdateCommand	表示执行 PL/SQL 语句或存储过程，在数据源中更新记录
DeleteCommand	表示执行 PL/SQL 语句或存储过程，从数据集中删除记录

【例 11.5】　下面通过实例介绍 SqlDataAdapter 类的使用方法。

本实例的功能是使用 OracleDataAdapter 对象从表 Users 中读取数据，然后将数据填充到 DataTable 对象中，最后将其显示在表格控件 DataGridView 中，如图 11.9 所示。

演示DataAdapter类的使用

EMP_ID	EMP_NAME	SEX	TITLE	WAGE
1	张老三	男	部门经理	6000
2	李四	男	职员	3000
3	王五	女	职员	3500
4	赵六	男	部门经理	6500
5	高七	男	职员	2500
6	马八	男	职员	3100
7	钱九	女	部门经理	5000
8	孙十	男	职员	2800

图 11.9　【例 11.5】的运行界面

本实例的主要代码如下：

```
private void Form1_Load(object sender, EventArgs e)
{
    OracleConnection conn = new OracleConnection(ConnectionString);
        string sql = "SELECT * FROM Employees";                  // 设置 SELECT 语句
        OracleDataAdapter da = new OracleDataAdapter(sql, conn);// 创建 OracleDataAdapter 对象
        da.SelectCommand.CommandType = CommandType.Text;  // 设置命令的执行类型为 SQL 语句
        conn.Open();                                              // 打开数据库连接
        DataTable table = new DataTable();
        da.Fill(table);  // 使用 Fill()函数将 OracleDataAdapter 对象的内容填充到 DataSet 对象中
        // 释放对象
        conn.Close();
        dataGridView1.DataSource = table;
}
```

本实例的设计步骤如下。

（1）使用 OracleConnection 对象，创建到 Oracle 数据库实例的连接。

（2）使用 OracleDataAdapter 对象从表 Employees 中读取数据。

（3）使用 Fill()函数把数据填充到 DataTable 对象中。

（4）把 DataTable 对象作为 DataGridView 控件的数据源。

11.2.6 DataView 类

DataView 类的功能与在 Oracle 环境下显示视图的功能相似。在应用程序开发中，为了将控件的数据绑定数据源，常常使用与 DataTable 对象相对应的 DataView 对象，或者使用它们的默认视图 DefaultView。在 DataView 类中，还提供了视图的排序、搜索和筛选等功能。

DataView 类的常用属性如表 11.9 所示，其常用方法如表 11.10 所示。

表 11.9　　DataView 类的常用属性

属性	说明
Sort	视图的排序表达式
RowFilter	视图的行过虑表达式
Item	视图中的一行数据
Table	视图所属的 DataTable
RowStateFilter	用于视图中的行状态筛选器
DefaultViewManager	与此视图关联的 DataViewManager
Count	视图中的记录的数量
AllowEdit	是否可以编辑视图
AllowDelete	是否可以删除视图中的行
AllowNew	是否可以添加新的行到视图中
ApplyDefaultSort	使用视图的默认排序方案

表 11.10 DataView 类的常用方法

方法	说明
AddNew	添加新的行到视图中
Delete	在视图中删除某一行
Find	在视图中查找某一行

【例 11.6】 下面通过实例介绍 DataView 类的使用方法。

本实例的功能是使用 DataView 对象从表 Employees 中读取数据，然后将数据填充到 DataTable 对象中，并对数据进行排序（按姓名降序排列）和过滤（只显示 Dep_id=2 的记录），最后将其显示在表格控件 DataGridView 中，如图 11.10 所示。

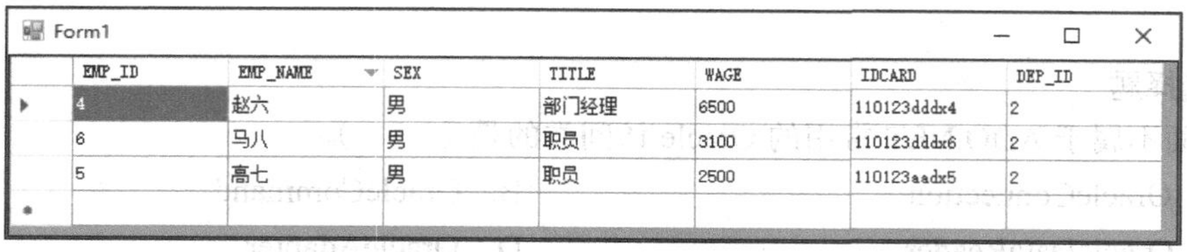

Form1

EMP_ID	EMP_NAME	SEX	TITLE	WAGE	IDCARD	DEP_ID
4	赵六	男	部门经理	6500	110123dddx4	2
6	马八	男	职员	3100	110123dddx6	2
5	高七	男	职员	2500	110123aadx5	2

图 11.10 【例 11.6】的运行界面

本实例的主要代码如下：

```
    OracleConnection conn;                                          // 定义一个数据库连接对象;
    String ConnectionString = "Data Source=(DESCRIPTION=(ADDRESS=(PROTOCOL=TCP)(HOST=
192.168.1.105) (PORT=1521))(CONNECT_DATA=(SERVICE_NAME=ORCL)));User Id=C##HRSYS;Password=
HRSYS;";
    OracleDataAdapter da;
    DataTable table;
    DataView dv;

    private void Form1_Load(object sender, EventArgs e)
    {
        conn = new OracleConnection(ConnectionString);             // 创建OracleConnection对象
        String sql = "SELECT * FROM Employees";                    // 设置 SELECT 语句
        da = new OracleDataAdapter(sql, conn);                     // 创建OracleDataAdapter对象
        da.SelectCommand.CommandType = CommandType.Text;           // 设置命令的执行类型为 SQL 语句
        conn.Open();                                               // 打开数据库连接

        table = new DataTable();
        da.Fill(table);   // 使用 Fill()函数将 OracleDataAdapter 对象的内容填充到 DataSet 对象中
        dv = new DataView();                               // 生成 DataView 对象
        dv = table.DefaultView;                            // 从 DataTalbe 对象中获取默认视图
        dv.Sort = "EmpName DESC";                          // 按用户名的降序排列
        dv.RowFilter = "Dep_id = 2";                       // 设置过滤条件，只显示 UserType=2 的记录
        // 释放对象
        conn.Close();
        dataGridView1.DataSource = dv;
    }
```

本实例的设计步骤如下。

（1）使用 OracleConnection 对象，创建到数据库实例的连接。

（2）使用 OracleDataAdapter 对象从表 Users 中读取数据。

（3）使用 Fill()函数把数据填充到对象 DataTable 中。

（4）使用 DataTalbe 对象的 DefaultView 属性生成 DataView 对象。

（5）使用 DataView 对象的 Sort 属性设置排序方式。

（6）使用 DataView 对象的 RowFilter 属性设置过滤条件。

（7）把 DataView 对象作为 GridView 控件的数据源。

习　题

一、选择题

1. 下面不属于 ADO.NET 常用的 Oracle 访问类的是（　　）。

A. OracleConnection　　B. OracleCommand

C. OracleDataReader　　D. OracleAdapter

2. 在 ADO.NET 中，（　　）类以一种只读的、向前的、快速的方式访问数据库。

A. Command　　B. DataReader

C. DataSet　　D. DataAdapter

3. 下面不属于数据库连接字符串中属性的是（　　）。

A. UserName　　B. Password

C. User Id　　D. Data Source

4. OracleCommand 对象中用于执行 INSERT、UPDATE、DELETE 等语句的方法是（　　）。

A. ExecuteQuery　　B. ExecuteReader

C. ExecuteNonQuery　　D. ExecuteUpdate

二、填空题

1. OracleCommand 类的 CommandType 属性提供 3 种执行命令类型，其中默认的执行命令方式为__【1】__。

2. OracleDataAdapter 类提供__【2】__、__【3】__、__【4】__和__【5】__4 个与 OracleCommand 对象相关的属性。

3. __【6】__类是 ADO. NET 中最复杂的类，它可以包括一个或多个 DataTable，并且还包括 DataTable 之间的关系、约束等。

三、简答题

列举 3 个 ADO.NET 中的常用 Oracle 访问类。

第12章 办公事务管理系统（Visual C#+Oracle 12c）

办公事务管理系统是非常通用的管理信息系统，是企事业单位办公自动化系统的重要组成部分。本章将介绍如何使用Visual C#和Oracle 12c开发办公事务管理系统。此实例具有很强的实用性，可以帮助读者快速了解开发Oracle数据库应用程序的过程。

12.1 系统总体设计

本节对图书借阅管理系统进行总体设计，包括系统功能描述和功能模块划分。

12.1.1 系统功能描述

办公事务管理系统的主要功能如下。

1. 培训管理

- 查询最新培训信息，报名参加培训。
- 添加、修改、删除和查看培训信息。
- 确认、删除和批量删除培训报名信息。
- 添加、修改、删除和查看培训课程类型。

2. 会议管理

- 添加、修改、删除、查看和发布会议信息。
- 添加、修改、删除和查看会议室信息。
- 查看会议室日程安排信息。

3. 资料管理

- 添加、修改、删除、查看和借阅资料信息。
- 添加、修改、删除、查看和审核资料入库信息。
- 添加、修改、删除、查看和确认资料归还信息。

4. 系统管理

- 修改密码。
- 用户管理。

12.1.2 功能模块划分

从系统功能描述的内容可以看到，本实例需要实现 4 个完整的功能模块。我们可以根据这些功能，设计出系统的功能模块，如图 12.1 所示。

在本实例中，系统管理模块的功能比较简单。在系统初始化时，有一个默认的“系统管理员”用户 Admin，由程序设计人员手动地添加到数据库中。Admin 用户可以创建用户、修改用户信息以及删除用户；普通用户则只能修改自己的用户名和密码。

系统管理功能模块如图 12.2 所示。

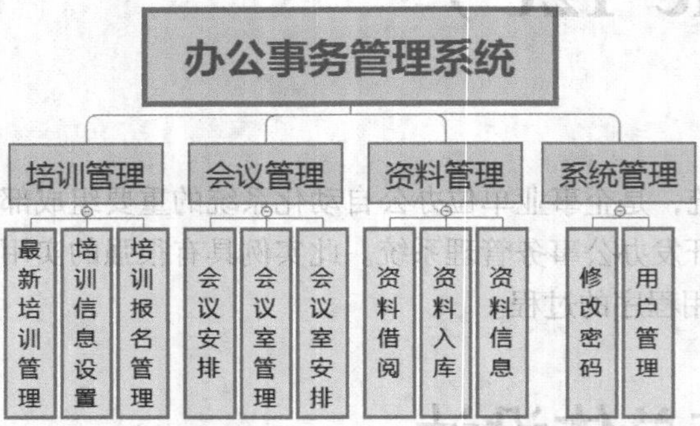

办公事务管理系统
培训管理
会议管理
资料管理
系统管理
最新培训管理
培训信息设置
培训报名管理
会议安排
会议室管理
会议室安排
资料借阅
资料入库
资料信息
修改密码
用户管理

图 12.1 办公事务管理系统功能模块示意图

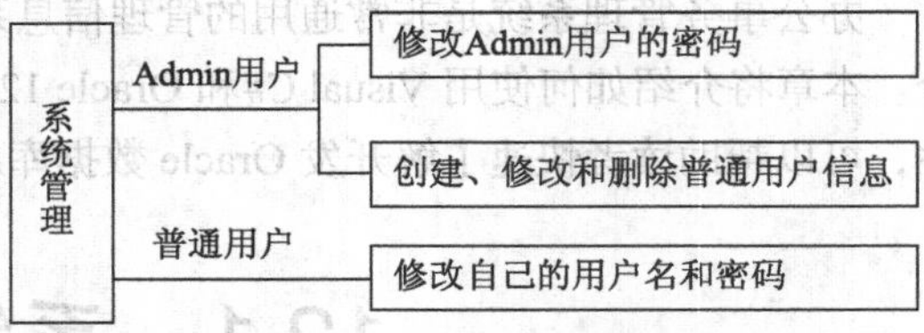

系统管理
Admin用户
修改Admin用户的密码
创建、修改和删除普通用户信息
普通用户
修改自己的用户名和密码

图 12.2 系统管理功能模块示意图

12.2 数据库表结构设计与实现

本节将介绍本实例的数据库表结构和创建表的脚本信息，帮助读者在计算机中配置好系统所需的数据库环境。

12.2.1 创建数据库用户

在设计数据库表结构之前，首先要创建一个数据库管理用户，这里定义为 C##OFFICESYS。此用户对本实例涉及的所有数据库表有管理权限。

创建用户的脚本如下：

```
-- 创建用户
CREATE USER C##OFFICESYS
 IDENTIFIED BY OFFICESYS
 DEFAULT TABLESPACE USERS
 TEMPORARY TABLESPACE TEMP;
-- 设置角色权限
GRANT CONNECT TO C##OFFICESYS;
GRANT RESOURCE TO C##OFFICESYS;
-- 设置系统权限
GRANT UNLIMITED TABLESPACE TO C##OFFICESYS;
```

在连接数据源时，使用用户 C##OFFICESYS 登录，就可以直接在程序中调用用户 C##OFFICESYS 的表和视图等数据库对象了。

12.2.2　数据库表结构设计

本实例数据库包含以下 8 个表：培训信息表 C##OFFICESYS.Training、培训报名信息表 C##OFFICESYS.TrainingSign、会议信息表 C##OFFICESYS.Meeting、会议室信息表 C##OFFICESYS.MeetingRooms、资料信息表 C##OFFICESYS.Information、资料入库表 C##OFFICESYS.InfoIn、资料借阅表 C##OFFICESYS.InfoLend 和用户信息表 C##OFFICESYS.Users。

下面分别介绍这些表的结构。

（1）培训信息表 C##OFFICESYS.Training。该表用来保存培训信息，结构如表 12.1 所示。

表 12.1　　表 C##OFFICESYS.Training 的结构

编号	字段名称	数据结构	说明
1	Id	NUMBER	培训编号
2	CreateDate	VARCHAR2(50)	创建日期
3	Subject	VARCHAR2 (100)	培训主题
4	Status	VARCHAR2 (50)	当前状态，包括创建、发布、培训开始、培训结束
5	tTypeId	NUMBER	培训类型，0 表示内部培训、1 表示外部培训
6	Place	VARCHAR2 (100)	培训地点
7	Teacher	VARCHAR2 (50)	培训讲师
8	StartDate	VARCHAR2 (50)	培训开始日期
9	EndDate	VARCHAR2 (50)	培训结束日期
10	SignSDate	VARCHAR2 (50)	报名开始日期
11	SignEDate	VARCHAR2 (50)	报名结束日期
12	Attendant	VARCHAR2 (100)	参加人
13	IsFree	NUMBER(1)	是否免费，0 表示免费、1 表示不免费
14	Cost	NUMBER	培训费/人
15	Detail	VARCHAR2(5000)	培训介绍
16	AttList	VARCHAR2 (1000)	参加人员姓名列表

创建表 C##OFFICESYS.Training 的脚本如下：

```
CREATE TABLE C##OFFICESYS.Training
 (Id NUMBER PRIMARY KEY,
  CreateDate VARCHAR2(50) NOT NULL,
  Subject VARCHAR2(100) NOT NULL,
  Status VARCHAR2(50) NOT NULL,
  tTypeId NUMBER,
  Place VARCHAR2(100),
  Teacher VARCHAR2(50),
  StartDate VARCHAR2(50),
  EndDate VARCHAR2(50),
  SignSDate VARCHAR2(50),
  SignEDate VARCHAR2(50),
  Attendant VARCHAR2(100),
  IsFree NUMBER(1),
  Cost NUMBER,
```

```
  Detail VARCHAR2(3000),
  AttList VARCHAR2(1000)
);
```

（2）培训报名信息表 C##OFFICESYS.TrainingSign。该表用来保存培训报名信息，结构如表 12.2 所示。

表 12.2　　　　表 C##OFFICESYS.TrainingSign 的结构

编号	字段名称	数据结构	说明
1	Id	NUMBER	报名编号
2	TrId	NUMBER	培训编号
3	SignDate	VARCHAR2 (50)	报名日期
4	EmpName	VARCHAR2(10)	员工编号
5	Status	VARCHAR2 (50)	当前状态：提交、确认

创建表 C##OFFICESYS.TrainingSign 的脚本如下：

```
CREATE TABLE C##OFFICESYS.TrainingSign
 ( Id NUMBER   PRIMARY KEY,
  TrId  NUMBER,
  SignDate  VARCHAR2(50),
  EmpName    VARCHAR2(10),
  Status  VARCHAR2(50)
);
```

（3）会议信息表 C##OFFICESYS.Meeting。该表用来保存会议信息，结构如表 12.3 所示。

表 12.3　　　　表 C##OFFICESYS.Meeting 的结构

编号	字段名称	数据结构	说明
1	Id	NUMBER	会议编号
2	Subject	VARCHAR2 (200)	会议主题
3	StartDate	VARCHAR2 (50)	开始日期
4	EndDate	VARCHAR2 (50)	结束日期
5	StartTime	VARCHAR2 (50)	开始时间
6	EndTime	VARCHAR2 (50)	结束时间
7	RoomNo	VARCHAR2 (20)	会议室编号
8	Preside	VARCHAR2 (100)	主持人
9	OAttendant	VARCHAR2 (1000)	外部与会人员
10	IAttendant	VARCHAR2 (1000)	内部与会人员
11	Detail	VARCHAR2 (4000)	会议内容介绍
12	Status	VARCHAR2 (10)	创建、发布
13	CreateDate	VARCHAR2 (50)	创建时间
14	EmpName	VARCHAR2 (10)	创建人

创建表 C##OFFICESYS.Meeting 的脚本代码如下：

```
CREATE TABLE C##OFFICESYS.Meeting
 ( Id  NUMBER  PRIMARY KEY,
```

```
    Subject  VARCHAR2(200),
    StartDate  VARCHAR2(50),
    EndDate  VARCHAR2(50),
    StartTime  VARCHAR2(50),
    EndTime  VARCHAR2(50),
    RoomNo  VARCHAR2(20),
    Preside  VARCHAR2(100),
    OAttendant  VARCHAR2(1000),
    IAttendant  VARCHAR2(1000),
    Detail  VARCHAR2(4000),
    Status  VARCHAR2(10),
    CreateDate  VARCHAR2(50),
    EmpName  VARCHAR2(10)
);
```

（4）会议室信息表 C##OFFICESYS.MeetingRooms。该表用来记录会议室信息，表结构如表 12.4 所示。

表 12.4　　　表 C##OFFICESYS.MeetingRooms 的结构

编号	字段名称	数据结构	说明
1	RoomNo	VARCHAR2 (20)	会议室房间号
2	RoomName	VARCHAR2 (50)	会议室名称
3	RoomSize	NUMBER	容纳人数
4	Resources	VARCHAR2 (500)	相关资源

创建表 C##OFFICESYS.MeetingRooms 的脚本如下：

```
CREATE TABLE C##OFFICESYS.MeetingRooms
(  RoomNo  VARCHAR2(20),
   RoomName  VARCHAR2(50) ,
   RoomSize  NUMBER,
   Resources  VARCHAR2(500)
);
```

（5）资料信息表 C##OFFICESYS.Information。该表用来保存资料信息，结构如表 12.5 所示。

表 12.5　　　表 C##OFFICESYS.Information 的结构

编号	字段名称	数据结构	说明
1	InfoNo	VARCHAR2 (20)	资料编号
2	InfoName	VARCHAR2 (100)	资料名称
3	InfoType	VARCHAR2(50)	资料分类
4	ICount	NUMBER	数量
5	IPrice	NUMBER	价格
6	Detail	VARCHAR2 (2000)	内容描述
7	CreateDate	VARCHAR2 (50)	创建日期

创建表 C##OFFICESYS.Information 的脚本如下：

```
CREATE TABLE C##OFFICESYS.Information
 ( InfoNo  VARCHAR2(20)  NOT NULL ,
   InfoName  VARCHAR2(100),
   InfoType  VARCHAR2(50) ,
```

```
    ICount  NUMBER,
    IPrice  NUMBER,
    Detail  VARCHAR2(2000),
    CreateDate  VARCHAR2(50)
);
```

（6）资料入库表 C##OFFICESYS.InfoIn。该表用来保存资料入库信息，结构如表 12.6 所示。

表 12.6　　表 C##OFFICESYS.InfoIn 的结构

编号	字段名称	数据结构	说明
1	Id	NUMBER	入库号
2	InDate	VARCHAR2 (50)	入库日期
3	InfoNo	VARCHAR2 (20)	资料编号
4	InCount	NUMBER	入库数量
5	EmpName	VARCHAR2 (40)	入库员工
6	Detail	VARCHAR2 (2000)	说明
7	Flag	NUMBER	审核标记，0 表示未审核，1 表示审核

创建表 C##OFFICESYS.InfoIn 的脚本如下：

```
CREATE TABLE C##OFFICESYS.InfoIn
(  Id  NUMBER  PRIMARY KEY,
   InDate  VARCHAR2(50),
   InfoNo  VARCHAR2(20),
   InCount  NUMBER,
   EmpName  VARCHAR2(40),
   Detail  VARCHAR2(2000),
   Flag  NUMBER
);
```

（7）资料借阅表 C##OFFICESYS.InfoLend。该表用来保存资料借阅信息，结构如表 12.7 所示。

表 12.7　　表 C##OFFICESYS.InfoLend 的结构

编号	字段名称	数据结构	说明
1	Id	NUMBER	借阅号
2	InfoNo	VARCHAR2 (20)	资料编号
3	LendDate	VARCHAR2 (50)	借阅日期
4	EmpName	VARCHAR2(40)	借阅员工姓名
5	LendCount	NUMBER	借阅数量
6	Flag	NUMBER	标记，0 表示借阅，1 表示借阅确认，2 表示归还，3 表示归还确认

创建表 C##OFFICESYS.InfoLend 的脚本如下：

```
CREATE TABLE C##OFFICESYS.InfoLend
(  Id  NUMBER  PRIMARY KEY,
   InfoNo  VARCHAR2(20),
   LendDate  VARCHAR2(50),
   EmpName  VARCHAR2(40),
   LendCount  NUMBER,
   Flag  NUMBER
);
```

（8）用户信息表 C##OFFICESYS.Users。该表用来保存系统用户信息，表结构如表 12.8 所示。

表 12.8　　　　表 C##OFFICESYS.Users 的结构

编号	字段名称	数据结构	说明
1	UserName	VARCHAR2(40)	用户名，主键
2	EmpName	VARCHAR2(40)	员工姓名
3	UserPwd	VARCHAR2(40)	密码
4	UserType	NUMBER	用户类型（1 表示系统管理员用户，2 表示普通用户）

创建表 C##OFFICESYS.Users 的脚本如下：

```
CREATE TABLE C##OFFICESYS.Users
 ( UserName    VARCHAR2(40) PRIMARY KEY,
   EmpName     VARCHAR2(40) NOT NULL,
   UserPwd     VARCHAR2(40) NOT NULL,
   UserType    NUMBER
 );
INSERT INTO C##OFFICESYS.Users Values('Admin', 'Admin', '111111', 1);
COMMIT;
```

12.2.3　创建序列

在表 Training 中有一个序号列 Id，这是系统内部对培训记录的唯一标识。为了减少程序设计人员的工作量，可以设置数据库自动生成 Id 列的值。表 C##OFFICESYS.TrainingSign、表 C##OFFICESYS.Meeting、表 C##OFFICESYS.InfoIn 和表 C##OFFICESYS.InfoLend 也存在这种情况。

序列 C##OFFICESYS.S_TRAININGID 是为表 C##OFFICESYS.Training 创建的，创建此序列的代码如下：

```
CREATE SEQUENCE C##OFFICESYS.S_TRAININGID
MINVALUE 1
NOMAXVALUE
START WITH 1
INCREMENT BY 1
CACHE 5;
```

其他序列包括为表 C##OFFICESYS.TrainingSign 创建的序列 C##OFFICESYS.S_TRAININGSIGNID、为表 C##OFFICESYS.Meeting 创建的序列 C##OFFICESYS.S_MEETINGID、为表 C##OFFICESYS.InfoIn 创建的序列 C##OFFICESYS.S_INFOINID 和为表 C##OFFICESYS.InfoLend 创建的序列 C##OFFICESYS.S_INFOLENDID。创建这些序列的代码都相似。

12.3　设计项目框架

本节将介绍如何设计项目的框架，包括创建 C#项目、在项目中添加和注册数据库访问控件、添加数据库访问类、为每个表创建对应的类、设计系统主界面、设计登录窗体等。完成本节的工作后，读者虽然没有实现与办公事务管理相关的功能，但是却为系统的进一步开发和设计奠定了基础，在开发其他数据库应用系统时，建议读者也采用类似的步骤开展工作。

12.3.1 创建项目

创建一个基于 Windows 的项目，项目名为 Office。将默认窗体 Form1 重命名为 FrmMain，其属性如表 12.9 所示。

表 12.9 设置主窗体的属性

属性	设置值	具体说明
Text	办公事务管理系统	窗体的标题条文本
Start Position	CenterScreen	窗体位置为屏幕居中

为了在程序中访问 Oracle 数据库，需要参照 11.2 节向项目中添加引用 System.Data.OracleClient。然后添加类 CADOConn，用于连接数据库，并执行 SQL 语句。自定义类 CADOConn 包含如下的成员变量：

```
class CADOConn
{
    OracleConnection conn;                          // 用于连接 Oracle 数据库
    OracleCommand command;                          // 用于执行 SQL 语句
    // 连接字符串
     String ConnString = "Data Source=(DESCRIPTION=(ADDRESS=(PROTOCOL=TCP) (HOST=
192.168.1.105)(PORT=1521))(CONNECT_DATA=(SERVICE_NAME=ORCL)));User Id= C##OFFICESYS;Password=
OFFICESYS;";
…                                                   // 省略成员函数
}
```

在连接字符串中，Data Source 表示 Oracle 数据库的数据源，实际应用时需要根据实际情况将 HOST 属性设置为 Oracle 数据库服务器名或 IP 地址，将 SERVICE_NAME 属性设置为 Oracle 数据库实例名，否则可能无法连接到数据库。

类 CADOConn 的成员函数如表 12.10 所示。

表 12.10 类 CADOConn 的成员函数

成员函数名	具体说明
CADOConn()	根据连接字符串生成 OracleConnection 对象
OracleDataReader GetDataReader(String sql)	执行 SELECT 语句 sql，结果集以 OracleDataReader 对象返回
bool ExecuteSQL(String sql)	执行非查询语句 sql，如果执行成功则返回 true

（1）CADOConn()函数的代码如下：

```
CADOConn()
{
    conn = new OracleConnection(ConnString);
}
```

（2）OracleDataReader GetDataReader(String sql)函数的代码如下：

```
// 执行查询语句
OracleDataReader GetDataReader(String sql)
{
    try
    {
```

```
        OracleDataReader reader;
        // 如果没有连接，则建立连接
        if (conn == null)
            conn = new OracleConnection(ConnString);
        // 定义 OracleCommand 对象，用于执行 SELECT 语句
        command = new OracleCommand(sql, conn);
        conn.Open();                              // 打开数据库连接
        reader = command.ExecuteReader();
        // 执行 SELECT 语句，将数据保存到 OracleDataReader 对象中
        conn.Close();                             // 关闭数据库连接
        return reader;                            // 返回读取的 OracleDataReader 对象
    }
    catch (Exception e)
    {
        throw e;
    }
}
```

（3）bool ExecuteSQL(String sql)函数的代码如下：

```
// 执行 INSERT、UPDATE 或 DELETE 语句
bool ExecuteSQL(String sql)
{
    try
    {
        // 如果没有连接，则建立连接
        if (conn == null)
            conn = new OracleConnection(ConnString);
        // 定义 OracleCommand 对象，用于执行 SELECT 语句
        command = new OracleCommand(sql, conn);
        conn.Open();                              // 打开数据库连接
        command.ExecuteNonQuery();                // 执行非查询的 SQL 语句
        conn.Close();                             // 关闭数据库连接
        return true;                              // 返回 true，表示成功
    }
    catch (Exception e)
    {
        throw e;
    }
}
```

在整个项目中，如果需要访问数据库，只需声明一个 CADOConn 即可。

12.3.2　为表添加类

在本实例中，为数据库的每个表都创建一个类，类的成员变量对应表的列，类的成员函数是对成员变量和表的操作。

在通常情况下，类的成员变量与对应的表中的列名相同。绝大多数成员函数的编码格式都是非常相似的，所以本小节将只介绍每个类中成员函数的基本功能，并不对所有的成员函数进行具体的代码分析，请读者阅读源代码中相关类的内容。

（1）CTraining 类。该类用来管理表 Training 的数据库操作，CTraining 类的成员函数如表 12.11 所示。

表 12.11　　　　CTraining 类的成员函数

函数名	具体说明
CTraining()	初始化成员变量
public void GetData(String cId)	读取指定的记录，参数 cId 表示要读取的记录编号
public int GetMaxId()	取得最大记录编号
public void sql_delete(String cId)	删除指定的记录，参数 cId 表示要删除的记录编号
sql_insert()	插入新的记录，并返回新记录的编号
public void sql_insertName(String cId, String cName)	添加参加培训的人员名单，参数 cId 表示培训编号，cName 表示参加人姓名
public void sql_update(String cId)	修改指定的记录。参数 cId 表示要修改的记录编号
public void sql_updateStatus(String cId)	更改培训记录的状态，参数 cId 表示培训编号

下面介绍其中的几个函数。

- sql_insert()函数。该函数的代码如下：

```
// 插入新的记录，并返回新记录的编号
public int sql_insert()
{
      CADOConn m_ado = new CADOConn();
      // 获取当前时间
      System.DateTime now = new System.DateTime();
      now = System.DateTime.Now;
      CreateDate = now.ToString();
      String sql = "INSERT INTO Training (Id, CreateDate, Subject, Status, tTypeId," + "
Place, Teacher, StartDate, EndDate, SignSDate, SignEDate, Attendant," + " IsFree, Cost, Detail,
AttList) VALUES(OFFICESYS.S_ TRAININGID.NEXTVAL, '" + CreateDate + "','" + Subject + "','" +
Status + "'," + tTypeId. ToString() + ",'" + Place + "','" + Teacher +"','"+ StartDate +
"','" + EndDate + "','" + SignSDate + "','" + SignEDate + "','" + Attendant + "'," +
IsFree.ToString() + "," + Cost.ToString() + ",'" + Detail + "','" + AttList + "')";
      m_ado.ExecuteSQL(sql);
      //读取最大编号
      return GetMaxId();
}
```

程序调用自定义函数 GetMaxId()返回最大的记录编号，并将其作为 sql_insert()函数的返回值。

- sql_insertName()函数。该函数的代码如下：

```
// 添加参加培训的人员名单，参数 cId 表示培训编号，cName 表示参加人姓名
public void sql_insertName(String cId, String cName)
{
      CADOConn m_ado = new CADOConn();
      GetData(cId);
      String List = AttList + ";" + cName;
      String sql = "UPDATE Training SET AttList='" + List
                  + "' WHERE Id=" + cId;
      m_ado.ExecuteSQL(sql);
}
```

程序将更新 AttList 字段的值，增加新的人员姓名 cName。

（2）CTrainingSign 类。该类用来管理表 TrainingSign 的数据库操作，CTrainingSign 类的成员

函数如表 12.12 所示。

表 12.12　　　　　　　　　CTrainingSign 类的成员函数

函数名	具体说明
public CTrainingSign()	初始化成员变量
public void GetData(String cId)	读取指定的记录，参数 cId 表示要读取的记录编号
public void sql_batchDelete(String cCnd)	批量删除报名信息，参数 cCnd 表示删除条件
public void sql_delete(String cId)	删除指定的记录，参数 cId 表示要删除的记录编号
public void sql_insert()	插入新的报名记录
public void sql_updateStatus(String cId)	修改指定报名记录的状态。参数 TmpId 表示要修改的报名记录编号

sql_batchDelete()函数的代码如下：

```
public void sql_batchDelete(String cCnd)
{
    CADOConn m_ado = new CADOConn();
    String sql = "DELETE FROM TrainingSign " + cCnd;
    m_ado.ExecuteSQL(sql);
}
```

（3）CMeeting 类。该类用来管理表 Meeting 的数据库操作，CMeeting 类的成员函数如表 12.13 所示。

表 12.13　　　　　　　　　CMeeting 类的成员函数

函数名	具体说明
public CMeeting()	初始化成员变量
public void GetData(String cId)	读取指定的记录，cId 表示记录编号
public bool HaveMeeting(String cId)	判断某个时间段是否存在会议，参数 cId 表示会议编号
public void Load_by_NoDate(String cRoomNo, String cDate, String cSTime, String cETime)	查找某个时间段内的会议信息记录，参数 cRoomNo 表示会议室编号，cDate 表示指定日期，cSTime 表示时间段的开始时间，cETime 表示时间段的结束时间
public void sql_delete(String cId)	删除指定的记录，参数 cId 表示记录编号
public void sql_insert()	插入新的记录
public void sql_update(String cId)	修改指定的记录，参数 cId 表示记录编号
public void sql_updateStatus(String cId)	更新会议状态，参数 cId 表示会议编号

Load_by_NoDate()函数。该函数的代码如下：

```
public void Load_by_NoDate(String cRoomNo, String cDate, String cSTime, String cETime)
{
    bool result;
    CADOConn m_ado = new CADOConn();
    OracleDataReader reader;
    String sql;
    sql = "SELECT Id,Subject FROM Meeting WHERE RoomNo='"
        + cRoomNo + "' AND '" + cDate + "' BETWEEN StartDate AND EndDate AND "
        + "((StartTime<='" + cSTime + "' AND EndTime>'" + cSTime
        + "') OR (StartTime<'" + cETime +"' AND EndTime>='" + cETime + "'))";
```

```
        // 执行 SELECT 语句
        reader = m_ado.GetDataReader(sql);
        int i=0;
        while (reader.Read())
        {
            a_MeetId.Add(reader["Id"].ToString());
            a_MeetSubject.Add(reader["Subject"].ToString());
            i++;
        }
    }
```

此函数用于查找某个时间段内的会议信息记录，将会议编号和主题装入 a_MeetId 和 a_MeetSubject 列表中。

（4）CMeetingRooms 类。该类用来管理表 MeetingRooms 的数据库操作，CMeetingRooms 类的成员函数如表 12.14 所示。

表 12.14　　CMeetingRooms 类的成员函数

函数名	具体说明
public CMeetingRooms()	初始化成员变量
public void GetData(String cNo)	读取指定的记录，cNo 表示记录编号
public bool HaveMeetingRoom(String cNo)	判断指定的会议室信息是否在数据库中，参数 cNo 表示指定的会议室名称
public void sql_delete(String cNo)	删除指定的记录，参数 cNo 表示记录编号
public void sql_insert()	插入新的记录
public void sql_update(String cNo)	修改指定的记录，参数 cNo 表示会议室编号

（5）CInformation 类。该类用来管理表 Information 的数据库操作，CInformation 类的成员函数如表 12.15 所示。

表 12.15　　CInformation 类的成员函数

函数名	具体说明
public CInformation()	初始化成员变量
public void GetData(String cNo)	读取指定的记录，参数 cNo 表示指定的资料编号
public bool HaveInfo(String cNo)	判断指定的资料信息是否在数据库中，参数 cNo 表示指定的资料编号
public void sql_delete(String cNo)	删除指定的记录，参数 cNo 表示要删除的资料编号
public void sql_insert()	插入新的记录
public void sql_update(String cNo)	修改指定的记录。参数 cNo 表示指定的资料编号

（6）CInfoIn 类。该类用来管理表 InfoIn 的数据库操作，CInfoIn 类的成员函数如表 12.16 所示。

表 12.16　　CInfoIn 类的成员函数

函数名	具体说明
public CInfoIn()	初始化成员变量
public void GetData(String cId)	读取指定的记录，参数 cId 表示指定的记录编号
public void sql_delete(String cId)	删除指定的记录，参数 cId 表示要删除的记录编号

续表

函数名	具体说明
public void sql_insert()	插入新的记录
public void sql_update(String cId)	修改指定的记录。参数 cId 表示指定的记录编号
public void sql_updateFlag(String cId)	更新入库记录的状态，参数 cId 表示入库编号

sql_updateFlag()函数的代码如下：

```
// 更新入库记录的状态，参数 cId 表示入库编号
public void sql_updateFlag(String cId)
{
    CADOConn m_ado = new CADOConn();
    // 更新表 InfoIn 的 Flag 字段
    String sql = "UPDATE InfoIn SET Flag=1 WHERE Id=" + cId;
    m_ado.ExecuteSQL(sql);
    // 更新表 Information 的数量值
    sql = "UPDATE Information SET ICount=ICount+" + InCount.ToString()
        + " WHERE InfoNo='" + InfoNo + "'";
    m_ado.ExecuteSQL(sql);
}
```

程序首先更新表 InfoIn 中的 Flag 字段，Flag=1 表示入库审核完成。然后，更新表 Information 的 ICount 字段值。

（7）CInfoLend 类。该类用来管理表 InfoLend 的数据库操作，CInfoLend 类的成员函数如表 12.17 所示。

表 12.17　　　　CInfoLend 类的成员函数

函数名	具体说明
public CInfoLend()	初始化成员变量
public void GetData(String cId)	读取指定的记录，参数 cId 表示指定的记录编号
public void sql_delete(String cId)	删除指定的记录，参数 cId 表示要删除的记录编号
public void sql_insert()	插入新的记录
public void sql_update(String cId)	修改指定的记录。参数 cId 表示指定的记录编号
public void sql_updateFlag(String cId)	更新借阅记录的状态，参数 cId 表示借阅编号

sql_updateFlag()函数的代码如下：

```
public void sql_updateFlag(String cId)
{
    CADOConn m_ado = new CADOConn();
    // 更新表 InfoIn 的 Flag 字段
    String sql = "UPDATE InfoLend SET Flag=" + Flag.ToString() + " WHERE Id=" + cId;
    m_ado.ExecuteSQL(sql);
    // 更新表 Information 的数量值
    // 更新表 Information 中的资料数量
    switch (Flag)
    {
      case 1:
```

```
            sql = "Update Information Set ICount=ICount-" + LendCount.ToString()
                + " WHERE InfoNo='" + InfoNo + "'";
            break;
        case 3:
            sql = "Update Information Set ICount=ICount+" + LendCount.ToString()
                + " WHERE InfoNo='" + InfoNo + "'";
            break;
    }
    m_ado.ExecuteSQL(sql);
}
```

程序首先更新表 InfoLend 中的 Flag 字段，Flag=1 表示借阅归还完成。然后，将借阅数量更新到表 Information 的 InCount 字段中。

（8）CUsers 类。该类用来管理表 Users 的数据库操作，CUsers 类的成员函数如表 12.18 所示。

表 12.18　CUsers 类的成员函数

函数名	具体说明
public CUsers()	初始化成员变量
public void GetData(String cUserName)	读取指定的记录。参数 cUserName 表示要获取数据的用户名
public bool HaveRecord(String cUserName)	判断指定的用户名是否已经在数据库中。参数 cUserName 表示用户名
public void ResetPassword(String cUserName)	将指定用户的密码更改为“111111”，参数 cUserName 表示用户名
public void sql_delete(String cUserName)	删除指定的用户记录。参数 cUserName 表示要删除的用户名
public void sql_insert()	插入新的用户记录
public void sql_update(String cUserName)	修改指定的用户记录。参数 cUserName 表示要修改的用户名
public void sql_updatePassword(String cUserName)	修改指定用户的密码。参数 cUserName 表示要修改的用户名

12.3.3 设计登录窗体

用户要使用本系统，首先必须通过系统的身份认证，这个过程叫作登录。成功登录的用户将进入系统的主界面。

当前用户的数据应该是全局有效的，在工程的任何位置都可以访问它。在主窗体中定义一个 CUsers 对象，代码如下：

```
public static CUsers curUser;  // 用于保存当前登录用户
```

添加一个 Windows 窗体，名称为 FrmLogin，窗体属性如表 12.19 所示。

表 12.19　设置主窗体的属性

属性	设置值	具体说明
Text	登录	设置窗体的标题
MaximizeBox	False	取消最大化按钮
MinimizeBox	False	取消最小化按钮
StartPosition	CenterScreen	初始窗体位置为屏幕中央

登录窗体的布局如图 12.3 所示。

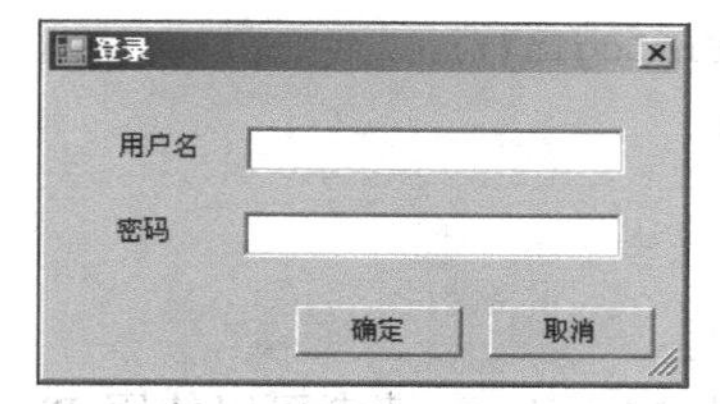

图 12.3　登录窗体的布局

用户单击“确定”按钮时执行 btnOK_Click()函数，代码如下：

```
private void btnOK_Click(object sender, EventArgs e)
{
    if (txtUserName.Text.Trim() == "")
    {
        MessageBox.Show("请输入用户名");
        txtUserName.Focus();
        return;
    }
    if (txtUserPwd.Text.Trim() == "")
    {
        MessageBox.Show("请输入密码");
        txtUserPwd.Focus();
        return;
    }
    // 获取用户信息
    FrmMain.curUser.GetData(txtUserName.Text.Trim());
    // 如果连续 3 次登录失败，则退出系统
    if (logincount >= 3)
        Application.Exit();
    if (FrmMain.curUser.UserPwd != txtUserPwd.Text.Trim())
    {
        logincount++;
        MessageBox.Show("用户名不存在或密码不正确");
        return;
    }
    Close();
}
```

程序的运行过程如下。

（1）判断是否输入了用户名和密码，如果没有输入，则返回，要求用户输入。

（2）调用 CUsers.GetData()函数，将当前用户的信息读取到 FrmMain.curUser 对象中。FrmMain.curUser 对象保存当前登录的用户信息。

（3）每次登录 logincount 变量都加 1。

（4）如果 logincount 大于或等于 3，则退出应用程序。

（5）如果 FrmMain.curUser.UserPwd 不等于用户输入的密码，即密码不正确，则不允许用户登录。

（6）关闭登录窗体，打开主窗体。

下面在主窗体的 FrmMain_Load()函数中添加代码，使窗体在启动时首先打开登录窗体，代码如下：

```
public static CUsers curUser; // 用于保存当前登录用户
private void FrmMain_Load(object sender, EventArgs e)
{
    curUser = new CUsers();
```

```
        FrmLogin login = new FrmLogin();
        login.ShowDialog();
    }
```

12.3.4 设计主界面

制作一个背景图片，本例中为 Main.jpg，读者可以使用 Photoshop 等工具制作适合自己的图片。在主窗体 FrmMain 中添加一个 PictrueBox 控件，然后参照表 12.20 设置 PictrueBox 控件的属性，选择作为背景图片。

表 12.20　　设置主窗体的属性

属性	设置值	具体说明
BackgroudImage	Main.jpg	设置主窗体中的图片
Dock	Fill	图片充满窗体
SizeMode	StretchImage	自动拉伸图片

在主窗体中添加一个 MenuStrip 控件，用于定义主窗体的菜单项，如图 12.4 所示。

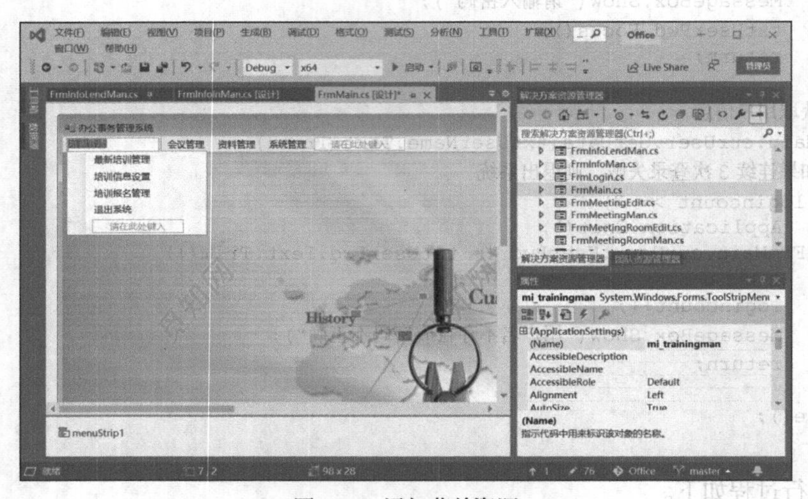

图 12.4　添加菜单资源

菜单项的具体设置如表 12.21 所示。

表 12.21　　定义菜单项的属性

标题	ID 属性
培训管理	mi_trainingman
…最新培训管理	mi_new
…培训信息设置	mi_training
…培训报名管理	mi_sign
…退出系统	mi_exit
会议管理	mi_meetingman
…会议安排	mi_meeting
…会议室管理	mi_rooms

续表

标题	ID 属性
…会议室安排	IDR_ARRANGE
资料管理	mi_infomationman
…资料借阅	mi_lend
…资料入库	mi_in
…资料信息	mi_information
系统管理	mi_systemman
…修改密码	mi_pwdchange
…用户管理	mi_userman

为菜单项 mi_exit 添加代码如下：

```
private void mi_exit_Click(object sender, EventArgs e)
{
    Application.Exit();
}
```

程序调用 Application.Exit()函数退出系统。

12.4　培训管理模块设计

培训管理模块可以实现以下功能。

- 查看最新培训信息。
- 培训信息管理，包括添加、修改和删除培训信息。
- 培训报名管理。

12.4.1　设计查看最新培训信息窗体

查看最新培训信息窗体的名称为 FrmTrainingNew，窗体中使用 DataGridView 控件显示最新的培训信息，如图 12.5 所示。

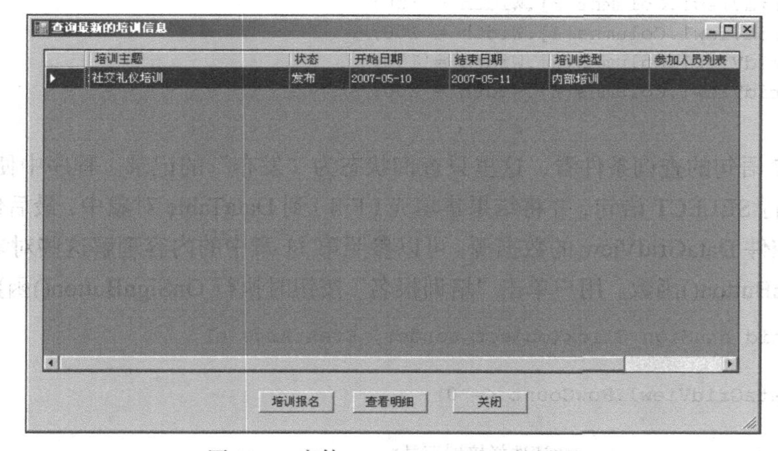

图 12.5　窗体 FrmTrainingNew 的界面

DataGridView 控件的主要属性如表 12.22 所示。

表 12.22　　　DataGridView 控件的主要属性

属　性	值	说　明
AllowUserToAddRows	False	不允许用户添加行
AllowUserToDeleteRows	False	不允许用户删除行
ReadOnly	True	不允许用户修改数据
SelectionMode	FullRowSelect	选择模式为选中整行

本实例中使用的 DataGridView 控件都按此属性进行设置。下面分别分析窗体的部分代码。

（1）DataRefresh ()函数。该函数用于根据用户条件设置数据源，将最新的培训记录显示在表格控件中，代码如下：

```
// 从数据源中读取数据，刷新表格中的显示信息
private void DataRefresh()
{
    CADOConn m_ado = new CADOConn();
    String sql;     // 定义 SELECT 语句，读取最新培训信息
    sql = "SELECT Id AS 编号, Subject AS 培训主题, Status AS 状态, StartDate AS 开始日期, EndDate AS 结束日期, " + " DECODE(tTypeId, 0, '内部培训', 1, '外部培训') AS 培训类型, AttList AS 参加人员列表" + " FROM Training WHERE Status='发布'";
    // 使用 OracleDataAdapter 对象执行 SELECT 语句
    OracleDataAdapter da = new OracleDataAdapter(sql, m_ado.conn);
    da.SelectCommand.CommandType = CommandType.Text; // 设置命令的执行类型为 SQL 语句
    m_ado.conn.Open();
    // 使用 DataTable 对象提供数据源
    DataTable table = new DataTable();
    da.Fill(table);                                   // 将结果集数据填充到 DataTable 对象中
    m_ado.conn.Close();
    dataGridView1.DataSource = table;
    dataGridView1.Refresh();
    dataGridView1.Columns[0].Width = 0;
    dataGridView1.Columns[1].Width = 200;
    dataGridView1.Columns[2].Width = 60;
    dataGridView1.Columns[3].Width = 100;
    dataGridView1.Columns[4].Width = 100;
    dataGridView1.Columns[5].Width = 100;
    dataGridView1.Columns[6].Width = 200;
}
```

从 SELECT 语句的查询条件看，这里只查询状态为“发布”的记录。程序中使用 OracleDataAdapter 对象执行 SELECT 语句，并将结果集填充（Fill）到 DataTable 对象中，最后使用 DataTable 对象作为表格控件 DataGridView 的数据源。可以参照第 11 章中的内容理解这些对象的使用方法。

（2）OnSignButton()函数。用户单击“培训报名”按钮时执行 OnSignButton()函数，代码如下：

```
private void btnSign_Click(object sender, EventArgs e)
{
    if (dataGridView1.RowCount <= 0)
    {
        MessageBox.Show("请选择培训记录");
```

```
        return;
    }
    String cID = dataGridView1.SelectedRows[0].Cells[0].Value.ToString();
    // 打开编辑窗体，curID 表示当前编辑的记录编号
    FrmTrainingSignEdit form = new FrmTrainingSignEdit();
    form.curID = cID;
    form.ShowDialog();
    // 如果单击“确定”按钮，则刷新表格控件的显示信息
    if (form.DialogResult == DialogResult.OK)
        DataRefresh();
}
```

程序将打开 FrmTrainingSignEdit 窗体，编辑培训报名信息。FrmTrainingSignEdit.curID 变量用于保存当前选择的培训记录编号。本书将在 12.4.4 小节介绍 FrmTrainingSignEdit 窗体的实现过程，请参照相关内容进行理解。

form.DialogResult 表示在窗体 form 单击的按钮类型。在 FrmTrainingSignEdit 窗体中将“确定”按钮的 DialogResult 属性设置为 OK 即可。这样可以保证用户在单击“确定”按钮时，能够调用 DataRefresh()按钮，刷新表格中的内容；而如果单击“取消”按钮，则不需要刷新表格中的内容。

12.4.2　设计培训信息设置窗体

培训信息设置窗体的名称为 FrmTrainingMan。窗体用于显示和管理培训记录，如图 12.6 所示。

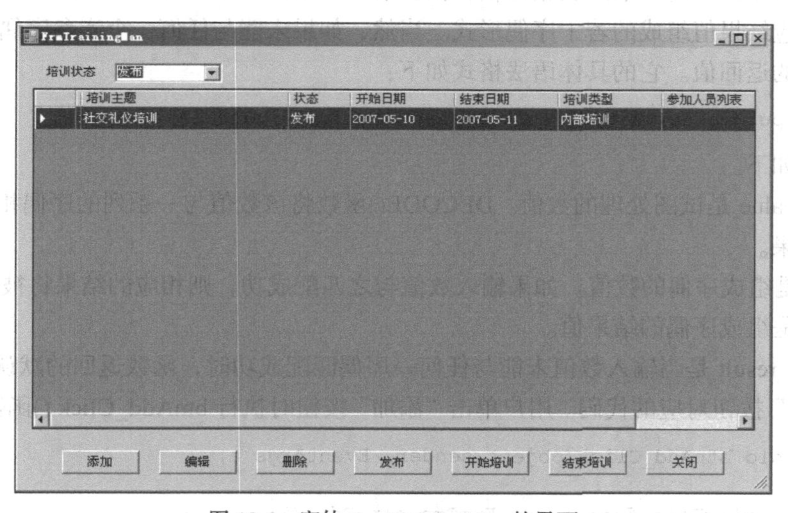

图 12.6　窗体 FrmTrainingMan 的界面

下面分别分析窗体的部分代码。

（1）DataRefresh ()函数。该函数的功能是根据条件设置数据源，在 DataGridView 控件中显示满足条件的培训记录，代码如下：

```
private void DataRefresh()
{
    CADOConn m_ado = new CADOConn();
    String sql;      // 定义 SELECT 语句,根据培训状态读取培训信息
    sql = "SELECT Id AS 编号, Subject AS 培训主题, Status AS 状态, StartDate AS 开始日
期, EndDate AS 结束日期, " + " DECODE(tTypeId, 0, '内部培训', 1, '外部培训') AS 培训类型, AttList AS 参
```

```
加人员列表" + " FROM Training WHERE Status='" + cmbStatus.Text + "'";
        // 使用 OracleDataAdapter 对象执行 SELECT 语句
        OracleDataAdapter da = new OracleDataAdapter(sql, m_ado.conn);
        da.SelectCommand.CommandType = CommandType.Text; // 设置命令的执行类型为 SQL 语句
        m_ado.conn.Open();
        // 使用 DataTable 对象提供数据源
        DataTable table = new DataTable();
        da.Fill(table);                          // 将结果集数据填充到 DataTable 对象中
        m_ado.conn.Close();
        dataGridView1.DataSource = table;
        dataGridView1.Refresh();
        dataGridView1.Columns[0].Width = 0;
        dataGridView1.Columns[1].Width = 200;
        dataGridView1.Columns[2].Width = 60;
        dataGridView1.Columns[3].Width = 100;
        dataGridView1.Columns[4].Width = 100;
        dataGridView1.Columns[5].Width = 100;
        dataGridView1.Columns[6].Width = 200;
}
```

此函数的关键在于 SELECT 语句，程序使用 SELECT 语句从表 Training 中获取培训信息。在 SELECT 语句中使用了 DECODE()函数，DECODE()函数是 Oracle 函数，它相当于条件语句 IF。它将输入数值与函数中的参数列表相比较，根据输入值返回一个对应值。函数的参数列表是由若干数值及其对应结果值组成的若干序偶形式。当然，如果未能与任何一个实参序偶匹配成功，则函数也有默认的返回值。它的具体语法格式如下：

```
DECODE(input_value,value,result[,value,result…][,default_result]);
```

参数说明如下。

- input_value 是试图处理的数值。DECODE()函数将该数值与一系列的序偶相比较，以决定最后的返回结果。
- value 是组成序偶的数值。如果输入数值与之匹配成功，则相应的结果将被返回。
- result 是组成序偶的结果值。
- default_result 是当输入数值未能与任何一序偶匹配成功时，函数返回的默认值。

（2）“添加”按钮对应的代码。用户单击“添加”按钮时执行 btnAdd_Click ()函数，代码如下：

```
private void btnAdd_Click(object sender, EventArgs e)
{
    FrmTrainingEdit form = new FrmTrainingEdit();
    form.curID = "";
    form.isView = false;
    form.ShowDialog();
    if (form.DialogResult == DialogResult.OK)
         DataRefresh();
}
```

程序将打开 FrmTrainingEdit 窗体，添加培训信息。isView =false 表示“确定”按钮可见（不是浏览模式）。关于 FrmTrainingEdit 窗体的实现过程可以参照 12.4.3 小节中的内容进行理解。

（3）“编辑”按钮对应的代码。用户单击“编辑”按钮时执行 btnEdit_Click ()函数，代码如下：

```
private void btnEdit_Click(object sender, EventArgs e)
{
```

```
        if (dataGridView1.RowCount <= 0)
        {
            MessageBox.Show("请选择培训记录");
            return;
        }
        String cID = dataGridView1.SelectedCells[0].Value.ToString();
        // 打开编辑窗体，curID 表示当前编辑的记录编号
        FrmTrainingEdit form = new FrmTrainingEdit();
        form.curID = cID;
        form.isView = false;
        form.ShowDialog();
        if (form.DialogResult == DialogResult.OK)
            DataRefresh();
    }
```

程序从 DataGridView 控件中读取当前选择记录的编号，并赋值到 FrmTrainingEdit 窗体中。注意，程序应首先判断 dataGridView1.RowCount 是否小于等于 0，即是否选择了要修改的记录。如果不进行此判断，则程序在读取要修改数据时会出现错误。

（4）“删除”按钮对应的代码。用户单击“删除”按钮时执行 btnDel_Click ()函数，代码如下：

```
    private void btnDel_Click(object sender, EventArgs e)
    {
        if (dataGridView1.RowCount <= 0)
        {
            MessageBox.Show("请选择培训记录");
            return;
        }
        if(MessageBox.Show(this, "是否删除此记录", "请确认", MessageBoxButtons.YesNo) ==
DialogResult.Yes)
        {
            String cID = dataGridView1.SelectedCells[0].Value.ToString();
            CTraining obj = new CTraining();
            obj.sql_delete(cID);
            DataRefresh();
        }
    }
```

程序同样需要判断是否选择了要删除的记录。在删除数据前，程序通过调用 MessageBox.Show()函数要求用户确认删除操作。如果用户单击“是”按钮，则程序调用 CTraining.sql_delete()函数删除数据。

（5）单击“发布”按钮对应的代码。用户单击“发布”按钮时执行 btnPublish_Click()函数，代码如下：

```
    private void btnPublish_Click(object sender, EventArgs e)
    {
        if (dataGridView1.RowCount <= 0)
        {
            MessageBox.Show("请选择培训记录");
            return;
        }
        String cID = dataGridView1.SelectedCells[0].Value.ToString();
        String cStutas = dataGridView1.SelectedCells[2].Value.ToString();
        if (cStutas != "创建")
```

```
        {
            MessageBox.Show("只能发布创建的培训记录");
            return;
        }
        if (MessageBox.Show(this, "是否发布此记录", "请确认", Message BoxButtons. YesNo) ==
DialogResult.Yes)
        {
            CTraining obj = new CTraining();
            obj.Status = "发布";
            obj.sql_updateStatus(cID);
            DataRefresh();
        }
    }
```

程序将 CTraining.Status 设置为“发布”，然后调用 train.sql_updateStatus 函数更新培训记录的状态。只有“创建”状态的记录才能进行发布操作。

当用户单击“培训开始”和“培训结束”按钮时，执行的代码与此函数相似，请参照理解。

12.4.3 设计培训信息编辑窗体

培训信息编辑窗体的名称为 FrmTrainingEdit，如图 12.7 所示。

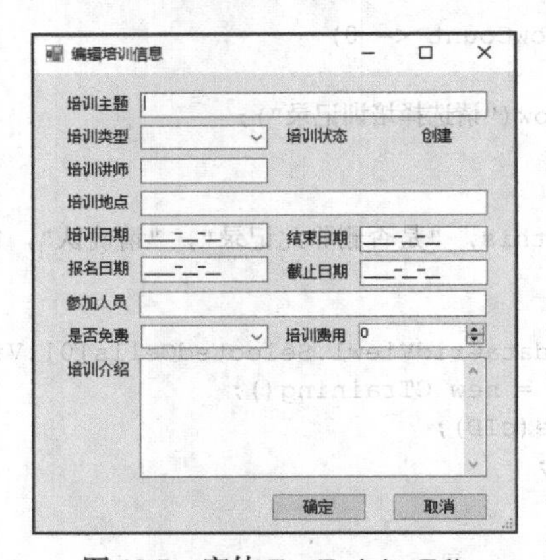

图 12.7　窗体 FrmTrainingEdit

窗体中各控件的属性如表 12.23 所示，其他属性都使用默认设置。

表 12.23　　窗体 FrmTrainingEdit 各控件的属性

控件名	属性	值	说明
cmbType	Items	内部培训 外部培训	设置“培训类型”组合框的内容
txtStartDate	Mask	0000-00-00	设置“培训日期”文本框为短日期格式
txtEndDate	Mask	0000-00-00	设置“结束日期”文本框为短日期格式
txtSignSDate	Mask	0000-00-00	设置“报名日期”文本框为短日期格式
txtSignEDate	Mask	0000-00-00	设置“截止日期”文本框为短日期格式
cmbFree	Items	是 否	设置“是否免费”组合框的内容

续表

控件名	属性	值	说明
txtDetail	Multiline	true	设置“培训介绍”文本框可以接受多行文字
	ScrollBars	Vertical	设置“培训介绍”文本框有垂直滚动条
btnOK	DialogResult	OK	单击此按钮时，DialogResult 的值为 OK
btn	DialogResult	Cancel	单击此按钮时，DialogResult 的值为 Cancel

将“确定”按钮的 DialogResult 属性设置为 OK，将“取消”按钮的 DialogResult 属性设置为 Cancel。这样一来，在关闭此窗体时，打开此窗体的窗体可以通过 form.DialogResult 了解此窗体的返回值，从而知道用户是单击“确定”按钮还是单击“取消”按钮。

下面分析窗体中的部分代码。

（1）公共变量。窗体中定义了两个公共变量，代码如下：

```
public String curID;            // 当前编辑的培训记录编号
public bool isView;             // 指定当前窗体的模式为查看还是编辑
```

注释中已经说明了这两个公共变量的作用。

（2）装载窗体时对应的代码。窗体启动时执行 FrmTrainingEdit_Load 函数，代码如下：

```
private void FrmTrainingEdit_Load(object sender, EventArgs e)
{
    if (isView)
          btnOK.Visible = false;

    if (curID != "")
    {     // 读取培训记录的值
          CTraining obj = new CTraining();
          obj.GetData(curID);
          txtSubject.Text = obj.Subject;
          lblStatus.Text = obj.Status;
          if (obj.tTypeId == 0)
                cmbType.Text = "内部培训";
          else if (obj.tTypeId == 1)
                cmbType.Text = "外部培训";
          txtPlace.Text = obj.Place;
          txtTeacher.Text = obj.Teacher;
          txtStartDate.Text = obj.StartDate;
          txtEndDate.Text = obj.EndDate;
          txtSignSDate.Text = obj.SignSDate;
          txtSignEDate.Text = obj.SignEDate;
          txtAttendant.Text = obj.Attendant;
          if (obj.IsFree == 0)
                cmbFree.Text = "是";
          else if (obj.IsFree == 1)
               cmbFree.Text = "否";
          nmCost.Value = obj.Cost;
          txtDetail.Text = obj.Detail;
    }
    else
    {
```

```
            lblStatus.Text = "创建";
        }
    }
```

如果 curID 不等于空字符串，则表示当前窗体用来编辑或显示培训信息；否则表示当前窗体用来添加培训信息。在编辑和显示培训信息时，程序将根据编号 curID 从数据库中读取培训记录，但赋值到窗体中对应的控件。

在窗体中，定义了一个变量 IsView，当 IsView=false 时，“确定”按钮不可见，此时窗体仅用于查看培训信息。

（3）“确定”按钮对应的代码。用户单击“确定”按钮时执行 btnOK_Click 函数，代码如下：

```
private void btnOK_Click(object sender, EventArgs e)
{
    if (txtSubject.Text.Trim() == "")
    {
        MessageBox.Show("请输入培训主题");
        txtSubject.Focus();
        this.DialogResult = DialogResult.None;
    }
    else if (txtTeacher.Text.Trim() == "")
    {
        MessageBox.Show("请输入培训讲师");
        txtTeacher.Focus();
        this.DialogResult = DialogResult.None;
    }
    else if (txtPlace.Text.Trim() == "")
    {
        MessageBox.Show("请输入培训地点");
        txtPlace.Focus();
        this.DialogResult = DialogResult.None;
    }
    else if (txtStartDate.Text.Trim() == "")
    {
        MessageBox.Show("请输入培训开始日期");
        txtStartDate.Focus();
        this.DialogResult = DialogResult.None;
    }
    else if (txtEndDate.Text.Trim() == "")
    {
        MessageBox.Show("请输入培训结束日期");
        txtEndDate.Focus();
        this.DialogResult = DialogResult.None;
    }
    else
    {
        //  定义 CTraining 对象,并将输入的数据赋值到对象中
        CTraining obj = new CTraining();
        obj.Subject = txtSubject.Text.Trim();
        if (cmbType.Text == "内部培训")
            obj.tTypeId = 0;
        else if (cmbType.Text == "外部培训")
            obj.tTypeId = 1;
```

```
            obj.Place = txtPlace.Text.Trim();
            obj.Teacher = txtTeacher.Text.Trim();
            obj.StartDate = txtStartDate.Text.Trim();
            obj.EndDate = txtEndDate.Text.Trim();
            obj.SignSDate = txtSignSDate.Text.Trim();
            obj.SignEDate = txtSignEDate.Text.Trim();
            obj.Attendant = txtAttendant.Text.Trim();
            if (cmbFree.Text == "是")
                obj.IsFree = 0;
            else if (cmbFree.Text == "否")
                obj.IsFree = 1;
            obj.Cost = int.Parse(nmCost.Value.ToString());
            obj.Detail = txtDetail.Text.Trim();
            // 保存数据
            if (curID == "")
                obj.sql_insert();
            else
                obj.sql_update(curID);
            // 关闭窗体
            Close();
        }
    }
```

程序首先判断用户输入数据的有效性，然后将数据保存到表 C##OFFICESYS.Training 中。

12.4.4　设计培训报名信息编辑窗体

在查看最新培训信息窗体中，选择一条培训记录，单击“培训报名”按钮，就可以打开培训报名信息编辑窗体，输入报名信息。

培训报名信息编辑窗体的名称为 FrmTrainingSignEdit，如图 12.8 所示。

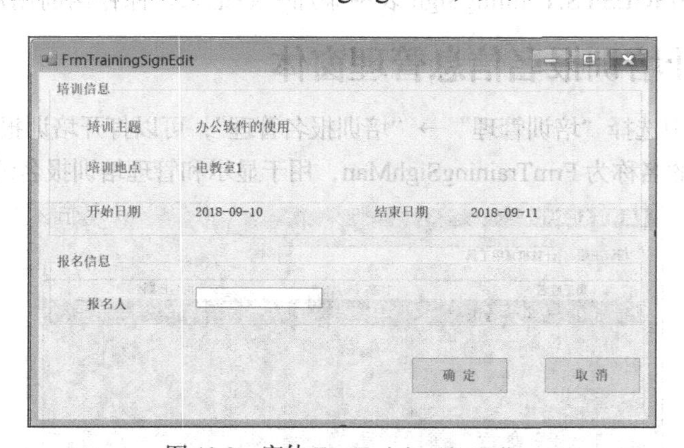

图 12.8　窗体 FrmTrainingSignEdit

将“确定”按钮的 DialogResult 属性设置为 OK，将“取消”按钮的 DialogResult 属性设置为 Cancel。下面介绍窗体中的部分代码。

（1）装载窗体时的代码。初始化窗体时执行 FrmTrainingSignEdit_Load()函数，代码如下：

```
private void FrmTrainingSignEdit_Load(object sender, EventArgs e)
{
    if(curID != "")
```

```
    { // 读取培训记录的值
        CTraining obj = new CTraining();
        obj.GetData(curID);
        lblSubject.Text = obj.Subject;
        lblPlace.Text = obj.Place;
        lblStartDate.Text = obj.StartDate;
        lblEndDate.Text = obj.EndDate;
    }
}
```

变量 curID 用于保存当前培训记录的编号。在打开培训报名信息编辑窗体时，需要首先设置 curID 的值，在 FrmTrainingSignEdit_Load()函数中可以根据它读取培训信息，并显示在窗体中。

（2）"确定"按钮对应的代码。用户单击"确定"按钮时执行 btnOK_Click()函数，代码如下：

```
private void btnOK_Click(object sender, EventArgs e)
{
    if (txtName.Text.Trim() == "")
    {
        MessageBox.Show("请输入报名人");
        txtName.Focus();
        return;
    }
    CTrainingSign sign = new CTrainingSign();
    sign.EmpName = txtName.Text.Trim();
    sign.Status = "提交";
    sign.TrId = int.Parse(curID);
    sign.sql_insert();              // 插入记录
    Close();                        // 关闭窗体
}
```

程序将在 C##OFFICESYS.TrainingSign 表中添加一条记录，保存当前用户的报名信息。

12.4.5 设计培训报名信息管理窗体

在主窗体的菜单中选择"培训管理"→"培训报名管理"，可以打开培训报名信息管理窗体。培训报名信息管理窗体的名称为 FrmTrainingSighMan，用于显示和管理培训报名记录，如图 12.9 所示。

图 12.9 培训报名信息管理窗体

下面介绍窗体的部分代码。

（1）载入培训主题。在载入窗体时，程序首先从数据库中读取所有发布状态的培训主题，并显示在组合框 cmbSubject 中，代码如下：

```
private void FrmTrainingSignMan_Load (object sender, EventArgs e)
{
    // 载入培训主题
    CADOConn m_ado = new CADOConn();
    String sql;     // 只能对发布的培训信息进行报名处理
    sql = "SELECT Subject FROM Training WHERE Status='发布'";
    // 使用 OracleDataAdapter 对象执行 SELECT 语句
    OracleDataAdapter da = new OracleDataAdapter(sql, m_ado.conn);
    da.SelectCommand.CommandType = CommandType.Text;    // 设置命令的执行类型为 SQL 语句
    m_ado.conn.Open();
    // 使用 DataTable 对象提供数据源
    DataTable table = new DataTable();
    da.Fill(table);             // 将结果集数据填充到 DataTable 对象中
    m_ado.conn.Close();
    cmbSubject.DataSource = table;
    cmbSubject.DisplayMember = table.Columns["Subject"].ToString();
    cmbSubject.Refresh();

    DataRefresh();
}
```

可以使用 DataTable 对象作为 ComboBox 控件的数据源，ComboBox.DisplayMember 属性可以指定组合框显示的字段。DataRefresh()函数的功能是根据选择的培训主题查询相关的报名信息。

（2）DataRefresh()函数。该函数的功能是根据选择的培训主题设置 SELECT 语句，在 DataGridView 控件中显示满足条件的培训报名记录，代码如下：

```
private void DataRefresh()
{
    CADOConn m_ado = new CADOConn();
    String sql;     // 定义 SELECT 语句，根据培训状态读取培训信息
    sql = "SELECT s.Id, s.EmpName AS 员工姓名, s.Status AS 状态, s.SignDate AS 报名日
期, s.TrId " + "FROM TrainingSign s, Training t WHERE s.TrId=t.Id AND t.Subject ='" +
cmbSubject.Text + "' ORDER BY s.SignDate DESC";
    // 使用 OracleDataAdapter 对象执行 SELECT 语句
    OracleDataAdapter da = new OracleDataAdapter(sql, m_ado.conn);
    da.SelectCommand.CommandType = CommandType.Text;    // 设置命令的执行类型为 SQL 语句
    m_ado.conn.Open();
    // 使用 DataTable 对象提供数据源
    DataTable table = new DataTable();
    da.Fill(table);             // 将结果集数据填充到 DataTable 对象中
    m_ado.conn.Close();
    dataGridView1.DataSource = table;
    dataGridView1.Refresh();
    dataGridView1.Columns[0].Width = 0;
    dataGridView1.Columns[1].Width = 180;
    dataGridView1.Columns[2].Width = 180;
    dataGridView1.Columns[3].Width = 180;
    dataGridView1.Columns[4].Width = 0;
}
```

在 SELECT 语句中涉及 Training 和 TrainingSign 两个表，请注意 WHERE 子句中它们的连接关系。

（3）“确定”按钮。用户单击“确定”按钮时执行 btnConfirm_Click ()函数，代码如下：

```
private void btnConfirm_Click(object sender, EventArgs e)
{
    if (dataGridView1.RowCount <= 0)
    {
        MessageBox.Show("请选择记录");
        return;
    }
    // 保存 Training 中的报名信息
    CTraining train = new CTraining();
    String TrainID, EmpName;
    TrainID = dataGridView1.SelectedRows[0].Cells[4].Value.ToString();
    EmpName = dataGridView1.SelectedRows[0].Cells[1].Value.ToString();
    train.sql_insertName(TrainID, EmpName);
    // 将 TrainSign 中相关记录的状态设置为确认
    CTrainingSign sign = new CTrainingSign();
    sign.Status = "确认";
    // 报名记录的编号
    String ID = dataGridView1.SelectedRows[0].Cells[0].Value.ToString();
    sign.sql_updateStatus(ID);
    // 刷新表格的显示
    DataRefresh();
}
```

程序调用 train.sql_insertName()函数，在表 Training 当前培训记录的 AttList 字段值中追加当前的员工姓名。然后调用 CTrainingSign.sql_updateStatus()函数更新报名记录的状态值为“确认”。

（4）“全部删除”按钮对应的代码。用户单击“全部删除”按钮时执行 btnDelAll_Click()函数，代码如下：

```
private void btnDelAll_Click(object sender, EventArgs e)
{
    if (dataGridView1.RowCount <= 0)
    {
        MessageBox.Show("不存在要删除的记录");
        return;
    }
    if (MessageBox.Show(this, "是否删除全部记录", "请确认", MessageBoxButtons.YesNo) ==
DialogResult.Yes)
    {
        String cnd = " WHERE TrId IN (SELECT ID FROM Training WHERE Subject='" +
cmbSubject.Text + "')";
        CTrainingSign obj = new CTrainingSign();
        obj.sql_batchDelete(cnd);
        DataRefresh();
    }
}
```

程序将根据选择的培训主题设置的查询条件 cnd，然后调用 CTrainingSign 类的 sql_batchDelete()函数，从而批量删除满足条件的报名记录。

12.5　会议管理模块设计

会议管理模块可以实现会议安排、会议室管理和会议室安排等功能。

12.5.1　设计会议室管理窗体

会议室管理窗体的名称为 FrmMeetingRoomMan，如图 12.10 所示。

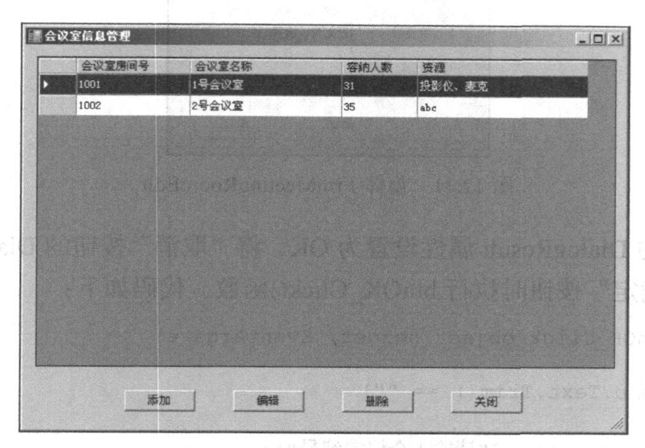

图 12.10　窗体 FrmMeetingRoomMan

DataRefresh()函数的功能是设置 SELECT 语句，读取所有的会议室信息，并在 DataGridView 控件中显示出来，代码如下：

```
// 从数据源中读取数据，刷新表格中的显示信息
private void DataRefresh()
{
    CADOConn m_ado = new CADOConn();
    String sql;     // 定义 SELECT 语句，根据培训状态读取培训信息
    sql = "SELECT RoomNo AS 会议室房间号, RoomName AS 会议室名称, RoomSize AS 容纳人数,
Resources AS 资源" + " FROM MeetingRooms ORDER BY RoomNo";
     // 使用 OracleDataAdapter 对象执行 SELECT 语句
     OracleDataAdapter da = new OracleDataAdapter(sql, m_ado.conn);
     da.SelectCommand.CommandType = CommandType.Text;    // 设置命令的执行类型为 SQL 语句
     m_ado.conn.Open();
     // 使用 DataTable 对象提供数据源
     DataTable table = new DataTable();
     da.Fill(table);              // 将结果集数据填充到 DataTable 对象中
     m_ado.conn.Close();
     dataGridView1.DataSource = table;
     dataGridView1.Refresh();
     dataGridView1.Columns[0].Width = 120;
     dataGridView1.Columns[1].Width = 160;
     dataGridView1.Columns[2].Width = 80;
     dataGridView1.Columns[3].Width = 180;
}
```

窗体的其他代码与培训信息管理窗体相似，读者可以参照 12.4.2 小节和源代码理解。

12.5.2　设计会议室编辑窗体

会议室编辑窗体的名称为 FrmMeetingRoomEdit，如图 12.11 所示。

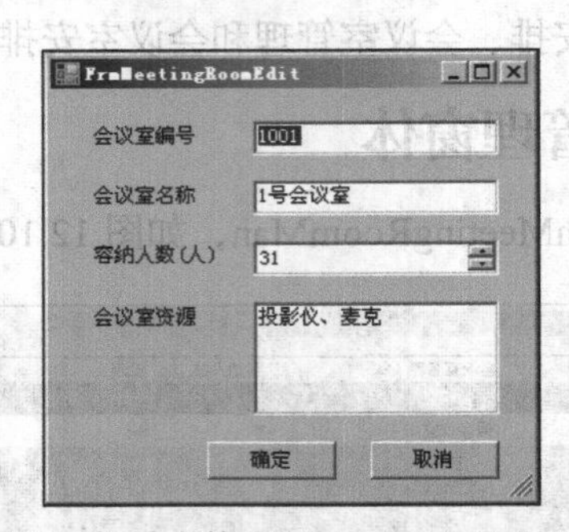

图 12.11　窗体 FrmMeetingRoomEdit

将“确定”按钮的 DialogResult 属性设置为 OK，将“取消”按钮的 DialogResult 属性设置为 Cancel。用户单击“确定”按钮时执行 btnOK_Click()函数，代码如下：

```
private void btnOK_Click(object sender, EventArgs e)
{
    if (txtRoomNo.Text.Trim() == "")
    {
        MessageBox.Show("请输入会议室编号");
        txtRoomNo.Focus();
        return;
    }
    if (txtRoomName.Text.Trim() == "")
    {
        MessageBox.Show("请输入会议室名称");
        txtRoomName.Focus();
        return;
    }
    // 对 CMeetingRooms 对象赋值
    CMeetingRooms room = new CMeetingRooms();
    room.RoomNo = txtRoomNo.Text.Trim();
    room.RoomName = txtRoomName.Text.Trim();
    room.RoomSize = int.Parse(nmRoomSize.Value.ToString());
    if (txtResources.Text.Trim() == "")
        room.Resource = "-";
    else
        room.Resource = txtResources.Text.Trim();
    // 根据 cNo 决定是插入记录还是编辑记录
    if (cNo == "")
        room.sql_insert();
    else
        room.sql_update(cNo);
    Close();
}
```

程序首先检查用户输入数据的有效性，然后将会议室信息保存到表 C##OFFICE.SYS.MeetingRooms 中。

12.5.3　设计会议安排管理窗体

会议信息安排窗体的名称为 FrmMeetingMan，如图 12.12 所示。

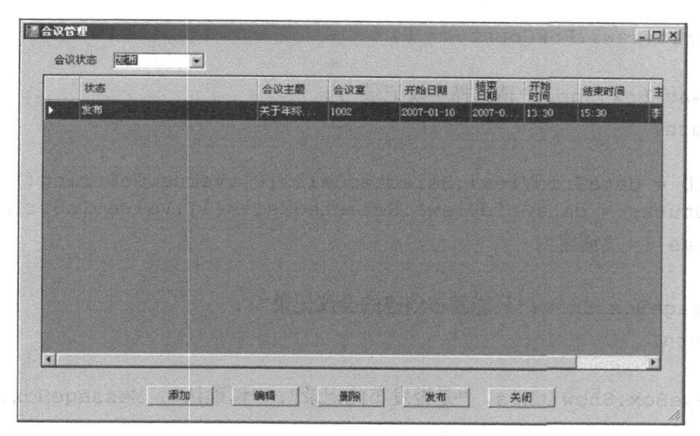

图 12.12　窗体 FrmMeetingMan

DataRefresh()函数的功能是根据条件设置数据源，在 DataGrid 控件中显示满足条件的会议记录，代码如下：

```
// 从数据源中读取数据，刷新表格中的显示信息
private void DataRefresh()
{
    CADOConn m_ado = new CADOConn();
    String sql;    // 定义 SELECT 语句，根据培训状态读取培训信息
    sql = "SELECT Id AS 编号, Status AS 状态, Subject AS 会议主题, RoomNo AS 会议室,
StartDate AS 开始日期, EndDate AS 结束日期," + "StartTime AS 开始时间, EndTime AS 结束时间,
Preside AS 主持人 FROM Meeting WHERE Status = '" + cmbStatus.Text + "' ORDER BY StartDate
DESC,EndDate DESC";
    // 使用 OracleDataAdapter 对象执行 SELECT 语句
    OracleDataAdapter da = new OracleDataAdapter(sql, m_ado.conn);
    da.SelectCommand.CommandType = CommandType.Text;   // 设置命令的执行类型为 SQL 语句
    m_ado.conn.Open();
    // 使用 DataTable 对象提供数据源
    DataTable table = new DataTable();
    da.Fill(table);             // 将结果集数据填充到 DataTable 对象中
    m_ado.conn.Close();
    dataGridView1.DataSource = table;
    dataGridView1.Refresh();
    dataGridView1.Columns[0].Visible = false;
    dataGridView1.Columns[1].Width = 200;
    dataGridView1.Columns[2].Width = 80;
    dataGridView1.Columns[3].Width = 80;
    dataGridView1.Columns[4].Width = 80;
    dataGridView1.Columns[5].Width = 60;
    dataGridView1.Columns[6].Width = 60;
    dataGridView1.Columns[7].Width = 80;
}
```

因为第 1 列是编号列，对用户没有意义，所以使用 dataGridView1.Columns[0].Visible = false;

语句将其设置为不可见。

用户单击“发布”按钮时执行 btnPublish_Click()函数，代码如下：

```
private void btnPublish_Click(object sender, EventArgs e)
{
    if (dataGridView1.RowCount <= 0)
    {
        MessageBox.Show("请选择会议记录");
        return;
    }
    String cID = dataGridView1.SelectedCells[0].Value.ToString();
    String cStutas = dataGridView1.SelectedCells[1].Value.ToString();
    if (cStutas != "创建")
    {
        MessageBox.Show("只能发布创建的会议记录");
        return;
    }
    if (MessageBox.Show(this, "是否发布此记录", "请确认", MessageBoxButtons. YesNo) ==
DialogResult.Yes)
    {
        CMeeting obj = new CMeeting();
        obj.Status = "发布";
        obj.sql_updateStatus(cID);
        DataRefresh();
    }
}
```

程序调用 CMeeting 类的 sql_updateStatus()函数将会议状态更新为“发布”。注意，只有创建状态的记录才能进行发布操作。

窗体的其他代码与培训信息管理窗体相似，读者可以参照 12.4.2 小节和源代码理解。

12.5.4 设计会议安排编辑窗体

会议安排编辑窗体的名称为 FrmMeetingEdit，窗体布局如图 12.13 所示。

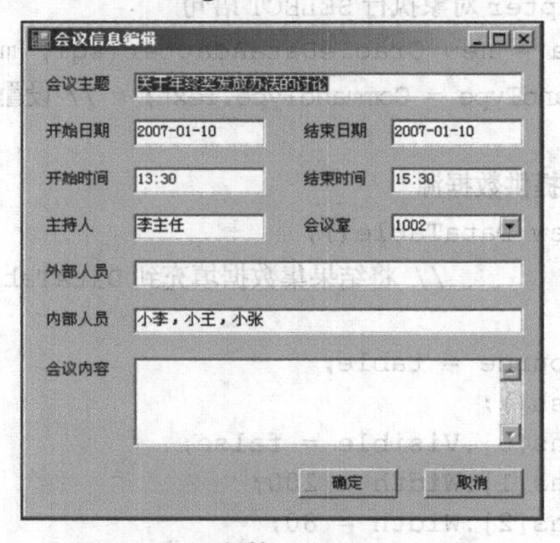

图 12.13　窗体 FrmMeetingEdit

窗体中使用 ComboBox 控件显示所有会议室数据，供用户选择。将“确定”按钮的 DialogResult 属性设置为 OK，将“取消”按钮的 DialogResult 属性设置为 Cancel。下面介绍窗体的主要代码。

（1）载入窗体时对应的代码。在载入窗体时，程序要从表 C##OFFICESYS.MeetingRooms 中读取会议室编号数据，填充到 ComboBox 控件中。如果打开窗体的状态为编辑记录（变量 cId 不等于空），则程序根据变量 cId 的值从表 C##OFFICESYS.Meeting 中读取当前会议记录的数据，并显示在窗体控件中，代码如下：

```
private void FrmMeetingEdit_Load(object sender, EventArgs e)
{
    // 载入会议室编号到 RoomNo 控件
    CADOConn m_ado = new CADOConn();
    String sql;                                    // 只能对发布的培训信息进行报名处理
    sql = "SELECT RoomNo FROM MeetingRooms";
    // 使用 OracleDataAdapter 对象执行 SELECT 语句
    OracleDataAdapter da = new OracleDataAdapter(sql, m_ado.conn);
    da.SelectCommand.CommandType = CommandType.Text; // 设置命令的执行类型为 SQL 语句
    m_ado.conn.Open();
    // 使用 DataTable 对象提供数据源
    DataTable table = new DataTable();
    da.Fill(table);                                // 将结果集数据填充到 DataTable 对象中
    m_ado.conn.Close();
    cmbRoomNo.DataSource = table;
    cmbRoomNo.DisplayMember = table.Columns["RoomNo"].ToString();
    cmbRoomNo.Refresh();

    if (cId != "")
    {   // 读取会议记录的值
        CMeeting obj = new CMeeting();
        obj.GetData(cId);
        txtSubject.Text = obj.Subject;             // 会议主题
        txtStartDate.Text = obj.StartDate;         // 开始日期
        txtEndDate.Text = obj.EndDate;             // 结束日期
        txtStartTime.Text = obj.StartTime;         // 开始时间
        txtEndTime.Text = obj.EndTime;             // 结束时间
        txtPreside.Text = obj.Preside;             // 主持人
        cmbRoomNo.Text = obj.RoomNo;               // 会议室
        txtOAttendant.Text = obj.OAttendant;       // 外部人员
        txtIAttendant.Text = obj.IAttendant;       // 内部人员
        txtDetail.Text = obj.Detail;               // 会议内容
    }
}
```

为 ComboBox 控件设置数据源的过程如下。

① 设置 SELECT 语句，从表 C##OFFICESYS.MeetingRooms 中读取 RoomNo 字段的值。

② 定义 OracleDataAdapter 对象，执行设置好的 SELECT 语句。

③ 定义 DataTable 对象，将 OracleDataAdapter 对象中获取的结果集填充到 DataTable 对象中。

④ 将 DataTable 对象设置为 ComboBox 对象的数据源（DataSource 属性）。

⑤ 设置 ComboBox 对象中显示的字段（DisplayMember 属性）。

（2）“确定”按钮对应的代码如下：

```
private void btnOK_Click(object sender, EventArgs e)
{
    if (txtSubject.Text.Trim() == "")
    {
        MessageBox.Show(this,"请输入会议主题");
```

```
            txtSubject.Focus();
            this.DialogResult = DialogResult.None;
        }
        else if (txtStartDate.Text.Trim() == "")
        {
            MessageBox.Show("请输入开始日期");
            txtStartDate.Focus();
            this.DialogResult = DialogResult.None;
        }
        else if (txtEndDate.Text.Trim() == "")
        {
            MessageBox.Show("请输入结束日期");
            txtEndDate.Focus();
            this.DialogResult = DialogResult.None;
        }
        else if (txtStartTime.Text.Trim() == "")
        {
            MessageBox.Show("请输入开始时间");
            txtStartTime.Focus();
            this.DialogResult = DialogResult.None;
        }
        else if (txtEndTime.Text.Trim() == "")
        {
            MessageBox.Show("请输入结束时间");
            txtEndTime.Focus();
            this.DialogResult = DialogResult.None;
        }
        else if (cmbRoomNo.Text.Trim() == "")
        {
            MessageBox.Show("请输入会议室编号");
            cmbRoomNo.Focus();
            this.DialogResult = DialogResult.None;
        }
        else
        {
            // 对 CMeetingRooms 对象赋值
            CMeeting meeting = new CMeeting();
            meeting.Subject = txtSubject.Text.Trim();           // 会议主题
            meeting.StartDate = txtStartDate.Text.Trim();       // 开始日期
            meeting.EndDate = txtEndDate.Text;                  // 结束日期
            meeting.StartTime = txtStartTime.Text;              // 开始时间
            meeting.EndTime = txtEndTime.Text;                  // 结束时间
            if (txtPreside.Text.Trim() == "")                   // 主持人
                meeting.Preside = "-";
            else
                meeting.Preside = txtPreside.Text.Trim();
            meeting.RoomNo = cmbRoomNo.Text;                    // 会议室
            meeting.OAttendant = txtOAttendant.Text.Trim();     // 外部人员
            meeting.IAttendant = txtIAttendant.Text.Trim();     // 内部人员
            meeting.Detail = txtDetail.Text.Trim();             // 会议内容
            // 根据 cId 决定是插入记录还是编辑记录
```

```
            if (cId == "")
                meeting.sql_insert();
            else
                meeting.sql_update(cId);
            Close();
        }
    }
```

程序首先对会议主题等字段进行检查，判断用户是否输入了完整的会议记录。因为“确定”按钮的 DialogResult 属性被设置为 OK，所以程序在发现指定字段没有输入数据时，需要使用如下语句改变此按钮的窗体返回值，如果直接使用 return 语句，则窗体将被关闭。

```
    this.DialogResult = DialogResult.None;
```

12.5.5　设计会议室安排窗体

会议室安排窗体的名称为 FrmMeetingArrange，窗体布局如图 12.14 所示。

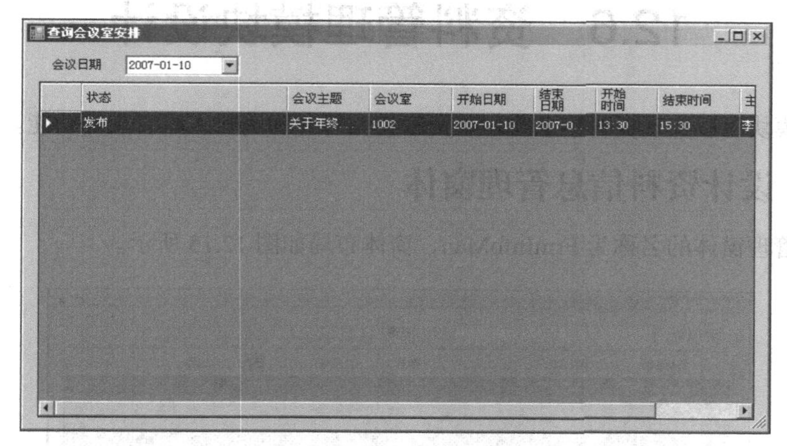

图 12.14　窗体 FrmMeetingArrange

此窗体用于查询选定日期的所有会议安排信息。窗体中使用 DateTimePicker 控件选择会议日期，我们可在此控件中通过一个下拉日历方便地选择日期。

DataRefresh()函数的功能是根据选择的日期设置数据源，查询当天的会议记录，并显示在表格控件中，代码如下：

```
    // 从数据源中读取数据，刷新表格中的显示信息
    private void DataRefresh()
    {
        CADOConn m_ado = new CADOConn();
        String curDate = dtMeetingDate.Value.Date.ToString().Substring(0,10);
        String sql;        // 定义 SELECT 语句，根据培训状态读取培训信息
        sql = "SELECT Id AS 编号, Status AS 状态, Subject AS 会议主题, RoomNo AS 会议室,
StartDate AS 开始日期, EndDate AS 结束日期," + "StartTime AS 开始时间, EndTime AS 结束时间, Preside
AS 主持人 FROM Meeting WHERE StartDate <= '" + curDate + "' AND EndDate >='" + curDate + "'";
        // 使用 OracleDataAdapter 对象执行 SELECT 语句
        OracleDataAdapter da = new OracleDataAdapter(sql, m_ado.conn);
        da.SelectCommand.CommandType = CommandType.Text;    // 设置命令的执行类型为 SQL 语句
        m_ado.conn.Open();
```

```
    // 使用 DataTable 对象提供数据源
    DataTable table = new DataTable();
    da.Fill(table);              // 将结果集数据填充到 DataTable 对象中
    m_ado.conn.Close();
    dataGridView1.DataSource = table;
    dataGridView1.Refresh();
    dataGridView1.Columns[0].Visible = false;
    dataGridView1.Columns[1].Width = 200;
    …
}
```

因为 DataTimePicker 控件获取的是日期时间数据，所以需要使用 SubString()函数截取其中的日期部分，代码如下：

```
String curDate = dtMeetingDate.Value.Date.ToString().Substring(0,10);
```

12.6 资料管理模块设计

资料管理模块可以实现资料信息管理、资料借阅管理和资料入库管理等功能。

12.6.1 设计资料信息管理窗体

资料信息管理窗体的名称为 FrmInfoMan，窗体布局如图 12.15 所示。

图 12.15 窗体 FrmInfoMan

DataRefresh ()函数的功能是根据条件设置数据源，在 DataGrid 控件中显示满足条件的资料记录，代码如下：

```
// 从数据源中读取数据，刷新表格中显示的信息
private void DataRefresh()
{
    CADOConn m_ado = new CADOConn();
    String sql;                     // 定义 SELECT 语句，根据培训状态读取培训信息
    sql = "SELECT InfoNo AS 资料编号, InfoName AS 资料名称, InfoType AS 分类名称, ICount
```

```
AS 数量, IPrice AS 价格," + " CreateDate AS 登记日期, Detail AS 说明 FROM Information" + " WHERE
InfoName LIKE '%" + txtInfoName.Text.Trim() + "%' ORDER BY InfoNo";
        // 使用 OracleDataAdapter 对象执行 SELECT 语句
        OracleDataAdapter da = new OracleDataAdapter(sql, m_ado.conn);
        da.SelectCommand.CommandType = CommandType.Text;   // 设置命令的执行类型为 SQL 语句
        m_ado.conn.Open();
        // 使用 DataTable 对象提供数据源
        DataTable table = new DataTable();
        da.Fill(table);                                    // 将结果集数据填充到 DataTable 对象中
        m_ado.conn.Close();
        dataGridView1.DataSource = table;
        dataGridView1.Refresh();
        dataGridView1.Columns[0].Visible = false;
        dataGridView1.Columns[1].Width =100;
        …
    }
```

程序执行 SELECT 语句，根据查询条件从表 Information 中读取资料数据，并显示在表格控件中。使用 dataGridView1.Columns[0].Visible = false 语句可以将表格控件中第 1 列设置为不可见。

用户单击“借阅”按钮时执行 btnLend_Click()函数，代码如下：

```
private void btnLend_Click(object sender, EventArgs e)
{
    if (dataGridView1.RowCount <= 0)
    {
        MessageBox.Show("请选择借阅记录");
        return;
    }
    FrmInfoLendEdit form = new FrmInfoLendEdit();
    form.cId = ""; // 表示添加借阅记录
    form.cInfoNo = dataGridView1.SelectedCells[0].Value.ToString();
    form.ShowDialog();
}
```

程序打开资料借阅编辑窗体 FrmInfoLendEdit，对当前记录进行编辑。请参照 12.6.3 小节理解 FrmInfoLendEdit 窗体的设计。

12.6.2　设计资料信息编辑窗体

资料信息编辑窗体的名称为 FrmInfoEdit，窗体布局如图 12.16 所示。

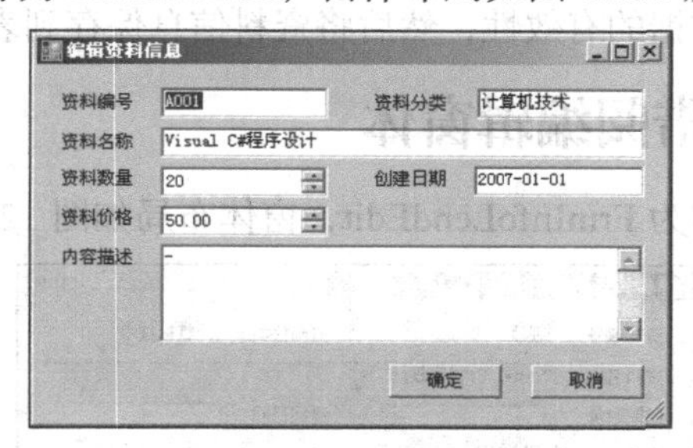

图 12.16　窗体 FrmInfoEdit

用户单击“确定”按钮时执行 btnOK_Click()函数，代码如下：

```
private void btnOK_Click(object sender, EventArgs e)
```

```
{
    if (txtInfoNo.Text.Trim() == "")
    {
        MessageBox.Show(this, "请输入资料编号");
        txtInfoNo.Focus();
        this.DialogResult = DialogResult.None;
    }
    else if (txtInfoType.Text.Trim() == "")
    {
        MessageBox.Show("请输入资料分类");
        txtInfoType.Focus();
        this.DialogResult = DialogResult.None;
    }
    else if (txtInfoName.Text.Trim() == "")
    {
        MessageBox.Show("请输入资料名称");
        txtInfoName.Focus();
        this.DialogResult = DialogResult.None;
    }
    else
    {
        // 对 CMeetingRooms 对象赋值
        CInformation info = new CInformation();
        info.InfoNo = txtInfoNo.Text.Trim();                          // 资料编号
        info.InfoType = txtInfoType.Text.Trim();                      // 资料分类
        info.InfoName = txtInfoName.Text.Trim();                      // 资料名称
        info.ICount = int.Parse(nmICount.Value.ToString());           // 资料数量
        info.IPrice = float.Parse(nmIPrice.Value.ToString());         // 资料价格
        info.CreateDate = txtCreateDate.Text.Trim();                  // 创建日期
        if (txtDetail.Text.Trim() == "")                              // 内容描述
        info.Detail = "-";
        else
        info.Detail = txtDetail.Text.Trim();
        // 根据 cId 决定是插入记录还是编辑记录
        if (cNo == "")
            info.sql_insert();
        else
            info.sql_update(cNo);
        Close();
    }
}
```

程序首先检查用户输入数据的有效性，然后将资料信息保存到表 Information 中。

12.6.3 设计资料借阅编辑窗体

资料借阅编辑窗体的名称为 FrmInfoLendEdit，窗体布局如图 12.17 所示。

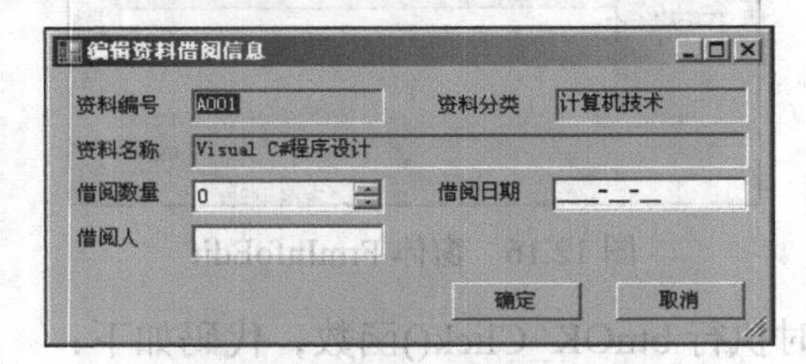

图 12.17 窗体 FrmInfoLendEdit

用户单击“确定”按钮时执行 btnOK_Click()函数，代码如下：

```
private void btnOK_Click(object sender, EventArgs e)
{
    if (txtInfoNo.Text.Trim() == "")
    {
        MessageBox.Show(this, "请选择资料编号");
        this.DialogResult = DialogResult.None;
    }
    else if (nmCount.Value <=0)
    {
        MessageBox.Show("请输入借阅数量");
        nmCount.Focus();
        this.DialogResult = DialogResult.None;
    }
    else if (txtEmpName.Text.Trim() == "")
    {
        MessageBox.Show("请输入借阅人");
        txtEmpName.Focus();
        this.DialogResult = DialogResult.None;
    }
    else
    {
        // 对 CMeetingRooms 对象赋值
        CInfoLend lend = new CInfoLend();
        lend.InfoNo = txtInfoNo.Text.Trim();                        // 资料编号
        lend.LendDate = txtLendDate.Text.Trim();                    // 借阅日期
        lend.LendCount = int.Parse(nmCount.Value.ToString());       // 借阅数量
        lend.EmpName = txtEmpName.Text.Trim();                      // 借阅人
        // 根据 cId 决定是插入记录还是编辑记录
        if (cId == "")
            lend.sql_insert();
        else
            lend.sql_update(cId);
        Close();
    }
}
```

程序首先检查用户输入数据的有效性，然后将资料借阅信息保存到表 InfoLend 中。

12.6.4 设计资料借阅管理窗体

资料借阅管理窗体的名称为 FrmInfoLendMan，窗体布局如图 12.18 所示。

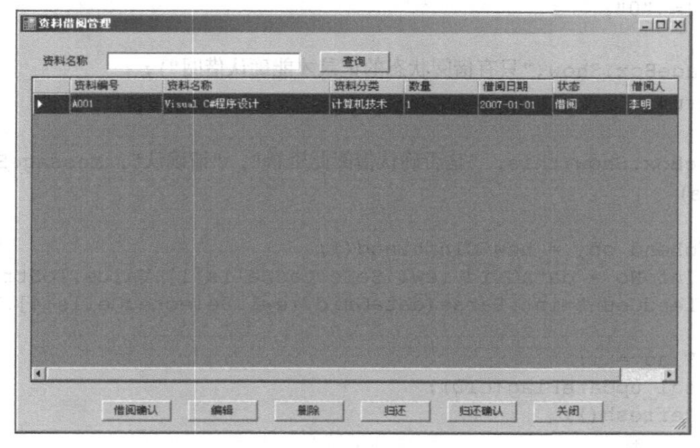

图 12.18　窗体 FrmInfoLendMan

DataRefresh()函数的功能是根据条件设置数据源，在 DataGrid 控件中显示满足条件的资料借阅记录，代码如下：

```
// 从数据源中读取数据，刷新表格中显示的信息
private void DataRefresh()
{
    CADOConn m_ado = new CADOConn();
    String sql;    // 定义 SELECT 语句，根据培训状态读取培训信息
    sql = "SELECT l.Id, l.InfoNo AS 资料编号, i.InfoName AS 资料名称, i.InfoType AS 资料分类, l.LendCount AS 数量, l.LendDate AS 借阅日期," + " l.Flag, DECODE(l.Flag, 0, '借阅', 1, '借阅确认', 2, '归还', 3, '归还确认') AS 状态, l.EmpName AS 借阅人" + " FROM InfoLend l,Information i WHERE l.InfoNo=i.InfoNo AND i.InfoName LIKE '%" + txtInfoName.Text.Trim() + "%' ORDER BY l.Id";
    // 使用 OracleDataAdapter 对象执行 SELECT 语句
    OracleDataAdapter da = new OracleDataAdapter(sql, m_ado.conn);
    da.SelectCommand.CommandType = CommandType.Text;  // 设置命令的执行类型为 SQL 语句
    m_ado.conn.Open();
    // 使用 DataTable 对象提供数据源
    DataTable table = new DataTable();
    da.Fill(table);              // 将结果集数据填充到 DataTable 对象中
    m_ado.conn.Close();
    dataGridView1.DataSource = table;
    dataGridView1.Refresh();
    dataGridView1.Columns[0].Visible = false;
    dataGridView1.Columns[1].Width = 100;
    …
}
```

用户单击“借阅确认”按钮时执行 btnLendConfirm_Click()函数，代码如下：

```
private void btnLendConfirm_Click(object sender, EventArgs e)
{
    if (dataGridView1.RowCount <= 0)
    {
        MessageBox.Show("请选择借阅记录");
        return;
    }
    String cID = dataGridView1.SelectedCells[0].Value.ToString();
    String cFlag= dataGridView1.SelectedCells[6].Value.ToString();
    if (cFlag != "0")
    {
        MessageBox.Show("只有借阅状态的记录才能确认借阅");
        return;
    }
    if (MessageBox.Show(this, "是否确认借阅此资料", "请确认", MessageBoxButtons. YesNo) == DialogResult.Yes)
    {
        CInfoLend obj = new CInfoLend();
        obj.InfoNo = dataGridView1.SelectedCells[1].Value.ToString();
        obj.LendCount=int.Parse(dataGridView1.SelectedCells[4].Value.ToString());
        obj.Flag = 1;
        obj.sql_updateFlag(cID);
        DataRefresh();
    }
}
```

程序将根据当前选择的记录调用 CInfoLend.sql_updateFlags 函数，将借阅记录状态设置为 1。当用户单击“归还”和“归还确认”按钮时，对应的代码与此相似，只是将借阅记录状态分别设置为 2 和 3。

12.6.5　设计资料入库管理窗体

资料借阅管理窗体的名称为 FrmInfoInMan，窗体布局如图 12.19 所示。

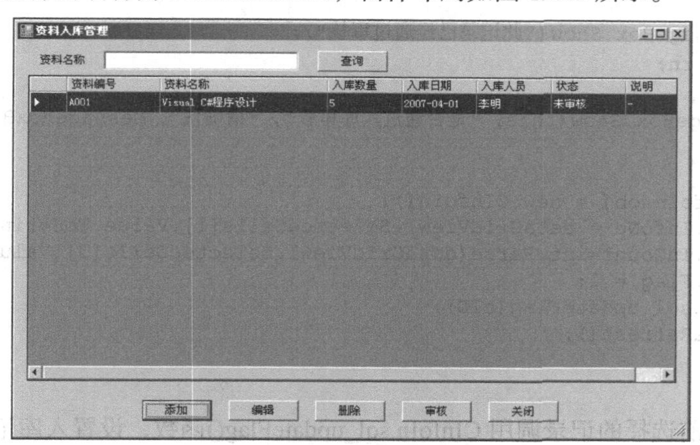

图 12.19　窗体 FrmInfoInMan

DataRefresh()函数的功能是根据条件设置数据源，在 DataGrid 控件中显示满足条件的资料入库记录，代码如下：

```
// 从数据源中读取数据，刷新表格中的显示信息
private void DataRefresh()
{
    CADOConn m_ado = new CADOConn();
    String sql;                                  // 定义 SELECT 语句，根据培训状态读取培训信息
    sql = "SELECT f.Id, f.InfoNo AS 资料编号, i.InfoName AS 资料名称, f.InCount AS 入库数量, f.InDate AS 入库日期, f.EmpName AS 入库人员," + " DECODE(f.Flag, 0, '未审核', 1, '已审核') AS 状态, f.Flag, f.Detail AS 说明" + " FROM InfoIn f,Information i WHERE f.InfoNo=i.InfoNo And i.InfoName LIKE '%" + txtInfoName.Text.Trim() + "%' ORDER BY f.InDate DESC";
    // 使用 OracleDataAdapter 对象执行 SELECT 语句
    OracleDataAdapter da = new OracleDataAdapter(sql, m_ado.conn);
    da.SelectCommand.CommandType = CommandType.Text;   // 设置命令的执行类型为 SQL 语句
    m_ado.conn.Open();
    // 使用 DataTable 对象提供数据源
    DataTable table = new DataTable();
    da.Fill(table);                              // 将结果集数据填充到 DataTable 对象中
    m_ado.conn.Close();
    dataGridView1.DataSource = table;
    dataGridView1.Refresh();
    dataGridView1.Columns[0].Visible = false;
    dataGridView1.Columns[1].Width = 100;
    …
}
```

用户单击“审核”按钮时执行 btnCheck_Click()函数，代码如下：

```
private void btnCheck_Click(object sender, EventArgs e)
{
    if (dataGridView1.RowCount <= 0)
```

```
        {
            MessageBox.Show("请选择借阅记录");
            return;
        }
        String cID = dataGridView1.SelectedCells[0].Value.ToString();
        String cFlag = dataGridView1.SelectedCells[7].Value.ToString();
        if (cFlag == "1")
        {
            MessageBox.Show("此记录已经通过审核");
            return;
        }
        if (MessageBox.Show(this, "是否通过入库审核", "请确认", MessageBoxButtons. YesNo) ==
DialogResult.Yes)
        {
            CInfoIn obj = new CInfoIn();
            obj.InfoNo = dataGridView1.SelectedCells[1].Value.ToString();
            obj.InCount=int.Parse(dataGridView1.SelectedCells[3].Value.ToString());
            obj.Flag = 1;
            obj.sql_updateFlag(cID);
            DataRefresh();
        }
    }
```

程序将根据当前选择的记录调用 CInfoIn.sql_updateFlag()函数，设置入库记录的状态。

12.6.6 设计资料入库编辑窗体

资料入库编辑窗体的名称为 FrmInfoInEdit，窗体布局如图 12.20 所示

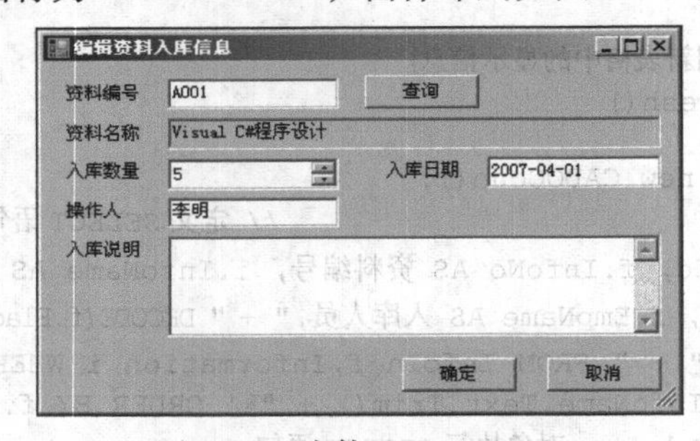

图 12.20 窗体 FrmInfoInEdit

用户单击“确定”按钮时执行 btnOK_Click()函数，代码如下：

```
private void btnOK_Click(object sender, EventArgs e)
{
    if (txtInfoName.Text.Trim() == "")
    {
        MessageBox.Show(this, "请选择资料");
        this.DialogResult = DialogResult.None;
    }
    else if (nmInCount.Value <= 0)
    {
        MessageBox.Show("请输入入库数量");
        nmInCount.Focus();
        this.DialogResult = DialogResult.None;
    }
    else if (txtEmpName.Text.Trim() == "")
    {
        MessageBox.Show("请输入操作人");
        txtEmpName.Focus();
```

```
            this.DialogResult = DialogResult.None;
        }
        else
        {
            // 对 CInfoIn 对象赋值
            CInfoIn infoin = new CInfoIn();
            infoin.InfoNo = txtInfoNo.Text.Trim();                      // 资料编号
            infoin.EmpName = txtEmpName.Text.Trim();                    // 操作人
            infoin.InCount = int.Parse(nmInCount.Value.ToString());     // 入库数量
            infoin.InDate = txtInDate.Text.Trim();                      // 入库日期
            if (txtDetail.Text.Trim() == "")                            // 入库说明
                infoin.Detail = "-";
            else
                infoin.Detail = txtDetail.Text.Trim();
            // 根据 cId 决定是插入记录还是编辑记录
            if (cId == "")
                infoin.sql_insert();
            else
                infoin.sql_update(cId);
            Close();
        }
    }
```

程序首先检查用户输入数据的有效性，然后将用户输入的数据赋值到对象 CInfoIn 的各属性中，并根据变量 cId 的值决定调用 CInfoIn 类的 sql_insert()或 sql_update()函数保存数据。

12.7　系统管理模块设计

系统管理模块包括用户管理和修改密码两个功能模块。根据用户类型的不同，用户管理模块的功能也各不相同。一般包含以下几种情形。

- Admin 用户可以创建其他用户、修改用户的密码以及删除其他用户。
- 其他用户只能修改自身的用户信息。

12.7.1　设计用户管理窗体

用户管理窗体的名称为 FrmUserMan，窗体的布局如图 12.21 所示。

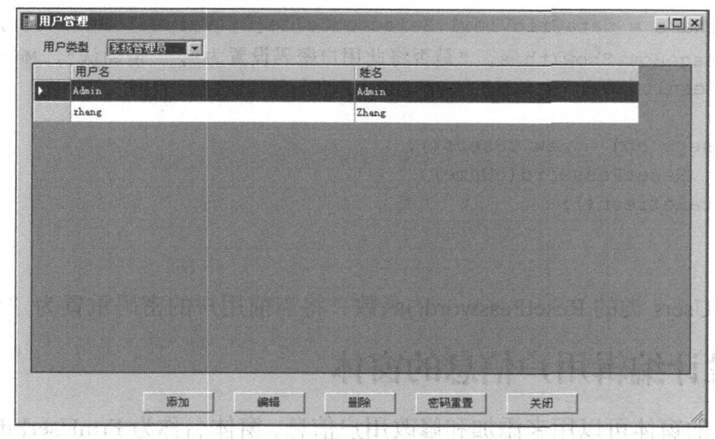

图 12.21　窗体 FrmUserMan

DataRefresh()函数用来更新 DataGrid 控件中显示的用户记录，代码如下：

```
private void DataRefresh()          // 从数据源中读取数据，刷新表格中显示的信息
{
    CADOConn m_ado = new CADOConn();
    int iUserType;
    if (cmbUserType.Text == "系统管理员")
        iUserType = 1;
    else
        iUserType = 2;
    String sql;                     // 定义 SELECT 语句，根据培训状态读取培训信息
    sql = "SELECT UserName AS 用户名,EmpName AS 姓名 FROM Users WHERE UserType = " +
iUserType + " ORDER BY UserName";

    OracleDataAdapter da = new OracleDataAdapter(sql, m_ado.conn); //执行 SELECT 语句
    da.SelectCommand.CommandType = CommandType.Text;    // 设置命令的执行类型为 SQL 语句
    m_ado.conn.Open();
    // 使用 DataTable 对象提供数据源
    DataTable table = new DataTable();
    da.Fill(table);                 // 将结果集数据填充到 DataTable 对象中
    m_ado.conn.Close();
    dataGridView1.DataSource = table;
    dataGridView1.Refresh();
    dataGridView1.Columns[0].Width = 300;
    dataGridView1.Columns[1].Width = 300;
}
```

程序执行 SELECT 语句，根据查询条件从表 Users 中读取用户数据，并显示在表格控件中。在 SELECT 语句中，使用 ORDER BY UserName 子句按用户名排序。

用户单击“密码重置”按钮时执行 btnPwdReset_Click()函数，代码如下：

```
private void btnPwdReset_Click(object sender, EventArgs e)
{
    if (dataGridView1.RowCount <= 0)
    {
        MessageBox.Shaow("请选择用户");
        return;
    }
    String cName = dataGridView1.SelectedCells[0].Value.ToString();
    if (MessageBox.Show(this, "是否将此用户密码设置为", "请确认", MessageBoxButtons.
YesNo) == DialogResult.Yes)
    {
        CUsers obj = new CUsers();
        obj.ResetPassword(cName);
        DataRefresh();
    }
}
```

程序将调用 CUsers 类的 ResetPassword()函数，将当前用户的密码重置为“111111”。

12.7.2 设计编辑用户信息的窗体

编辑用户信息的窗体可以用来添加和修改用户信息，窗体名称为 FrmUserEdit，窗体布局如图

12.22 所示。

图 12.22　窗体 FrmUserEdit

用户单击“确定”按钮时执行 btnOK_Click ()函数，代码如下：

```
private void btnOK_Click(object sender, EventArgs e)
{
    if (txtUserName.Text.Trim() == "")
    {
        MessageBox.Show(this, "请输入用户名");
        txtUserName.Focus();
        this.DialogResult = DialogResult.None;
    }
    else if (txtEmpName.Text.Trim() == "")
    {
        MessageBox.Show("请输入真实姓名");
        txtEmpName.Focus();
        this.DialogResult = DialogResult.None;
    }
    else
    {
        // 对 CUsers 对象赋值
        CUsers user = new CUsers();
        user.UserName = txtUserName.Text.Trim();          // 用户名
        user.UserPwd = "111111";                          // 默认密码
        user.EmpName = txtEmpName.Text.Trim();            // 真实姓名
        if (cmbUserType.Text == "系统管理员")
            user.UserType = 1;
        else
            user.UserType = 2;
        if (!txtUserName.ReadOnly &&  user.HaveRecord(txtUserName.Text.Trim()))
        {
            MessageBox.Show("同名用户已经存在!");
            this.DialogResult = DialogResult.None;
        }
        else
        {
            if (cUserName == "")
                user.sql_insert();
            else
                user.sql_update(cUserName);
            Close();
        }
    }
}
```

当文本框 txtUserName 不是只读时（即添加用户时），程序调用 CUsers 类的 HaveRecord()函数判断用户名是否已经存在，因为系统不允许存在同名的用户。

12.7.3 设计修改密码窗体

修改密码窗体的名称为 FrmChangePwd，窗体的布局如图 12.23 所示。

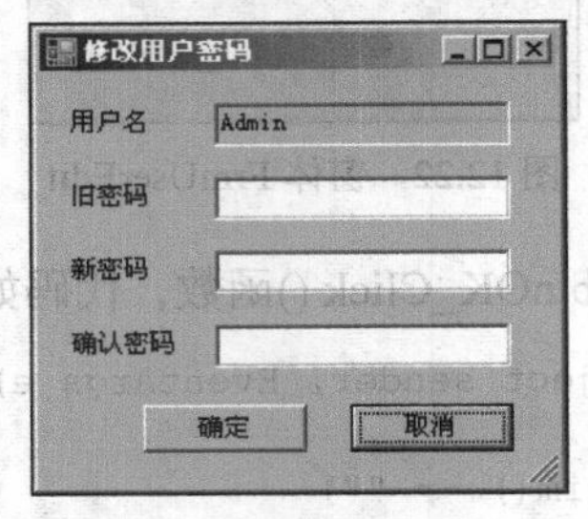

图 12.23 窗体 FrmChangePwd

用户单击“确定”按钮时执行 btnOK_Click()函数，代码如下：

```
private void btnOK_Click(object sender, EventArgs e)
{
    if (txtOldPwd.Text.Trim() == "")
    {
        MessageBox.Show("请输入原密码");
        txtOldPwd.Focus();
        this.DialogResult = DialogResult.None;
    }
    else if(txtNewPwd1.Text.Trim() == "")
    {
        MessageBox.Show("请输入新密码");
        txtNewPwd1.Focus();
        this.DialogResult = DialogResult.None;
    }
    else if (txtNewPwd1.Text.Trim() != txtNewPwd2.Text.Trim())
    {
        MessageBox.Show("新密码与确认密码不一致，请重新输入！");
        txtNewPwd1.Focus();
        this.DialogResult = DialogResult.None;
    }
    else
    {
        CUsers user = new CUsers();
        user.GetData(txtUserName.Text.Trim());          // 获取用户信息
        if (user.UserPwd != txtOldPwd.Text.Trim())
        {
            MessageBox.Show("密码不正确，请重新输入！");
            this.DialogResult = DialogResult.None;
        }
        else
        {
            user.UserPwd = txtNewPwd1.Text.Trim();
            user.sql_updatePassword(cUserName);         // 保存密码
            Close();
```

```
            }
        }
    }
```

程序将对用户输入的密码进行验证，包括如下几项。

- 旧密码是否为空。
- 新密码是否为空。
- 两次输入的新密码是否相同。
- 旧密码是否通过密码验证。

通过上述验证后，程序将调用 CUsers 类的 sql_updatePassword()函数，更新用户密码。

12.7.4　在主界面中增加用户管理代码

在主窗体中，选择"用户管理"菜单项时执行 mi_userman_Click ()函数，代码如下：

```
private void mi_userman_Click(object sender, EventArgs e)
{
    if (curUser.UserType != 1)
    {
        MessageBox.Show("非系统管理员，不能使用本功能！");
        return;
    }
    FrmUserMan form = new FrmUserMan();
    form.ShowDialog();
}
```

curUser 对象中保存了当前登录用户的信息。因为只有系统管理员才能打开用户管理窗体，所以在 curUser.UserType 不等于 1（系统管理员用户的编号）时不能打开此窗体。

12.7.5　在主界面中增加修改密码代码

选择"修改密码"菜单项时执行 mi_pwdchange_Click()函数，代码如下：

```
private void mi_pwdchange_Click(object sender, EventArgs e)
{
    FrmChangePwd form = new FrmChangePwd();
    form.cUserName = curUser.UserName;
    form.ShowDialog();
}
```

程序将当前用户（curUser）的用户名赋值到 FrmChangePwd 窗体中，然后打开窗体，要求用户修改自己的用户密码。

附录A 实验

实验1 数据库管理

目的和要求

（1）了解 Oracle 数据库的逻辑结构和物理结构。

（2）了解 Oracle Enterprise Manager 的使用方法。

（3）学习关闭和启动数据库实例的方法。

（4）学习使用 SQL 语句创建数据库的方法。

（5）学习使用 SQL 语句删除数据库的方法。

实验准备

Oracle 数据库的逻辑结构包括方案（Schema）对象、数据块（Data Block）、区间（Extent）、段（Segment）和表空间（Tablespace）等。数据库由若干个表空间组成，表空间由表组成，表由段组成，段由区间组成，区间则由数据块组成。Oracle 数据库的物理结构由构成数据库的操作系统文件决定。每个 Oracle 数据库都由 3 种类型的文件组成：数据文件、日志文件和控制文件。这些数据库文件为数据库信息提供真正的物理存储。

只有系统管理员或拥有 CREATE DATABASE 权限的用户才能创建数据库。可以通过图形界面创建数据库，也可以使用 CREATE DATABASE 语句创建数据库。

Oracle 数据库实例支持的 4 种状态，包括打开（OPEN）、关闭（CLOSE）、已装载（MOUNT）和已启动（NOMOUNT）。

实验内容

本实验主要包含以下内容。

（1）练习使用不同方法启动和关闭数据库实例。

（2）练习使用不同方法创建和删除数据库。

1. 使用 SHUTDOWN 命令关闭数据库实例

练习使用 SHUTDOWN 命令关闭数据库实例，分别按照以下方式关闭数据库实例。

（1）正常关闭。等待当前所有已连接的用户断开与数据库的连接，然后关闭数据库。正常关闭的语句如下：

```
SHUTDOWN NORMAL
```

（2）立即关闭。回退活动事务处理并断开所有已连接的用户，然后关闭数据库。立即关闭的语句如下：

```
SHUTDOWN IMMEDIATE
```

（3）事务处理关闭。完成事务处理后断开所有已连接的用户，然后关闭数据库。事务处理关闭的语句如下：

```
SHUTDOWN TRANSACTIONAL
```

（4）中止关闭。中止数据库实例，立即关闭数据库。中止关闭的语句如下：

```
SHUTDOWN ABORT
```

每次执行 SHUTDOWN 语句关闭数据库实例之前，请执行 STARTUP 命令启动数据库。

2. 使用 STARTUP 命令启动数据库实例

练习使用 STARTUP 命令启动数据库实例，分别按以下方式启动数据库实例。

（1）启动数据库实例时不装载数据库。执行此操作的命令如下：

```
STARTUP NOMOUNT
```

（2）启动数据库实例，装载数据库，但不打开数据库。通常在数据库维护时执行此操作，对应的命令如下：

```
STARTUP MOUNT
```

（3）启动后限制对数据库实例的访问。执行此操作的命令如下：

```
STARTUP RESTRICT
```

（4）强制实例启动。在遇到异常情况时，可以强制启动实例。强制启动实例的语句如下：

```
STARTUP FORCE
```

每次执行 STARTUP 语句启动数据库实例之前，请执行 SHUTDOWN 命令关闭数据库。

3. 使用 oradim 工具创建数据库实例

打开命令窗口，执行如下命令，实例名为 OracleDB，初始密码为 OraclePass。

```
oradim -new -sid OracleDB -intpwd OraclePass
```

打开 Windows 服务窗口，确认可以看到新增的与 OracleDB 相关的服务。

4. 使用 CREATE DATABASE 语句创建数据库

参照 4.1.1 节使用 CREATE DATABASE 语句创建数据库 OracleDB1。

5. 使用 SQL 语句删除数据库

按照如下步骤删除数据库 OracleDB。

（1）在删除数据库之前，需要用户以 SYSDBA 或 SYSOPER 身份登录，代码如下：

```
CONNECT SYS/SYSPWD AS SYSDBA;
```

其中 SYSPWD 为 SYS 用户的密码，请根据实际情况输入。

（2）执行如下 SELECT 语句，确认当前数据库是否为要删除的数据库 OracleDB。

```
select name from v$database;
```

（3）关闭数据库，再以 MOUNT 模式启动数据库，代码如下：

```
SHUTDOWN IMMDIATE;
STARTUP MOUNT;
```

（4）删除数据库，代码如下：

```
DROP DATABASE;
```

6. 使用 DBCA 命令删除数据库

打开命令窗口，执行如下命令，以静默方式删除数据库 OracleDB1。

```
dbca -silent -deleteDatabase -sourceDB OracleDB1 -sid OracleDB1
```

实验 2　角色和用户管理

目的和要求

（1）了解 Oracle 数据库用户和角色的概念。
（2）学习使用 SQL 语句创建 Oracle 用户。
（3）学习使用 SQL 语句创建 Oracle 角色。
（4）学习使用 SQL 语句指定用户的角色。

实验准备

（1）了解 Oracle 数据库用户可以分为 6 种类型，即数据库管理员、安全官员、网络管理员、应用程序开发员、应用程序管理员和数据库用户。
（2）了解角色是对用户的一种分类管理办法，不同权限的用户可以分为不同的角色。
（3）了解使用 CREATE ROLE 语句创建角色的方法。
（4）了解使用 DROP ROLE 语句删除角色的方法。
（5）了解使用 GRANT 语句指定用户角色的方法。
（6）了解使用 CREATE USER 语句创建用户的方法。
（7）了解使用 DROP USER 语句删除用户的方法。

实验内容

本实验主要包含以下内容。
（1）练习使用 SQL 语句创建数据库角色。
（2）练习使用 SQL 语句为数据库角色授予权限。
（3）练习使用 SQL 语句指定用户角色。
（4）练习使用 SQL 语句创建数据库用户。

1. 使用 SQL 语句创建数据库角色

参照如下步骤练习使用 CREATE ROLE 语句创建数据库角色。
（1）以 SYS 用户登录到 SQL Plus。
（2）使用 CREATE ROLE 语句创建角色 UserManRole，密码为 myrollpwd，语句如下：

```
CREATE ROLE UserManRole IDENTIFIED BY myrollpwd;
```

2. 使用 SQL 语句为数据库角色授权

参照如下步骤练习使用 GRANT 语句创建数据库角色。

（1）以 SYS 用户登录到 SQL Plus。

（2）使用 GRANT 语句将角色 UserManRole 授予 all privileges 权限，语句如下：

```
-- 设置角色权限
GRANT all privileges TO UserManRole;
```

3. 使用 SQL 语句创建数据库用户

参照如下步骤练习使用 CREATE USER 语句创建数据库用户。

（1）以 SYS 用户登录到 SQL Plus。

（2）使用 CREATE USER 语句创建用户 UserManAdmin，密码为 UserPwd，默认表空间为 USERS，临时表空间为 TEMP，语句如下：

```
CREATE USER UserManAdmin
  IDENTIFIED BY UserPwd
  DEFAULT TABLESPACE USERS
  TEMPORARY TABLESPACE TEMP;
```

（3）使用 GRANT 语句对用户 UserManAdmin 授予所有系统权限 all privileges，语句如下：

```
-- 设置系统权限
GRANT all privileges TO UserManAdmin;
```

4. 使用 SQL 语句指定用户角色

参照如下步骤将用户 UserManAdmin 指定为角色 UserManRole。

（1）以 SYS 用户登录到 SQL Plus。

（2）使用 GRANT 语句将用户 UserManAdmin 指定为角色 UserManRole，语句如下：

```
GRANT UserManRole TO UserManAdmin;
```

实验 3　表和视图管理

目的和要求

（1）了解 Oracle 表和视图的概念。

（2）学习使用 SQL 语句创建表。

（3）学习使用 SELECT 语句查询数据。

（4）学习使用 SQL 语句创建视图。

实验准备

（1）了解表是数据库中最常用的数据存储单元，它包括所有用户可以访问的数据。作为关系型数据库，Oracle 表由行和列组成。

（2）视图是一个虚拟的表，它在物理上并不存在。视图可以把表或其他视图的数据按照一定的条件组合起来，所以也可以把它看成是一个存储的查询。视图并不包含数据，它只是从基表中读取数据。

（3）了解使用 CREATE TABLE 语句创建表的方法。

（4）了解使用 SELECT 语句查询数据的方法。

（5）了解使用 SQL 语句创建视图的方法。

实验内容

本实验主要包含以下内容。

（1）练习使用 SQL 语句创建表。

（2）练习使用 SQL 语句向表中插入数据。

（3）练习使用 SQL 语句修改表中的数据。

（4）练习使用 SQL 语句删除表中的数据。

（5）练习使用 SELECT 语句查询数据。

（6）练习使用 SQL 语句创建视图。

1. 使用 SQL 语句创建表

使用 CREATE TABLE 语句创建用户信息表 Users，结构如表 A.1 所示。

表 A.1　　表 Users 的结构

编号	字段名称	数据结构	说明
1	UserId	NUMBER	用户编号
2	UserName	VARCHAR2 40	用户名
3	UserType	NUMBER 1	用户类型（1 表示管理用户，2 表示普通用户）
4	UserPwd	VARCHAR2 40	密码

参照如下步骤练习使用 CREATE TABLE 语句创建表 Users。

（1）以实验 2 中创建的 UserManAdmin 用户登录到 SQL Plus。

（2）使用 CREATE TABLE 语句创建表 Users，代码如下：

```
CREATE TABLE UserManAdmin.Users
  (UserId            Number Primary Key,
   UserName          Varchar2(40) NOT NULL,
   UserType          Number(1),
   UserPwd           Varchar2(40)
  );
```

使用 CREATE TABLE 语句创建用户登录信息表 LoginInfo，结构如表 A.2 所示。

表 A.2　　表 LoginInfo 的结构

编号	字段名称	数据结构	说明
1	UserId	NUMBER	用户编号
2	LoginTime	CHAR(20)	登录时间

参照如下步骤练习使用 CREATE TABLE 语句创建表 LoginInfo。

（1）以实验 2 中创建的用户 UserManAdmin 登录到 SQL Plus。

（2）使用 CREATE CREATE 语句创建表 LoginInfo，代码如下：

```
CREATE TABLE UserManAdmin.LoginInfo
  (UserId              Number,
   LoginTime           CHAR(20) NOT NULL
  );
```

2. 使用 SQL 语句向表中插入数据

使用 INSERT 语句向表 Users 中插入用户数据，内容如表 A.3 所示。

表 A.3　　　　表 Users 中的数据

UserId 列的值	UserName 列的值	UserType 列的值	UserPwd 列的值
1	Admin	1	AdminPwd
2	User	2	UserPwd
3	Liuli	2	LiuliPwd
4	Wangfan	2	WangfanPwd

参照如下步骤练习使用 INSERT 语句向表 Users 中插入用户数据。

（1）以实验 2 中创建的 UserManAdmin 用户登录到 SQL Plus。

（2）使用如下 INSERT 语句向表 Users 中插入数据：

```
INSERT INTO UserManAdmin.Users VALUES(1, 'Admin', 1, 'AdminPwd');
INSERT INTO UserManAdmin.Users VALUES(2, 'User', 2, 'UserPwd');
INSERT INTO UserManAdmin.Users VALUES(3, 'Liuli', 2, 'LiuliPwd');
INSERT INTO UserManAdmin.Users VALUES(4, 'Wangfan', 2, 'WangfanPwd');
COMMIT;
```

使用 INSERT 语句向表 LoginInfo 中插入数据，内容如表 A.4 所示。

表 A.4　　　　表 LoginInfo 中的数据

UserID	LoginTime	UserID	LoginTime
1	2012-03-27 10:33:02	3	2012-03-27 08:33:02
1	2012-03-28 08:34:13	3	2012-03-28 09:34:13
1	2012-03-29 09:13:11	3	2012-03-29 10:13:11
2	2012-03-27 07:35:02	4	2012-03-27 11:33:02
2	2012-03-28 08:11:54	4	2012-03-28 13:34:13
2	2012-03-29 09:13:11	4	2008-03-29 15:13:11

按照如下步骤练习使用 INSERT 语句向表 LoginInfo 中插入数据。

（1）以实验 2 中创建的用户 UserManAdmin 登录到 SQL Plus。

（2）使用 INSERT INTO 语句向表 LoginInfo 中插入数据，代码如下：

```
INSERT INTO UserManAdmin.LoginInfo VALUES(1, '2012-03-27 10:33:02');
INSERT INTO UserManAdmin.LoginInfo VALUES(1, '2012-03-28 08:34:13');
INSERT INTO UserManAdmin.LoginInfo VALUES(1, '2012-03-29 09:13:11');
INSERT INTO UserManAdmin.LoginInfo VALUES(2, '2012-03-27 07:35:02');
INSERT INTO UserManAdmin.LoginInfo VALUES(2, '2012-03-28 08:11:54');
INSERT INTO UserManAdmin.LoginInfo VALUES(2, '2012-03-29 09:13:11');
INSERT INTO UserManAdmin.LoginInfo VALUES(3, '2012-03-27 08:33:02');
INSERT INTO UserManAdmin.LoginInfo VALUES(3, '2012-03-28 09:34:13');
INSERT INTO UserManAdmin.LoginInfo VALUES(3, '2012-03-29 10:13:11');
INSERT INTO UserManAdmin.LoginInfo VALUES(4, '2012-03-27 11:33:02');
INSERT INTO UserManAdmin.LoginInfo VALUES(4, '2012-03-28 13:34:13');
INSERT INTO UserManAdmin.LoginInfo VALUES(4, '2012-03-29 15:13:11');
COMMIT;
```

3. 练习使用 SQL 语句修改表中的数据

使用 UPDATE 语句可以修改表 Users 中的数据。参照如下步骤练习使用将表 Users 中 Admin 用户的密码修改为 AdminPassword。

（1）以 UserManAdmin 登录到 SQL Plus。

（2）使用如下 UPDATE 语句将表 Users 中 Admin 用户的密码修改为 AdminPassword。

```
UPDATE UserManAdmin.Users SET UserPwd='AdminPassword' WHERE UserName='Admin';
```

（3）使用如下 SELECT 语句查看用户 Admin 的密码。

```
SELECT UserPwd FROM UserManAdmin.Users WHERE UserName='Admin';
```

4. 练习使用 SQL 语句删除表中的数据

使用 DELETE 语句可以删除表 Users 中的数据。参照如下步骤练习删除表 Users 中用户 Wangfan。

（1）以 UserManAdmin 登录到 SQL Plus。

（2）使用如下 DELETE 语句删除表 Users 中的用户 Wangfan。

```
DELETE FROM UserManAdmin.Users WHERE UserName='Wangfan';
```

（3）使用如下 SELECT 语句查看表 Users 中的数据，确认用户 Wangfan 是否被删除。

```
SELECT * FROM UserManAdmin.Users;
```

5. 练习使用 SELECT 语句查询数据

练习使用 SELECT 语句查询数据库中的用户数据，分别按以下方式查询数据库。

（1）查询表 Users 中的所有数据。

以 SYS 用户登录到 SQL Plus，然后执行如下语句：

```
SELECT * FROM UserManAdmin.Users;
```

（2）在返回结果中使用自定义标题。

以 SYS 用户登录到 SQL Plus，然后执行如下语句：

```
SELECT UserName AS 用户名, UserPwd AS 密码 FROM UserManAdmin.Users;
```

（3）设置查询条件。

查询所有普通用户的信息。以 SYS 用户登录到 SQL Plus，然后执行如下语句：

```
SELECT * FROM UserManAdmin.Users WHERE UserType=2;
```

查询用户 Admin 的密码信息。以 SYS 用户登录到 SQL Plus，然后执行如下代码：

```
SELECT UserPwd FROM UserManAdmin.Users WHERE UserName='Admin';
```

（4）对查询结果进行排序。

查询所有普通用户的信息，并按用户名的降序排列结果集。以 SYS 用户登录到 SQL Plus，然后执行如下语句：

```
SELECT * FROM UserManAdmin.Users ORDER BY UserName DESC;
```

（5）对记录进行统计。

统计表 Users 中共有多少个用户记录。以 SYS 用户登录到 SQL Plus，然后执行如下代码：

```
SELECT COUNT(*) FROM UserManAdmin.Users;
```

（6）实现连接查询。

查看每个用户的登录记录。以 SYS 用户登录到 SQL Plus，然后执行如下代码：

```
SELECT u.UserName, l.LoginTime FROM Users u INNER JOIN LoginInfo l
ON u.UserId=l.UserId;
```

在上述的 SELECT 语句中涉及两个表：表 Users 和表 LoginInfo。在 FROM 子句中，为每个表指定一个别名，表 Users 的别名为 u，表 LoginInfo 的别名为 l。

6. 练习使用 SQL 语句创建视图

使用 CREATE VIEW 语句创建用户登录信息表 UserLogin，代码如下：

```
CREATE VIEW UserLogin
AS
SELECT u.UserName, l.LoginTime FROM Users u INNER JOIN LoginInfo l
ON u.UserId=l.UserId;

SELECT * FROM UserLogin;
```

实验 4　管理索引和序列

目的和要求

（1）了解索引的概念和作用。
（2）了解序列的概念和作用。
（3）学习使用 SQL 语句创建索引。
（4）学习使用 SQL 语句创建序列。

实验准备

（1）了解索引是对数据库表中一个或多个列的值进行排序的结构。可以利用索引快速访问数据库表中的特定信息。

（2）了解序列号是一个 Oracle 整数，最多可有 38 个数字。序列的作用是自动生成整型数值，作为表中标识字段的值。有许多表在创建时定义了一个标识字段，此字段的值需要由系统自动生成，每当插入一条新记录时，此字段的值自动加 1。在 Oracle 中，这个功能由序列来实现。

（3）了解使用 CREATE INDEX 语句创建索引的方法。

（4）了解使用 CREATE SEQUENCE 语句创建序列的方法。

实验内容

本实验主要包含以下内容。

（1）练习使用 SQL 语句创建索引。
（2）练习在创建表的同时创建索引。
（3）练习使用 SQL 语句创建序列。
（4）练习在插入数据时使用序列。

1. 使用 SQL 语句创建索引

以 UserManAdmin 用户登录 SQL Plus，然后使用 CREATE INDEX 语句在 Users 表的 UserName 字段上创建索引，代码如下：

```
CREATE INDEX index_username ON Users(UserName)
```

```
TABLESPACE Users;
```

2. 在创建表的同时创建索引

在使用 CREATE TABLE 语句创建表的同时，可以为指定字段创建索引。创建表 Employees，在字段 EmpName 上创建唯一索引。表 Employees 的结构如表 A.5 所示。

表 A.5　　表 Employees 的结构

编号	字段名称	数据结构	说明
1	EmpId	NUMBER	编号
2	EmpName	VARCHAR2(50)	姓名
3	Sex	CHAR(2)	性别
4	UserId	NUMBER	用户编号

代码如下：

```
CREATE TABLE Employees
 (EmpId              NUMBER PRIMARY KEY,
  EmpName            VARCHAR2(50) UNIQUE,
  Sex                CHAR(2),
  UserId             NUMBER
  );
```

3. 使用 SQL 语句创建序列

使用 CREATE SEQUENCE 语句创建序列。序列的最小值为 1，并且没有最大值限制。序列的初始值为 1，序列间隔为 1，代码如下：

```
CREATE SEQUENCE EMP_S
MINVALUE 1
NOMAXVALUE
START WITH 1
INCREMENT BY 1
NOCYCLE
CACHE 20;
```

4. 在插入数据时使用序列

在使用 INSERT 语句向表 Employees 中插入数据时，可以使用序列 EMP_S 生成字段 EmpId 的值，代码如下：

```
INSERT INTO Employees (EmpId, EmpName) VALUES(EMP_S.NEXTVAL, 'Employee1');
INSERT INTO Employees (EmpId, EmpName) VALUES(EMP_S.NEXTVAL, 'Employee2');
INSERT INTO Employees (EmpId, EmpName) VALUES(EMP_S.NEXTVAL, 'Employee3');
COMMIT;
SELECT * FROM Employees;
```

实验 5　PL/SQL 编程

目的和要求

（1）了解 PL/SQL 的结构。

（2）了解 PL/SQL 变量和常量的声明和使用方法。

（3）学习条件语句的使用方法。
（4）学习分支语句的使用方法。
（5）学习循环语句的使用方法。
（6）学习常用的 PL/SQL 函数的使用方法。

实验准备

PL/SQL 是结构化程序设计语言。块（Block）是 PL/SQL 程序中最基本的结构，所有 PL/SQL 程序都是由块组成的。PL/SQL 的块由变量声明、程序代码和异常处理代码 3 部分组成。在 PL/SQL 中，常量和变量在使用前必须声明，可以使用 DECLARE 对变量进行声明。

实验内容

本实验主要包含以下内容。
（1）练习条件语句的使用方法。
（2）练习分支语句的使用方法。
（3）练习循环语句的使用方法。
（4）练习常用的 PL/SQL 函数的使用方法。

1. 使用条件语句

参照如下步骤练习使用条件语句。
（1）以 SYS 用户登录到 SQL Plus。
（2）执行【例 9.4】中的程序，观察结果。

2. 使用分支语句

参照如下步骤练习使用分支语句。
（1）以 SYS 用户登录到 SQL Plus。
（2）执行【例 9.5】中的程序，观察结果。

3. 使用循环语句

参照如下步骤练习使用循环语句。
（1）以 SYS 用户登录到 SQL Plus。
（2）执行【例 9.6】至【例 9.9】中的程序，观察结果。

4. 使用 PL/SQL 函数

参照如下步骤练习使用循环语句。
（1）以 SYS 用户登录到 SQL Plus。
（2）执行【例 9.12】至【例 9.26】中的程序，观察结果。

实验 6　使用游标、存储过程和触发器

目的和要求

（1）了解游标的概念和工作原理。
（2）了解存储过程的分类和使用方法。

（3）了解触发器的概念。
（4）学习编写和执行自定义过程。
（5）学习编写和执行自定义函数。
（6）学习创建和使用触发器。

实验准备

游标是映射在结果集中一行数据上的位置实体，有了游标，用户就可以访问结果集中的任意一行数据了。将游标放置到某行后，即可对该行数据进行操作，最常见的操作是提取当前行数据。

了解 PL/SQL 包括 3 种存储过程，即过程、函数和程序包。

了解触发器是一种特殊的存储过程，当指定表中的数据发生变化时自动运行。

实验内容

本实验主要包含以下内容。
（1）练习创建和使用游标的方法。
（2）练习编写和执行自定义过程的方法。
（3）练习编写和执行自定义函数的方法。
（4）练习创建和使用触发器的方法。

1. 创建和使用游标

创建游标 MyCursor，从表 LoginInfo 中读取指定用户的登录信息，操作步骤如下。
（1）以 C##HRSYS 用户登录到 SQL Plus。
（2）参照【例 10.6】创建和使用游标 MyCur，确认可以输出部门编号为 1 的员工记录信息。

2. 编写和执行自定义过程

参照如下步骤练习编写和执行自定义过程。
（1）以 C##HRSYS 用户登录到 SQL Plus。
（2）执行【例 10.21】中的程序，观察结果。

3. 编写和执行自定义函数

参照如下步骤练习编写和执行自定义函数 GetWage，获取指定用户最后一次登录的时间。
（1）以 C##HRSYS 用户登录到 SQL Plus。
（2）执行【例 10.23】中的程序，观察结果。

4. 创建和使用触发器

参照如下步骤练习创建和使用触发器。
（1）以 C##HRSYS 用户登录到 SQL Plus。
（2）参照【例 10.31】创建和使用行触发器。
（3）参照【例 10.32】创建和使用 INSTEAD OF 触发器。
（4）参照【例 10.33】创建和使用 LOGON 和 LOGOFF 触发器。
（5）参照【例 10.34】禁用触发器。
（6）参照【例 10.35】启用触发器。

大作业 网上迷你书城系统

网上迷你书城系统是一种具有交互功能的商业信息系统，系统分为前台系统和后台系统两部分，其功能模块如图 A.1 所示。

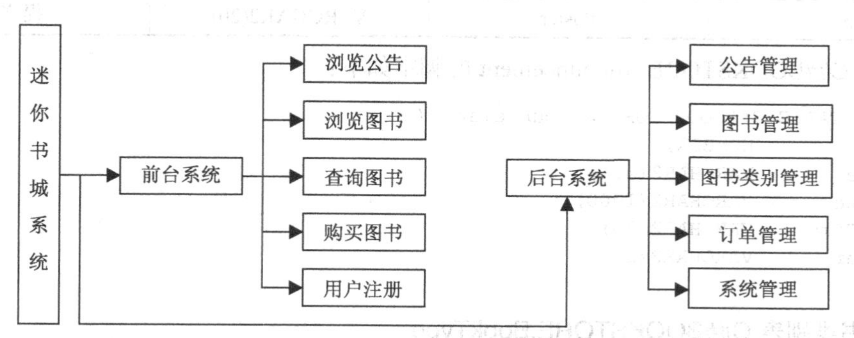

图 A.1 网上迷你书城系统功能模块示意图

由于篇幅所限，这里只介绍迷你书城系统的总体框架设计部分，包括数据库结构设计、项目目录结构和模型类。具体功能实现的部分将以电子文档的方式提供，读者可以到人邮教育社区下载，网址为 http://www.ryjiaoyu.com。

项目 1 数据库结构设计

首先要创建一个网上迷你书城系统的数据库用户，这里定义为 C##BOOKSTORE，所有相关的表都归属于这个用户对应的同名方案。

创建用户的脚本为：

```
-- 创建用户
CREATE USER C##BOOKSTORE
  IDENTIFIED BY BOOKSTORE
  DEFAULT TABLESPACE USERS
  TEMPORARY TABLESPACE TEMP;
-- 设置角色权限
GRANT CONNECT TO C##BOOKSTORE;
GRANT RESOURCE TO C##BOOKSTORE;
-- 设置系统权限
GRANT UNLIMITED TABLESPACE TO C##BOOKSTORE;
```

本系统定义的数据库中包含以下 6 张表：公告信息表 C##BOOKSTORE.Announcement、图书类别表 C##BOOKSTORE.BookType、图书信息表 C##BOOKSTORE.Books、订单表 C##BOOKSTORE.Orders、用户信息表 C##BOOKSTORE.Users 和管理员表 C##BOOKSTORE.Admin。下面分别介绍这些表的结构。

1. 公告信息表 C##BOOKSTORE.Announcement

公告信息表 C##BOOKSTORE.Announcement 用来保存网站公告信息，结构如表 A.6 所示。

表 A.6　　表 C##BOOKSTORE.Announcement 的结构

编号	字段名称	数据结构	说明
1	Id	NUMBER	公告编号
2	Title	VARCHAR2(50)	公告题目
3	Content	VARCHAR2(1000)	公告内容
4	PostTime	VARCHAR2(30)	提交时间
5	Poster	VARCHAR2(20)	提交人

创建表 C##BOOKSTORE.Announcement 的脚本如下：

```
CREATE TABLE C##BOOKSTORE.Announcement (
  Id            NUMBER,
  Title         VARCHAR2(50),
  Content       VARCHAR2(1000),
  PostTime      VARCHAR2(30),
  Poster        VARCHAR2(20)
);
```

2. 图书类别表 C##BOOKSTORE.BookType

图书类别表 C##BOOKSTORE.BookType 的结构如表 A.7 所示。

表 A.7　　表 C##BOOKSTORE.BookType 的结构

编号	字段名称	数据结构	说明
1	Id	NUMBER	分类编号
2	Type	VARCHAR2(50)	分类名称

创建表 BookType 的脚本如下：

```
CREATE TABLE C##BOOKSTORE.BookType (
  Id            NUMBER,
  Type          VARCHAR2(50)
);
```

3. 图书信息表 C##BOOKSTORE.Books

图书信息表 C##BOOKSTORE.Books 用来保存图书的基本信息，结构如表 A.8 所示。

表 A.8　　表 C##BOOKSTORE.Books 的结构

编号	字段名称	数据结构	说明
1	Id	NUMBER	图书编号
2	TypeId	NUMBER	图书类别编号
3	Name	VARCHAR2(50)	图书名称
4	ISBN	VARCHAR2(50)	国际标准书号
5	Publish	VARCHAR2(50)	出版社
6	Author	VARCHAR2(50)	作者
7	SalePrice	NUMBER	销售价格
8	Discount	NUMBER	折扣价格
9	Abstract	VARCHAR2(4000)	摘要
10	Content	VARCHAR2(4000)	内容简介

续表

编号	字段名称	数据结构	说明
11	Dir	VARCHAR2(4000)	目录
12	ReadCount	NUMBER	阅读次数
13	BuyCount	NUMBER	销售数量
14	ImageFile	VARCHAR2(50)	图片文件

创建表 C##BOOKSTORE.Books 的脚本如下：

```
CREATE TABLE C##BOOKSTORE.Books (
  Id              NUMBER,
  Typeid          NUMBER,
  Name            VARCHAR2(500),
  ISBN            VARCHAR2(500),
  Publish         VARCHAR2(500),
  Author          VARCHAR2(500),
  SalePrice       NUMBER,
  Discount        NUMBER,
  Abstract        VARCHAR2(4000),
  Content         VARCHAR2(4000),
  Dir             VARCHAR2(4000),
  ReadCount       NUMBER,
  BuyCount        NUMBER,
  ImageFile       VARCHAR2(500)
);
```

4. 订单表 C##BOOKSTORE.Orders

订单表 C##BOOKSTORE.Orders 用来保存用户订购的图书信息，结构如表 A.9 所示。

表 A.9　　表 C##BOOKSTORE.Orders 的结构

编号	字段名称	数据结构	说明
1	Id	NUMBER	编号
2	UserId	VARCHAR2(20)	用户名
3	BookId	NUMBER	图书编号
4	OrderTime	VARCHAR2(30)	订购时间
5	OrderCount	NUMBER	订购数量
6	SalePrice	NUMBER	销售价格
7	Flag	NUMBER	订单状态（0 — 在购物车中；1 — 已交款；2 — 已发货；3 — 确认收货）
8	OrderNumber	VARCHAR2(50)	订单号
9	PostTime	VARCHAR2(30)	提交时间

创建表 C##BOOKSTORE.Orders 的脚本如下：

```
CREATE TABLE C##BOOKSTORE.Orders (
  Id              NUMBER,
  UserId          VARCHAR2(20),
  BookId          NUMBER,
  OrderTime       VARCHAR2(30),
```

```
 OrderCount        NUMBER,
 SalePrice         NUMBER,
 Flag              NUMBER,
 OrderNumber       VARCHAR2(50),
 PostTime          VARCHAR2(30)
);
```

5. 用户信息表 C##BOOKSTORE.Users

用户信息表 C##BOOKSTORE.Users 用来保存注册用户的基本信息，结构如表 A.10 所示。

表 A.10　　表 C##BOOKSTORE.Users 的结构

编号	字段名称	数据结构	说明
1	UserId	VARCHAR2(20)	用户名
2	Pwd	VARCHAR2(20)	用户密码
3	UserName	VARCHAR2(50)	用户姓名
4	Sex	NUMBER	性别。1—男，2—女
5	Address	VARCHAR2(1000)	地址
6	Email	VARCHAR2(50)	电子邮件地址
7	Telephone	VARCHAR2(100)	固定电话
8	Mobile	VARCHAR2(50)	移动电话
9	RegisterTime	VARCHAR2(50)	注册时间

创建表 C##BOOKSTORE.Users 的脚本如下：

```
CREATE TABLE C##BOOKSTORE.Users (
  UserId          VARCHAR2(20) PRIMARY KEY,
  Pwd             VARCHAR2(20),
  UserName        VARCHAR2(50),
  Sex             NUMBER,
  Address         VARCHAR2(1000),
  Email           VARCHAR2(50),
  Telephone       VARCHAR2(100),
  Mobile          VARCHAR2(50),
  RegisterTime    VARCHAR2(50)
);
```

6. 管理员表 C##BOOKSTORE.Admin

管理员表 C##BOOKSTORE.Admin 用来保存系统管理员的基本信息，结构如表 A.11 所示。

表 A.11　　表 C##BOOKSTORE.Admin 的结构

编号	字段名称	数据结构	说明
1	AdminId	VARCHAR2(20)	用户名
2	PassWd	VARCHAR2(20)	密码
3	Name	VARCHAR2(50)	用户姓名

创建表 C##BOOKSTORE.Admin 的脚本如下：

```
CREATE TABLE C##BOOKSTORE.Admin (
  AdminId     VARCHAR2 (20) PRIMARY KEY,
  PassWd      VARCHAR2 (20),
  Name        VARCHAR2 (50)
);
```

```
INSERT INTO C##BOOKSTORE.Admin VALUES('Admin','password','Admin');
COMMIT;
```

在创建表 C##BOOKSTORE.Admin 之后，会将默认的超级用户 Admin 插入到表中，默认的密码为 password。

7. 创建序列

在表 C##BOOKSTORE.Announcement 中有一个序号列 Id，这是系统内部对公告记录的唯一标识。为了减少程序设计人员的工作，可以设置数据库自动生成 Id 列的值。表 C##BOOKSTORE.BookType、表 C##BOOKSTORE.Books 和表 C##BOOKSTORE.Orders 也存在这种情况。

序列 S_ANNOUNCEID 是为表 C##BOOKSTORE.Announcement 创建的，创建此序列的代码如下：

```
CREATE SEQUENCE C##BOOKSTORE.S_ANNOUNCEID
MINVALUE 1
NOMAXVALUE
START WITH 1
INCREMENT BY 1
CACHE 5;
```

其他序列包括为表 C##BOOKSTORE.BookType 创建的序列 S_TYPEID、为表 C##BOOKSTORE.Books 创建的序列 S_BOOKSID 和为表 C##BOOKSTORE.Orders 创建的序列 S_ORDERSID。创建序列的代码都相似。

项目 2　项目目录结构

本实例的程序分为前台和后台两个区域（Area）。区域 admin 中保存着后台程序，而应用程序的根目录下保存着前台程序。

1. 前台程序的目录结构

前台程序的目录结构如下。

- Controllers：用于保存前台控制器。
- Views：用于存储前台的视图文件。

2. 后台程序的目录结构

后台程序都保存在 Areas\admin 目录下，admin 的子目录结构如下。

- Controllers：用于保存后台控制器。
- Views：用于存储后台的视图文件。

3. 前后台程序共享的目录

有些目录下的文件是被前后台程序都使用的，具体如下。

- Content：用于存储页面的样式表文件。
- framework：用于存储后台管理框架的相关文件。
- Models：用于存储模型类。
- font：用于存储网页中使用的字体文件。
- Images：用于存储网页中使用的图片文件。
- Scripts：用于存储前台网页中使用的 JavaScript 文件。

项目 3　模型类

在本实例中，为数据库的每个表都创建一个模型类，类的成员变量对应表的列，类的成员函数是对成员变量和表的操作。

在通常情况下，类的成员变量与对应的表中的列名相同。绝大多数成员函数的编码格式都是非常相似的，所以本小节将只介绍每个类中成员函数的基本功能，并不对所有的成员函数进行具体的代码分析，请读者阅读源代码中相关类的内容。

（1）Admin 类。该类用来管理表 Admin 的数据库操作，Admin 类的成员函数如表 A.12 所示。

表 A.12　　Admin 类的成员函数

函数名	具体说明
public bool exists(string _adminId)	判断指定的管理员用户名是否存在
public void GetData(string adminId)	读取指定管理员的记录数据，参数 adminId 表示要读取的管理员用户名
Init()	初始化成员变量
public void sql_delete(string adminId)	删除指定的记录，参数 adminId 表示要删除的管理员用户名
public void sql_update(string adminId)	修改指定的记录。参数 adminId 表示要删除的管理员用户名
sql_insert()	插入新的记录

sql_insert()函数的代码如下：

```
public void sql_insert()
{
    CADOConn m_ado = new CADOConn();
    String sql = "INSERT INTO Admin VALUES('" + AdminId + "','"
        + PassWd + "','" + Name + "')";
    m_ado.ExecuteSQL(sql);
}
```

（2）Announcement 类。该类用来管理表 Announcement 的数据库操作，Announcement 类的成员函数如表 A.13 所示。

表 A.13　　Announcement 类的成员函数

函数名	具体说明
public Announcement ()	初始化成员变量
public int CountSearch(string search)	返回满足指定查询条件的所有图书记录数量，参数 search 表示指定的查询条件
public void GetData(string cId)	读取指定的记录，cId 表示记录编号
public List<Announcement> GetListByYear(string y)	获取指定年份的公告列表，参数 y 表示指定年份
public void sql_delete(string cId)	删除指定的记录，参数 cId 表示记录编号
public void sql_insert()	插入新的记录
public void sql_update(string cId)	修改指定的记录，参数 cId 表示记录编号
public List<Announcement> Search(int year, string search)	获取满足指定查询条件的公告列表，参数 year 表示指定年份，search 表示指定查询条件
public int CountSearch(int year, string search)	获取满足指定查询条件的公告数量，参数 year 表示指定年份，参数 search 表示指定查询条件
public int count()	获取所有公告数量
public int CountByDay(string day)	返回指定日期发布的公告数量。参数 day 表示指定的日期

（3）BookType 类。该类用来管理表 BookType 的数据库操作，BookType 类的成员函数如表 A.14 所示。

表 A.14　　BookType 类的成员函数

函数名	具体说明
public BookType ()	初始化成员变量
public void GetData(string cId)	读取指定的记录，参数 cNo 表示指定的记录编号
public List<BookType> GetList ()	获取所有图书类型记录
public void sql_delete(string cId)	删除指定的记录，参数 cId 表示要删除的记录编号
public void sql_insert()	插入新的记录
public void sql_update(string cId)	修改指定的记录。参数 cId 表示指定的记录编号
public List<BookType> Search(string search)	获取所有满足指定条件的记录，参数 search 表示指定的搜索条件
public int CountSearch(string search)	获取所有满足指定条件的记录数量，参数 search 表示指定的搜索条件
public int Count()	获取图书类型记录的数量

（4）Books 类。该类用来管理表 Books 的数据库操作，Books 类的成员函数如表 A.15 所示。

表 A.15　　Books 类的成员函数

函数名	具体说明
public Books ()	初始化成员变量
GetName(string cId)	根据图书 id、读取指定的图书名称，cId 表示图书 id
public void GetData(string cId)	读取指定的图书记录，cNo 表示记录编号
public void sql_delete(string cId)	删除指定的记录，参数 cId 表示记录编号
public void sql_insert()	插入新的记录
public void sql_update(string cId)	修改指定的记录，参数 cId 表示记录编号
public List<Books> GetList()	获取所有图书记录
public void increaseReadCount(string cId)	增加指定图书的阅读次数，参数 cId 表示记录编号
public void increaseBuyCount(string cId)	增加指定图书的购买次数，参数 cId 表示记录编号
public void updateImageFileName(string imageFile, string cId)	修改指定图书记录的封面图片信息，参数 imageFile 表示图书封面图片文件名，参数 cId 表示图书记录编号
public List<Books> GetListByTypeid(int TypeId)	获取指定类别下的所有图书记录，参数 TypeId 表示指定的图书类型 id
public int CountByTypeid(int TypeId)	返回指定类别下的所有图书记录的数量，参数 TypeId 表示指定的图书类型 id
public List<Books> Search(string search)	返回满足指定查询条件的所有图书记录，参数 search 表示指定的查询条件
public int CountSearch(string search)	返回满足指定查询条件的所有图书记录数量，参数 search 表示指定的查询条件
public int Count()	返回所有图书记录数量
public bool exists(string _ISBN)	返回指定_ISBN 的图书记录是否存在
public List<Books> GetTop3Viewed()	返回阅读数前 3 名的图书
public List<Books> GetTop3Saled()	返回购买数前 3 名的图书

（5）Orders 类。该类用来管理表 Orders 的数据库操作，Orders 类的成员函数如表 A.16 所示。

表 A.16　　Orders 类的成员函数

函数名	具体说明
public Orders()	初始化成员变量
public void GetData(string cId)	读取指定的记录，参数 cId 表示要读取的记录编号
public List<Orders> Search(string search)	返回满足指定查询条件的所有订单记录，参数 search 表示指定的查询条件
public void sql_delete(string cId)	删除指定的记录，参数 cId 表示要删除的记录编号
public void sql_insert()	插入新的订单记录
public void sql_update (string cId)	修改指定订单记录的状态。参数 cId 表示要修改的记录编号，参数 flag 指定订单记录的状态
public List<Orders> GetList(int flag)	加载指定状态的订单，参数 flag 表示订单状态，1—未处理订单，2—已处理订单，3—已发货订单，4—已结账订单
public int CountByYear(int year)	按年统计订单数。参数 year 表示统计的年份
public int CountByMonth(string month)	按月份统计订单数。参数 month 表示统计的月份
public int CountByDay(string day)	按日期统计订单数。参数 day 表示统计的日期
public int CountSearch(int year, string search, int flag)	按年份、订单状态和搜索条件统计订单数，参数 year 表示订单的年份、参数 flag 表示订单状态，1—未处理订单，2—已处理订单，3—已发货订单，4—已结账订单
public List<Orders> GetMycart(string UserId)	获取指定用户购物车中的图书记录，参数 UserId 为指定的用户名
public void pay(string orderno)	将指定订单的 flag 字段值更新为 1，即已结算。参数 orderno 指定要更新状态的订单号
internal void over(string orderno)	将指定订单的 flag 字段值更新为 3，即已确认收货。参数 orderno 指定要更新状态的订单号

（6）Users 类。该类用来管理表 Users 的数据库操作，Users 类的成员函数如表 A.17 所示。

表 A.17　　Users 类的成员函数

函数名	具体说明
public Users()	初始化成员变量
public int count()	返回注册用户的数量
public void GetData(string userId)	读取指定的记录，参数 userId 表示指定的用户名
public void sql_delete(string userId)	删除指定的记录，参数 userId 表示要删除的用户名
public void sql_insert()	插入新的记录
public void sql_update(string userId)	修改指定的记录。参数 userId 表示指定的用户名
public void updatePassword()	修改指定用户的密码
public int CountByDay(string day)	返回指定日期注册的用户数量，参数 day 表示指定的日期
public bool exists(string _userId)	判断指定的用户名是否存在，参数_userId 表示要判断的用户名

附录B 下载Oracle 12c

在 Oracle 的官方网站上可以下载 Oracle 12c。访问 Oracle 官网的下载页面，可以看到一些Oracle 产品的下载链接，如图 B.1 所示。

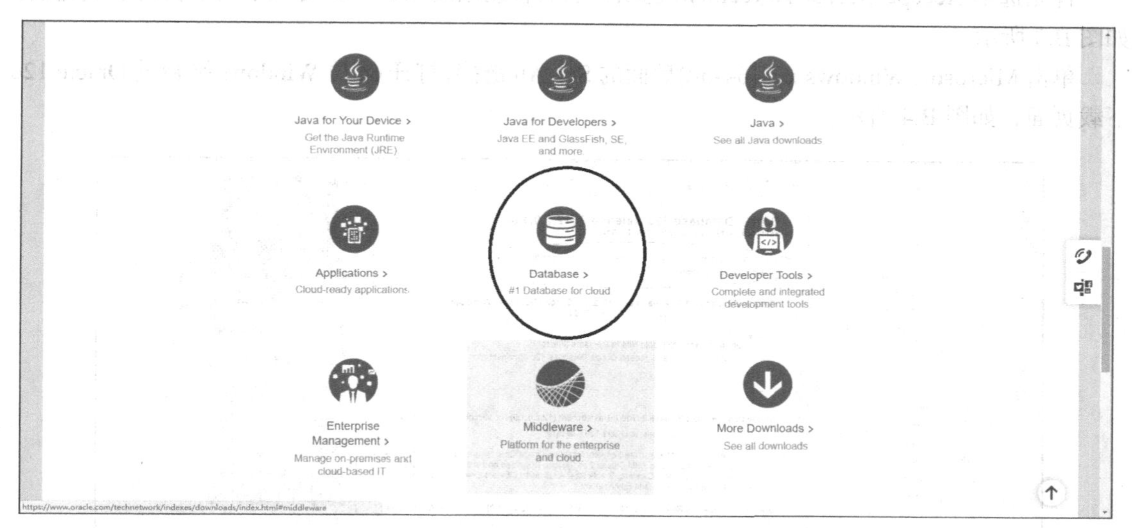

图 B.1 Oracle 官方网站上 Downloads 菜单

单击 Database 链接，打开 Oracle 数据库下载页面，如图 B.2 所示。

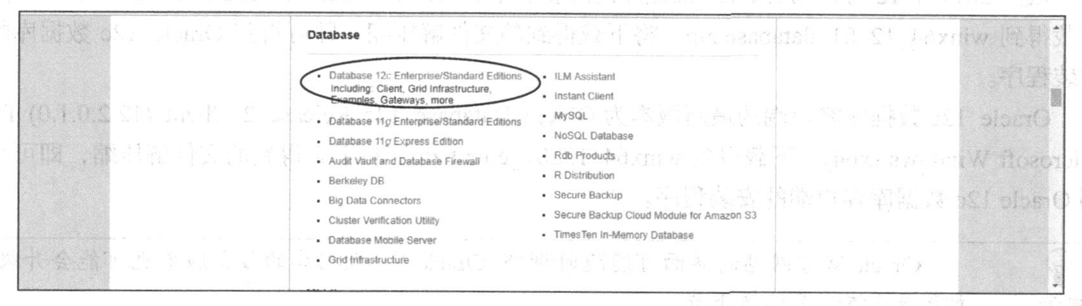

图 B.2 Oracle 数据库下载页面

单击 Database 12c Enterprise/Standard Editions 超链接，打开下载 Oracle 12c 页面，如图 B.3 所示。

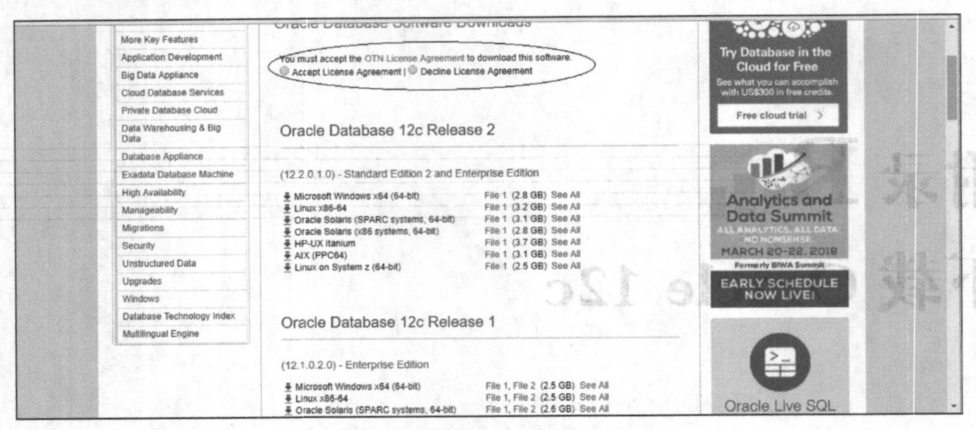

图 B.3　下载 Oracle 12c 的页面

首先选中 Accept License Agreement 选项，然后移动滚动条，可以看到不同平台的下载链接，如图 B.3 所示。

单击 Microsoft Windows x64(64-bit)后面的 See All 链接，打开 64 位 Windows 平台的 Oracle 12c 下载页面，如图 B.4 所示。

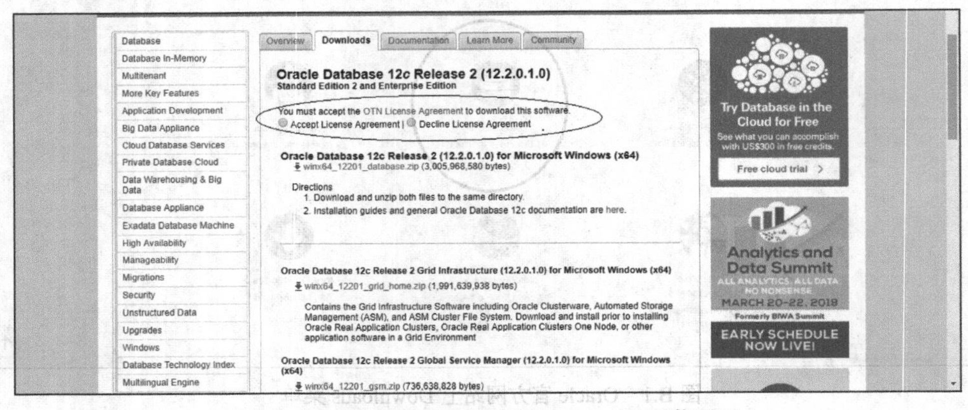

图 B.4　64 位 Windows 平台的 Oracle 12c 下载页面

截至 2019 年 12 月，Oracle 12c 数据库的最新版本为 Oracle Database 12c Release 2 (12.2.0.1.0)。下载得到 winx64_12201_database.zip。将下载得到的文件解压缩，即可得到 Oracle 12c 数据库的安装程序。

Oracle 12c 数据库客户端的最新版本为 Oracle Database 12c Release 2 Client (12.2.0.1.0) for Microsoft Windows (x64)。下载得到 winx64_12201_client.zip。将下载得到的文件解压缩，即可得到 Oracle 12c 数据库客户端的安装程序。

提示　Oracle 官方网站的界面可能随时调整，Oracle 12c 数据库的最新版本也可能会升级，请根据具体情况选择下载。